EUL
VERLAG

Reihe: Rechnungslegung und Wirtschaftsprüfung · Band 61

Herausgegeben von Prof. (em.) Dr. Dr. h. c. Jörg Baetge, Münster, Prof. Dr. Hans-Jürgen Kirsch, Münster, und Prof. Dr. Stefan Thiele, Wuppertal

Dr. Michael Alkemeier

Konzerninterne Unternehmenszusammenschlüsse

Die Bilanzierung von Business Combinations under Common Control im IFRS-Teilkonzernabschluss

Mit einem Geleitwort von Prof. Dr. Hans-Jürgen Kirsch, Westfälische Wilhelms-Universität Münster

Bibliografische Information der Deutschen Nationalbibliothek

Die Deutsche Nationalbibliothek verzeichnet diese Publikation in der Deutschen Nationalbibliografie; detaillierte bibliografische Daten sind im Internet über <http://dnb.d-nb.de> abrufbar.

Dissertation, Westfälische Wilhelms-Universität Münster, 2016

D 6

ISBN 978-3-8441-0512-4
1. Auflage Mai 2017

JOSEF EUL VERLAG GmbH
Brandsberg 6
53797 Lohmar
Tel.: 0 22 05 / 90 10 6-80
Fax: 0 22 05 / 90 10 6-88
E-Mail: info@eul-verlag.de
https://www.eul-verlag.de

Bei der Herstellung unserer Bücher möchten wir die Umwelt schonen. Dieses Buch ist daher auf säurefreiem, 100% chlorfrei gebleichtem, alterungsbeständigem Papier nach DIN 6738 gedruckt.

Geleitwort

Die Erstkonsolidierung eines konzernintern erworbenen Beteiligungsunternehmens stellt den Bilanzierenden regelmäßig vor große Herausforderungen. Dies liegt nicht zuletzt darin begründet, dass es sich bei einer solchen Transaktion um eine *related party transaction* handelt, die nicht durch den Markt objektiviert ist. Trotz oder gerade wegen der damit verbundenen Bilanzierungsprobleme sind Unternehmenszusammenschlüsse unter gemeinsamer Beherrschung bislang nicht im IFRS-Normensystem geregelt. Diesen unbefriedigenden Zustand nimmt Herr Alkemeier zum Anlass, bisher in der Praxis angewandte Bilanzierungsmethoden in Bezug auf konzerninterne Transaktionen zu konkretisieren und ausführlich zu würdigen. Hierbei steht die bilanzielle Erfassung eines konzerninternen Unternehmenszusammenschlusses im IFRS-Teilkonzernabschluss im Zentrum der Betrachtung. Die Schwerpunktsetzung resultiert vor allem daraus, dass sich – anders als im Konzernabschluss – die Verfügungsmacht hinsichtlich der vom Teilkonzernmutterunternehmen beherrschten ökonomischen Ressourcen verändern kann. Aufbauend auf der Diskussion der in der Praxis angewandten Bilanzierungsmethoden setzt sich der Verfasser überdies das Ziel, eine neue Bilanzierungssystematik für bestimmte Formen konzerninterner Unternehmenszusammenschlüsse zu erarbeiteten, welche die Entscheidungsnützlichkeit der Finanzberichterstattung über solche Transaktionen im Vergleich zu den bisherigen Lösungsvorschlägen erhöht.

Die Dissertation ist in **sieben Kapitel** gegliedert. Einleitend erläutert Herr Alkemeier im **ersten Kapitel** die Problemstellung und die daraus abgeleitete Forschungsfrage sowie den Gang seiner Untersuchung. Im darauffolgenden **zweiten Kapitel** werden prägnant Grundlagen zu konzerninternen Unternehmenszusammenschlüssen gelegt. Neben konstituierenden Merkmalen, Motiven sowie rechtlichen Durchführungsformen systematisiert der Verfasser unterschiedliche Formen konzerninterner Unternehmenszusammenschlüsse auf Ebene des Teilkonzernabschlusses. Hierbei arbeitet Herr Alkemeier die Veränderung des Konsolidierungskreises der berichterstattenden Einheit als trennscharfes Wesensmerkmal innerkonzernlicher Beteiligungstransfers sehr anschaulich heraus. Während es bei teilkonzernübergreifenden Unternehmenszusammenschlüssen unter gemeinsamer Beherrschung zu beantworten gilt, wie der infolge der Transaktion erweiterte Konsolidierungskreis bilanziell nachzuzeichnen ist, steht bei teilkonzerninternen Beteiligungstransfers die reine Neuordnung der Beteiligungsstruktur im Vordergrund der Betrachtung. Die hier aufgeworfenen Erwerbskonstellationen und die damit verbundenen Anforderungen hinsichtlich der Informationsvermittlung werden später im fünften und sechsten Kapitel der Untersuchung differenziert aufgegriffen und analysiert.

Dem vorgeschaltet werden im **dritten Kapitel** in der angemessenen Kürze zunächst die wesentlichsten konzeptionellen Grundlagen der IFRS-Rechnungslegung erläutert. Diese umfassen zum einen den Zweck der IFRS-Finanzberichterstattung sowie allgemeine Nebenbedingungen an eine entscheidungsnützliche Informationsvermittlung in Form der fundamentalen und fördernden qualitativen Anforderungen. Zum anderen enthält das Kapitel Ausführungen zu den Regelungen des IAS 8, die maßgeblich für den Umgang mit Regelungslücken sind.

Bevor die Zweckmäßigkeit einzelner Bilanzierungsmethoden zur Erfassung eines konzerninternen Unternehmenszusammenschlusses im Teilkonzernabschluss diskutiert werden kann, ist es unabdingbar, zuvor die maßgeblichen Adressaten dieser Berichterstattung zu identifizieren. Da sich der IASB nicht explizit dazu äußert, welche Kapitalgeber als primäre Adressaten des IFRS-Teilkonzernabschlusses zu werten sind, widmet sich der Verfasser dieser Thematik im **vierten Kapitel** seiner Untersuchung. Dazu erläutert Herr Alkemeier zunächst die Aufstellungspflichten eines Teilkonzernabschlusses sowie das mit der Veröffentlichung eines solchen konsolidierten Abschlusses verfolgte Ziel. Er arbeitet heraus, dass die Gesellschafter und Gläubiger des Teilkonzernmutterunternehmens, die nicht gleichzeitig Kapitalgeber der Konzernobergesellschaft sind, als primäre Adressaten des IFRS-Teilkonzernabschlusses anzusehen sind. Abschießend geht Herr Alkemeier auf das IFRS-Teilkonzernverständnis ein, welches in der Literatur oftmals als zentrale Weichenstellung für die Bilanzierung einer innerkonzernlichen Unternehmenstransaktion verstanden wird. Der Verfasser hebt in diesem Zusammenhang hervor, dass das konzeptionelle Verständnis des Teilkonzerns keine echte Hilfestellung zur Rechtsfortbildung leisten kann. Vielmehr sind potenzielle Bilanzierungsvorschriften in erster Linie anhand der übergeordneten Zwecksetzung der IFRS-Rechnungslegung zu beurteilen.

Im **fünften Kapitel** analysiert der Verfasser schließlich die Bilanzierung teilkonzernübergreifender Unternehmenszusammenschlüsse unter gemeinsamer Beherrschung. Nach einer knappen Vorbemerkung, in der nochmals die spezifischen Probleme der Erwerbskonstellation expliziert werden, zeigt der Autor in **Abschnitt 52**, dass auf der Grundlage der Vorschriften des IAS 8 verschiedene Bilanzierungsmethoden mit dem IFRS-Normensystem vereinbar sind. Im weiteren Verlauf seiner Untersuchung greift Herr Alkemeier die überwiegend in der Praxis und Literatur vertretenen Bilanzierungsmethoden der Buchwertfortführung und der Erwerbsmethode auf und analysiert diese im Hinblick darauf, welche der beiden Methoden eher dazu geeignet ist, den primären Adressaten des Teilkonzernabschlusses entscheidungsnützliche Informationen zu vermitteln.

In **Abschnitt 53** wird dazu zunächst die Methode der Buchwertfortführung beleuchtet. Da es sich hierbei um eine nicht (mehr) im IFRS-Normensystem verankerte Bilanzierungsform handelt, konkretisiert der Verfasser die inhaltlichen Anforderungen an eine Buchwertfortführung im Hinblick auf die spezifischen Gegenebenheit einer *Common Control*-Transaktion. Herr Alkemeier kommt zu dem Ergebnis, dass, sofern die Buchwertfortführung auf teilkonzernübergreifende Unternehmenszusammenschlüsse angewendet werden sollte, grundsätzlich die Buchwerte aus dem konsolidierten Abschluss des obersten Mutterunternehmens in den Teilkonzernabschluss des Erwerbers übernommen werden sollten (Abschnitt 532.). Gleichzeitig zeigt er jedoch, dass auch Erwerbskonstellationen existieren, bei denen von dem grundsätzlich unterbreiteten Lösungsvorschlag abgewichen werden könnte und stattdessen eine Fortführung der Wertansätze aus dem Einzelabschluss des Beteiligungsunternehmens möglicherweise zu bevorzugen wäre (Abschnitt 532.2). In Abschnitt 533. spricht sich der Verfasser dafür aus, einen Unterschiedsbetrag aus der Kapitalkonsolidierung erfolgsneutral in einem gesondert Korrekturposten im Teilkonzerneigenkapital zu erfassen. Einer retrospektiven Anpassung der Finanzinformationen des konsolidierten Abschlusses, wie sie im Rahmen der Interessenzusammenführungsmethode geboten war, steht er ablehnend gegenüber (Abschnitt 534.). In der abschließenden Würdigung der Methode der Buchwertfortführung in Abschnitt 536. kritisiert der Verfasser, dass bei deren Anwendung die primären Adressaten des Teilkonzernabschlusses nur sehr eingeschränkt entscheidungsnützliche Informationen über die aus ihrer Perspektive grundsätzlich neue Unternehmensbeteiligung erhalten würden.

Inwieweit den identifizierten Schwachpunkten durch die Anwendung der Erwerbsmethode gemäß IFRS 3 begegnet werden kann, wird in **Abschnitt 54** diskutiert. Die Ausführungen orientieren sich dabei durchgehend am schematischen Ablauf der Erwerbsmethode gemäß IFRS 3.5. Hinsichtlich der Identifizierung des Erwerbers (Abschnitt 542.) ergibt sich bei einem konzerninternen Unternehmenszusammenschluss die Besonderheit, dass das Teilkonzernmutterunternehmen aufgrund der übergeordneten Kontrollstrukturen nicht die Beherrschung über das erworbene Beteiligungsunternehmen erlangt und insofern häufig nur als eine Art *„accountig acquirer"* zu identifizieren ist. Des Weiteren konnte der Verfasser in Abschnitt 543. herausarbeiten, dass der Ansatz und die Bewertung des konzernintern erworbenen Vermögens dem Bilanzierenden prinzipiell die gleichen Ermessensspielräume bieten, wie es auch bei externen Unternehmenszusammenschlüssen der Fall ist. Die Bewertungsmechanismen des IFRS 13 sind gleichermaßen auf interne und externe Unternehmenszusammenschlüsse anzuwenden. Der bei externen Transaktionen regelmäßig im Hintergrund der Bilanzierung stehende Marktpreis kann indes kein objektivierender Referenzmaßstab sein, da er zum einen keine Rückschlüsse hinsichtlich des Wertansatzes einzelner Vermögenswerte und Schulden zulässt und zum anderen keine Bewertungsobergrenze etwaiger identifizierter immaterieller Vermögenswerte mehr darstellt.

Die wesentlichsten Auswirkungen einer *Common Control*-Transaktion auf die Vorschriften des IFRS 3 ergeben sich bei der Bestimmung des Unterschiedsbetrages aus der Kapitalkonsolidierung (Abschnitt 544.). Herr Alkemeier arbeitet in diesem Kontext zunächst heraus, dass die hingegebene Gegenleistung aufgrund der *Related Party*-Beziehung zwischen Erwerber und Veräußerer nicht mehr den bestmöglichen Nachweis für den Fair Value der Beteiligung darstellt. Darauf aufbauend zeigt er, dass der Unterschiedsbetrag in diesem Zusammenhang anhand des Fair Value gemäß IFRS 13 zu bestimmen ist (Abschnitt 544.32). Durch die Fair Value-basierte Ermittlungsweise ändert sich gleichzeitig das Wesen eines positiven wie negativen Unterschiedsbetrages. Zum einen werden nicht pagatorisch abgesicherte (originäre) Goodwillbestandteile ausgewiesen und zum anderen spiegelt ein etwaiger Geschäfts- oder Firmenwert die mit der Beteiligung verbundenen Wertpotenziale aufgrund des Wechsels der Bewertungsperspektive grundsätzlich nicht mehr vollständig wider (Abschnitt 544.33). Hinsichtlich eines negativen Unterschiedsbetrages konnte der Verfasser herausarbeiten, dass dieser konzeptionell keinen Gewinn aus einem *bargain purchase* mehr verkörpern kann und insofern einer grundsätzlich anderen bilanziellen Behandlung bedarf (Abschnitt 544.4). Zudem zeigt Herr Alkemeier, dass die Bestimmung des Fair Value der Beteiligung mit weitreichenden Ermessenspielräumen verbunden ist, sodass die Glaubwürdigkeit der Finanzinformationen ähnlich wie bei der kaufpreis- auch bei der Fair Value-basierten Ermittlung der Residualgröße zu kritisieren ist.

Nach der isolierten Würdigung der im Hinblick auf konzerninterne Unternehmenszusammenschlüsse konkretisierten Vorschriften des IFRS 3 in Abschnitt 546., in dem verschiedene Vor- und Nachteile der Bilanzierungsmethode diskutiert werden, stellt der Verfasser die zuvor analysierten Bilanzierungsmethoden in **Abschnitt 55** vergleichend gegenüber. Hier kommt er zu dem Ergebnis, dass die Erwerbsmethode gemäß IFRS 3 der Methode der Buchwertfortführung hinsichtlich ihrer Entscheidungsnützlichkeit für die primären Adressaten des Teilkonzernabschlusses grundsätzlich vorzugswürdig ist, diese jedoch vor allem in Bezug auf die Bilanzierung eines Unterschiedsbetrages aus der Kapitalkonsolidierung nicht überzeugen kann.

Hierauf aufbauend untersucht Herr Alkemeier, inwieweit die von der EFRAG in deren *discussion paper* angeregten Modifikationen der Erwerbsmethode die Entscheidungsnützlichkeit der Bilanzierung erhöhen **(Abschnitt 56)**. Hier arbeitet der Autor heraus, dass ein Ansatzverbot eines Geschäfts- oder Firmenwerts zwar die Glaubwürdigkeit der Finanzberichterstattung erhöht, die Vorteile der Erwerbsmethode jedoch soweit entfremdet werden, dass es den primären Adressaten des Teilkonzerns auf dieser Basis nur schwerlich möglich sein wird, ihre neue Unternehmensbeteiligung zu beurteilen.

Dies nimmt der Verfasser zum Anlass, um in **Abschnitt 57** einen eigenen Vorschlag zur bilanziellen Erfassung teilkonzernübergreifender Unternehmenszusammenschlüsse unter gemeinsamer Beherrschung zu konzipieren. Das von Herrn Alkemeier entwickelte Bilanzierungskonzept kombiniert letztlich die Vorteile der Methode der Buchwertfortführung mit denen der Erwerbsmethode. So spricht er sich dafür aus, sämtliche identifizierbaren Vermögenswerte und Schulden ähnlich zum Vorgehen in IFRS 3 zum Erwerbszeitpunkt mit ihrem beizulegenden Zeitwert anzusetzen (Abschnitt 572.). Um die Glaubwürdigkeit des zu bilanzierenden Unterschiedsbetrages zu erhöhen, schlägt der Autor vor, die Ermittlung eines Geschäfts- oder Firmenwertes an den objektvierten Wertansätzen des übergeordneten Konzernabschlusses auszurichten, die auf einer Transaktion mit fremden Dritten basieren (Abschnitt 573.). In diesem Zusammenhang werden die Vor- und Nachteile zweier unterschiedlicher Ansätze differenziert diskutiert. Bei den beiden Ansätzen handelt es sich zum einen um die unveränderte Fortführung eines aus dem

Ersterwerb des Tochterunternehmens entfallenden Geschäfts- oder Firmenwertes und zum anderen darum, das auf das Akquisitionsobjekt entfallende konzernbilanzielle Nettovermögen als fiktive Anschaffungskosten zu verwenden, aus denen sodann der Goodwill derivativ abgeleitet wird. Durch die mit letzterem Vorschlag verbundene regelmäßige Kürzung des ursprünglich im Konzernabschluss ausgewiesenen Geschäfts- oder Firmenwertes wird eine Doppelerfassung etwaiger Wertbestandteile im neubewerteten identifizieren Nettovermögen und dem anteilig fortzuführenden Geschäfts- oder Firmenwert vermieden, sodass sich Herr Alkemeier letztlich für diese Variante der Goodwillermittlung ausspricht. Insgesamt wäre ein so ermittelter Goodwill vollständig pagatorisch abgesichert, was trotz teilweise zu kritisierender Nachteile die Glaubwürdigkeit des Vermögenswertes erhöht und die Entscheidungsnützlichkeit der Finanzinformationen steigert. Sofern der in die fiktiven Anschaffungskosten einzubeziehende Geschäfts- oder Firmenwert durch die Neubewertung des erworbenen identifizierbaren Vermögens überkompensiert wird, ist ein negativer Unterschiedsbetrag zu erfassen. Der Autor hebt in diesem Zusammenhang jedoch hervor, dass es sich hierbei um einen reinen Neubewertungserfolg handelt, der im Unterschied zum Vorgehen in IFRS 3 GuV-neutral vereinnahmt werden sollte (Abschnitt 574.).

Im **sechsten Kapitel** der Untersuchung wird schließlich die Bilanzierung teilkonzerninterner Unternehmenszusammenschlüsse behandelt. Hierbei legt der Autor seinen Überlegungen die herrschende Meinung zur bilanziellen Erfassung solcher Transaktionen im Konzernabschluss zugrunde und überträgt diese auf die in diesem Kapitel diskutierte Erwerbskonstellation. Aufgrund des fehlenden Anschaffungsvorgangs aus der Perspektive des Teilkonzernmutterunternehmens und der somit grundsätzlich unveränderten Vermögenslage vertritt der Autor die Auffassung, dass die jeweiligen Auswirkungen der teilkonzerninternen Unternehmenstransaktionen besser durch eine Buchwertfortführung der bisherigen Wertansätze dargestellt werden als durch eine Neubeurteilung des jeweiligen Wert- und Mengengerüsts des Erwerbsobjekts. Die Vergleichbarkeit der Finanzinformationen wird nochmals dadurch gesteigert, dass nicht wie bei teilkonzernübergreifenden Unternehmenszusammenschlüssen die konzernbilanziellen Wertansätze übernommen werden, sondern jene des Teilkonzernmutterunternehmens unverändert fortgeschrieben werden sollten. Des Weiteren zeigt Herr Alkemeier in diesem Kapitel, dass durch eine Kopplung der Bilanzierungsform an den wirtschaftlichen Gehalt der Transaktion anstatt an die Veränderung des Konsolidierungskreises die Entscheidungsnützlichkeit der Finanzinformation eingeschränkt werden könnte.

Die Arbeit schließt mit einer zusammenfassenden Darstellung der wesentlichsten Untersuchungsergebnisse im **siebten Kapitel**.

Insgesamt wird in der vorgelegten Arbeit durchweg stringent, differenziert und konstruktiv kritisch argumentiert. Besonders hervorzuheben ist die konsequente Orientierung des Verfassers an den einschlägigen Auslegungskriterien. Die dazu erforderlichen Grundlagen werden in der angemessenen Kürze, aber prägnant gelegt. Einige sehr gelungene Abbildungen tragen zum

Gesamtverständnis bei. Es gelingt dem Verfasser sehr gut, seinen eigenen Verbesserungsvorschlag auf der kritischen Würdigung der gängigen Bilanzierungsalternativen aufzubauen. Der sehr schöne eigene Verbesserungsvorschlag ist dann auf den ersten Blick etwas überraschend, indes durchaus kreativ und konsequent. Die Argumentation ist auch hier ausgesprochen gelungen, sodass die Arbeit nicht nur einen ausgezeichneten Beitrag zur Lösung aktueller Bilanzierungsfragen leistet, sondern auch der aktuellen Diskussion um explizite Regelungen zur Abbildung von Unternehmenszusammenschlüssen unter gemeinsamer Beherrschung wichtige Impulse geben kann.

Münster, im April 2017 Prof. Dr. Hans-Jürgen Kirsch

Vorwort des Verfassers

Die vorliegende Arbeit entstand während meiner Tätigkeit als wissenschaftlicher Mitarbeiter am Institut für Rechnungslegung und Wirtschaftsprüfung (IRW) der Westfälischen Wilhelms-Universität Münster und meiner Tätigkeit als fachlicher Mitarbeiter der HLB Dr. Schumacher & Partner GmbH, Münster. Sie wurde von der Wirtschaftswissenschaftlichen Fakultät im November 2016 als Dissertation angenommen.

An dieser Stelle möchte ich mich bei denjenigen ganz herzlich bedanken, die mich während meiner Promotionszeit auf vielfältige Weise unterstützt haben. Ein ganz besonderer Dank gilt dabei meinem hoch geschätzten akademischen Lehrer und Doktorvater, Herrn Prof. Dr. Hans-Jürgen Kirsch, für das mir entgegengebrachte Vertrauen und sein Interesse an meinem Forschungsthema. Seine ständige Diskussionsbereitschaft und die damit verbundenen wertvollen Anregungen haben die vorliegende Arbeit in hohem Maße gefördert. Ferner möchte ich mich bei Herrn Prof. Dr. Berens für die Übernahme des Zweitgutachtens und bei Frau Prof. Dr. Theurl für ihr Mitwirken in der Promotionskommission bedanken. Für die Unterstützung vonseiten der HLB Dr. Schumacher & Partner GmbH bedanke ich mich stellvertretend bei den Herren WP/StB Dr. Michael Kaufmann, WP/StB/RA Wolf Achim Tönnes sowie WP/StB Dr. Tobias Tebben.

Gleichermaßen ist es mir ein wichtiges Anliegen, meinen (ehemaligen) Kollegen des IRW für die stets sehr angenehme Zusammenarbeit zu danken. Ferner möchte ich mich ganz besonders bei den Herren Dr. Nils Gimpel-Henning, Frederik Engelke M.Sc. und Philipp Dollereder M.Sc. bedanken, die sich die Zeit nahmen, das Manuskript kritisch durchzusehen, und mit ihren Anmerkungen wesentlich zum Gelingen der Arbeit beigetragen haben. Vor allem meinem Kollegen, Mitbewohner und Freund Herrn Dr. Nils Gimpel-Henning möchte ich meinen tief empfundenen Dank für seine Unterstützung aussprechen. Aber auch meine Leidensgenossen Dr. Alois Panzer und Jan Conrad M.Sc. vom Forschungsteam Baetge tragen großen Anteil daran, dass ich immer gerne auf meine Promotionszeit zurückblicken werde.

Ein ebenso großer Dank gilt meiner lieben Freundin Andrea, die durch ihre liebenswürdige Art, ihren unerschöpflichen Zuspruch und Optimismus sowie ihr immerwährendes Verständnis ein besonders großer Rückhalt war und ist. Schließlich möchte ich mich von ganzem Herzen bei meiner Familie für ihre vielfältige Unterstützung nicht nur während meiner Promotionsphase bedanken. Besonders meiner lieben Mutter Hedwig und meiner Schwester Elisabeth danke ich für ihr tiefes Vertrauen und ihre unbedingte Unterstützung auf meinem gesamten Lebensweg. Ihnen ist diese Arbeit zum Dank gewidmet.

Münster, im April 2017

Michael Alkemeier

Inhaltsübersicht

Inhaltsverzeichnis

Abbildungsverzeichnis

Abkürzungsverzeichnis

A

A	appendix (i. V. m. IFRS-Fundstellen)
a. A./A. A.	anderer Auffassung
AASB	Australian Accounting Standards Board
Abacus	A Journal of Accounting, Finance and Business Studies (Zeitschrift)
Abs.	Absatz
Abt.	Abteilung
ADS	Abler/Düring/Schmaltz
a. F.	alte Fassung
AG	Aktiengesellschaft
AktG	Aktiengesetz
Anm. d. Verf.	Anmerkung des Verfassers
APB	Accounting Principles Board
AcSB	Accounting Standard Board
Aufl.	Auflage

B

BB	Betriebs-Berater (Zeitschrift)
BBK	Zeitschrift für Buchführung, Bilanzierung, Kostenrechnung
BC	Zeitschrift für Bilanzierung, Rechnungswesen und Controlling; basis for conclusions (i. V. m. IFRS-Fundstellen)
BCUCC	Business combinations under common control
Bd.	Band
BDO	Binder Dijker Otte
BFuP	Betriebswirtschaftliche Forschung und Praxis (Zeitschrift)
BGBl.	Bundesgesetzblatt
BilMoG	Bilanzrechtsmodernisierungsgesetz
BilRUG	Bilanzrichtlinie-Umsetzungsgesetz
BiRiLiG	Bilanzrichtlinien-Gesetz
bspw.	beispielsweise
bzgl.	bezüglich

bzw. beziehungsweise

C

CF Conceptual Framework

c. p. ceteris paribus (unter sonst gleichen Bedingungen)

D

d. h. das heißt

DAX Deutscher Aktienindex

DB Der Betrieb (Zeitschrift)

DBW Die Betriebswirtschaft

DCF Discounted Cash-Flow

DM Deutsche Mark

DP Discussion Paper

DRS Deutscher Rechnungslegungsstandard

DRSC Deutsches Rechnungslegungs Standards Committee e. V.

DStR Deutsches Steuerrecht (Zeitschrift)

E

E-DRS Entwurf eines Deutschen Rechnungslegungsstandards

e. V. eingetragener Verein

ED Exposure Draft

EFRAG European Financial Reporting Advisory Group

EG Europäische Gemeinschaft

ESMA European Securities and Markets Authority

EU Europäische Union

EY Ernst & Young (Wirtschaftsprüfungsgesellschaft)

F

f. folgende (Seite)

FASB Financial Accounting Standarda Board

FB Finanz-Betrieb (Zeitschrift)

FEE	Federation of European Accountants
ff.	folgende (Jahre) / fortfolgende
Fn.	Fußnote
FRC	Financial Reporting Council

G

G 1 / 2	Geschäftsbetrieb 1 / 2
GAAP	Generally Accepted Accounting Principles
GE	Geldeinheiten
GesellschaftsR	Gesellschaftsrecht
ggf.	gegebenenfalls
GmbH	Gesellschaft mit beschränkter Haftung
GmbHG	Gesetz betreffend die Gesellschaft mit beschränkter Haftung
GoB	Grundsätze ordnungsmäßiger Buchführung
GuV	Gewinn- und Verlustrechnung

H

HB	Handelsbilanz
HdJ	Handbuch des Jahresabschlusses in Einzeldarstellungen
HdK	Handbuch der Konzernrechnungslegung
HFA	Hauptfachausschuss des IDW
HGB	Handelsgesetzbuch
Hrsg.	Herausgeber
hrsg. v.	herausgegeben von

I

i. d. R.	in der Regel
i. e. S.	im engeren Sinne
i. H. d.	in Höhe der/des
i. H. v.	in Höhe von
i. S.	im Sinne
i. S. d.	im Sinne der, des
i. S. e.	im Sinne einer, eines

i. V. m.	in Verbindung mit
i. w. S.	im weiteren Sinne
IAS	International Accounting Standard(s)
IASB	International Accounting Standards Board
IASC	International Accounting Standards Committee
IDW	Institut der Wirtschaftsprüfer in Deutschland e. V.
IDW FN	IDW Fachnachrichten (Zeitschrift)
IFRIC	International Financial Reporting Interpretations Committee
IFRS	International Financial Reporting Standard(s)
iGAAP	international GAAP
IN	Introduction (i. V. m. IFRS-Fundstellen)
inkl.	inklusive
IRZ	Zeitschrift für Internationale Rechnungslegung

K

KA	Konzernabschluss
KASB	Korean Accounting Standards Board
Komm.	Kommentar
KoR	Zeitschrift für internationale und kapitalmarktorientierte Rechnungslegung
KPMG	Klynveld Peat Marwick Goerdeler (Wirtschaftsprüfungsgesellschaft)

M

m. w. N.	mit weiteren Nachweisen
M&A	Mergers and Acquisitions
Mrd.	Milliarden
MU	Mutterunternehmen
MüKo	Münchener Kommentar

N

NewCo	New Company
No.	Number
Nr.	Nummer

O

OB	objective (i. V. m. IFRS-Fundstellen)
OCI	other comprehensive income
OIC	Organismo Italiano di Contabilità (italenischer Standardsetzter)
o. S.	ohne Seite

P

PiR	Praxis der internationalen Rechnungslegung (Zeitschrift)
PIR	post implementation review
PublG	Publizitätsgesetz
PwC	PricewaterhouseCoopers (Wirtschaftsprüfungsgesellschaft)

Q

QC	qualitative characteristics

R

ref.	reference
rev.	revised
RGBl.	Reichsgesetzblatt
RIW	Recht der internationalen Wirtschaft (Zeitschrift)
Rn.	Randnummer
RS	Stellungnahme zur Rechnungslegung

S

S.	Seite
SEC	United States Securities and Exchange Commission
SFAS	Statement of Financial Accounting Standards
sog.	sogenannte(r/n)
Sp.	Spalte
ST	Der Schweizer Treuhänder (Zeitschrift)
StuB	Steuer- und Bilanzpraxis (Zeitschrift)
StuW	Steuer und Wirtschaft (Zeitschrift)

T

TU	Tochterunternehmen
Tz.	Textziffer
TK	Teilkonzern
TKA	Teilkonzernabschluss

U

u. a.	unter anderem, und andere
u. U.	unter Umständen
UmwG	Umwandlungsgesetz
UK	United Kingdom
US	United States
US-GAAP	United States-Generally Accepted Accounting Principles

V

vgl.	vergleiche

W

WiSt	Wirtschaftswissenschaftliches Studium (Zeitschrift)
WPg	Die Wirtschaftsprüfung (Zeitschrift)

Z

z. B.	zum Beispiel
ZfbF	Zeitschrift für betriebswirtschaftliche Forschung
ZMGE	zahlungsmittelgenerierende Einheit

1 Problemstellung und Gang der Untersuchung

11 Problemstellung

International sowie national agierende Unternehmen sind häufig in Konzernstrukturen organisiert.[1] Eine solche Organisationsform zeichnet sich dadurch aus, dass der Konzernverbund zwar aus rechtlich selbstständigen Unternehmen besteht, diese jedoch wirtschaftlich voneinander abhängig sind.[2] Zur Schaffung solcher Unternehmensverbindungen wird üblicherweise[3] auf das gesellschaftsrechtliche Instrument der Kapitalbeteiligung zurückgegriffen.[4] Die Beteiligungsstruktur des Gesamtkonzerns ist dabei regelmäßig nicht allein durch ein Über- bzw. Unterordnungsverhältnis zweier Unternehmen gekennzeichnet.[5] Oftmals hält auch das aus der Perspektive der Konzernobergesellschaft beherrschte Tochterunternehmen wiederum eine Mehrheitsbeteiligung an anderen Gesellschaften.[6] Im Fall derartiger mehrstufiger Konzernstrukturen ist es möglich und zum Teil sogar geboten,[7] die wirtschaftliche Einheit Gesamtkonzern in weitere Partialeinheiten zu zerlegen. KIRCHNER spricht im Zusammenhang eines solchen **Teilkonzerns** vom „Konzern im Konzern“[8].[9]

Angesichts eines zunehmend globalisierten Wettbewerbsumfelds sind Unternehmen und Konzerne mehr denn je von einem schnellen wirtschaftlichen Wandel geprägt.[10] Um dem dynamischen Unternehmensumfeld Rechnung zu tragen, hat sich die Veränderung der Konzernstruktur

---

1 Vgl. hierzu schon ORDELHEIDE, D., Konzern als Gegenstand betriebswirtschaftlicher Forschung, S. 294 f. und S. 296; KÜTING, K., Systematisierung von Konzernstrukturen, S. 6; DEBUS, C., Haftungsregelungen im Konzernrecht, S. 1; THEISEN, M. R., Der Konzern, S. 21, sowie GRÄFER, H./SCHELD, G. A., Konzernrechnungslegung, S. 2.

2 Vgl. BAETGE, J./KIRSCH, H.-J./THIELE, S., Konzernbilanzen, S. 1; EWELT-KNAUER, C., Konzernabschluss als Berichtsinstrument der wirtschaftlichen Einheit, S. 39-43; EBELING, R. M., Einheitsfiktion, S. 21 f.

3 Neben dem sog. faktischen Konzern, der durch eine Kapitalbeteiligung begründet wird, kann der Konzernverbund auch aus einem Beherrschungsvertrag resultieren (sog. Vertragskonzern). Zu den verschiedenen Formen der Konzernierung vgl. umfassend THEISEN, M. R., Der Konzern, S. 42-60, sowie KÜTING, K./WEBER, C.-P., Konzernabschluss, S. 37-42.

4 Vgl. ORDELHEIDE, D., Konzern als Gegenstand betriebswirtschaftlicher Forschung, S. 294. KÜTING, K., Unternehmerische Zusammenarbeit, S. 16; HINZ, M., Konzernabschluss als Instrument zur Informationsvermittlung, S. 14 f. Auch wenn aus der Mehrheitsbeteiligung keine unmittelbaren gesetzlichen Weisungsbefugnisse resultieren (vgl. hier und im Folgenden KÜTING, K./WEBER, C.-P., Konzernabschluss, S. 38; KÜTING, P., Konzerninterne Umstrukturierungen, S. 17 m. w. N.), ist davon auszugehen, dass die Mehrheit der Stimmrechte faktisch dazu führt, dass das geschäftsführende Management des verbundenen Unternehmens sich den Einflüssen der Konzernobergesellschaft nicht grundlegend widersetzt (vgl. KOPPENSTEINER, H.-G., in: Kölner Kommentar zum AktG, 3. Aufl., § 18, Rn. 35).

5 Vgl. GÖRLING, H., Verbreitung zwei- und mehrstufiger Unternehmensverbindungen, S. 547, sowie LEINEN, M., Kapitalkonsolidierung im mehrstufigen Konzern, S. 6.

6 Vgl. allgemein zum mehrstufigen Konzern BAETGE, J., Kapitalkonsolidierung nach der Erwerbsmethode im mehrstufigen Konzern, S. 19-42; SCHERRER, G., Konzernrechnungslegung nach neuem HGB, S. 190-194.

7 Zu den gesetzlichen Aufstellungspflichten eines Teilkonzernabschlusses vgl. ausführlich Abschnitt 42.

8 KIRCHNER, C., Konzernrechnungslegung in Europa, S. 335.

9 Vgl. ebenso KÜTING, P., Mythos eines Konzerns im Konzern, S. 1049-1056.

10 Vgl. hier und im Folgenden KAHLING, D., Bilanzierung konzerninterner Verschmelzungen, S. V; ACHLEITNER, A.-K./WAHL, S., Corporate Restructuring in Deutschland, S. I; RECHSTEINER, U., Desinvestitionen zur Unternehmenswertsteigerung, S. 1.

als ein probates Mittel erwiesen.[11] Die sicherlich prominenteste Vorgehensweise derartiger Portfoliooptimierungen[12] ist die Integration eines noch nicht zum Konzernverbund gehörenden Unternehmens im Rahmen einer (externen) Unternehmensakquisition. „Eine nicht zu unterschätzende Praxisrelevanz“[13] weisen in diesem Zusammenhang jedoch auch innerkonzernliche Unternehmenstransaktionen auf, bei denen das Erwerbsobjekt schon vor der Transaktion Bestandteil der wirtschaftlichen Einheit Konzern ist. Im Zuge eines unter **gemeinsamer Beherrschung *(common control)*** stattfindenden konzerninternen Unternehmenszusammenschlusses erlangt ein Tochterunternehmen bspw. durch den Erwerb der Mehrheit der Stimmrechte die Kontrolle über ein anderes zum Konzernverbund gehörendes Tochterunternehmen (sog. *business combination under common control* (BCUCC)).[14] Eine solche Änderung des Mutter-Tochter-Verhältnisses ist exemplarisch in Abbildung 1-1 dargestellt. Das vor dem teilkonzernübergreifenden Beteiligungstransfer zum Teilkonzern 1 gehörende Tochterunternehmen TU_4 ist nach der Transaktion Teil der wirtschaftlichen (Teil-)Einheit Teilkonzern 2.

Um den Kapitalgebern des Konzernverbunds Finanzinformationen bereitzustellen, die hinsichtlich ihrer Kapitalallokationsentscheidungen nützlich sind, müssen die Veränderungen der (Teil-)Konzernstrukturen sowohl bei externen als auch bei internen Akquisitionen innerhalb des jeweiligen konsolidierten Abschlusses bilanziell erfasst werden.[15] Während bei externen Unternehmenszusammenschlüssen mit den Vorschriften des IFRS 3 *(Business Combinations)*

---

11 Vgl. statt vieler HERZIG, N., Veränderung von Beteiligungsstrukturen im Konzern, S. 85; HERZIG, N., Umstrukturierungen im Konzern, S. 2236; BRÄHLER, G., Umwandlungssteuerrecht, S. 1; STRÖHER, T., Unternehmenszusammenschlüsse unter Common Control, S. 1; SMIGIC, M., Business Combinations im Konzernabschluss, S. 1, sowie grundlegend zur Struktur-Folge-Hypothese CHANDLER, A. D., Strategy and Structure. Auslöser für etwaigen Anpassungsbedarf der Beteiligungsstruktur sind vielfältiger Natur und nicht auf veränderte Umweltbedingungen beschränkt. Anpassungen können sich bspw. auch durch unternehmensspezifische Gründe wie bspw. Veränderung der Unternehmensgröße ergeben, vgl. stellvertretend FÖRSTER, G., Umstrukturierung deutscher Tochtergesellschaften, S. 1 m. w. N., sowie ausführlich zu den verschiedenen Motiven konzerninterner Unternehmenszusammenschlüsse Abschnitt 23.

12 Vgl. ACHLEITNER, A.-K./WAHL, S., Corporate Restructuring in Deutschland, S. I.

13 GÖTZE, T./WEISER, M. F., in: Komm. zum BilRUG, § 301 Kapitalkonsolidierung, Rn. 91. Vgl. hierzu ebenfalls ONESTI, T./ROMANO, M./TALIENTIO, M., BCUCC Concerns, Criticisms and Strides, S. 107; PwC (Hrsg.), Manual of accounting 2015 (Volume 2), Rn. 25.389; OSER, P., Gründung einer neuen Konzernholding, S. 1387; KÜTING, K./ZÜNDORF, H., Konzerninterne Verschmelzungen im konsolidierten Abschluß, S. 1383; GROCH, C., Buchwertfortführung bei Umstrukturierungen, S. 343; KÜTING, P., Konzerninterne Umstrukturierungen, S. 1 f. m. w. N.

14 Vgl. hierzu auch BUSCHHÜTER, M./SENGER, T., Common Control Transactions, S. 24, sowie STRÖHER, T., Unternehmenszusammenschlüsse unter Common Control, S. 7. Der Erwerbsvorgang ist nicht an eine juristische Person gekoppelt. Gleichermaßen könnten nur Teile einer juristischen Person im Zuge eines *asset deal* erworben werden. Sofern die Gruppe von Vermögenswerten die Anforderungen an einen Geschäftsbetrieb *(business)* erfüllen, liegt ebenfalls ein konzerninterner Unternehmenszusammenschluss vor und nicht etwa der Erwerb einzelner Vermögenswerte. Zu den Anforderung an einen Geschäftsbetrieb i. S. d. IFRS 3. Vgl. IFRS 3.B.7-B.12, sowie FREIBERG, J., Was ist ein business, S. 114-116. Zu verschiedenen rechtlichen Durchführungsarten konzerninterner Unternehmenszusammenschlüsse vgl. ausführlicher Abschnitt 24.

15 Vgl. allgemein BAETGE, J./HAYN, S./STRÖHER, T., in: Rechnungslegung nach IFRS, 2. Aufl., Teil B: IFRS 10, Rn. 11, sowie GIMPEL-HENNING, N., Sukzessive Anteilserwerbe, S. 1, wenn auch in anderem Kontext. Zum Zweck der IFRS-Rechnungslegung sowie eines konsolidierten Abschlusses vgl. ausführlicher Abschnitt 32 und Abschnitt 43.

explizite Regelungen bestehen, wie ein solcher Geschäftsvorfall bilanziell zu erfassen ist, mangelt es an konkreten Vorschriften für konzerninterne Unternehmenserwerbe.[16] Die **Regelungslücke** betrifft gleichermaßen die bilanzielle Abbildung im Konzern- wie auch im Teilkonzernabschluss.

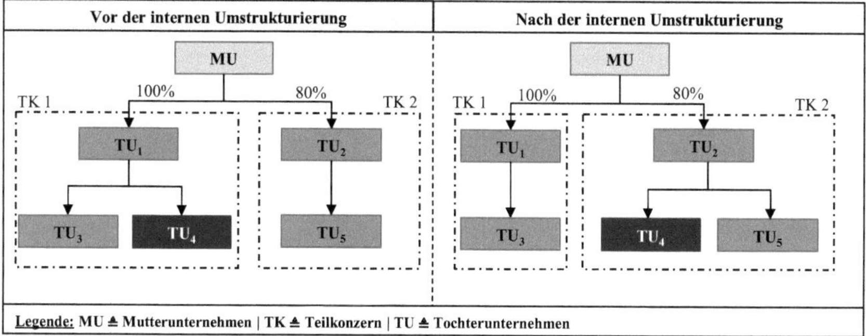

Abbildung 1-1: Beispielhafte Darstellung eines Unternehmenszusammenschlusses unter gemeinsamer Beherrschung

Vor allem der **Bilanzierung im Teilkonzernabschluss** ist eine besondere Relevanz beizumessen. Anders als im Konzernabschluss kann sich infolge des internen Unternehmenserwerbs die **Verfügungsmacht** hinsichtlich der vom Teilkonzernmutterunternehmen kontrollierten Ressourcen verändern.[17] Das zentrale Problem bei der bilanziellen Erfassung des nunmehr ggf. veränderten Konsolidierungskreises der berichterstattenden Einheit Teilkonzern ist, dass der konzerninterne Unternehmenserwerb nicht das Ergebnis eines Verhandlungsprozesses zwischen zwei voneinander unabhängigen Parteien ist. Vielmehr handelt es sich um eine Transaktion zwischen **nahestehenden Personen** *(related parties)*, die keinerlei Objektivierungsmechanismen durch den Markt unterliegt.[18] Da unternehmerische Entscheidungen grundsätzlich am wirtschaftlichen Interesse des gesamten Konzerns ausgerichtet werden, welches nicht zwangsläufig mit dem des Teilkonzerns übereinstimmt, hat die mangelnde Objektivierung insbesondere Konsequenzen für ggf. an der Transaktion beteiligte **nicht-beherrschende Gesellschafter**.[19] Diese Gesellschaftergruppe ist immer dann (bilanziell) zu berücksichtigen, wenn das Mutterunternehmen nicht im vollständigen Besitz der Anteile des Tochterunternehmens ist.[20] Aufgrund des beherrschenden Einflusses der Konzernobergesellschaft handelt es sich aus der Perspektive der unmittelbar an dem erwerbenden Teilkonzernmutterunternehmen beteiligten

---

16 Vgl. statt vieler BUDDE, T., Bilanzierung von Common-Control-Transaktionen, S. 32; WEBER, C.-P., Teilkonzernabschluss nach HGB und IFRS, S. 355.

17 Zur Systematisierung konzerninterner Unternehmenszusammenschlüsse auf Ebene des Teilkonzernabschlusses inkl. der daraus resultierenden Folgen für die wirtschaftliche Einheit vgl. ausführlicher Abschnitt 25.

18 Vgl. EFRAG U. A. (Hrsg.), Business Combinations under Common Control, S. 25 f.

19 Vgl. allgemein BAETGE, J./KIRSCH, H.-J./THIELE, S., Konzernbilanzen, S. 1.

20 Vgl. SCHWARZKOPF, A.-S., Anteile nicht beherrschender Gesellschafter, S. 1; HENDLER, M./ZÜLCH, H., Anteile anderer Gesellschafter, S. 1155.

Gesellschaftergruppe letztlich um ein **passives Investment**[21], dessen eigentliche Durchführung sowie konkrete Ausgestaltung sie nur bedingt mitbestimmen kann. Sofern sich der interne Unternehmenszusammenschluss negativ auf die wirtschaftliche Entwicklung des Teilkonzerns auswirken sollte, verbleibt den nicht-beherrschenden Gesellschaftern als einzige Handlungsoption somit lediglich die Beendigung ihrer Unternehmensbeteiligung *(control by exit*[22]*)*.[23] Vor diesem Hintergrund besteht vor allem aus der Sicht dieser Gesellschaftergruppe ein verstärktes Informationsinteresse daran, wie der konzerninterne Unternehmenszusammenschluss den Wert ihrer ursprünglichen Beteiligung beeinflusst. Um diesem Interesse bestmöglich nachzukommen, muss die angewandte Bilanzierungsmethode zum einen Informationen hinsichtlich möglicher Veränderungen künftig zu erwartender Zahlungsströme bereitstellen. Zum anderen muss sie den Adressaten des Teilkonzernabschlusses gleichermaßen eine Einschätzung bzgl. der Angemessenheit der für die Unternehmensbeteiligung hingegebenen Gegenleistung ermöglichen, da diese durch die Konzernobergesellschaft verzerrt sein könnte.

Auf Basis der Vorschriften zur Entwicklung und Auswahl von Rechnungslegungsmethoden bei Regelungslücken gemäß **IAS 8** *(Accounting Policies, Changes in Accounting Estimates and Errors)* werden im Schrifttum grundsätzlich zwei Bilanzierungsmöglichkeiten als mit dem IFRS-Normensystem vereinbar angesehen.[24] Obwohl konzerninterne Unternehmenszusammenschlüsse vom Anwendungsbereich des IFRS 3 explizit ausgeschlossen sind,[25] handelt es sich hierbei erstens um die Vorschriften zur **Erwerbsmethode** *(acquisition method)* gemäß IFRS 3.[26] Im Rahmen dieser ursprünglich für den Zusammenschluss zwischen fremden Dritten konzipierten Regelungen müssen sämtliche (neu) identifizierbaren Vermögenswerte und Schulden inkl. eines Geschäfts- oder Firmenwertes zu ihrem beizulegenden Zeitwert im konsolidierten Abschluss aktiviert werden.[27] Als zweite Möglichkeit zur Bilanzierung innerkonzernlicher Beteiligungstransfers wird in der Literatur die **Methode der Buchwertfortführung**[28] diskutiert, die im Wesentlichen der damaligen *pooling-of-interests method* gemäß IAS 22 *(Business*

---

21 Vgl. zu diesem Begriff IASB (Hrsg.), Staff Paper BCUCC Agenda ref. 23A (April 2016), Rn. 27.

22 Vgl. hierzu KRÖNERT, B., Grundsätze informationsorientierter Rechnungslegung, S. 38 f. m. w. N., sowie KOELEN, P., Bewertungskalküle in der IFRS-Rechnungslegung, S. 28. KRÖNERT stellt in diesem Zusammenhang zutreffend fest, dass der Begriff *exit* relativ eng gewählt ist. Zwar passt der Terminus inhaltlich zu dem hier skizzierten Szenario einer negativen Unternehmensentwicklung, allerdings würde die Gesamtheit der Handlungsmöglichkeiten treffender durch den Begriff der *buy-hold-sell*-Option umschrieben, vgl. hierzu KUBIN, K. W., Der Aktionär als Aktienkunde, S. 533.

23 Vgl. allgemein zu Handlungsmöglichkeiten verschiedener Investorengruppen KOELEN, P., Bewertungskalküle in der IFRS-Rechnungslegung, S. 11 f., sowie die dort zitierte Literatur.

24 Vgl. EY (Hrsg.), International GAAP 2016 (Volume 1), S. 681; KPMG (Hrsg.), Insights into IFRS 2015/16 (Volume 1), Rn. 5.13.50.20; BAETGE, J./HAYN, S./STRÖHER, T., in: Rechnungslegung nach IFRS, 2. Aufl., Teil B: IFRS 3, Rn. 46-49. Die Anwendung der sog. *Fresh Start*-Methode wird in diesem Kontext – soweit ersichtlich – kategorisch abgelehnt, vgl. stellvertretend STRÖHER, T., Unternehmenszusammenschlüsse unter Common Control, S. 144, sowie HAYN, S., Komplexe Konsolidierungskreisänderungen, S. 259 f.

25 Vgl. IFRS 3.2 (c).

26 Vgl. hierzu ausführlicher Abschnitt 52.

27 Vgl. statt vieler HACHMEISTER, D., Unternehmenszusammenschlüsse nach IFRS 3, S. 117-121, sowie ausführlicher hierzu Abschnitt 54.

28 Die Methode der Buchwertfortführung wird in der Literatur oftmals auch als *predecessor accounting*

Combinations)[29] entspricht. Der deutschsprachigen Bezeichnung folgend werden bei der Anwendung dieser Methode die (konzern-)bilanziellen Wertansätze des Akquisitionsobjektes innerhalb des Teilkonzernabschlusses fortgeschrieben.[30]

Welche unterschiedlichen Auswirkungen die beiden skizzierten Bilanzierungsmöglichkeiten auf die Vermögens-, Finanz- und Ertragslage eines konsolidierten Abschlusses haben können, zeigt auf eindrucksvolle Weise der damalige Zusammenschluss der Daimler-Benz AG mit der Chrysler *Corporation*.[31] Wäre die Transaktion nicht mittels der *pooling-of-interests method*,[32] sondern stattdessen gemäß der Erwerbsmethode erfasst worden, hätte im konsolidierten Abschluss der neu formierten DaimlerChrysler AG ein Geschäfts- oder Firmenwert i. H. v. rund 55 Mrd. DM aktiviert werden müssen.[33] Dessen Abschreibungen hätten nach damaliger Regelungslage zusammen mit denjenigen, die auf die übrigen aufgedeckten stillen Reserven entfallen, das jährliche Ergebnis mit über einer Mrd. DM belastet.[34]

Obwohl die mit der jeweiligen Bilanzierungsmethode verbundenen Rechnungslegungsinformationen offenbar zu einer ganz unterschiedlichen wirtschaftlichen Beurteilung konzerninterner Unternehmenszusammenschlüsse führen können, sind in der Vergangenheit sämtliche Bestrebungen des *International Accounting Standards Board* (IASB), die bestehende Regelungslücke zu schließen, ergebnislos geblieben.[35] Um die bis dato ausgetauschten Argumente seitens des Standardsetzers sowie der Konzernabschlussersteller zu kanalisieren und eine neue Grundlage für eine weiterführende Diskussion zu schaffen, veröffentlichte die *European Financial Reporting Advisory Group* (EFRAG) in Zusammenarbeit mit dem italienischen Standardsetzer

bezeichnet, vgl. stellvertretend IDW (Hrsg.), IDW RS HFA 2, Rn. 41.

29 IAS 22 wurde im Jahr 2004 als maßgeblicher Standard für die bilanzielle Abbildung von Unternehmenszusammenschlüssen durch die Vorschriften des IFRS 3 (2004) ersetzt. In diesem Zusammenhang wurden die Regelungen zur *pooling-of-interests method* abgeschafft. Zu den Hintergründen vgl. IFRS 3.BC.22-48.

30 Vgl. statt vieler BUSCHHÜTER, M., in: Internationale Rechnungslegung, IFRS 3, Rn. 26, sowie ausführlicher hierzu Abschnitt 53.

31 Vgl. hierzu ausführlich APPEL, H., Der DaimlerChrysler-Deal.

32 Die damaligen Bilanzierungsvorschriften der US-GAAP sahen ebenso wie jene der IFRS unter bestimmten Voraussetzungen die Anwendung der *pooling-of-interests method*, die im deutschen unter dem Namen der Interessenzusammenführungsmethode bekannt ist, anstatt der Anwendung der Erwerbsmethode vor. Vgl. hierzu MUJKANOVIC, R., Zukunft der Kapitalkonsolidierung, S. 533-535.

33 Vgl. DAIMLER-BENZ AG (Hrsg.), Pro-Forma-Konzernbilanz DaimlerChrysler, S. 62 und S. 66, sowie BRUNS, H.-G., Zusammenschluß der Daimler-Benz AG und der Chrysler Corporation, S. 835.

34 Vgl. RAMMERT, S., Pooling of Interests, S. 628. Die damaligen Vorschriften der US-GAAP sowie der IFRS schrieben noch eine planmäßige Abschreibung des Geschäfts- oder Firmenwertes über seine voraussichtliche Nutzungsdauer vor. Im Fall des Unternehmenszusammenschlusses zwischen der Daimler-Benz AG und der Chrysler *Corporation* hätte der Goodwill über maximal 40 Jahre abgeschrieben werden müssen, vgl. DAIMLER-BENZ AG (Hrsg.), Pro-Forma-Konzernbilanz DaimlerChrysler, S. 66. Auch wenn die momentane Gestaltung der Erwerbsmethode gemäß IFRS 3 keine planmäßige Abschreibung des Geschäfts- oder Firmenwertes mehr vorsieht, sondern lediglich eine anlassbezogene im Rahmen des *impairment only approach*, besteht auch bei dieser Art der Folgebewertung ein Abschreibungspotenzial in voller Höhe des Goodwill.

35 Vgl. EY (Hrsg.), International GAAP 2016 (Volume 1), S. 672-674, zu den diesbezüglichen Aktivitäten des IASB.

Organismo Italiano di Contabilità (OIC) Ende 2011 ein ***discussion paper*** zu diesem Themenbereich.[36] Mit dem im Jahr 2014 begonnenen ***research project*** *„Business Combinations under Common Control"* knüpft der IASB offenbar an die Bestrebungen der EFRAG an, um die „ewige Baustelle"[37] der IFRS nunmehr zu schließen und somit der momentan (noch) bestehenden ***diversity in practice*** in Bezug auf die Erstkonsolidierung konzerninterner Unternehmenserwerbe entgegenzuwirken.[38] Der Schwerpunkt des diesbezüglichen Projekts liegt u. a. auf konzerninternen Unternehmenszusammenschlüssen, an denen nicht-beherrschende Gesellschafter unmittelbar beteiligt sind.[39]

Vor dem Hintergrund der angedeuteten Probleme sowie der (aktuellen) Regelungsbestrebungen des IASB und der EFRAG liegt der **inhaltliche Betrachtungsrahmen dieser Arbeit** auf der teilkonzernbilanziellen Abbildung konzerninterner Beteiligungstransfers. Im Zentrum der Untersuchung steht hierbei vor allem die Fragestellung, wie der infolge einer *Common Control*-Transaktion veränderte Konsolidierungskreis eines Teilkonzerns aus der Perspektive der primären Adressaten der berichterstattenden Einheit bilanziell nachgezeichnet werden sollte, um eine **entscheidungsnützliche Finanzberichterstattung** zu gewährleisten. Die Beurteilung der Zweckmäßigkeit der verschiedenen Bilanzierungsmethoden setzt zwangsläufig die Kenntnis der maßgeblichen Informationsadressaten voraus. Da sich der IASB jedoch nicht explizit dazu äußert, welche Kapitalgeber als **primäre Adressaten des Teilkonzernabschusses** zu werten sind, besteht ein Subziel dieser Arbeit darin, die maßgebende Adressatengruppe der in Rede stehenden berichterstattenden Einheit zu spezifizieren. Hierauf aufbauend können dann die sich im Kontext des IAS 8 herausgebildeten Bilanzierungsmethoden im Hinblick auf die Spezifika einer *Common Control*-Transaktion konkretisiert und anschließend vor dem Hintergrund der übergeordneten Zwecksetzung der IFRS-Rechnungslegung gewürdigt werden. Die dabei gewonnenen Erkenntnisse sollen in Abhängigkeit von der jeweiligen Erwerbskonstellation dazu beitragen, ein eigenständiges Bilanzierungskonzept zu entwickeln, das dazu geeignet ist, den zuvor ggf. identifizierten Schwachstellen möglichst umfassend zu begegnen. Konzeptionelle Basis der vorliegenden Untersuchung ist der im Mai 2015 veröffentlichte *exposure draft* zum *Conceptual Framework for Financial Reporting* (ED/2015/3).[40] Sowohl die Konkretisierung und Analyse bisher in der Literatur diskutierter Bilanzierungsmethoden als auch die Ableitung eines alternativen Bilanzierungskonzepts werden an den dort formulierten Anforderungen gespiegelt.

---

[36] Vgl. EFRAG U. A. (Hrsg.), Business Combinations under Common Control, S. 1-83. Weitere Forschungsbestrebungen zum diesbezüglichen Themenbereich lieferte bspw. auch der koreanische Standardsetzter KASB, vgl. KASB (Hrsg.), Research Report in Accounting for BCUCC, S. 1-162.

[37] MEYER, M., Business Combinations auf dem Prüfstand, S. 393.

[38] Vgl. zur Projektübersicht IASB (Hrsg.), Project Overview BCUCC, o. S.

[39] Vgl. IASB (Hrsg.), Staff Paper BCUCC Agenda ref. 8 (March 2015), Rn. 11 i. V. m. Rn. 28.

[40] Vgl. zur Projektübersicht IASB (Hrsg.), Project Overview ED/2015/3, o. S.

12 Gang der Untersuchung

Die Untersuchung gliedert sich in **sieben Kapitel**. Der Einleitung nachfolgend werden im zweiten Kapitel zunächst die Grundlagen zu *business combinations under common control* gelegt (**zweites Kapitel**). Aufgrund der inhaltlichen und gliederungstechnischen Anknüpfung steht hier vor allem die Systematisierung konzerninterner Unternehmenszusammenschlüsse auf Teilkonzernebene im Zentrum der Betrachtung. Dem vorangehend werden die konstituierenden Merkmale, Motive sowie rechtlichen Durchführungsarten dieser Form von Unternehmenstransaktionen erläutert.

Im **dritten Kapitel** werden die konzeptionellen Grundlagen der Untersuchung gelegt. Neben Ausführungen zur Stellung des *Conceptual Framework* innerhalb der IFRS-Rechnungslegung werden der Zweck der IFRS-Finanzberichterstattung sowie die darauf basierenden qualitativen Anforderungen an entscheidungsnützliche Informationen erläutert. Hierbei wird zugleich versucht, den Leser für jene Anforderungen zu sensibilisieren, die in der späteren Analyse eine besonders gewichtige Rolle spielen. Das Kapitel schießt mit einer knappen Darstellung der Vorschriften des IAS 8 zum Umgang mit Regelungslücken.

Im **vierten Kapitel** werden die Konzeption und die Adressaten des IFRS-Teilkonzernabschlusses herausgearbeitet. Als Ausgangspunkt dieser Diskussion werden zunächst die allgemeine Zielsetzung sowie die Adressaten des übergeordneten Konzernabschlusses erläutert. Die dabei gewonnenen Erkenntnisse dienen sodann als Deduktionsgrundlage zur Konkretisierung des jeweiligen Aspekts auf Ebene des Teilkonzernabschlusses. Des Weiteren wird im vierten Kapitel auf die Bedeutung und die Auswirkungen des Teilkonzernabschlusses verstanden als separate berichterstattende Einheit oder als Ausschnitt aus dem übergeordneten Konzernabschluss eingegangen.

Den Hauptteil der Arbeit bilden das fünfte und sechste Kapitel, in denen die bilanzielle Abbildung teilkonzernübergreifender (fünftes Kapitel) sowie teilkonzerninterner Unternehmenszusammenschlüsse (sechstes Kapitel) unter gemeinsamer Beherrschung kritisch analysiert werden. Zunächst werden im **fünften Kapitel** die auf der Grundlage der Vorschriften des IAS 8 legitimierten Bilanzierungsmethoden, der Methode der Buchwertfortführung (Abschnitt 53) und der Erwerbsmethode gemäß IFRS 3 (Abschnitt 54), zur Erfassung eines konzerninternen Unternehmenszusammenschlusses hergeleitet und in den entsprechenden Abschnitten sowohl konkretisiert als auch separat gewürdigt. Als Reaktion auf die im Verlauf der Diskussion identifizierten und in Abschnitt 55 gegenübergestellten Kritikpunkte der beiden Bilanzierungsmethoden, die vor allem durch die Herausforderungen bei der Goodwillbilanzierung begründet werden, wird in Abschnitt 56 der von der EFRAG geäußerte Diskussionsvorschlag einer modifizierten Anwendung der Vorschriften des IFRS 3 tiefergehend beleuchtet. Im Zentrum der entsprechenden Analyse steht die Fragestellung, inwieweit ein Ansatzverbot neu identifizierbarer immaterieller Vermögenswerte und/oder eines Geschäfts- oder Firmenwertes dazu geeignet ist, die Entscheidungsnützlichkeit der Finanzinformationen zu erhöhen und somit zuvor identifizierten Problembereichen der analogen Anwendung des IFRS 3 zu begegnen. Auf Basis der in der Gesamtschau gewonnenen Erkenntnisse wird in Abschnitt 57 ein eigenständiges Bilanzierungskonzept entwickelt, welches nach hier vertretener Auffassung zu einer zweckgerechteren teilkonzernbilanziellen Darstellung der Auswirkungen der *business combination under common control* auf die Vermögens-, Finanz- und Ertragslage führen würde.

Im **sechsten Kapitel** werden dann teilkonzerninterne Unternehmenstransaktionen betrachtet. Neben den Erkenntnissen des fünften Kapitels dient hier zunächst die bilanzielle Abbildung einer solchen Transaktion im Konzernabschluss als konzeptioneller Ausgangspunkt (Abschnitt 62). Aufgrund der sachverhaltsspezifischen Ähnlichkeiten wird die in diesem Kontext herausgebildete herrschende Meinung als Deduktionsbasis für eine zweckgerechte Bilanzierung auf Ebene des Teilkonzernabschlusses herangezogen. Darüber hinaus wird in diesem Zusammenhang ebenfalls diskutiert, inwieweit der wirtschaftliche Gehalt einer Transaktion als maßgebendes Kriterium für die Wahl der Bilanzierungsmethode verwendet werden sollte.

Im **siebten Kapitel** werden die wesentlichen Ergebnisse der Untersuchung in verdichteter Form zusammengefasst. Darüber hinaus wird ein Ausblick auf weiterführende Problembereiche von *Common Control*-Transaktionen gegeben, denen sich der IASB in Zukunft annehmen sollte. In Abbildung 1-2 wird der Entwicklungspfad der Untersuchung grafisch dargestellt.

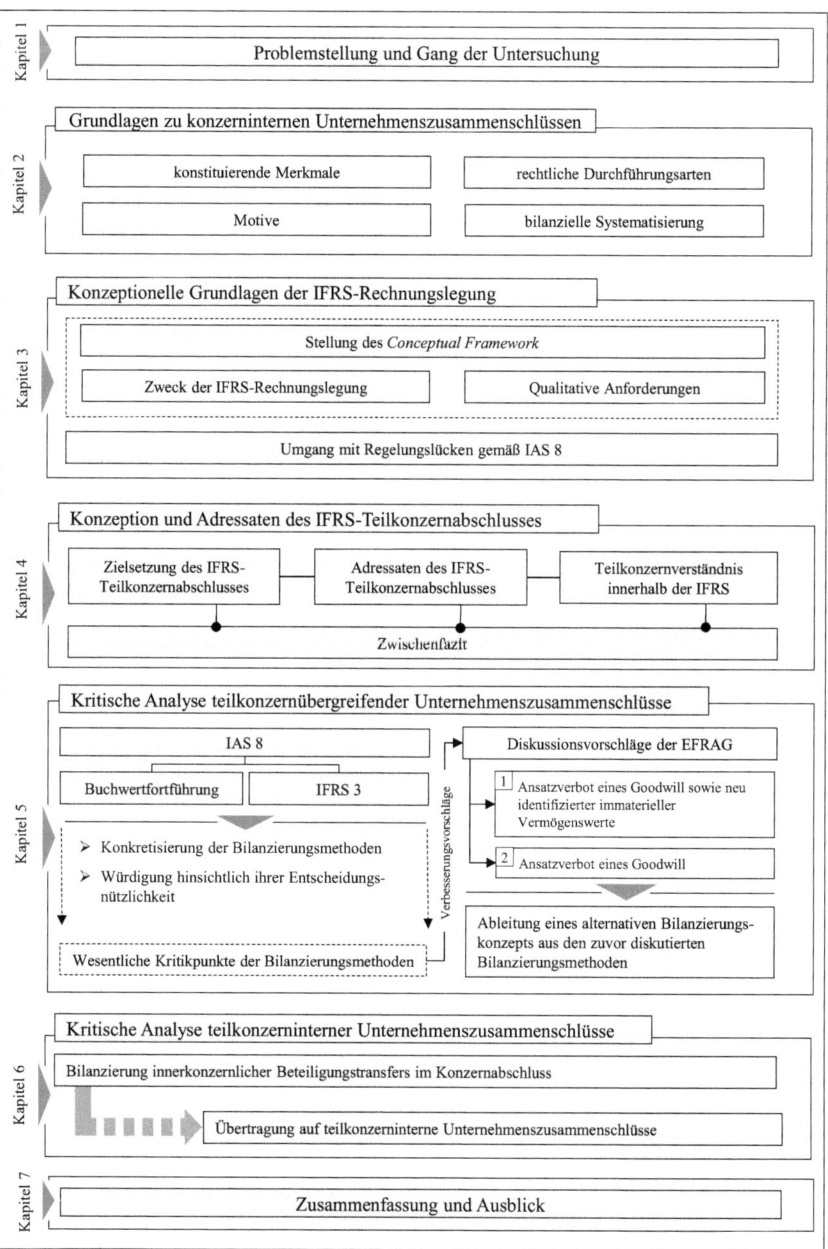

Abbildung 1-2: Entwicklungspfad der Untersuchung

2 Grundlagen konzerninterner Unternehmenszusammenschlüsse

21 Vorbemerkungen

Sowohl die Analyse als auch die Konzipierung etwaiger Bilanzierungsvorschriften erfordert ein grundlegendes Verständnis des bilanziell zu erfassenden Sachverhalts. Aus diesem Grund werden im folgenden Abschnitt 22 zunächst die konstituierenden Merkmale eines Unternehmenszusammenschlusses unter gemeinsamer Beherrschung beschrieben, um damit gleichzeitig ein Bewusstsein für die inhaltliche Abgrenzung zu artverwandten Geschäftsvorfällen zu schaffen. Darauf aufbauend werden Motive für die Durchführung konzerninterner Unternehmensakquisitionen (Abschnitt 23) erläutert sowie auf verschiedene rechtliche Durchführungsarten und deren Auswirkungen auf den konsolidierten Abschluss eingegangen (Abschnitt 24). Das zweite Kapitel schließt mit einer Systematisierung konzerninterner Unternehmenszusammenschlüsse auf Teilkonzernebene, an der sich die im fünften und sechsten Kapitel durchgeführte kritische Analyse möglicher Bilanzierungsmethoden orientiert (Abschnitt 25).

22 Konstituierende Merkmale konzerninterner Unternehmenszusammenschlüsse

221. Unternehmenszusammenschlüsse unter gemeinsamer Beherrschung gemäß IFRS 3.2 (c)

Der zur Bilanzierung von Unternehmenszusammenschlüssen einschlägige Standard IFRS 3 schließt die Bilanzierung von Unternehmenserwerben unter gemeinsamer Beherrschung[41] explizit von seinem Anwendungsbereich aus.[42] Auch wenn es somit an konkreten Regelungen zum diesbezüglichen Themenkomplex mangelt,[43] erläutert der IASB innerhalb seiner Anwendungsleitlinien zu IFRS 3 detailliert,[44] welche Transaktionen als interne Erwerbsvorgänge unter gemeinsamer Beherrschung zu klassifizieren sind.[45]

---

41 Der Begriff der gemeinsamen Beherrschung *(common control)* gemäß IFRS 3.2 (c) ist inhaltlich vom Begriff der gemeinschaftlichen Führung *(joint control)* gemäß IFRS 11.7 abzugrenzen. Unter Letzterem wird im Kontext der bilanziellen Abbildung von Gemeinschaftsunternehmen und gemeinschaftlichen Tätigkeiten die vertraglich geregelte Teilung der Beherrschung zwischen zwei oder mehreren unabhängigen Parteien verstanden, die nur dann gegeben ist, wenn Entscheidungen über die relevanten Tätigkeiten die einstimmige Zustimmung der beherrschenden Parteien erfordert. Obgleich *joint control* im Schrifttum oftmals mit gemeinschaftlicher Beherrschung ins Deutsche übersetzt wird (vgl. KÜTING, K./SEEL, C., Gemeinschaftliche Beherrschung nach IFRS 11, S. 452 f.; ZÜLCH, H./POPP, M., Reformation der IFRS-Konzernrechnungslegung (Teil II), S. 328 f.), wird der Begriff in dieser Arbeit ausschließlich im Zusammenhang mit *common control transactions* verwendet. Vgl. ebenso STRÖHER, T., Unternehmenszusammenschlüsse unter Common Control, S. 8 f., wenn auch im Kontext der ehemaligen Regelungen des IAS 31 *(Interests in Joint Ventures)*.

42 Vgl. IFRS 3.2 (c).

43 Vgl. BERNDT, T./GUTSCHE, R., in: MüKo Bilanzrecht (Bd. 1), IFRS 3, Rn. 22.

44 Vgl. IFRS 3.B.1-B.4.

45 Vgl. DELOITTE (Hrsg.), iGAAP 2015, S. 1811 f.; BAETGE, J./HAYN, S./STRÖHER, T., in: Rechnungslegung nach IFRS, 2. Aufl., Teil B: IFRS 3, Rn. 39 f.

In den **Ausnahmetatbestand** des IFRS 3.2 (c) fallen sämtliche Unternehmenszusammenschlüsse, bei denen alle sich zusammenschließenden Unternehmen oder Geschäftsbetriebe sowohl vor als auch nach dem Unternehmenserwerb von derselben Partei bzw. denselben Parteien beherrscht werden und die Beherrschung nicht nur vorrübergehender Natur *(transitory)* ist.[46] Die Ausführungen in den Anwendungsleitlinien verdeutlichen, dass diese Form von internen Unternehmenszusammenschlüssen neben dem Erwerb eines Unternehmens auch der Erwerb einer integrierten Gruppe von Tätigkeiten und Vermögenswerten i. S. e. *business* umfasst, die keine rechtliche Einheit darstellen.[47] Gleichzeitig impliziert das Beherrschungskriterium, dass das erworbene Unternehmen im Wege der Vollkonsolidierung in den (Teil-)Konzernabschluss des entsprechenden Mutterunternehmens einzubeziehen ist.[48] Obgleich der Standardsetzer in IFRS 3.B.1 von einem Unternehmenszusammenschluss spricht, liegt im speziellen Fall des IFRS 3.2 (c) dem Grunde nach kein Erwerb im eigentlichen Sinne des IFRS 3 vor, da zumindest aus der Perspektive der obersten beherrschenden Partei keine neuen Beherrschungsmöglichkeiten geschaffen werden.[49]

Zentrales Abgrenzungsmerkmal zwischen internen und externen Unternehmenserwerben ist das Kriterium der **gemeinsamen Beherrschung**. Ein gemeinsames Kontrollverhältnis liegt immer dann vor, wenn die Beherrschung über die zusammengeführten Tochterunternehmen bzw. Geschäftsbetriebe sowohl vor als auch nach dem Zusammenschluss durch den gleichen Gesellschafterkreis ausgeübt wird.[50] Entsprechend werden die Beherrschungsverhältnisse nicht

---

46 Vgl. IFRS 3.2 (c) i. V. m. IFRS 3.B.1; HAYN, S., Komplexe Konsolidierungskreisänderungen, S. 256; GATTUNG, A., Berichterstattung zu nahe stehenden Unternehmen, S. 315; BUSCHHÜTER, M., in: Internationale Rechnungslegung, IFRS 3, Rn. 18; BALZER, A., Auswirkungen eines Unternehmenszusammenschlusses, S. 129 f. Vgl. hier und im Folgenden ausführlich auch STRÖHER, T., Unternehmenszusammenschlüsse unter Common Control, S. 27-34.

47 Vgl. IFRS 3.Appendix A; BUSCHHÜTER, M., in: Internationale Rechnungslegung, IFRS 3, Rn. 38-41. Zur Abgrenzung eines Geschäftsbetriebes von einer bloßen Gruppe von Vermögenswerten vgl. die Leitlinien des IFRS 3.B.7-B.12, sowie SENGER, T./BRUNE, J. W., in: Beck'sches IFRS-HB, 5. Aufl., § 34, Rn. 3-11.

48 Vgl. hierzu ANDREJEWSKI, K. C., Unternehmenszusammenschlüsse unter gemeinsamer Beherrschung, S. 1436 m. w. N. Fraglich ist in diesem Zusammenhang, inwieweit die Regelungslücke für Transaktionen unter gemeinsamer Beherrschung ebenfalls auf den Transfer von Beteiligungsunternehmen, auf die lediglich ein maßgeblicher Einfluss gemäß IAS 28 ausgeübt werden kann, übertragbar ist. Selbiges gilt für den innerkonzernlichen Beteiligungstransfer von nach der *Equity*-Methode zu bilanzierenden Gemeinschaftsunternehmen. Zwar enthalten die Vorschriften des IAS 28 keine Ausnahme zu *Common Control*-Transaktionen, dennoch wird in IAS 28.26 darauf verwiesen, dass eine *at equity*-Bilanzierung den gleichen Grundsätzen zu folgen hat wie die Bilanzierung nach der Erwerbsmethode des IFRS 3. Vgl. hierzu KPMG (Hrsg.), Insights into IFRS 2015/16 (Volume 1), Rn. 5.13.20.30 und Rn. 5.13.20.50; EY (Hrsg.), International GAAP 2016 (Volume 1), S. 703-706.

49 Vgl. SENGER, T./BRUNE, J. W., in: Beck'sches IFRS-HB, 5. Aufl., § 34, Rn. 20; THEILE, C./PAWELZIK, K. U., in: IFRS-Handbuch, 5. Aufl., D VI, Rn. 5850.

50 Vgl. hierzu und im Folgenden SENGER, T./BRUNE, J. W., in: Beck'sches IFRS-HB, 5. Aufl., § 34, Rn. 20; STRÖHER, T., Unternehmenszusammenschlüsse unter Common Control, S. 27 f. Die weiteren Ausführungen im Verlauf dieser Untersuchung gelten gleichermaßen für Tochterunternehmen i. S. e. juristischen Person wie für Geschäftsbetriebe, die die Anforderung an ein *business* erfüllen. Aus diesem Grund werden die Termini im Folgenden grundsätzlich synonym verwendet.

ausgeweitet, sondern lediglich innerhalb bestehender Konzernstrukturen neu geordnet.[51] Inwieweit ein gemeinsames Kontrollverhältnis existiert, ist immer aus der Perspektive der obersten Kontrollinstanz zu beurteilen.[52] Auch wenn formal keine Konzernrechnungslegungspflicht besteht, existieren bei wirtschaftlicher Betrachtungsweise aufgrund der gemeinsamen Beherrschung konzernäquivalente Strukturen.[53] Hierbei ist es unerheblich, ob die beherrschenden Parteien juristische Personen in Form eines Unternehmens darstellen. Vielmehr hebt der IASB hervor, dass eine Gruppe natürlicher Personen auf der Grundlage einer vertraglichen Vereinbarung ebenso die Möglichkeit besitzen kann, die Finanz- und Geschäftspolitik eines Unternehmens gemeinschaftlich zu bestimmen.[54] Dem IFRS 3 selbst sowie den dazugehörigen Anwendungsleitlinien ist in diesem Zusammenhang nicht zu entnehmen, wie eine vertragliche Vereinbarung zur gemeinschaftlichen Beherrschung gestaltet sein muss bzw. sollte. Zur Konkretisierung kann auf die Regelungen des IFRS 11 *(Joint Arrangements)* zurückgegriffen werden.[55] Demzufolge ist die vertragliche Vereinbarung üblicherweise, aber nicht zwingend in schriftlicher Form vorzulegen.[56] Vor allem bei Familienangehörigen werden häufig keine schriftlichen Vereinbarungen existieren. Aufgrund der familiären Beziehung ist eine gemeinschaftliche Beherrschung jedoch widerlegbar zu vermuten.[57] In der nachstehenden Abbildung 2-1 werden die erläuterten Formen gemeinsamer Beherrschung nochmals gegenübergestellt.

Die Höhe der Anteile nicht-beherrschender Gesellschafter an den sich zusammenschließenden Unternehmen ist für die Beurteilung, ob der Unternehmenserwerb unter gemeinsamer Beherrschung stattfindet, nicht relevant.[58] Selbiges gilt für den Fall, dass eines der sich zusammenschließenden Unternehmen ein zuvor nicht in den Konzernabschluss einbezogenes Tochterunternehmen ist.[59]

---

[51] Vgl. im Ergebnis auch HERZIG, N., Umstrukturierungen im Konzern, S. 2236, sowie KÜTING, P., Konzerninterne Umstrukturierungen, S. 1 und S. 129.

[52] Vgl. STRÖHER, T., Unternehmenszusammenschlüsse unter Common Control, S. 28 m. w. N.

[53] Vgl. IFRS 3.B.3, sowie hier und im Folgenden SENGER, T./BRUNE, J. W., in: Beck'sches IFRS-HB, 5. Aufl., § 34, Rn. 21.

[54] Vgl. IFRS 3.B.2; KPMG (Hrsg.), Insights into IFRS 2015/16 (Volume 1), Rn. 5.13.10.20; EY (Hrsg.), International GAAP 2016 (Volume 1), S. 675 f.

[55] Vgl. hier und im Folgenden EY (Hrsg.), International GAAP 2016 (Volume 1), S. 676.

[56] Vgl. IFRS 11.B.2; DITTMAR, P./GRAUPE, F., Analyse der Neuregelung nach IFRS 11, S. 404; FUCHS, M./STIBI, B., IFRS 11 Joint Arrangements, S. 1452.

[57] Vgl. THEILE, C./PAWELZIK, K. U., in: IFRS-Handbuch, 5. Aufl., D VI, Rn. 5841; STRÖHER, T., Unternehmenszusammenschlüsse unter Common Control, S. 29. Vgl. hierzu auch PwC (Hrsg.), Manual of accounting 2015 (Volume 2), Rn. 25.391.

[58] Vgl. IFRS 3.B.4.

[59] Vgl. IFRS 3.B.4.

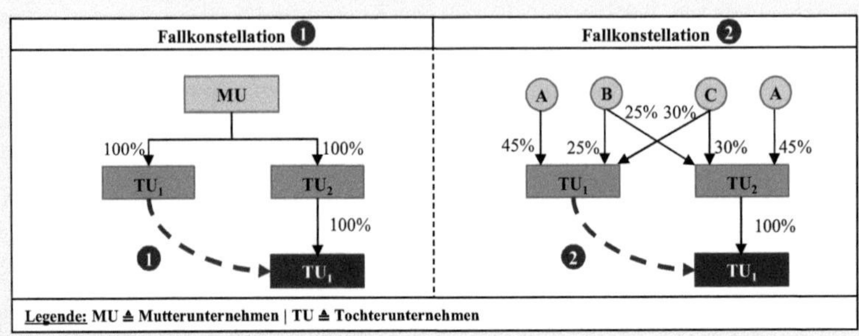

Fallkonstellation 1: Die Muttergesellschaft MU hält jeweils 100 % der Kapitalanteile an TU_1 und an dem kapitalmarktorientierten TU_2. Im Zuge einer organisatorischen Neuausrichtung überträgt das Mutterunternehmen seine Anteile an TU_1 vollständig auf TU_2. Das MU beherrscht TU_1 sowohl vor als auch nach der Transaktion, sodass der Unternehmenserwerb nicht in den Anwendungsbereich des IFRS 3 fällt. Dennoch muss der Unternehmenszusammenschluss im Konzernabschluss des MU und dem nun gemäß § 315a HGB verpflichtend aufzustellenden Teilkonzernabschluss des TU_2 bilanziell abgebildet werden.

Fallkonstellation 2: Die Anteilseigner A, B und C sind in unterschiedlicher Höhe am Kapital von TU_1 und TU_2 beteiligt. A und C beschließen, ihre Stimmrechte in beiden Gesellschaften zu poolen. Anschließend nutzen sie die aus der Stimmrechtszusammenlegung resultierende Beherrschungsmacht, indem TU_2 100 % der Kapitalanteile von TU_1 erwirbt. Aufgrund des Poolungsvertrags befinden sich beide Gesellschaften unter gemeinsamer Beherrschung, sodass auch in diesem Fall die bilanzielle Abbildung innerhalb des nun aufzustellenden Konzernabschlusses von TU_2 nicht in den Anwendungsbereich des IFRS 3 fällt.

Abbildung 2-1: Gemeinschaftliche Beherrschung gemäß IFRS 3.2 (c)[60]

Um bilanzpolitische Spielräume zu minimieren, darf ein gemeinsames Beherrschungsverhältnis indes nicht nur **vorrübergehender Natur** *(transitory)* sein.[61] Hierdurch soll verhindert werden, dass die Strukturierung von Transaktionen mit der Absicht erfolgt, die Anwendung der Vorschriften des IFRS 3 zu umgehen.[62] Was in diesem Kontext jedoch unter dem Begriff *transitory* zu subsumieren ist, wird nicht explizit durch den IASB konkretisiert. Grundsätzlich ist bei der Beurteilung jedoch unabhängig von der rechtlichen Strukturierung der Transaktion die Dauer der Beherrschung sowohl vor als auch nach dem Unternehmenszusammenschluss zu beachten.[63] Ein gemeinsames Kontrollverhältnis ist indes nicht schon alleine deshalb vorübergehender Natur ist, weil eine spätere Veräußerungsabsicht besteht.[64]

60 Vgl. ähnlich EY (Hrsg.), International GAAP 2016 (Volume 1), S. 677 f.; KPMG (Hrsg.), Insights into IFRS 2015/16 (Volume 1), Rn. 5.13.10.20.

61 Vgl. PwC (Hrsg.), Manual of accounting 2015 (Volume 2), Rn. 25.395.

62 Vgl. KPMG (Hrsg.), Insights into IFRS 2015/16 (Volume 1), Rn. 5.13.30.20.

63 Vgl. Baetge, J./Hayn, S./Ströher, T., in: Rechnungslegung nach IFRS, 2. Aufl., Teil B: IFRS 3, Rn. 43.

64 Vgl. IFRIC (Hrsg.), Transitory Common Control, S. 6, sowie Buschhüter, M./Senger, T., Common Control Transactions, S. 24.

222. Konzerninterne Unternehmenszusammenschlüsse als *related party transactions* gemäß IAS 24

Geschäftsbeziehungen im Allgemeinen sowie Unternehmenszusammenschlüsse im Speziellen zwischen sich nahestehenden Unternehmen und Personen *(related parties)* sind im Wirtschaftsleben gängige Praxis.[65] Da die Gestaltung solcher Geschäftsbeziehungen möglicherweise von der Gestaltung von Transaktionen mit fremden Dritten abweicht, bedürfen sie einer besonderen Beachtung.[66] So können sich bspw. die Konditionen von Geschäftsvorfällen zwischen nahestehenden Unternehmen und Personen von denen nicht nahestehender Parteien unterscheiden.[67] Aber auch ohne einen konkreten Leistungsaustausch ist die bloße Existenz einer Nähebeziehung ausreichend, um die Vermögens-, Finanz- und Ertragslage des berichterstattenden Unternehmens zu beeinflussen.[68] In diesem Kontext sollen die verpflichtenden Anhangangaben des **IAS 24** *(Related Party Disclosures)* den Adressaten signalisieren, dass die Abschlussinformationen aufgrund bestehender Beziehungen zu nahestehenden Unternehmen und Personen möglicherweise verzerrt sind.[69]

In den Anwendungsbereich des IAS 24 fallen grundsätzlich alle **Personen** und nahe Familienangehörige einer Person[70], die das berichtende Unternehmen beherrschen, an dessen gemeinschaftlicher Führung beteiligt sind oder einen maßgeblichen Einfluss auf dieses ausüben können. Darüber hinaus ist eine Person als nahestehend zu qualifizieren, sofern sie im Management des berichtenden Unternehmens oder dessen Mutterunternehmen eine Schlüsselposition bekleidet.[71] Zu den nahestehen **Unternehmen** zählen u. a. Unternehmen, die aufgrund einer Mutter-Tochter-Beziehung im selben Konzernverbund organisiert sind, sowie sämtliche assoziierten und gemeinschaftlich geführten Unternehmen der rechnungslegenden Einheit.[72] Im Gegensatz

---

65 Vgl. allgemein IAS 24.5; REINHOLD, A./SCHMIDT, J., Beziehungen zu nahestehenden Unternehmen und Personen, S. 111.

66 Vgl. IAS 24.6; KÜTING, K./GATTUNG, A., Nahe stehende Unternehmen (Teil 1), S. 1061; SENGER, T./PRENGEL, A., in: Beck'sches IFRS-HB, 5. Aufl., § 20, Rn. 1; BUSCHHÜTER, M., in: Internationale Rechnungslegung, IAS 24, Rn. 1.

67 Vgl. IAS 24.6; THUROW, C., Angaben zu nahe stehenden Unternehmen und Personen, S. 492; ANDREJEWSKI, K. C./BÖCKEM, H., Natürliche Personen im Kontext des IAS 24, S. 170.

68 Ein Tochterunternehmen könnte bspw. seine Geschäftsbeziehungen zu einem Handelspartner aufgrund seiner Beziehung zu einem nahestehenden Schwesterunternehmen beenden, vgl. IAS 24.7; KÜTING, K./GATTUNG, A., Nahe stehende Unternehmen (Teil 1), S. 1062; HINNRICHS, J./SCHUBERT, D., in: MüKo Bilanzrecht (Bd. 1), IAS 24, Rn. 5.

69 Vgl. IAS 24.1; KÜTING, K./SEEL, C., Beziehungen zu related parties, S. 227; SENGER, T./PRENGEL, A., in: Beck'sches IFRS-HB, 5. Aufl., § 20, Rn. 1; BÖCKEM, H., Reform von IAS 24-Angaben, S. 644; ANDREJEWSKI, K. C./BÖCKEM, H., Natürliche Personen im Kontext des IAS 24, S. 170.

70 Vgl. konkretisierend hierzu IAS 24.9, sowie THUROW, C., Angaben zu nahe stehenden Unternehmen und Personen, S. 493 f.

71 Vgl. hier und im Folgenden IAS 24.9; BUSCHHÜTER, M., in: Internationale Rechnungslegung, IAS 24, Rn. 2; PETERSEN, K./BANSBACH, F./DORNBACH, E., IFRS-Praxishandbuch, S. 661, sowie ausführlich LÜDENBACH, N./HOFFMANN, W.-D./FREIBERG, J., in: Haufe IFRS-Kommentar, 14. Aufl., § 30, Rn. 10-20.

72 Zur abschließenden Aufzählung, welche Unternehmen einem berichterstattenden Unternehmen nahestehen vgl. IAS 24.9 (b) (i)-(vii), sowie FINK, C./ZEYER, F., in: Rechnungslegung nach IFRS, 2. Aufl., Teil B: IAS 24, Rn. 10. Ebenso definiert der Standard (erleichterte) Angabepflichten für Unternehmen, die der öffentlichen Hand nahestehen, vgl. hierzu ZÜLCH, H./POPP, M., Beziehungen zu nahe stehenden

zu Unternehmenszusammenschlüssen, die in den Geltungsbereich des IFRS 3 fallen, unterliegen Unternehmenserwerbe unter gemeinsamer Beherrschung somit grundsätzlich den **erweiterten Angabepflichten** des IAS 24.[73]

Die konkreten Berichterstattungspflichten des IAS 24 sind unmittelbar von der Intensität der Nähebeziehung abhängig.[74] Ein Unternehmen, auf das ein beherrschender Einfluss ausgeübt wird, muss gemäß IAS 24.13 ungeachtet dessen, ob tatsächlich ein Geschäftsvorfall mit dem nahestehenden Mutterunternehmen während des Geschäftsjahres vorlag, durch die Angabe des Namens seines Mutterunternehmens[75] auf die Existenz der Nähebeziehung hinweisen.[76] Losgelöst vom Bestehen eines Mutter-Tochter-Verhältnisses hat das berichtende Unternehmen bei einem Leistungsaustausch mit einer nahestehenden Partei die Auswirkungen der Beziehung auf den Abschluss durch geeignete Angaben zu verdeutlichen.[77] In IAS 24.18 (a)-(d) werden nach Ansicht des IASB neben der Offenlegung der Art der Beziehung sowie des finanziellen Ausmaßes der Geschäftsvorfälle weitere notwendige **Mindestangaben** aufgeführt, um dem (Konzern-)Bilanzleser ein Verständnis über die Auswirkungen der Beziehung auf den Abschluss zu vermitteln.[78] Der Umfang der Berichterstattung wird auf der Ebene konsolidierter Abschlüsse allerdings dahingehend eingeschränkt, dass konzerninterne Geschäftsvorfälle mit nahestehenden Unternehmen, die im Zuge der (Teil-)Konzernabschlusserstellung eliminiert werden, nicht angabepflichtig sind.[79] Insoweit würde eine vollständige Eliminierung eines konzerninternen Unternehmenszusammenschlusses innerhalb des (Teil-)Konzernabschlusses lediglich Berichtspflichten im entsprechenden Einzelabschluss auslösen.

Obgleich eine Nähebeziehung vor allem bedingt durch einen beherrschenden Einfluss der handelnden Partei die Möglichkeit eröffnet, Transaktionen zu nicht marktüblichen Bedingungen durchzuführen,[80] verlangen die Vorschriften des IAS 24 **keine Angaben** darüber, inwiefern die

---

Unternehmen und Personen, S. 93 f.

73 Vgl. EFRAG U. A. (Hrsg.), Business Combinations under Common Control, S. 25; PwC (Hrsg.), Manual of accounting 2015 (Volume 2), Rn. 29.45; KÜTING, K./GATTUNG, A., Nahe stehende Unternehmen (Teil 1), S. 1068.

74 Vgl. KÜTING, K./SEEL, C., Beziehungen zu related parties, S. 229.

75 Falls der Name des direkten Mutterunternehmens von dem des obersten Mutterunternehmens abweicht, ist der Name des obersten beherrschenden Mutterunternehmens ebenso anzugeben. Sofern weder das direkte noch das an der Konzernspitze stehende Mutterunternehmen einen Konzernabschluss veröffentlicht, ist zusätzlich der Name des nächsthöheren Mutterunternehmens, welches einen Konzernabschluss veröffentlicht, anzugeben, vgl. IAS 24.13; KÜTING, K./SEEL, C., Beziehungen zu related parties, S. 229 f.

76 Vgl. KÜTING, K./SEEL, C., Beziehungen zu related parties, S. 229 f.; SENGER, T./PRENGEL, A., in: Beck'sches IFRS-HB, 5. Aufl., § 20, Rn. 42.

77 Vgl. IAS 24.18.

78 Vgl. FINK, C./ZEYER, F., in: Rechnungslegung nach IFRS, 2. Aufl., Teil B: IAS 24, Rn. 54. Des Weiteren sind sämtliche Vergütungen des Managements in Schlüsselpositionen insgesamt sowie getrennt nach den in IAS 24.17 (a)-(e) aufgeführten Kategorien auszuweisen.

79 Vgl. IAS 24.4; LÜDENBACH, N./HOFFMANN, W.-D./FREIBERG, J., in: Haufe IFRS-Kommentar, 14. Aufl., § 30, Rn. 10; SENGER, T./PRENGEL, A., in: Beck'sches IFRS-HB, 5. Aufl., § 20, Rn. 40; REINHOLD, A./SCHMIDT, J., Beziehungen zu nahestehenden Unternehmen und Personen, S. 111.

80 Vgl. IAS 24.6; BÖCKEM, H., Reform von IAS 24-Angaben, S. 644; THUROW, C., Angaben zu nahe stehenden Unternehmen und Personen, S. 492.

verrechneten Preise einer *arm's length transaction* entsprechen.[81] Eine Aussage zur **Fremdüblichkeit** ist nur dann zulässig, wenn diese nachvollziehbar belegt werden kann.[82] Bei einer ausbleibenden Information zur Marktüblichkeit der Konditionen kann seitens der Adressaten daher nicht differenziert werden, ob das Fehlen auf einer nicht hinreichenden Dokumentation basiert oder ob der Geschäftsvorfall tatsächlich zu nicht fremdüblichen Bedingungen durchgeführt wurde.[83] Die Offenlegungspflichten des IAS 24 sind im Ergebnis also nicht so weitreichend, dass sie Aufschluss darüber geben könnten, wie der Abschluss ausgesehen hätte, sofern sämtliche Geschäftsvorfälle zu marktüblichen Bedingungen durchgeführt worden wären. Den Adressaten der Berichterstattung ist es letztlich nur möglich, den Umfang der Transaktionen mit nahestehenden Unternehmen und Personen zu beurteilen.[84] Insofern erscheint es zweifelhaft, ob die beschriebenen Angabepflichten zu nahestehenden Unternehmen und Personen aus der Perspektive der Adressaten überhaupt dazu geeignet sind, die konkreten Auswirkungen eines konzerninternen Unternehmenszusammenschlusses auf die Vermögens-, Finanz- und Ertragslage des konsolidierten Abschlusses tatsächlich zu beurteilen.[85] Überdies können in Abhängigkeit von den in Abschnitt 11 skizzierten Bilanzierungsmethoden Erwerbskonstellationen auftreten, in denen weder im Konzern- noch im Teilkonzernabschluss Anhangangaben gemäß IAS 24 erforderlich sind.[86] In derartigen Fällen würde das ursprünglich intendierte Ziel des IAS 24, die Adressaten für etwaige Verzerrungen der Finanzinformationen zu sensibilisieren, die auf die Nähebeziehung der Transaktionspartner zurückzuführen sind, verfehlt.[87]

23 Motive für konzerninterne Unternehmenszusammenschlüsse

Für das Verständnis des Phänomens konzerninterner Unternehmenserwerbe ist neben der Kenntnis deren konstituierender Merkmale gleichzeitig eine grundlegende Vorstellung davon hilfreich, weshalb solche konzerninternen Reorganisationen durchgeführt werden. Da die Motive ebenso wie bei externen Unternehmenserwerben vielfältig sein können, sind die folgenden Ausführungen lediglich als Überblick zu verstehen.[88]

Grundsätzlich sind Veränderungen der konzerninternen Beteiligungsstruktur dadurch motiviert, sich an veränderte Umweltbedingungen anzupassen sowie neue unternehmerische Ziele umzusetzen.[89] Ein in diesem Kontext häufig in der Literatur genanntes Motiv konzerninterner

[81] Vgl. hier und im Folgenden SENGER, T./PRENGEL, A., in: Beck'sches IFRS-HB, 5. Aufl., § 20, Rn. 49.
[82] Vgl. IAS 24.23.
[83] Vgl. KÜTING, K./SEEL, C., Beziehungen zu related parties, S. 234 f.; FINK, C./ZEYER, F., in: Rechnungslegung nach IFRS, 2. Aufl., Teil B: IAS 24, Rn. 54.
[84] Vgl. KÜTING, K./SEEL, C., Beziehungen zu related parties, S. 235.
[85] A. A. offenbar STRÖHER, T., Unternehmenszusammenschlüsse unter Common Control, S. 180 und S. 182.
[86] Vgl. STRÖHER, T., Unternehmenszusammenschlüsse unter Common Control, S. 193.
[87] Zur Zielsetzung der Angabepflichten vgl. IAS 24.1.
[88] Vgl. umfassend zu den Motiven von Unternehmenszusammenschlüssen unter gemeinsamer Beherrschung KÜTING, P., Konzerninterne Umstrukturierungen, S. 44-54; STRÖHER, T., Unternehmenszusammenschlüsse unter Common Control, S. 35-43.
[89] Vgl. HERZIG, N., Steuerneutrale Umstrukturierungsmöglichkeiten, S. 3; HERZIG, N./FÖRSTER, G., Steuerneutrale Umstrukturierung von Konzernen, S. 99, sowie Abschnitt 11.

Reorganisationen ist die Inanspruchnahme **steuerlicher Vorteile** bzw. die Umgehung steuerlicher Nachteile im Zusammenhang mit einer veränderten Steuergesetzgebung.[90] Auch wenn die wirtschaftliche Einheit Konzern in der Bundesrepublik Deutschland kein eigenständiges Steuersubjekt darstellt,[91] können konzerninterne Umstrukturierungen der rechtlich selbstständigen Einzelgesellschaften dazu beitragen, die (künftigen) Steueraufwendungen aus Konzernsicht zu reduzieren.[92] Zur Optimierung der Konzernsteuerquote sind bspw. Funktionsverlagerungen von Tochtergesellschaften in Niedrigsteuerländer denkbar.[93] Aber auch durch die Verschmelzung von verlustbringenden mit profitablen Konzernunternehmen entstehen steuerlich wirksame Verlustausgleichsmöglichkeiten.[94]

Neben steuerlichen Vorteilen bestehen u. U. auch **bilanzpolitische Anreize**, konzerninterne Umstrukturierungen durchzuführen. So ist es dem übernehmenden Rechtsträger im Zuge einer Verschmelzung zweier verbundener Unternehmen nach deutschem Umwandlungsrecht gemäß § 24 UmwG bspw. möglich, die übertragenen Vermögensgegenstände innerhalb seines handelsrechtlichen Einzelabschlusses entweder entsprechend dem Anschaffungskostenprinzip gemäß § 253 Abs. 1 HGB anzusetzen oder für die Übernahme der Buchwerte aus der Schlussbilanz des übertragenden Rechtsträgers zu optieren.[95] Damit ermöglicht das Wahlrecht des § 24 UmwG eine handelsrechtliche Neubewertung auf Ebene des Einzelabschlusses,[96] die positive Auswirkungen auf die Eigenkapitalquote der aufnehmenden Gesellschaft haben kann.[97] Des Weiteren kann eine Reorganisation der Konzernstruktur dazu genutzt werden, den Abschreibungsbedarf eines Geschäfts- oder Firmenwertes im Rahmen der Folgebewertung zu minimieren.[98] Aufgrund dessen, dass dieser im Wesentlichen Synergieeffekte widerspiegelt und

---

90 Vgl. stellvertretend GROTHERR, S., Umstrukturierung von Unternehmen und Konzernen, S. 1980; DEMPFLE, U., Beeinflussung der Konzernsteuerquote, S. 29; KAHLING, D., Bilanzierung konzerninterner Verschmelzungen, S. 9; STRÖHER, T., Unternehmenszusammenschlüsse unter Common Control, S. 37-40; KÜTING, P., Konzerninterne Umstrukturierungen, S. 46-48.

91 Vgl. THEISEN, M. R., Der Konzern, S. 561 f.; KESSLER, W., in: Komm. Konzernsteuerrecht, 2. Aufl., § 1, Rn. 1.

92 Vgl. stellvertretend HERZIG, N., Gestaltung der Konzernsteuerquote, S. 87 f.; DEMPFLE, U., Beeinflussung der Konzernsteuerquote, S. 30-32; WUNSCH, I., Verschmelzung und Spaltung von Kapitalgesellschaften, S. 128-130.

93 Vgl. hier und im Folgenden KÜTING, P., Konzerninterne Umstrukturierungen, S. 47 f.; SCHEFFLER, W., Internationale Steuerlehre, S. 513.

94 Vgl. LÜDENBACH, N./HOFFMANN, W.-D./FREIBERG, J., in: Haufe IFRS-Kommentar, 14. Aufl., § 31, Rn. 188.

95 Vgl. MÜLLER, C., in: Hessler/Strohn GesellschaftsR Komm., 2. Aufl., § 24 UmwG, Rn. 1-17, hier Rn. 1; DUTZI, A./LEUVELD, H. C./RAUSCH, B., Bilanzierung von Upstream Mergers, S. 2219 f.; HÖRTNAGL, R., in: Schmitt/Hörtnagl/Stratz, 6. Aufl., § 24 UmwG, Rn. 1 f.; BILITEWSKI, A./ROß, N./WEISER, M. F., Bilanzierung nach IDW RS HFA 42 (Teil 2), S. 73 f.; IDW (Hrsg.), IDW RS HFA 42, Rn. 32-76.

96 Vgl. KNÜPPEL, M., Verschmelzungen nach Handelsrecht, Steuerrecht und IFRS, S. 56.

97 Vgl. STRÖHER, T., Unternehmenszusammenschlüsse unter Common Control, S. 42; LÜDENBACH, N./HOFFMANN, W.-D./FREIBERG, J., in: Haufe IFRS-Kommentar, 14. Aufl., § 31, Rn. 188. Auf Ebene des Konzernabschlusses sind die bilanziellen Auswirkungen der Verschmelzung grundsätzlich zu eliminieren, sodass der Konzernabschluss nach einer konzerninternen Verschmelzung so weiterzuführen ist, als hätte diese nicht stattgefunden, vgl. KAHLING, D., Bilanzierung konzerninterner Verschmelzungen, S. 285.

98 Vgl. KÜTING, P., Konzerninterne Umstrukturierungen, S. 49 und S. 220-242 m. w. N.

daher keine unabhängigen Zahlungsströme generiert,[99] ist die Werthaltigkeitsprüfung des Geschäfts- oder Firmenwertes gemäß IAS 36 *(Impairment of Assets)* auf Ebene einer oder mehrerer firmenwerttragender zahlungsmittelgenerierender Einheiten durchzuführen.[100] Sobald es im Rahmen konzerninterner Umstrukturierungen zu Veränderungen der Berichtsstrukturen kommt, welche Änderungen der ursprünglich definierten zahlungsmittelgenerierenden Einheiten nach sich ziehen, verlangt IAS 36.87 die unmittelbare Anpassung des auf die jeweilige Einheit zu allokierenden Geschäfts- oder Firmenwertes.[101] Durch eine gezielte Gestaltung der zahlungsmittelgenerierenden Einheiten infolge veränderter Beteiligungsstrukturen kann der Wertberichtigungsbedarf des Goodwill eigentlich ertragsschwacher Einheiten durch die Kombination mit entsprechend werthaltigen zahlungsmittelgenerierenden Einheiten minimiert oder gar verhindert werden. Im Ergebnis kann hierdurch eine eigentlich notwendige Abschreibung des Geschäfts- oder Firmenwertes ggf. umgangen werden.[102]

Ein weiteres betriebswirtschaftliches Motiv zur Durchführung konzerninterner Reorganisationen ist die Verbesserung der unternehmerischen Leistungsfähigkeit durch die Realisierung von **Synergieeffekten**.[103] Der durch die Umstrukturierung erwartete Synergiewert lässt sich dabei durch Erlössteigerungen und Kostensenkungen quantifizieren.[104] Eine veränderte Zusammenfassung von Betrieben, Unternehmen oder Unternehmensteilen ermöglicht es sowohl Betriebsabläufe effizienter und kostengünstiger zu gestalten als auch wirtschaftliche Ressourcen der beteiligten Unternehmen zu bündeln.[105] Durch die ggf. damit einhergehende effizientere Nutzung konzerngebundener Kapazitäten können womöglich Administrations-, Beschaffungs-, Finanzierungs-, Produktions- sowie Vertriebssynergien realisiert werden.[106]

Darüber hinaus besteht ein Anreiz innerkonzernliche Beteiligungstransfers durchzuführen, um die **Transparenz** der Konzernstruktur zu erhöhen.[107] Innerhalb eines Konzerns ist die operative

---

[99] Vgl. hierzu auch FREIBERG, J., Zeitpunkt des ersten goodwill impairment-Tests, S. 359; HAAKER, A./PAARZ, M., Steuerrechtliche Behandlung von Akquisitionen, S. 690.

[100] Vgl. IAS 36.80; HAAKER, A., Zuordnung des Goodwill auf Cash Generating Units, S. 427 m. w. N.; WIRTH, J., Firmenwertbilanzierung nach IFRS, S. 11 f.; BUDDE, T., Wertminderungstests nach IAS 36, S. 2567 f. und S. 2573; KASPERZAK, R., Plädoyer für die Abschaffung des Konzepts des erzielbaren Betrages, S. 1-4.

[101] Vgl. HERMENS, A.-S./KLEIN, C., Goodwill bei internen Restrukturierungen, S. 7, sowie hier und im Folgenden MAYER-WEGELIN, E., IAS 36 Realität und Ermessensspielraum, S. 94 f.

[102] Vgl. KÜTING, K., Geschäfts- oder Firmenwert in der Konsolidierungspraxis 2007, S. 1800; KÜTING, P., Konzerninterne Umstrukturierungen, S. 49 m. w. N., sowie im Ergebnis wohl auch ERB, T. U. A., in: Beck'sches IFRS-HB, 5. Aufl., § 27, Rn. 90; WIRTH, J., Firmenwertbilanzierung nach IFRS, S. 12 f.

[103] Vgl. BRÄHLER, G., Umwandlungssteuerrecht, S. 197; OSSADNIK, W., Synergieverteilung bei Verschmelzungen, S. 885; KAHLING, D., Bilanzierung konzerninterner Verschmelzungen, S. 8.

[104] Vgl. HOFMANN, E., Realisierung von Synergien und Vermeidung von Dyssynergien, S. 484.

[105] Vgl. HARITZ, D., in: Haritz/Menner, 4. Aufl., Kapitel B: Bilanzierung bei Umwandlung, Rn. 1; KAHLING, D., Bilanzierung konzerninterner Verschmelzungen, S. 8 m. w. N.; SAGASSER, B., in: Sagasser/Bula/Brünger Komm. UmwG, 4. Aufl., 3. Teil: § 8 Beweggründe für Verschmelzungen, Rn. 1.

[106] Vgl. KÜTING, P., Konzerninterne Umstrukturierungen, S. 45 m. w. N. Vgl. hierzu ähnlich MADL, R., Umwandlungssteuerrecht, S. 2.

[107] Vgl. hierzu insgesamt LÜDENBACH, N./HOFFMANN, W.-D./FREIBERG, J., in: Haufe IFRS-Kommentar, 14. Aufl., § 31, Rn. 188.

Organisationsstruktur von der rechtlichen (statutarischen) Organisationsstruktur zu unterscheiden.[108] Meist ist die rechtliche und operative Struktur eines Konzernverbunds nicht deckungsgleich. Je mehr rechtlich selbstständige Unternehmen Teil der wirtschaftlichen Einheit sind, desto weiter dürften die beiden Organisationsebenen i. d. R. auseinanderfallen.[109] Durch eine Angleichung der Beteiligungsstruktur im Rahmen konzerninterner Umstrukturierungen bspw. an eine regionale oder divisionale Konzernorganisation ist es möglich, den Aufbau der wirtschaftlichen Einheit klarer zu gestalten.

Ebenfalls aus Transparenzgründen sowie zur erfolgreichen Integration in den Konzernverbund sind Neuordnungen der gesellschaftsrechtlichen Strukturen oftmals im Vorfeld oder im Anschluss einer neu akquirierten Tochtergesellschaft notwendig.[110] Zudem werden häufig auch **Veräußerungen** verbundener Unternehmen bzw. Unternehmensteile durch interne Umstrukturierungen vorbereitet.[111] Die der Veräußerung vorangehenden Umstrukturierungen dienen letztlich dazu, die zu veräußernde Einheit entsprechend zu strukturieren und zu separieren.[112] Dies trifft gleichermaßen auf verschiedene Veräußerungsformen zu, sodass eine interne Umstrukturierung sowohl einer vollständigen und teilweisen Veräußerung der Beteiligung über die Börse als auch außerbörslich vorausgehen kann.

Zudem finden Reorganisationen der Beteiligungskette auch aufgrund **haftungsrechtlicher Aspekte** statt. So kann bspw. eine auf die Privatsphäre überspringende faktische Konzernhaftung der Gesellschafter durch die Zwischenschaltung einer Holding in Form einer juristischen Person verhindert werden.[113] Ebenfalls ist zur Minimierung der Haftungsmasse eine Abspaltung eines risikobehafteten bzw. verlustbringenden Unternehmensbereichs in einen eigenständigen Rechtsmantel denkbar.[114]

Festzuhalten bleibt letztlich, dass die Motivation für eine Neugestaltung der rechtlichen Beteiligungsstruktur sowohl betriebswirtschaftlicher, steuerlicher als auch rechtlicher Natur sein kann.[115] Eine eindeutige Anreizstruktur ist daher nicht zu identifizieren. Trotz der sehr heterogenen Motive sollten die Gründe, weshalb konzerninterne Umstrukturierungen durchgeführt

---

108 Vgl. ALBRECHT, H. K., Organisationsstruktur multinationaler Unternehmungen, S. 2085-2087; KUTSCHKER, M./SCHMID, S., Internationales Management, S. 644 m. w. N.

109 Vgl. KUTSCHKER, M./SCHMID, S., Internationales Management, S. 644.

110 Vgl. HARITZ, D., in: Haritz/Menner, 4. Aufl., Kapitel B: Bilanzierung bei Umwandlung, Rn. 2, sowie KÜTING, P., Konzerninterne Umstrukturierungen, S. 45 f.

111 Vgl. OETTER, J., Strukturveränderung im Konzern, S. 21; HARTMANN, B., Spaltung von Kapitalgesellschaften, S. 35 m. w. N.; KREBS, H.-J., Veräußerung nach Spaltung, S. 1817; BYSIKIEWICZ, M., Unternehmensbewertung bei Spaltungen, S. 40 m. w. N.; IASB (Hrsg.), Staff Paper BCUCC Agenda ref. 8 (March 2015), Rn. 20-22.

112 Vgl. LÜDENBACH, N./HOFFMANN, W.-D./FREIBERG, J., in: Haufe IFRS-Kommentar, 14. Aufl., § 31, Rn. 188; STRÖHER, T., Unternehmenszusammenschlüsse unter Common Control, S. 41.

113 Vgl. LÜDENBACH, N./HOFFMANN, W.-D./FREIBERG, J., in: Haufe IFRS-Kommentar, 14. Aufl., § 31, Rn. 188.

114 Vgl. WURM, F., Nutzung von Holdingkonstruktionen, S. 75; WUNSCH, I., Verschmelzung und Spaltung von Kapitalgesellschaften, S. 131; OETTER, J., Strukturveränderung im Konzern, S. 21.

115 Vgl. WUNSCH, I., Verschmelzung und Spaltung von Kapitalgesellschaften, S. 127; STRÖHER, T., Unternehmenszusammenschlüsse unter Common Control, S. 43; HARITZ, D., in: Haritz/Menner, 4. Aufl.,

werden, bei der Beurteilung der Bilanzierung solcher Sachverhalte – soweit möglich – mit ins Kalkül einbezogen werden.[116] So ist es bspw. von Bedeutung, ob künftige Bilanzierungsvorschriften eine Abbildung potenzieller Synergieeffekte ermöglichen oder ob bilanzpolitische Spielräume durch die Eingrenzung eines Methodenwahlrechts vermieden werden können.

24 Durchführungsarten konzerninterner Unternehmenszusammenschlüsse

Ebenso wie externe Unternehmenserwerbe können auch Unternehmenszusammenschlüsse unter gemeinsamer Beherrschung im Wege verschiedener rechtlicher Strukturierungsformen durchgeführt werden.[117] Den Anwendungsleitlinien des IFRS 3.B.6 folgend sind hierunter im Wesentlichen der separate Erwerb einzelner Vermögenswerte und Schulden *(asset deal)*, der Erwerb von Unternehmensanteilen *(share deal)* und die Verschmelzung *(legal merger)* mehrerer Gesellschaften zu fassen.[118] Die Wahl der Struktur des Unternehmenszusammenschlusses wird i. d. R. von den daraus resultierenden (nationalen) steuerlichen, gesellschaftsrechtlichen und bilanziellen Konsequenzen abhängig gemacht.[119]

Bei einem ***asset deal*** erlangt keines der sich zusammenschließenden Unternehmen die Beherrschung über das jeweils andere Unternehmen, sodass aus dem Erwerbsvorgang allein keine Pflicht zur Konzernrechnungslegung folgt.[120] Der separate Kauf einzelner Vermögenswerte und Schulden, welche die Anforderungen an einen Geschäftsbetrieb erfüllen, ist stattdessen bereits im Einzelabschluss des Erwerbers abzubilden.[121] Sofern der Erwerber aufgrund weiterer Tochterunternehmen dennoch zur Konzernrechnungslegung verpflichtet ist, gehen die Wertmaßstäbe, die dem *asset deal* zugrunde gelegt werden, unverändert[122] in den korrespondierenden (Teil-)Konzernabschluss ein.[123]

Der reine Anteilserwerb im Rahmen eines ***share deal*** ist durch den Ausweis einer Beteiligung im Einzelabschluss sowie dem Ausweis der hinter der Beteiligung stehenden Vermögenswerte

Kapitel B: Bilanzierung bei Umwandlung, Rn. 1.

116 Vgl. im Ergebnis hierzu auch EY (Hrsg.), International GAAP 2016 (Volume 1), S. 681, sowie HAYN, S., Ausgewählte Konsolidierungsfragen, S. 427 f.; HAYN, S., Komplexe Konsolidierungskreisänderungen, S. 260.

117 Vgl. IFRS 3.B.6; PETERSEN, K./BANSBACH, F./DORNBACH, E., IFRS-Praxishandbuch, S. 527 f.; IDW (Hrsg.), IDW RS HFA 42, Rn. 33; STRÖHER, T., Unternehmenszusammenschlüsse unter Common Control, S. 31 f.

118 Vgl. JASKOLSKI, T., Akquisitionsmethode, S. 22 f.; PELLENS, B. U. A., Internationale Rechnungslegung, S. 738; LÜDENBACH, N./HOFFMANN, W.-D./FREIBERG, J., in: Haufe IFRS-Kommentar, 14. Aufl., § 31, Rn. 1.

119 Vgl. hier und im Folgenden PELLENS, B. U. A., Internationale Rechnungslegung, S. 738.

120 Vgl. BAETGE, J./HAYN, S./STRÖHER, T., in: Rechnungslegung nach IFRS, 2. Aufl., Teil B: IFRS 3, Rn. 27; KÜTING, K./WEBER, C.-P., Konzernabschluss, S. 282 f.

121 Vgl. KÖSTER, O./MIßLER, P., in: Thiele/von Keitz/Brücks, IFRS 3, Rn. 143; KÜTING, K./WEBER, C.-P., Konzernabschluss, S. 282 f.

122 Anpassungen sind immer dann notwendig, wenn der Einzel- und der Konzernabschluss nach unterschiedlichen Rechnungslegungsvorschriften erstellt werden. In Deutschland ist dies für kapitalmarktorientierte Mutterunternehmen regelmäßig der Fall, da sie verpflichtet sind, ihren Einzelabschluss nach handelsrechtlichen Vorschriften und ihren Konzernabschluss im Einklang mit den IFRS aufzustellen, vgl. KLOSE, N.-C., Kapitalkonsolidierungs- und Bewertungsmethoden, S. 113.

123 Vgl. im Ergebnis stellvertretend PELLENS, B. U. A., Internationale Rechnungslegung, S. 742.

und Schulden innerhalb des konsolidierten Abschlusses gekennzeichnet.[124] Im Unterschied zum *asset deal* führt das konzerninterne Umhängen von Beteiligungen regelmäßig zu einem neuen Mutter-Tochter-Verhältnis i. S. d. IFRS 10 *(Consolidated Financial Statements)*.

Die dritte vom IASB explizit genannte rechtliche Durchführungsform eines (internen) Unternehmenszusammenschlusses ist die **Verschmelzung**, die in Deutschland in den Anwendungsbereich des UmwG fällt.[125] Auch wenn sich die Bedingungen für Umwandlungen je nach nationalem Rechtssystem im Detail unterscheiden, ist davon auszugehen, dass sie in anderen Ländern in ähnlicher Form bekannt sind.[126] Bei einer (konzerninternen) Verschmelzung wird im Wege der Gesamtrechtsnachfolge das komplette Vermögen eines oder mehrerer Rechtsträger[127] auf einen anderen übertragen, sodass die übertragende Gesellschaft nach dem Zusammenschluss nicht mehr als eigenständige juristische Person existiert.[128]

In § 2 UmwG werden zwei Grundkonstellationen unterschieden, die zu einem (konzerninternen) Unternehmenszusammenschluss führen können.[129] Hierbei handelt es sich zum einen um die Verschmelzung durch Aufnahme und zum anderen um die Verschmelzung zur Neugründung.[130] Bei der erstgenannten Form wird das Vermögen auf einen bestehenden Rechtsträger übertragen, wohingegen bei einer Verschmelzung zur Neugründung die Gesellschaft erst mit Wirksamwerden der Übertragung entsteht.[131] Als Gegenleistung für ihre untergehende Beteiligung werden den Anteilseignern der übertragenden Gesellschaft Anteile an der neu formierten Unternehmung gewährt.[132] Durch innerkonzernliche Verschmelzungen können die vertikalen

---

124 Vgl. hier und im Folgenden auch BECK, R./KLAR, M., Asset Deal versus Share Deal, S. 2823; KLOSE, N.-C., Kapitalkonsolidierungs- und Bewertungsmethoden, S. 113 f. Zu den Unterschieden und Gemeinsamkeiten eines *share deal* und eines *asset deal*, insbesondere in rechtlicher Hinsicht, vgl. ausführlich BERENS, W./MERTES, M./STRAUCH, J., Unternehmensakquisitionen, S. 23-27.

125 Vgl. hier und im Folgenden ausführlich BAETGE, J./HAYN, S./STRÖHER, T., in: Rechnungslegung nach IFRS, 2. Aufl., Teil B: IFRS 3, Rn. 25-30, hier Rn. 25.

126 Vgl. BAETGE, J./HAYN, S./STRÖHER, T., in: Rechnungslegung nach IFRS, 2. Aufl., Teil B: IFRS 3, Rn. 25 und Rn. 29.

127 Der Gesetzgeber verwendet zur Benennung der Umwandlungsobjekte nicht den Begriff Unternehmen, da nicht alle Objekte einer Umwandlung Unternehmen im betriebswirtschaftlichen oder juristischen Sinn sind, vgl. KAHLING, D., Bilanzierung konzerninterner Verschmelzungen, S. 2, sowie ausführlich hierzu SEMLER, J., in: Semler/Stengel, 3. Aufl., § 1 UmwG, Rn. 18-42. Übertragen auf die IFRS-Rechnungslegung muss der Rechtsträger die Eigenschaften eines Geschäftsbetriebes i. S. d. IFRS 3.3 i. V. m. IFRS 3.B.7-B.12 erfüllen, um als Unternehmenszusammenschluss klassifiziert zu werden. Vgl. hierzu auch HACHMEISTER, D., Unternehmenszusammenschlüsse nach IFRS 3, S. 115 f.

128 Vgl. MADL, R., Umwandlungssteuerrecht, S. 11; HEIDINGER, A., in: Hessler/Strohn GesellschaftsR Komm., 2. Aufl., § 2 UmwG, Rn. 4-7; STRATZ, R.-C., in: Schmitt/Hörtnagl/Stratz, 6. Aufl., § 2 UmwG, Rn. 3 m. w. N.

129 Vgl. HEIDINGER, A., in: Hessler/Strohn GesellschaftsR Komm., 2. Aufl., § 2 UmwG, Rn. 11.

130 Vgl. hier und im Folgenden KNÜPPEL, M., Verschmelzungen nach Handelsrecht, Steuerrecht und IFRS, S. 5 f.

131 Vgl. STRATZ, R.-C., in: Schmitt/Hörtnagl/Stratz, 6. Aufl., § 2 UmwG, Rn. 11-14.

132 Vgl. KAHLING, D., Bilanzierung konzerninterner Verschmelzungen, S. 2; STENGEL, A., in: Semler/Stengel, 3. Aufl., § 2 UmwG, Rn. 3; STRATZ, R.-C., in: Schmitt/Hörtnagl/Stratz, 6. Aufl., § 2 UmwG, Rn. 15.

Beteiligungsstrukturen derart verkürzt werden, dass keine (Teil-)Konzernrechnungslegungspflicht mehr besteht.[133] Aus wirtschaftlicher Perspektive ist eine Verschmelzung mit einem *asset deal* vergleichbar, bei dem die einzelnen Vermögenswerte und Schulden auf den übernehmenden Rechtsträger übertragen werden, obgleich es hierbei – anders als bei der Verschmelzung – nicht zur Auflösung der veräußernden Gesellschaft kommt.[134]

Konzerninterne Verschmelzungen können im Gegensatz zu Konzentrationsverschmelzungen von rechtlich und wirtschaftlich unabhängigen Unternehmen aufgrund der mehrstufigen Beteiligungsstruktur eines Konzerns anhand ihrer Verschmelzungsrichtung systematisiert werden.[135] Einerseits sind Konzernverschmelzungen zwischen Schwestergesellschaften auf derselben Konzernebene möglich (horizontale Konzernverschmelzungen). Andererseits können sie auch entlang der Beteiligungskette durchgeführt werden (vertikale Konzernverschmelzungen). Letztere umfassen bspw. die Verschmelzung eines Tochterunternehmens auf die übergeordnete Konzernstufe des Mutterunternehmens (*upstream*-Verschmelzungen) sowie Verschmelzungen, bei denen das Vermögen eines Tochterunternehmens auf ein untergeordnetes Enkelunternehmen (*downstream*-Verschmelzungen) übertragen wird.[136] Die Abbildung 2-2 veranschaulicht die Systematisierung konzerninterner Verschmelzungen.

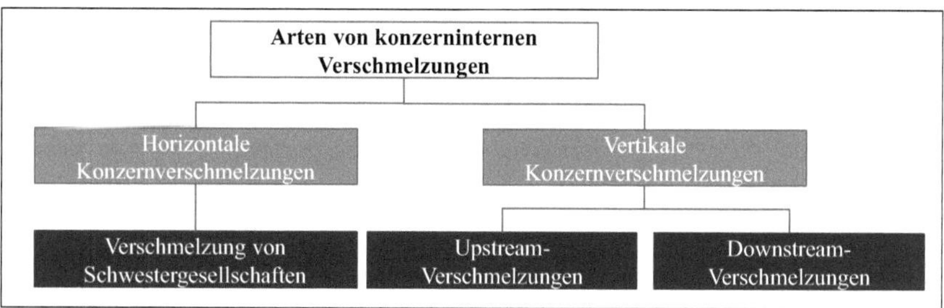

Abbildung 2-2: Systematisierung von konzerninternen Verschmelzungen[137]

Auch wenn die Anwendungsleitlinien des IFRS 3 nicht explizit auf die Zusammenschlussform der **Spaltung** verweisen, kann diese aus dem UmwG bekannte Form der Umstrukturierung ebenfalls zu einem Unternehmenszusammenschluss (unter gemeinsamer Beherrschung) führen.[138] Während das grundsätzliche Ziel einer Verschmelzung darin besteht, aus mindestens

133 Vgl. EBELING, R. M., Einheitsfiktion, S. 305 f.

134 Vgl. LIECK, H., Bilanzierung von Umwandlungen nach IFRS, S. 9; KÜTING, K./ZÜNDORF, H., Konzerninterne Verschmelzungen im konsolidierten Abschluß, S. 1383.

135 Vgl. hier und im Folgenden KAHLING, D., Bilanzierung konzerninterner Verschmelzungen, S. 12-17; STRÖHER, T., Unternehmenszusammenschlüsse unter Common Control, S. 52-56; LIECK, H., Bilanzierung von Umwandlungen nach IFRS, S. 10.

136 Vgl. hierzu auch KNOTT, H. J., Gläubigerschutz bei Konzernverschmelzung, S. 2423; BULA, T./PERNEGGER, I., in: Sagasser/Bula/Brünger Komm. UmwG, 4. Aufl., 3. Teil: § 10 Handelsbilanzielle Regelungen, Rn. 130.

137 In Anlehnung an KAHLING, D., Bilanzierung konzerninterner Verschmelzungen, S. 13.

138 Vgl. hier und im Folgenden BAETGE, J./HAYN, S./STRÖHER, T., in: Rechnungslegung nach IFRS, 2. Aufl., Teil B: IFRS 3, Rn. 25.

zwei Unternehmen ein Unternehmen zu bilden, ist es umgekehrt das Ziel einer Spaltung, aus einer Gesellschaft mehrere zu bilden.[139] Gemäß § 123 UmwG wird zwischen drei Arten der Spaltung unterschieden.[140] Demnach können die Rechtsträger entweder aufgespalten oder Teile der Gesellschaft abgespalten sowie ausgegliedert werden.[141] Eine Spaltung kann grundsätzlich auf eine oder mehrere bereits bestehende Gesellschaften (Spaltung zur Aufnahme) oder auf eine oder mehrere für diesen Zweck neu gegründete Gesellschaften (Spaltung zur Neugründung) sowie durch Kombination der zwei Möglichkeiten durchgeführt werden.[142] Ebenfalls analog zu konzerninternen Verschmelzungen sind horizontale sowie *downstream*- und *upstream*-Spaltungen denkbar.[143]

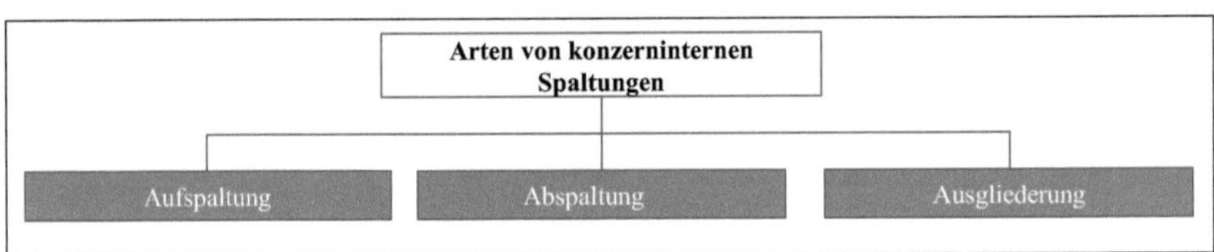

Abbildung 2-3: Systematisierung von konzerninternen Spaltungen[144]

Bei einer **Aufspaltung** überträgt ein Unternehmen sein gesamtes Vermögen auf mindestens zwei oder mehrere Gesellschaften. Bedingt durch die vollständige Vermögensübertragung erlischt die übertragende Gesellschaft im Anschluss an die Aufspaltung. Als Gegenleistung erhalten die Anteilseigner des untergehenden Unternehmens Beteiligungsrechte an den übernehmenden Gesellschaften.[145] Hinsichtlich der übertragenen Gegenleistung unterscheidet sich die Aufspaltung nicht von der **Abspaltung**. Jedoch unterscheiden sich die zwei Formen dadurch, dass das zu spaltende Unternehmen mit einem Teil seines ursprünglichen Vermögens bestehen bleibt.[146] Dies ist ebenso kennzeichnend für eine **Ausgliederung**, die sich von der Abspaltung

139 Vgl. HENSE, B., Rechnungslegung im Umwandlungsfall, S. 191; KÜTING, K./HAYN, B./HÜTTEN, C., Die Abbildung konzerninterner Spaltungen, S. 565; HARTMANN, B., Spaltung von Kapitalgesellschaften, S. 10.

140 Vgl. CHARIFZADEH, M., Corporate Restructuring, S. 109 m. w. N.; LINßEN, T., Bilanzierung einer Ausgliederung, S. 4 m. w. N.

141 Vgl. HÖRTNAGL, R., in: Schmitt/Hörtnagl/Stratz, 6. Aufl., § 123 UmwG, Rn. 1; KREBS, H.-J., Veräußerung nach Spaltung; OETTER, J., Strukturveränderung im Konzern, S. 13; THEISEN, M. R., Der Konzern, S. 658 m. w. N.

142 Vgl. BRÄHLER, G., Umwandlungssteuerrecht, S. 352; BYSIKIEWICZ, M., Unternehmensbewertung bei Spaltungen, S. 12; ODENTHAL, S., Management von Unternehmungsteilungen, S. 49-60.

143 Vgl. SAGASSER, B./BULTMANN, C., in: Sagasser/Bula/Brünger Komm. UmwG, 4. Aufl., 5. Teil: § 18 Spaltungsrechtliche Regelungen, Rn. 3; BYSIKIEWICZ, M., Unternehmensbewertung bei Spaltungen, S. 17.

144 In Anlehnung an MADL, R., Umwandlungssteuerrecht, S. 13.

145 Vgl. allgemein zur Aufspaltung STENGEL, A., in: Semler/Stengel, 3. Aufl., § 123 UmwG, Rn. 12; LINßEN, T., Bilanzierung einer Ausgliederung, S. 4 m. w. N.; CHARIFZADEH, M., Corporate Restructuring, S. 109 f.; WUNSCH, I., Verschmelzung und Spaltung von Kapitalgesellschaften, S. 100; OETTER, J., Strukturveränderung im Konzern, S. 13; ODENTHAL, S., Management von Unternehmungsteilungen, S. 49-51.

146 Vgl. allgemein zur Abspaltung DEUBERT, M./LEWE, S., Auswirkungen von Aufwärtsabspaltungen, S. 2347; HÖRTNAGL, R., in: Schmitt/Hörtnagl/Stratz, 6. Aufl., § 123 UmwG, Rn. 9 f.; WUNSCH, I., Verschmelzung und Spaltung von Kapitalgesellschaften, S. 100; BRÄHLER, G., Umwandlungssteuerrecht, S. 352.

nur durch den Empfänger der gewährten Gegenleistung unterscheidet.[147] Im Gegensatz zur Abspaltung wird nicht den Anteilseignern, sondern dem übertragenden Unternehmen selbst eine Beteiligung an der übernehmenden Gesellschaft gewährt.[148] Während eine konzerninterne Abspaltung i. d. R. zur Entstehung einer neuen Schwestergesellschaft führt, ist eine Ausgliederung mit einem neuen Mutter-Tochter-Verhältnis zwischen der übertragenden und der übernehmenden Gesellschaft verbunden.[149] Die Abbildung 2-4 zeigt die zuvor erläuterten Unterschiede zwischen einer Ausgliederung und einer Abspaltung anhand der Spaltung der zur TU_1 gehörenden Geschäftsbetriebe G_1 und G_2.[150] Bei der Abspaltung zur Neugründung erhält das Mutterunternehmen (MU) als unmittelbarer Anteilseigner eine direkte Beteiligung am abgespaltenen Geschäftsbetrieb G_2. Im Fall der Ausgliederung zur Neugründung steht die Beteiligung nicht dem MU, sondern der aufgespaltenen Gesellschaft TU_1 zu.

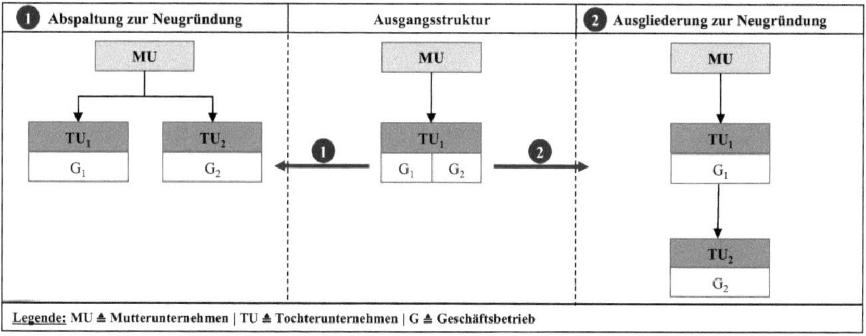

Abbildung 2-4: Abspaltung und Ausgliederung zur Neugründung gemäß § 123 UmwG[151]

In der Gesamtschau unterscheiden sich die vorangegangenen Arten eines Unternehmenszusammenschlusses unter gemeinsamer Beherrschung in Form eines *asset deal* oder *share deal* im Hinblick auf die bilanzielle Abbildung auf Ebene eines konsolidierten Abschlusses nicht.[152] Durch die Einbeziehung des (internen) Akquisitionsobjektes in den (Teil-)Konzernabschluss wird ohnehin von der rechtlichen Selbstständigkeit der verbundenen Unternehmen abstrahiert,

147 Vgl. SAGASSER, B./BULTMANN, C., in: Sagasser/Bula/Brünger Komm. UmwG, 4. Aufl., 5. Teil: § 18 Spaltungsrechtliche Regelungen, Rn. 16.

148 Vgl. allgemein zur Ausgliederung KÜTING, K./HAYN, B./HÜTTEN, C., Die Abbildung konzerninterner Spaltungen, S. 565 f.; STENGEL, A., in: Semler/Stengel, 3. Aufl., § 123 UmwG, Rn. 15; TEICHMANN, A., in: Lutter, 5. Aufl., § 123 UmwG, Rn. 24-29; LINßEN, T., Bilanzierung einer Ausgliederung, S. 4; WARDENBACH, F., in: Hessler/Strohn GesellschaftsR Komm., 2. Aufl., § 123 UmwG, Rn. 7.

149 Vgl. SAGASSER, B./BULTMANN, C., in: Sagasser/Bula/Brünger Komm. UmwG, 4. Aufl., 5. Teil: § 18 Spaltungsrechtliche Regelungen, Rn. 16; BYSIKIEWICZ, M., Unternehmensbewertung bei Spaltungen, S. 24 m. w. N.

150 Vgl. ausführlich zu den verschiedenen Spaltungsarten BYSIKIEWICZ, M., Unternehmensbewertung bei Spaltungen, S. 18-31.

151 Vgl. hierzu auch BYSIKIEWICZ, M., Unternehmensbewertung bei Spaltungen, S. 23 und S. 26.

152 Vgl. im Ergebnis wohl auch KÜTING, K./WEBER, C.-P., Konzernabschluss, S. 283; PELLENS, B. U. A., Internationale Rechnungslegung, S. 742, sowie ROOS, B., Rechnungslegung bei Strukturänderungen, S. 26.

sodass es grundsätzlich unerheblich ist, ob durch einen formaljuristischen Akt wie der Verschmelzung oder der Spaltung ein Tochterunternehmen sein Vermögen auf ein anders Tochterunternehmen überträgt oder sich in mehrere rechtlich selbstständige Unternehmen teilt.[153]

25 Bilanzielle Systematisierung konzerninterner Unternehmenszusammenschlüsse auf der Ebene des Teilkonzernabschlusses

251. Vorbemerkungen

Unternehmenszusammenschlüsse innerhalb eines Konzerns gehen regelmäßig[154] mit einer veränderten Beteiligungsstruktur des Konzernverbundes einher. Unabhängig von der formaljuristischen Durchführung kann sich die Verlagerung von Beteiligungen bzw. Geschäftsbetrieben auf **verschiedenen Ebenen der wirtschaftlichen Einheit** vollziehen. Sowohl eine horizontale Veränderung auf einer Konzernebene als auch die vertikale Modifizierung der Beteiligungskette durch eine Erweiterung oder Kürzung stellen mögliche Fallkonstellationen dar. Ebenso sind Querübertragungen zwischen unterschiedlichen Stufen verschiedener Beteiligungsketten denkbar.[155] Die veränderte gesellschaftsrechtliche Konzernstruktur lässt die unterschiedlichen Berichtsinstrumente der wirtschaftlichen Einheit nicht unberührt.[156] Per Definition tangieren sämtliche konzerninternen Unternehmenserwerbe den Konzernabschluss des obersten Mutterunternehmens. Darüber hinaus können sich Auswirkungen auf einen aufzustellenden Teilkonzernabschluss ergeben. Diese können im Gegensatz zum Konzernabschluss sowohl die Binnen- als auch die Außenstruktur der untergeordneten berichterstattenden Einheit betreffen.

Nachfolgend werden daher die Auswirkungen von konzerninternen Unternehmenstransaktionen auf die rechnungslegende Einheit des IFRS-Teilkonzerns genauer untersucht sowie Abgrenzungsmerkmale verschiedener Erwerbskonstellationen erarbeitet. Da von Teilen des Schrifttums die bilanzielle Abbildung konzerninterner Unternehmensakquisitionen vom wirtschaftlichen Gehalt der Transaktion abhängig gemacht wird, wird das in diesem Kontext zur Klassifizierung dieser Art von Unternehmenszusammenschlüssen häufig verwendete Merkmal darüber hinaus in die Systematisierung konzerninterner Unternehmenszusammenschlüsse eingeordnet.

---

153 Vgl. hierzu ähnlich, wenn auch in anderem Kontext KÜTING, K./ZÜNDORF, H., Konzerninterne Verschmelzungen im konsolidierten Abschluß, S. 1386; BAETGE, J./HAYN, S./STRÖHER, T., in: Rechnungslegung nach IFRS, 2. Aufl., Teil B: IFRS 3, Rn. 30.

154 In den Erwerbskonstellationen, in denen der Unternehmenszusammenschluss durch einen Beherrschungsvertrag begründet wird, treten keine Veränderungen der konzerninternen Beteiligungsstruktur auf. Vgl. allgemein zu dieser Form der Konzernierung KÜTING, K./WEBER, C.-P., Konzernabschluss, S. 40.

155 Vgl. allgemein hierzu HERZIG, N., Umstrukturierungen im Konzern, S. 2241; FÖRSTER, G., Umstrukturierung deutscher Tochtergesellschaften, S. 36-39, sowie STRÖHER, T., Unternehmenszusammenschlüsse unter Common Control, S. 33; KÜTING, P., Konzerninterne Umstrukturierungen, S. 73 f. m. w. N.

156 Die Auswirkungen eines Unternehmenszusammenschlusses unter gemeinsamer Beherrschung auf den Einzelabschluss des Erwerbers werden im Folgenden nicht näher erläutert, da der Fokus dieser Ausarbeitung auf die Betrachtung konsolidierter Abschlüsse gelegt wird.

252. Teilkonzernübergreifende Unternehmenszusammenschlüsse unter gemeinsamer Beherrschung im IFRS-Teilkonzernabschluss

Während bei konzerninternen Unternehmensakquisitionen aus Gesamtkonzernsicht lediglich eine (unproblematische) Binnenstrukturänderung zu bilanzieren ist,[157] kann ein Unternehmenszusammenschluss unter gemeinsamer Beherrschung auf Teilkonzernebene auch zu einer Veränderung der Außenstruktur der berichterstattenden Einheit führen.[158] In solchen Fällen vollzieht sich der interne Beteiligungstransfer zwischen dem erwerbenden Teilkonzern und dem Gesamtkonzern.[159] Unabhängig von der Tatsache, dass die Verfügungsmacht über die hinter der erworbenen Beteiligung stehenden Vermögenswerte und Schulden letztlich beim Konzernmutterunternehmen verbleibt, ist mit der teilkonzernübergreifenden Transaktion eine faktische **Veränderung der Vermögensstruktur** der berichterstattenden Einheit Teilkonzern verbunden.[160] Die veränderte Vermögensstruktur des Teilkonzerns ist einerseits Ausfluss eines nunmehr erweiterten Konsolidierungskreises[161] und andererseits das Ergebnis der grundsätzlich auch bei *Common Control*-Transaktionen entrichteten Gegenleistung an das die Beteiligung veräußernde Mutterunternehmen.

Anders als bei externen Unternehmenszusammenschlüssen kann in diesem Zusammenhang jedoch kein reiner Tauschvorgang (Kaufpreis gegen Beteiligung) mehr unterstellt werden.[162] Die Besonderheit teilkonzernübergreifender Unternehmenszusammenschlüsse liegt vor allem darin begründet, dass sich möglicherweise nicht nur die Zusammensetzung des Reinvermögens ändert. Stattdessen können durchaus Erwerbskonstellationen auftreten, bei denen der übertragene Kaufpreis von dem eigentlichen Wert der erhaltenen Beteiligung abweicht und somit keine reine Tauschtransaktion mehr vorliegt.[163] Auch wenn die Höhe des Eigenkapitals womöglich unverändert bleibt, dürfte die Art und die physische Substanz der in den Teilkonzernabschluss aufzunehmenden neu zur Verfügung stehenden Vermögenswerte und Schulden die (künftige) wirtschaftliche Lage des Teilkonzerns nicht unberührt lassen.

Die so gerade erläuterte Erwerbskonstellation eines teilkonzernübergreifenden Unternehmenszusammenschlusses ist in Abbildung 2-5 exemplarisch dargestellt. Infolge der Akquisition hat

---

157 Vgl. hier und im Folgenden im Ergebnis THEILE, C., Konzerninterne Umstrukturierungen, S. VI; WIRTH, J. U. A., Praxis der handelsrechtlichen Kapitalkonsolidierung, S. 1121.

158 Vgl. Abschnitt 11.

159 Vgl. hierzu auch KÜTING, P., Restrukturierungen im mehrstufigen Konzern (Teil 1), S. 205.

160 Vgl. im Ergebnis auch IASB (Hrsg.), Staff Paper BCUCC Agenda ref. 8 (March 2015), S. 8 f.

161 In den Teilkonzernabschluss sind sämtliche Vermögenswerte und Schulden einzubeziehen, die von dem Teilkonzernmutterunternehmen i. S. d. IFRS 10 beherrscht werden, vgl. hierzu im Ergebnis BRUNE, J. W., in: Beck'sches IFRS-HB, 5. Aufl., § 32, Rn. 6.

162 Grundsätzlich geht der IASB bei den in IFRS 3 normierten Unternehmenszusammenschlüssen davon aus, dass sich der Wert der erhaltenen Beteiligung und der der hingegebenen Gegenleistung entsprechen, vgl. IFRS 3.BC.331. Lediglich im Rahmen eines *bargain purchase* steigt das Reinvermögen des Erwerbers, da weniger für die erhaltenen Vermögenswerte und Schulden gezahlt wurde, als diese zum Erwerbszeitpunkt wert waren, vgl. hierzu ausführlicher Abschnitt 544.41.

163 Vgl. hierzu ausführlicher Abschnitt 544.323.

das untergeordnete Mutterunternehmen TU2 das vormals im Teilkonzernabschluss eins (TKA 1) erfasste TU4 nunmehr in seinen Konsolidierungskreis einzubeziehen und die hinter der Beteiligung stehenden Vermögenswerte und Schulden bei der Erstkonsolidierung entsprechend zu berücksichtigen.

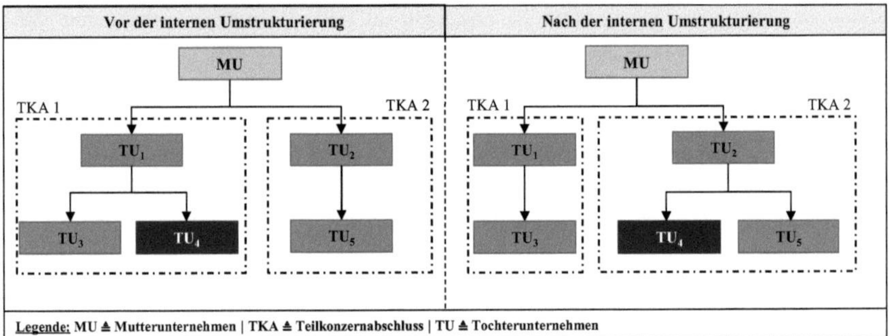

Abbildung 2-5: Teilkonzernübergreifende Unternehmenszusammenschlüsse unter gemeinsamer Beherrschung

Aufgrund der veränderten berichterstattenden Einheit spricht STRÖHER in diesem Kontext sämtlichen konzerninternen Unternehmenszusammenschlüssen, die sich über die Teilkonzerngrenzen hinweg erstrecken, **wirtschaftlichen Gehalt** zu und knüpft gleichzeitig die bilanzielle Abbildung innerkonzernlicher Transkationen an die Existenz dieses Merkmals.[164] Zur Konkretisierung dieses recht allgemeinen Kriteriums kann auf die Regelungen des IAS 16 *(Property, Plant and Equipment)* zum substantiellen Tausch zurückgegriffen werden, da der IASB dort Merkmale einer wirtschaftlich gehaltvollen Transaktion beschreibt.[165]

Die Vorschriften des IAS 16.24 f. formulieren Nebenbedingungen zur Erstbewertung des Sachanlagevermögens zum beizulegenden Zeitwert bei Tauschgeschäften. Eine Voraussetzung zum Ansatz des Fair Value ist der wirtschaftliche Gehalt *(commercial substance)* des Tauschgeschäftes.[166] Dieser bestimmt sich grundsätzlich anhand der Auswirkungen der Transaktion auf die künftigen Ertragserwartungen des Unternehmens.[167] In IAS 16.25 nennt der IASB zwei konkretisierende Merkmale, die jeweils auf die wirtschaftliche Substanz eines Tauschvorgangs hinweisen. Zum einen betrifft dies den Unterschied zwischen dem **zeitlichen Anfall, dem Risiko sowie der Höhe der Zahlungsströme** des erhaltenen Vermögenswertes von denen des

164 Vgl. STRÖHER, T., Unternehmenszusammenschlüsse unter Common Control, S. 169 f. sowie S. 278-280.

165 Vgl. ebenso BAETGE, J./HAYN, S./STRÖHER, T., in: Rechnungslegung nach IFRS, 2. Aufl., Teil B: IFRS 3, Rn. 48. Analog kann auch auf die Bestimmungen des IAS 38.46 rekurriert werden, in denen ebenso die Beurteilungskriterien zur wirtschaftlichen Substanz eines Tauschgeschäftes niedergelegt sind, vgl. ONESTI, T./ROMANO, M./TALIENTIO, M., BCUCC Concerns, Criticisms and Strides, S. 118.

166 Vgl. HOFFMANN, W.-D., Tauschgeschäfte, S. 33; PELLENS, B. U. A., Internationale Rechnungslegung, S. 361; BAETGE, J./KIRSCH, H.-J./THIELE, S., Bilanzen, S. 304. Des Weiteren darf gemäß IAS 16.24 eine Bewertung zum Fair Value nicht vorgenommen werden, wenn weder der beizulegende Zeitwert des erhaltenen Vermögenswertes noch der des hingegebenen Vermögenswertes verlässlich ermittelbar ist.

167 Vgl. FREIBERG, J., Gewinnrealisation bei Tauschgeschäften, S. 172.

hingegebenen Vermögenswertes und zum anderen der Veränderung des unternehmensspezifischen Wertes ***(entity-specific value)*** des von dem Tausch betroffenen Unternehmensteils.[168] Die Auswirkungen des Tauschgeschäftes müssen im Vergleich zum beizulegenden Zeitwert der getauschten Vermögenswerte in beiden Fällen wesentlich sein.[169]

Überträgt man das Gedankengut des IAS 16.25 zum wirtschaftlichen Gehalt einer Tauschtransaktion auf den Sachverhalt eines teilkonzernübergreifenden Unternehmenszusammenschlusses, so kann den Überlegungen STRÖHERS zugestimmt werden.[170] Aufgrund der Erweiterung des Konsolidierungskreises ist davon auszugehen, dass sich in diesem Kontext grundsätzlich auch der unternehmensspezifische Wert der wirtschaftlichen Einheit Teilkonzern ändert, da die in den konsolidierten Abschluss aufzunehmenden (neuen) Vermögenswerte die Risikostruktur, den zeitlichen Anfall und damit gleichzeitig auch die Höhe künftiger Zahlungsströme tangieren.[171] Inwieweit teilkonzerninterne Unternehmenserwerbe unter gemeinsamer Beherrschung inhaltlich von teilkonzernübergreifenden Transaktionen abzugrenzen sind, wird im folgenden Abschnitt erläutert.

253. Teilkonzerninterne Unternehmenszusammenschlüsse unter gemeinsamer Beherrschung im IFRS-Teilkonzernabschluss

Innerhalb des Teilkonzernabschlusses führt der sich in der wirtschaftlichen (Teil-)Einheit vollziehende Unternehmenszusammenschluss lediglich zu einer veränderten Beteiligungsanordnung, sodass das teilkonzernbilanzielle Mengengerüst, ebenso wie im übergeordneten Konzernabschluss, unverändert bleibt.[172] Die aus Sicht der wirtschaftlichen Einheit konstante Vermögens- und Kapitalstruktur zieht daher grundsätzlich[173] keine bilanzielle Reinvermögensänderungen nach sich.[174] Hieraus ist gleichzeitig abzuleiten, dass sich die Kontrollverhältnisse über die zum Teilkonzernverbund gehörenden Vermögenswerte und Schulden nicht grundlegend verändern. Durch die Unternehmenstransaktion ändert sich die Verfügungsmacht des Teilkonzernmutterunternehmens nicht, da die Gesellschaft sowohl vor als auch nach dem konzerninternen Unternehmenszusammenschluss identische Vermögenswerte und Schulden kontrolliert. Stattdessen werden die Kontrollstrukturen infolge der Transaktion lediglich neu geordnet,

168 Vgl. GRAUMANN, M., Bilanzierung der Sachanlagen nach IAS, S. 710 f.; HOFFMANN, W.-D., Tauschgeschäfte, S. 33; SCHARFENBERG, A., in: Beck'sches IFRS-HB, 5. Aufl., § 5, Rn. 55; THEILE, C., in: IFRS-Handbuch, 5. Aufl., C II, Rn. 1261.

169 Vgl. IAS 16.25 (c); FREIBERG, J., Gewinnrealisation bei Tauschgeschäften, S. 172; PETERSEN, K./BANSBACH, F./DORNBACH, E., IFRS-Praxishandbuch, S. 59 f.

170 A. A. wohl KÜTING, P., Konzerninterne Umstrukturierungen, S. 129 f.

171 Die Wesentlichkeit dieser Änderung kann nur im Einzelfall beurteilt werden.

172 Vgl. im Ergebnis BUSSE VON COLBE, W., in: Münchener Komm. HGB, 3. Aufl., § 301 HGB, Rn. 148; KÜTING, P., Restrukturierungen im mehrstufigen Konzern (Teil 1), S. 205.

173 Auch wenn die Höhe des Reinvermögens grundsätzlich unverändert bleibt, können sich innerhalb des konsolidierten Abschlusses dennoch Veränderungen in der Zusammensetzung des (Teilkonzern-)Eigenkapitals durch die Verschiebung der Anteile anderer Gesellschafter ergeben, vgl. hierzu ausführlicher Abschnitt 62.

174 Vgl. im Ergebnis auch HAYN, S./GRÜNE, M., Konzernabschluss nach IFRS, S. 85; STRÖHER, T., Unternehmenszusammenschlüsse unter Common Control, S. 169.

sodass der Konsolidierungskreis der Teilkonzernobergesellschaft ebenso wie im übergeordneten Konzernabschluss insgesamt unverändert bleibt.[175]

Abbildung 2-6 zeigt die beschriebene Neuordnung der Kontrollstruktur innerhalb eines Teilkonzernabschlusses. Nach dem teilkonzerninternen Erwerbsvorgang ist TU_1 nur noch mittelbar durch TU_3 an TU_4 beteiligt. Obgleich der teilkonzerninterne Unternehmenszusammenschluss den Konsolidierungskreis der wirtschaftlichen Einheit Teilkonzern unberührt lässt und somit keinerlei neue Vermögenswerte und Schulden in den konsolidierten Abschluss aufzunehmen sind, kann die Transaktion, wie im Folgenden noch zu zeigen sein wird, wirtschaftlich gehaltvoll sein.

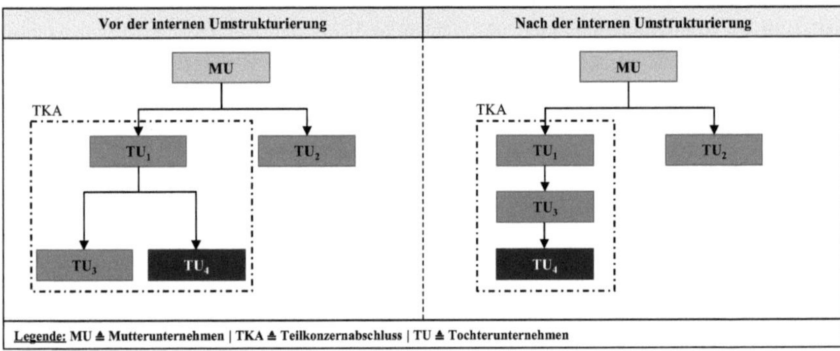

Abbildung 2-6: Teilkonzerninterne Unternehmenszusammenschlüsse unter gemeinsamer Beherrschung

Abgesehen von regulatorischen Zwängen wird jedes unternehmerische Handeln vor dem Hintergrund bestimmter Zielvorstellungen durchgeführt, die sich im Ergebnis positiv auf den Wert des Unternehmens auswirken sollen. Die durch eine interne Umstrukturierung möglicherweise entstehenden Synergieeffekte oder (künftigen) Steuervorteile führen prinzipiell zu gesteigerten Ertragserwartungen der wirtschaftlichen Einheit.[176] Dies trifft sowohl auf Akquisitionen innerhalb des Konzern- als auch des Teilkonzernverbundes zu. Die somit grundsätzlich intendierte Veränderung künftiger Zahlungsströme hat üblicherweise direkte Auswirkungen auf den Unternehmenswert der jeweiligen berichterstattenden Einheit.[177] Deshalb ist davon auszugehen, dass sich ebenso wie im Zuge teilkonzernübergreifender Transaktionen der *entity-specific value* der berichterstattenden Einheit auch bei teilkonzerninternen Unternehmenszusammenschlüssen verändern kann, obwohl mit dem Erwerbsvorgang keine erweiterten Verfügungsverhältnisse hinsichtlich etwaiger Vermögenswerte und Schulden verbunden sind. Im Ergebnis ist internen

---

175 Vgl. SENGER, T./BRUNE, J. W., in: Beck'sches IFRS-HB, 5. Aufl., § 34, Rn. 20; THEILE, C./PAWELZIK, K. U., in: IFRS-Handbuch, 5. Aufl., D VI, Rn. 5850.

176 Zu den Motiven konzerninterner Unternehmenszusammenschlüsse vgl. Abschnitt 23.

177 Die Wesentlichkeit der Auswirkungen kann nur im konkreten Einzelfall beurteilt werden.

Unternehmenszusammenschlüssen, die sich innerhalb einer berichterstattenden Einheit vollziehen, daher nicht per se der wirtschaftliche Gehalt abzusprechen.[178]

Aus diesem Grund ist der wirtschaftliche Gehalt eines innerkonzernlichen Unternehmenszusammenschlusses nach hier vertretener Auffassung als (alleiniges) Systematisierungskriterium für diese Form von Unternehmenstransaktion offenbar nicht zielführend. Dies ist nicht zuletzt auch dadurch bedingt, dass die ökonomische Substanz bei Abschluss der Transaktion kaum objektivierbar ist, da es sich um eine schwer zu operationalisierende Größe handelt, deren Wert sich zudem regelmäßig erst in Folgeperioden verlässlich abschätzen lassen dürfte. Des Weiteren ist der in hohem Maße auslegungsbedürftige Begriff immer im konkreten Einzelfall zu beurteilen,[179] sodass eine generische Aussage über mehrere artverwandte Transaktionen nicht möglich ist. Schlussendlich verdeutlichen die vorstehenden Ausführungen, dass die Veränderung des Konsolidierungskreises ein trennschärferes Abgrenzungsmerkmal innerkonzernlicher Unternehmenszusammenschlüsse ist als die wirtschaftliche Substanz derartiger Transaktionen, die letztendlich auf alle Formen von internen Akquisitionen zutreffen kann.

Wie die beschriebene Neuordnung der Kontrollstrukturen bei einem teilkonzerninternen Unternehmenszusammenschluss bilanziell zu erfassen ist, wird im sechsten Kapitel diskutiert. Der Fokus dieser Untersuchung liegt jedoch zunächst auf der Fragestellung, wie der infolge eines teilkonzernübergreifenden Unternehmenszusammenschlusses unter gemeinsamer Beherrschung erweiterte Konsolidierungskreis des Teilkonzerns bilanziell nachgezeichnet werden sollte. Die diesbezügliche Analyse findet im fünften Kapitel statt. Dem vorgeschaltet bedarf es jedoch zum einen der Erläuterung der wesentlichsten konzeptionellen Grundlagen der IFRS-Rechnungslegung, um zu ergründen, welche Art von Informationen für den Informationsempfänger im Allgemeinen nützlich ist (Kapitel 3). Darauf aufbauend wird zum anderen herausgearbeitet, welche spezifischen Informationsempfänger als primäre Adressaten der berichterstattenden Einheit Teilkonzern gelten, um die Bilanzierung konzerninterner Unternehmenszusammenschlüsse zielgerichtet an der maßgeblichen Adressatengruppe ausrichten zu können (Kapitel 4).

---

[178] A. A. offenbar STRÖHER, T., Unternehmenszusammenschlüsse unter Common Control, S. 169 f. und S. 280. Dieser spricht in diesem Kontext sämtlichen Unternehmenszusammenschlüssen unter gemeinsamer Beherrschung aus der Perspektive des Gesamtkonzerns den wirtschaftlichen Gehalt ab, da sich die berichterstattende Einheit Gesamtkonzern aufgrund der aus ihrer Sicht lediglich stattfindenden Ressourcenallokation nicht verändert.

[179] Vgl. KÜTING, P., Konzerninterne Umstrukturierungen, S. 133.

3 Konzeptionelle Grundlagen der IFRS-Rechnungslegung

31 Stellung des *Conceptual Framework* innerhalb der IFRS

Das *Conceptual Framework for Financial Reporting*[180] bildet den konzeptionellen Rahmen der IFRS-Rechnungslegung.[181] Innerhalb dieses Rahmenkonzepts formuliert der IASB sowohl das übergeordnete Ziel der IFRS-Rechnungslegung als auch Grundsätze, die bei der Entwicklung künftiger und der Überprüfung geltender Standards zu beachten sind.[182] Das *Conceptual Framework* ist indes nicht ausschließlich zur Unterstützung des IASB hinsichtlich einer konsistenten Entwicklung prinzipienorientierter Standards konzipiert. Vielmehr soll es auch die Abschlussersteller bei der Ausübung von Wahlrechten und der Auslegung von Regelungslücken innerhalb des IFRS-Normengefüges unterstützen sowie als generelle Verständnis- und Interpretationshilfe dienen.[183] Hierbei ist zu beachten, dass in den Fällen, in denen Konflikte zwischen den Inhalten des Rahmenkonzepts und einzelnen IFRS bestehen, letztere den Vorrang haben, da dem *Conceptual Framework* selbst nicht der Status eines IFRS zugesprochen wird.[184] Dieser vermeintlich niedrigere Stellenwert und die von manchen Autoren daraus abgeleitete fehlende Rechtsbindung[185] sind insoweit zu relativieren, als diesem durch die direkte Bezugnahme auf das Rahmenkonzept innerhalb einzelner Standards[186] zumindest eine mittelbare Bindungswirkung zuzuschreiben ist.[187]

Um real- und finanzwirtschaftliche Entwicklungen angemessen widerzuspiegeln, müssen nicht nur die Bilanzierungsstandards kontinuierlich fortentwickelt werden, sondern auch die ihnen zugrunde gelegte Deduktionsbasis.[188] So hat der IASB im Rahmen der Überarbeitung des derzeit noch geltenden *Conceptual Framework* aus dem Jahr 2010 im Mai 2015 einen *exposure*

---

180 Die folgenden Ausführungen beziehen sich auf den vom IASB im März 2015 veröffentlichten *exposure draft* zur Überarbeitung des derzeit noch geltenden *Conceptual Framework* aus dem Jahr 2010. Beide Fassungen des Rahmenkonzepts werden anhand einer Kurzzitierweise mit „ED.CF“ bzw. „CF (2010)“ und der entsprechenden Textziffer belegt.

181 Vgl. WOLLMERT, P./ACHLEITNER, A.-K., Grundlagen IAS-Rechnungslegung, S. 209 m. w. N., sowie KAMPMANN, H./SCHWEDLER, K., Gemeinsames Rahmenkonzept des FASB und IASB, S. 522.

182 Vgl. ED.CF.IN.1; BAETGE, J./KIRSCH, H.-J./THIELE, S., Bilanzen, S. 151; GASSEN, J./FISCHKIN, M./HILL, V., Rahmenkonzept-Projekt des IASB und des FASB, S. 874 f.

183 Vgl. ED.CF.IN.1 (a)-(b); sowie allgemein zur Funktion des Rahmenkonzepts BALLWIESER, W., Ökonomische Analyse des Rahmenkonzepts, S. 452. Vgl. kritisch zu den Adressaten des *Conceptual Framework* MERKT, H., Framework aus regelungsmethodischer Sicht, S. 489-491.

184 Vgl. PELLENS, B. U. A., Internationale Rechnungslegung, S. 85.

185 Vgl. SCHÖN, W., Kompetenzen der Gerichte zur Auslegung von IAS/IFRS, S. 766.

186 Vgl. bspw. IAS 8.10 f., sowie maßgebliche Bestandteile des IAS 1.

187 Vgl. hierzu ausführlich MERKT, H., Framework aus regelungsmethodischer Sicht, S. 491-497, sowie WAWRZINEK, W./LÜBBIG, M., in: Beck'sches IFRS-HB, 5. Aufl., § 2, Rn. 9 und Rn. 11; PELLENS, B. U. A., Internationale Rechnungslegung, S. 87; GALLASCH, F., Bilanzierung von Versicherungsverträgen, S. 32. Zur damit verbundenen Thematik des fehlenden Anerkennungsprozesses des *Conceptual Framework* in europäisches Recht (*endorsement*) vgl. HAAKER, A./FREIBERG, J., Endorsement IFRS-Rahmenkonzept, S. 259 f.

188 Vgl. ähnlich HOOGERVORST, H., Künftige Ausrichtung der IFRS, S. 1.

draft (ED/2015/3) veröffentlicht.[189] Der Standardsetzer führt damit die ursprünglich gemeinsam mit dem FASB begonnene Überarbeitung des Rahmenkonzepts eigenständig fort, ohne die im Vorgängerprojekt bereits beschlossenen Änderungen betreffend die Zielsetzung der IFRS-Rechnungslegung (ED.CF.Chapter 1) sowie die qualitativen Anforderungen (ED.CF.Chapter 2) an eine entscheidungsnützliche Informationsvermittlung erneut aufzugreifen.[190]

Sowohl in redaktionell als auch in inhaltlich veränderter Form erscheint nun das bisher vierte Kapitel des zurzeit noch geltenden Rahmenkonzepts.[191] Die dortigen Inhalte, welche noch aus der ursprünglichen Fassung des *Conceptual Framework* aus dem Jahr 1989 stammen, sind nun in separate Abschnitte zu den Definitions-, Ansatz-, Bewertungs- und Ausweisgrundsätzen (ED.CF.Chapter 4-7) sowie Kapital- und Kapitalerhaltungsgrundsätzen (ED.CF.Chapter 8) gegliedert. Von besonderer Relevanz für den Fortgang dieser Untersuchung ist vor allem der neu aufgenommene Abschnitt (ED.CF.Chapter 3) zur Definition und Abgrenzung der berichterstattenden Einheit *(reporting entity)* einzustufen.[192] Die darin enthaltenen Ausführungen erlauben wichtige Rückschlüsse in Bezug auf die primären Adressaten sowie die Konzeption des IFRS-Teilkonzernabschlusses.[193] Da mit einer Veröffentlichung des final überarbeiteten Rahmenkonzepts voraussichtlich zu Beginn des Jahres 2017 zu rechnen ist, dient der *exposure draft* ED/2015/3 als konzeptioneller Ausgangspunkt der folgenden Untersuchung.[194]

32 Zweck der IFRS-Rechnungslegung

Im Allgemeinen ist das externe Rechnungswesen als Kommunikationsinstrument der Unternehmung mit ihrer Umwelt zu begreifen.[195] So wie jede Form der Kommunikation mit einer spezifischen Zielsetzung verbunden ist, ist auch die Erstellung eines Jahres- bzw. Konzernabschlusses kein Selbstzweck.[196] Vielmehr ist der mit der Rechnungslegung verbundene Zweck als ausschlaggebender Bestimmungsfaktor im Hinblick auf die Gestaltung des jeweiligen Rechnungslegungssystems zu betrachten.[197]

---

189 Einen Überblick zum *exposure draft* geben ERB, C./PELGER, C., ED-Rahmenkonzept, S. 337-341; ERB, C./PELGER, C., Vorstellungen vom neuen Rahmenkonzept, S. 1058-1064.

190 Vgl. WAGENHOFER, A., Zukunft der internationalen Rechnungslegung, S. 540, sowie KIRSCH, H.-J./SCHOO, L./KRAFT, A., Discussion Paper zum Conceptual Framework des IASB, S. 301. Zu früheren Überarbeitungen des *Conceptual Framework* durch den IASB und den FASB im Rahmen des Norwalk-Agreements vgl. DOBLER, M./HETTICH, S., Geplante Änderungen der Rahmenkonzepte, S. 29-36, sowie PELGER, C., Rechnungslegungszweck und qualitative Anforderungen, S. 908-916.

191 Vgl. CF (2010), Rn. 4.1-4.59, sowie ED.CF.4.1-8.10.

192 Zum Konzept der berichterstattenden Einheit innerhalb des ED/2015/3 vgl. überblicksartig BUSCH, J./BOECKER, C., Conceptual Framework for Financial Reporting, S. 271, sowie ausführlich Abschnitt 452.

193 Vgl. Abschnitt 44.

194 Zum erwarteten Veröffentlichungszeitpunkt der finalen Version des Rahmenkonzepts sowie weiteren Informationen zum Projektstatus vgl. IASB (Hrsg.), Project Overview ED/2015/3, o. S.

195 Vgl. ACHLEITNER, A.-K., Normierung der Rechnungslegung, S. 36.

196 Vgl. STREIM, H., Grundzüge der Bilanzierung, S. 8, sowie KÜTING, K./LAUER, P., Jahresabschlusszwecke nach HGB und IFRS, S. 1985.

197 Vgl. BAETGE, J., Rechnungslegungszwecke, S. 13 m. w. N., sowie HOMFELDT, N. B., Interessengeleitete Rechnungslegung, S. 11; FÜLBIER, R. U./GASSEN, J., Bilanzrechtsregulierung, S. 137. Unabhängig von dem

Die innerhalb des Rahmenkonzepts[198] verankerte Zielsetzung der IFRS-Finanzberichterstattung besteht in der Bereitstellung von Informationen über das berichterstattende Unternehmen[199], die sowohl bestehenden als auch künftigen Kapitalgebern für ihre Entscheidungen in Bezug auf ihre (künftige) Ressourcenallokation[200] nützlich sind ***(decision usefulness)***.[201] Aufgrund der mit einem weiter gefassten Adressatenkreis einhergehenden Probleme, sämtlichen (heterogenen) Informationsbedürfnissen gerecht zu werden,[202] sieht der IASB lediglich gegenwärtige und potenzielle Eigen- und Fremdkapitalgeber als die primären Nutzer ***(primary users)*** der IFRS-Finanzberichterstattung an.[203]

Welche Art von Informationen im Allgemeinen wie auch in Bezug auf *business combinations under common control* das Postulat der Entscheidungsnützlichkeit erfüllen, wird vonseiten des Standardsetzers in ED.CF.1.3 f. konkretisiert. Hiernach basieren Kapitalvergabeentscheidungen zum einen auf der Beurteilung der Höhe, der zeitlichen Struktur und der Unsicherheit künftiger Zahlungsüberschüsse.[204] Neben der direkten Betrachtung künftiger Nettozahlungsströme erachtet der IASB zum anderen Informationen über die Leistung des Managements als notwendigen Informationsbestandteil hinsichtlich zu treffender Ressourcenallokationsentscheidungen.[205] Letztlich sollen diese Informationen den Kapitalgebern Aufschluss darüber geben, ob

---

konkreten Ziel bzw. Zielbündel, welches die verschiedenen (inter-)nationalen Rechnungslegungssysteme verfolgen, dient jede Form der Rechnungslegung der Reduzierung von Informationsasymmetrien aufgrund einer Prinzipal-Agenten-Beziehung zwischen Rechnungslegenden und Rechnungslegungsadressaten. Vgl. zu diesem sog. Metazweck der Rechnungslegung PELLENS, B. U. A., Internationale Rechnungslegung, S. 4-8, sowie FÜLBIER, R. U./GASSEN, J., Bilanzrechtsregulierung, S. 138. Zur Prinzpal-Agenten-Theorie vgl. allgemein JENSEN, M./MECKLING, W. H., Theory of the Firm, S. 305-360; ALPARSLAN, A., Prinzipal-Agent-Theorie, S. 11-47.

198 Vgl. Abschnitt 31.

199 Bis auf wenige sachlogisch notwendige Ausnahmen unterscheidet sich die Anwendung der IFRS nicht dadurch, ob sie auf Einzel- bzw. Konzernabschlussebene angewendet werden. Da sich insoweit die IFRS-Regelungen grundsätzlich unspezifisch auf das berichterstattende Unternehmen beziehen, sind die nachfolgenden Ausführungen sowohl auf konsolidierte als auch auf nicht konsolidierte Abschlüsse übertragbar. Vgl. hierzu THEILE, C., in: IFRS-Handbuch, 5. Aufl., B I, Rn. 202.

200 Die hierunter zu subsumierenden Entscheidungen betreffen den Kauf, die Veräußerung sowie das Halten von Eigen- und Fremdkapitaltiteln und beziehen sich zudem auf die Ausgabe bzw. Begleichung jeglicher Kreditformen. Vgl. ED.CF.1.2.

201 Vgl. ED.CF.1.2, sowie COENENBERG, A. G./HALLER, A./SCHULTZE, W., Jahresabschluss und Jahresabschlussanalyse, S. 65 f.; WAGENHOFER, A./EWERT, R., Externe Unternehmensrechnung, S. 5 f.

202 Vgl. BAETGE, J./THIELE, S., Gesellschafterschutz versus Gläubigerschutz, S. 14-17. Der IASB nennt in diesem Zusammenhang bspw. Aufsichtsbehörden und andere Mitglieder der Öffentlichkeit, die Informationen in Finanzberichten für allgemeine Zwecke ebenfalls als nützlich erachten könnten, vgl. CF (2010).OB.10 sowie CF (2010).BC.1.9.

203 Vgl. ED.CF.1.5. Dabei erkennt der IASB an, dass auch innerhalb der Gruppe der primären Nutzer der IFRS-Rechnungslegung heterogene Interessen bestehen können, vgl. ED.CF.1.8, sowie ausführlicher zum Adressatenkreis der IFRS-Rechnungslegung PELGER, C., Entscheidungsnützlichkeit in neuem Gewand, S. 160-162. Ausführlich zur Diskussion bzgl. der primären Adressaten des Konzern- und Teilkonzernabschlusses vgl. Abschnitt 44.

204 Vgl. ED.CF.1.3, sowie PELGER, C., Entscheidungsnützlichkeit in neuem Gewand, S. 158.

205 Vgl. ED.CF.1.3, sowie ED.CF.BC.1.6-10.

und wann die Erfüllung von Renditeforderungen und/oder die Rückzahlung von überlassenem Kapital zu erwarten bzw. möglich ist.[206]

Das Ziel der IFRS-Rechnungslegung, die Bereitstellung entscheidungsnützlicher Informationen, lässt sich somit gedanklich in die zwei Subziele der Bewertungsfunktion ***(valuation usefulness***[207]***)*** und der Rechenschaftsfunktion ***(stewardship***[208]***)*** untergliedern.[209] Zwischen diesen zwei Subzielen ergeben sich einerseits inhaltliche Überschneidungen, da grundsätzlich beide auf die Verringerung von Informationsasymmetrien zwischen Unternehmensleitung und Kapitalgebern abzielen.[210] Andererseits sind die Zielsetzungen keinesfalls als deckungsgleich, sondern bisweilen sogar als konfliktär anzusehen.[211] Obgleich sich der IASB diesem Umstand bewusst zu sein scheint, geht der Standardsetzer davon aus, dass in der überwiegenden Zahl der Fälle rechenschaftsfördernde Informationen gleichermaßen auch bewertungsnützlich sind *(et vice versa)*.[212] Insgesamt wird dem Rechenschaftsgedanken, verglichen mit der Fassung des *Conceptual Framework* (2010), ein höheres Gewicht beigemessen, ohne diesen zu einem übergeordneten Leitgedanken zu erheben.[213] Dies lässt eine inferiore Stellung der Rechenschaftsfunktion nicht mehr erkennen, sodass im Folgenden von einer Gleichgewichtung der beiden Subziele ausgegangen wird.[214]

Um den beschriebenen Subzielen zu genügen, benötigen die Adressaten des IFRS-Abschlusses sowohl Informationen über die Höhe und Zusammensetzung der wirtschaftlichen Ressourcen

---

206 Vgl. ED.CF.1.3; FISCHER, D. T., Neues Rahmenkonzept, S. 224.

207 Vgl. zu diesem Subziel einer entscheidungsnützlichen Rechnungslegung ausführlich KOELEN, P., Bewertungskalküle in der IFRS-Rechnungslegung, S. 28 f. Im Schrifttum wird in diesem Zusammenhang auch der Begriff der Informationsfunktion i. e. S. verwendet, vgl. bspw. FÜLBIER, R. U./GASSEN, J., Bilanzrechtsregulierung, S. 139 f.

208 Zum Rechenschaftszweck innerhalb der IFRS-Rechnungslegung vgl. COENENBERG, A. G./STRAUB, B., Rechenschaft versus Entscheidungsunterstützung, S. 17-26.

209 Vgl. KOELEN, P., Bewertungskalküle in der IFRS-Rechnungslegung, S. 29 m. w. N.

210 Vgl. COENENBERG, A. G./STRAUB, B., Rechenschaft versus Entscheidungsunterstützung, S. 25; HETTICH, S., Zweckadäquate Gewinnermittlung, S. 12.

211 Vgl. SCHRUFF, W., Spannungsfeld zwischen Cashflow-Prognose und Rechenschaft, S. 859; BALLWIESER, W., Ökonomische Analyse des Rahmenkonzepts, S. 466-470; GEBHARDT, G./MORA, A./WAGENHOFER, A., Fundamental Concepts of IFRS, S. 110; EFRAG U. A. (Hrsg.), Getting a Better Framework: Accountability, Rn. 21-27; PELGER, C., Rechnungslegungszweck und qualitative Anforderungen, S. 913; GASSEN, J./FISCHKIN, M./HILL, V., Rahmenkonzept-Projekt des IASB und des FASB, S. 876 f.; KOELEN, P., Bewertungskalküle in der IFRS-Rechnungslegung, S. 31-37.

212 In diesem Zusammenhang formuliert der IASB in ED.BC.1.9: *„[...] although in most cases that information [that helps users to assess management's stewardship;* Anm. d. Verf.*] is the same as the information needed to assess the prospects for future net cash inflows to the entity, this may not always be the case."*

213 Vgl. FISCHER, D. T., Neues Rahmenkonzept, S. 224. Innerhalb des *Conceptual Framework* (2010) wird das Subziel der Rechenschaft dem der Bewertungsnützlichkeit untergeordnet, sodass dieses nicht als separates Ziel angesehen wird, vgl. PELGER, C., Rechnungslegungszweck und qualitative Anforderungen, S. 911.

214 So auch GIMPEL-HENNING, N., Sukzessive Anteilserwerbe, S. 13; KRAFT, A., Extractive Activities, S. 43. Zum gleichen Ergebnis kommt auch KOELEN, P., Bewertungskalküle in der IFRS-Rechnungslegung, S. 39-41. Dieser bezieht seine Ausführungen indes auf den *exposure draft* aus dem Jahr 2008, der dem aktuellen *Conceptual Framework* (2010) vorausging. Analog zum ED/2015/3 wurden im damaligen *exposure draft* die unter dem Oberziel der Entscheidungsnützlichkeit zu subsumierenden Ziele der Rechenschaft und Bewertungsnützlichkeit aufgeführt.

und der Ansprüche gegen das berichterstattende Unternehmen als auch über deren Veränderung im Zeitablauf.[215] Da die Vermögens-, Finanz- und Ertragslage u. a. auch von den getroffenen Entscheidungen des handelnden Managements abhängig ist, soll der Abschluss gemäß ED.CF.1.4 (b) ebenfalls eine Beurteilung darüber ermöglichen, wie effizient und effektiv die Leitungsorgane des Unternehmens mit den ihnen anvertrauten Ressourcen gewirtschaftet haben.[216] Auch wenn letztere Form der Berichterstattung primär rechenschaftsfördernd erscheint, weißt der IASB explizit daraufhin, dass Informationen über die Güte des handelnden Managements nach seiner Auffassung sowohl der Rechenschafts- als auch der Bewertungsfunktion dienlich sind.[217]

33 Qualitative Anforderungen an eine entscheidungsnützliche Rechnungslegung

331. Vorbemerkungen

Neben der Definition des generellen Oberziels der IFRS-Rechnungslegung werden im *Conceptual Framework* allgemeine Rechnungslegungsgrundsätze aufgestellt, die vor allem als Beurteilungsrahmen gegenwärtiger und künftiger Standards herangezogen werden sollen.[218] Die Grundsätze beschreiben qualitative Anforderungen, anhand derer die Bilanzierungsregelungen zu würdigen sind. Der IASB differenziert diese Anforderungen in Fundamentalgrundsätze *(fundamental qualitative characteristics)*[219] und Erweiterungsgrundsätze *(enhancing qualitative characteristics)*[220].[221]

Abschlussinformationen über konzerninterne Unternehmenszusammenschlüsse haben dieser Kategorisierung zufolge zunächst die fundamentalen Eigenschaften der Relevanz *(relevance)*[222] und der glaubwürdigen Darstellung *(faithful representation)*[223] kumulativ zu erfüllen.[224] Die Vorrangstellung dieser **Fundamentalgrundsätze** wird dadurch deutlich, dass sie als

[215] Vgl. ED.CF.1.4 (a) i. V. m. ED.CF.1.12-21. Veränderungen der wirtschaftlichen Ressourcen im Zeitablauf sind dahingehend zu unterscheiden, ob diese aus dem erwirtschafteten Ergebnis oder aus Transaktionen mit Eigenkapitalgebern resultieren, vgl. ED.CF.1.21.

[216] Vgl. ED.CF.1.4 (b) i. V. m. ED.CF.1.22-23; FISCHER, D. T., Neues Rahmenkonzept, S. 224. In diesem Zusammenhang nennt der IASB bspw. die Einhaltung von Gesetzen, Richtlinien sowie sonstigen vertraglichen Vereinbarungen, aber auch den Schutz der betrieblichen Ressourcen vor negativen Preis- und Technologieentwicklungen. Insbesondere bei letzterem Punkt ergibt sich die Problematik, dass nicht die gesamte Unternehmensleistung auf Managemententscheidungen zurückgeht. Dies erfordert theoretisch eine differenzierte Berichterstattung getrennt nach Management- und Unternehmensleistung, die indes nur schwer zu realisieren sein dürfte. Vgl. COENENBERG, A. G./STRAUB, B., Rechenschaft versus Entscheidungsunterstützung, S. 19 sowie kritisch hierzu BALLWIESER, W., Ökonomische Analyse des Rahmenkonzepts, S. 469 f.

[217] Vgl. ED.CF.1.22.

[218] Vgl. PELGER, C., Rechnungslegungszweck und qualitative Anforderungen, S. 914, sowie STREIM, H./BIEKER, M./LEIPPE, B., Theoretische Fundierung der IAS, S. 182.

[219] Vgl. ED.CF.2.4-21.

[220] Vgl. ED.CF.2.22-37.

[221] Vgl. hierzu ausführlich BAETGE, J./KIRSCH, H.-J./THIELE, S., Bilanzen, S. 153-155.

[222] Vgl. ED.CF.2.6-13.

[223] Vgl. ED.CF.2.14-19.

[224] Vgl. HOFFMANN, S./DETZEN, D., Das Joint Conceptual Framework, S. 53.

notwendige Voraussetzung zur Realisierung des übergeordneten Abschlusszwecks der Vermittlung entscheidungsnützlicher Informationen angesehen werden.[225] Auch wenn bei der Anwendung der Fundamentalgrundsätze zunächst auf die relevantesten Informationen zurückzugreifen ist, sind beide Kriterien insgesamt als gleichwertig einzustufen.[226]

Ebenfalls hierarchisch gleichrangig, den Fundamentalgrundsätzen aber untergeordnet, sind die fördernden qualitativen Anforderungen der Vergleichbarkeit *(comparabiltiy)*, Nachprüfbarkeit *(verifiability)*, Zeitnähe *(timeliness)* und Verständlichkeit *(understandability)*.[227] Die weiterführenden Anforderungen können die Nützlichkeit einer Information erhöhen, indes sind sie nicht dazu geeignet, diese zu begründen.[228] Insgesamt sind die Erweiterungsgrundsätze als Hilfskriterien zu interpretieren, welche den Bilanzierenden bei der Auswahl alternativer Bilanzierungsmethoden unterstützen, die hinsichtlich der zwei fundamentalen Anforderungen der Relevanz und glaubwürdigen Darstellung gleich zu beurteilen sind.[229]

Schlussendlich hat jede Form von Finanzinformationen die **Nebenbedingung** der Kosten-Nutzen-Beschränkung zu erfüllen.[230] Sofern die mit der Berichterstattungsalternative verbundenen Kosten deren Informationsnutzen voraussichtlich nicht rechtfertigen, ist in einem solchen Fall auf die nächstbeste Bilanzierungsalternative auszuweichen.[231]

332. Fundamentale qualitative Anforderungen

332.1 Relevanz

Der IASB misst einer Abschlussinformation Relevanz bei, sofern sie in der Lage ist, die wirtschaftlichen Entscheidungen der Adressaten zu verändern.[232] Dabei ist es unerheblich, ob einige

---

225 Eine Rechnungslegungsinformation ist immer dann entscheidungsnützlich, wenn sie für die Adressaten sowohl relevant als auch glaubwürdig darstellbar ist. Weder eine glaubwürdige Darstellung eines nicht relevanten Sachverhalts noch die unglaubwürdige Darstellung eines relevanten Sachverhalts genügen dem Ziel der Entscheidungsnützlichkeit, vgl. ED.CF.2.20.

226 Vgl. LORSON, P./GATTUNG, A., Faithful representation, S. 556. Eine möglichst effektive und effiziente Anwendung der fundamentalen qualitativen Anforderungen der Relevanz und glaubwürdigen Darstellung hat gemäß ED.CF.2.21 einem standardisierten Prozess zu folgen. Innerhalb dieses Prozesses ist zunächst der ökonomische Sachverhalt zu lokalisieren, der i. S. d. Abschlusszweckes entscheidungsnützlich sein könnte. In einem zweiten Schritt sind die relevantesten Informationen über diesen Sachverhalt zu identifizieren. Im darauffolgenden Schritt ist sodann zu evaluieren, ob die Informationen des zweiten Schrittes verfügbar und glaubwürdig darstellbar sind. Sofern dies nicht der Fall ist, muss der Prüfungsprozess mit der nächst relevanten Information erneut durchgeführt werden.

227 Vgl. ED.CF.2.22-35; SCHOO, L., Umsatzrealisierung nach IFRS, S. 13.

228 Vgl. ED.CF.2.36. Im Gegensatz zu den Fundamentalanforderungen erfolgt die Anwendung der Erweiterungsgrundsätze in keiner vorgeschriebenen Ordnung. Es handelt sich vielmehr um einen iterativen Prozess, in dem die Kriterien einzelfallabhängig gegeneinander abzuwiegen sind. Hierbei ist jede der Anforderungen möglichst vollumfänglich zu erfüllen, vgl. ED.CF.2.37, sowie PELGER, C., Rechnungslegungszweck und qualitative Anforderungen, S. 914 f. Zu möglichen Grundsatzabwägungen vgl. BAETGE, J. U. A., in: Rechnungslegung nach IFRS, 2. Aufl., Teil A: Kapitel II, Rn. 67.

229 Vgl. ED.CF.2.22.

230 Vgl. ED.CF.2.38-42.

231 Vgl. HOFFMANN, S./DETZEN, D., Das Joint Conceptual Framework, S. 55.

232 Vgl. ED.CF.2.26, sowie hier und im Folgenden BAETGE, J./KIRSCH, H.-J./THIELE, S., Bilanzen, S. 153.

Adressaten die Information bspw. über einen konzerninternen Unternehmenszusammenschluss tatsächlich nutzen oder bereits aus anderen Quellen Kenntnis über den Sachverhalt erlangt haben. Hiermit hebt der Standardsetzer hervor, dass es nicht auf die tatsächliche, sondern auf die mögliche Einflussnahme durch die Finanzinformation ankommt.[233] Von einer solchen potenziellen entscheidungsbeeinflussenden Wirkung ist immer dann auszugehen, wenn die bereitgestellten Informationen prognostische *(predictive value)* und/oder bestätigende *(confirmatory value)* Eigenschaften aufweisen.[234]

Finanzinformationen ist gemäß ED.CF.2.8 ein **Prognosewert** einzuräumen, sofern sie sich zur Einschätzung künftiger wirtschaftlicher Ergebnisse eignen. Die der Urteilsbildung zugrunde liegenden Informationen müssen dabei nicht selbst den Charakter einer Vorhersage bzw. Prognose haben, sie müssen vielmehr als Inputparameter des Vorhersageverfahrens dienen.[235] Dementgegen ist eine bestätigende Eigenschaft i. S. e. **Bestätigungswertes** zu unterstellen, wenn vergangene Einschätzungen aufseiten der berechtigten Informationsempfänger bestätigt bzw. korrigiert werden.[236] Während die Bewertung der im Rahmen eines konzerninternen Unternehmenszusammenschlusses erworbenen Vermögenswerte und Schulden zum beizulegenden Zeitwert primär prognostische Elemente aufweist, ist den mit einer Fortführung der historischen Wertansätze verbundenen Finanzinformationen eher ein bestätigender Wert i. S. e. *confirmatory value* zuzuschreiben. Die vergangenheitsorientierte Perspektive eines Bestätigungswertes ist als Konkretisierung der in Abschnitt 32 beschriebenen Rechenschaftsfunktion der IFRS aufzufassen.[237] Wohingegen die prognostischen Eigenschaften einer Information, auf deren Basis bspw. die Höhe, der zeitliche Anfall sowie die Unsicherheit künftiger Zahlungsüberschüsse geschätzt werden können, vor allem dem Subziel der Bewertungsnützlichkeit zuzuordnen sind. Da die Subziele der IFRS-Rechnungslegung Schnittmengen aufweisen,[238] haben auch Finanzinformationen oftmals sowohl vorhersagenden und bestätigenden Wert.[239]

Im Kontext der Relevanz ist auch der Sekundärgrundsatz der **Wesentlichkeit** *(materiality)* im *Conceptual Framework* verortet.[240] Der Wesentlichkeitsgrundsatz regelt, ob Abschlussinformationen gesondert auszuweisen oder anzugeben sind und inwieweit vereinzelte Fehlbewertungen tolerierbar sind.[241] Insgesamt ist eine Information als wesentlich zu klassifizieren, wenn

---

233 Vgl. ED.CF.2.26, so auch schon KAMPMANN, H./SCHWEDLER, K., Gemeinsames Rahmenkonzept des FASB und IASB, S. 527.

234 Vgl. ED.CF.2.27, sowie PELGER, C., Rechnungslegungszweck und qualitative Anforderungen, S. 914.

235 Vgl. WAWRZINEK, W./LÜBBIG, M., in: Beck'sches IFRS-HB, 5. Aufl., § 2, Rn. 58.

236 Vgl. ED.CF.2.9, sowie BAETGE, J./KIRSCH, H.-J./THIELE, S., Bilanzen, S. 153.

237 Vgl. hier und im Folgenden EWELT-KNAUER, C., Konzernabschluss als Berichtsinstrument der wirtschaftlichen Einheit, S. 17 m. w. N.

238 Vgl. Abschnitt 32.

239 Vgl. ED.CF.2.10.

240 Vgl. ED.CF.2.11, sowie PELGER, C., Rechnungslegungszweck und qualitative Anforderungen, S. 914. Das Konzept der Wesentlichkeit ist ebenfalls in IAS 1.29-31 verschriftlicht und gilt somit als verbindliche Norm, vgl. WAWRZINEK, W./LÜBBIG, M., in: Beck'sches IFRS-HB, 5. Aufl., § 2, Rn. 59.

241 Vgl. BAETGE, J. U. A., in: Rechnungslegung nach IFRS, 2. Aufl., Teil A: Kapitel II, Rn. 44.

sie theoretisch eine gewisse Relevanz für die primären Adressaten des berichterstattenden Unternehmens aufweist und eine ausbleibende oder gar fehlerhafte Berichterstattung zu veränderten ökonomischen Entscheidungen führen würde.[242] Das Wesentlichkeitskonzept kann somit als unternehmensspezifische Anforderung der Relevanz interpretiert werden, da die Informationsvermittlung auf jene Angaben begrenzt wird, die im Kontext des spezifischen Unternehmens tatsächlich einen Einfluss auf die Ressourcenallokation ausüben können.[243] Zu der konkreten Ausgestaltung von (quantitativen) Wesentlichkeitsgrenzen macht der IASB aufgrund der unternehmensspezifischen Abhängigkeiten keine Angaben.[244]

332.2 Glaubwürdige Darstellung

Abschlussinformationen sind nur dann nützlich, wenn sie neben dem Fundamentalgrundsatz der Relevanz auch den der glaubwürdigen Darstellung erfüllen.[245] Glaubwürdig dargestellte Informationen müssen die ihnen zugrunde liegenden Sachverhalte möglichst realitätsgetreu widerspiegeln.[246] Gerade im Kontext von *Common Control*-Transaktionen liegt ein besonderer Fokus auf der Glaubwürdigkeit einer Finanzinformation. Die Nähebeziehung der an der Transkation beteiligten Parteien kann dazu führen, dass der bilanziell zu erfassende Sachverhalt möglicherweise gewissen Verzerrungen unterliegt und somit nicht das darstellt, was er vorgibt darzustellen. Ein explizites[247] Merkmal dieser Anforderung ist die **wirtschaftliche Betrachtungsweise** *(substance over form)*.[248] Das bedeutet, dass grundsätzlich auf die tatsächliche ökonomische Substanz eines Geschäftsvorfalls und nicht auf seine rechtliche Form abzustellen ist.[249] Zudem hat der IASB zur Konkretisierung des Primärgrundsatzes die drei Gütekriterien

---

242 Vgl. ED.CF.2.11.

243 Vgl. DETTENRIEDER, D., Hedge Accounting, S. 15; GIMPEL-HENNING, N., Sukzessive Anteilserwerbe, S. 16 f. Eine konsequente Anwendung der fundamentalen Anforderung der Relevanz hätte zur Folge, dass nahezu alle unternehmensinternen Informationen den Abschlussadressaten verfügbar gemacht werden müssten. Die damit unmittelbar verbundene Informationsflut wäre sowohl aus Sicht der Adressaten als auch aus der Perspektive der Ersteller nicht erstrebenswert, vgl. hierzu PELLENS, B. U. A., Internationale Rechnungslegung, S. 92, sowie BALLWIESER, W., Informations-GoB, S. 118.

244 Zur Konkretisierung der unternehmensspezifischen Wesentlichkeitsgrenzen kann auf nationale und internationale Literatur Bezug genommen werden, vgl. BAETGE, J. U. A., in: Rechnungslegung nach IFRS, 2. Aufl., Teil A: Kapitel II, Rn. 46.

245 Vgl. ED.CF.2.14. Im Rahmen der Überarbeitung des *Conceptual Framework* (1989) wurde der Fundamentalgrundsatz der Verlässlichkeit *(reliability)* aufgrund eines zunehmend divergierenden Begriffsverständnisses durch den Begriff der glaubwürdigen Darstellung innerhalb des *Conceptual Framework* (2010) ersetzt, vgl. hierzu ausführlich KIRSCH, H.-J. U. A., Bedeutung der Verlässlichkeit, S. 762-771.

246 Vgl. KIRSCH, H., Conceptual Framework für Phase A, S. 30.

247 Der Grundsatz der wirtschaftlichen Betrachtungsweise wurde im *Conceptual Framework* (2010) nicht explizit als separater Bestandteil der glaubwürdigen Darstellung erwähnt. Der IASB war der Auffassung, dass die Forderung nach einer wirtschaftlichen Betrachtungsweise keiner gesonderten Nennung bedurfte, da bei einer Missachtung dieses Grundsatzes eine glaubwürdige Darstellung nicht möglich sei. Vgl. CF (2010).BC.3.36; WAWRZINEK, W./LÜBBIG, M., in: Beck'sches IFRS-HB, 5. Aufl., § 2, Rn. 69; ZÜLCH, H./NELLESSEN, T., Überarbeitung der Rahmenkonzepte, S. 271. Innerhalb des ED/2015/3 hat der Standardsetzer den Grundsatz der wirtschaftlichen Betrachtungsweise nunmehr explizit bei den Ausführungen zur glaubwürdigen Darstellung aufgenommen.

248 Vgl. ED.CF.2.14.

249 Vgl. THEILE, C., in: IFRS-Handbuch, 5. Aufl., B II, Rn. 278; ADLER, H./DÜRING, W./SCHMALTZ, K., in: ADS

„Vollständigkeit", „Neutralität" und „Fehlerfreiheit" formuliert, deren Erfüllung zu einer glaubhaft dargestellten Information beiträgt.[250]

Eine **vollständige** *(complete)* Berichterstattung ist nicht ausschließlich als lückenlose Erfassung sämtlicher Geschäftsvorfälle zu verstehen.[251] Sie beinhaltet vielmehr eine Offenlegung aller erforderlichen Informationen, um den Abschlussadressaten den zugrunde liegenden ökonomischen Vorgang verständlich zu machen.[252]

Zur glaubwürdigen Darstellung eines Abschlusses ist über sämtliche Finanzinformationen **neutral** *(neutral)* und somit wertfrei und objektiv zu berichten.[253] Die Forderung nach Neutralität soll verzerrende Einflüsse, mit denen ein bestimmtes Ergebnis oder Verhalten erreicht werden kann, verhindern.[254] Eine neutrale Berichterstattung wird nach Ansicht des IASB durch das Kriterium der Vorsicht *(prudence)* unterstützt.[255] Der Standardsetzer stellt indes klar, dass der Vorsichtsgrundsatz in diesem Kontext nicht i. S. e. imparitätischen, d. h. zu pessimistischen Erfassung und Bewertung von Vermögenswerten und Schulden bzw. Aufwendungen und Erträgen zu verstehen ist (sog. *asymmetric prudence)*.[256] Eine solche Interpretation stünde einer neutralen Darstellung entgegen.[257] Der in ED.CF.2.18 formulierte Vorsichtsgrundsatz bezieht sich stattdessen auf die vorsichtige Ausübung von Bewertungsentscheidungen unter Unsicherheit, die auch bei der Bilanzierung von konzerninternen Unternehmenszusammenschlüssen eine zentrale Rolle spielen (sog. *cautious prudence)*.[258] Die mit dieser Anforderung verbundene sorgfältige(re) Auswahl von Schätzparametern hilft den Abschlusserstellern[259], ihrer natürlichen Tendenz einer zu positiven Beurteilung künftiger wirtschaftlicher Entwicklungen entge-

International, Abschnitt 1, Rn. 74.

250 Vgl. ED.CF.2.15, sowie BAETGE, J./KIRSCH, H.-J./THIELE, S., Bilanzen, S. 154. Der IASB weist gleichzeitig darauf hin, dass eine perfekte Erfüllung des Fundamentalgrundsatzes sehr selten, wenn nicht sogar unmöglich ist. Die Maximierung einer glaubwürdigen Darstellung steht somit im Vordergrund, vgl. ED.CF.2.15.

251 Vgl. THEILE, C., in: IFRS-Handbuch, 5. Aufl., B II, Rn. 274.

252 Vgl. ED.CF.2.16.

253 Vgl. ED.CF.2.17, sowie hier und im Folgenden BAETGE, J./KIRSCH, H.-J./THIELE, S., Bilanzen, S. 154; BAETGE, J. U. A., in: Rechnungslegung nach IFRS, 2. Aufl., Teil A: Kapitel II, Rn. 55 f.

254 Eine verzerrte Berichterstattung liegt nach Auffassung des IASB vor, wenn einzelne Geschäftsvorfälle einseitig, gewichtet, hervorgehoben, abgeschwächt oder anderweitig manipuliert dargestellt werden, vgl. ED.CF.2.17.

255 Vgl. ED.CF.2.18; ED.CF.BC.2.1-15, sowie THEILE, C./GOY, K., Entwurf ED/2015/3, S. 619. Im Zuge der Konzeption des *Conceptual Framework* (2010) hat der IASB sich dafür entschieden, den Vorsichtsgrundsatz aus dem *Framework* zu streichen, da aus damaliger Sicht die Gefahr von Fehlinterpretationen zu groß erschien, welche sodann nicht mit einer neutralen Darstellung vereinbar wären, vgl. ED.CF.BC.2.2. Vgl. hierzu kritisch BEINSEN, B./WAGENHOFER, A., Verhältnis des IASB zum Vorsichtsprinzip, S. 414 f.

256 Vgl. ED.CF.BC.2.11-15.

257 Vgl. CF (2010).BC.3.27 f., sowie WAWRZINEK, W./LÜBBIG, M., in: Beck'sches IFRS-HB, 5. Aufl., § 2, Rn. 73.

258 Vgl. ED.CF.BC.2.9 f., sowie THEILE, C./GOY, K., Entwurf ED/2015/3, S. 619.

259 Dies ist gleichermaßen auf Wirtschaftsprüfer und Regulatoren übertragbar, vgl. ED.CF.BC.2.9 (a).

genzuwirken. Bezogen auf konzerninterne Unternehmenszusammenschlüsse soll durch die Einhaltung dieses Grundsatzes bspw. eine Überbewertung der erworbenen Aktiva bzw. eine Unterbewertung übernommener Passiva vermieden werden.[260]

Über die zwei erläuterten Gütekriterien der Vollständigkeit und Neutralität hinaus setzt eine glaubwürdige Darstellung eine Berichterstattung voraus, die möglichst **frei von Fehlern** *(free from errors)* ist.[261] Das bedeutet einerseits, dass die Beschreibung eines Geschäftsvorfalls keine Fehler oder Auslassungen beinhalten darf und andererseits, dass die Abschlussinformationen durch einen korrekt angewendeten bzw. anwendbaren Rechnungslegungsprozess erzeugt werden.[262] Allerdings wird in diesem Zusammenanhang keine absolute Fehlerfreiheit seitens des Standardsetzers gefordert.[263] Dies bezieht sich vor allem auf den Umgang mit Schätzungen von nicht beobachtbaren Preisen oder Werten, deren tatsächliche Ausprägung unklar ist.[264] Trotz einer sich ggf. im Nachhinein herausstellenden Ungenauigkeit einer solchen Schätzung, ist diese mit den Anforderungen an eine glaubwürdige Darstellung vereinbar, sofern das Schätzergebnis als solches deklariert und klar umschrieben ist.[265]

Des Weiteren wird die Glaubwürdigkeit einer Abschlussinformation durch die bei der Bilanzierung bestehenden **Bewertungsunsicherheiten** *(measurement uncertainty)* beeinflusst. Als Reaktion auf die Kommentierungsschreiben zum ED/2015/3 hat der IASB im Rahmen einer vorläufigen Entscheidung *(tentative Board decision)* festgelegt, die ursprünglich das Kriterium der Relevanz konkretisierenden Ausführungen zu den mit einem Schätzprozess verbundenen Unsicherheiten,[266] künftig als einen Aspekt der glaubwürdigen Darstellung zu betrachten.[267] Erläuterungen zum Umgang mit etwaigen Bewertungsunsicherheiten finden sich bereits im noch geltenden *Conceptual Framework* (2010).[268] Die dortigen Ausführungen verdeutlichen, dass die alleinige Existenz derartiger Unsicherheiten einer glaubwürdigen Darstellung nicht grundsätzlich entgegensteht.[269] Vielmehr ist das Ausmaß der Unsicherheit als entscheidendes Kriterium zu werten, ob die vermittelten Finanzinformationen für die Adressaten nützlich sind.

---

260 Vgl. ED.CF.2.18; ED.CF.BC.2.9 (a).

261 Vgl. ED.CF.2.19.

262 Vgl. ED.CF.2.19; BAETGE, J. U. A., in: Rechnungslegung nach IFRS, 2. Aufl., Teil A: Kapitel II, Rn. 57. Dies beinhaltet ebenfalls die fehlerfreie Anwendung eines Schätzprozesses.

263 Vgl. ED.CF.2.19; THEILE, C., in: IFRS-Handbuch, 5. Aufl., B II, Rn. 277.

264 Vgl. ED.CF.2.19; KIRSCH, H.-J. U. A., Bedeutung der Verlässlichkeit, S. 769.

265 Vgl. ED.CF.2.19; THEILE, C., in: IFRS-Handbuch, 5. Aufl., B II, Rn. 277; PELLENS, B. U. A., Internationale Rechnungslegung, S. 94. Die Umschreibung eines Schätzergebnisses hat Hinweise auf ggf. mit dem Schätzprozess verbundene Limitationen zu geben, vgl. ED.CF.2.19.

266 Vgl. ED.CF.2.12 f.; THEILE, C./GOY, K., Entwurf ED/2015/3, S. 619. Nach Ansicht des IASB waren die Auswirkungen von Bewertungsunsicherheiten nicht prominent genug im *Conceptual Framework* (2010) hervorgehoben, sodass im Zuge der Überarbeitung die entsprechenden Textpassagen als separater Textabschnitt bei den Ausführungen zur Relevanz aufgenommen wurden, vgl. ED.BC.2.24 (b).

267 Vgl. IASB (Hrsg.), Summary of tentative decisions, S. 7; IASB (Hrsg.), Staff Paper CF Agenda ref. 10E (May 2016), Rn. 2.

268 Vgl. CF (2010).QC.16.

269 Vgl. im Ergebnis auch GALLASCH, F., Bilanzierung von Versicherungsverträgen, S. 40.

Sofern im Rahmen eines Bewertungsvorgangs ein gewisser, vom IASB (noch) nicht näher konkretisierter Grad an Unsicherheit überschritten wird, wäre eine alternative Darstellung im Abschluss zu wählen, um die Entscheidungsnützlichkeit der Bilanzierung zu erhöhen.[270] Ungeachtet dessen, dass die konkretisierenden Gütekriterien in Form einer vollständigen, neutralen und fehlerfreien Berichterstattung möglicherweise kumulativ erfüllt sind, würde ein solcher Schätzprozess den Anforderung an eine glaubwürde Darstellung somit offenbar nicht genügen.[271] Auch wenn momentan noch nicht abschließend geklärt ist, wie der IASB mit der diesbezüglichen Thematik umgeht, ist an dieser Stelle der Auffassung von KIRSCH/KOELEN/OLBRICH/DETTENRIEDER beizupflichten, dass der Grad der Bewertungsunsicherheit als ein ergänzendes Kriterium der schon bestehenden Gütekriterien angesehen werden könnte.[272]

Neben den Fundamentalgrundsätzen hat der IASB mit den fördernden qualitativen Anforderungen der Vergleichbarkeit, Nachprüfbarkeit, Zeitnähe und Verständlichkeit eine Reihe unterstützender Kriterien definiert, deren Erfüllung die Entscheidungsnützlichkeit der IFRS-Rechnungslegung verbessern soll.[273]

333. Fördernde qualitative Anforderungen

333.1 Vergleichbarkeit

Die qualitative Anforderung der Vergleichbarkeit von Finanzinformationen umspannt zwei Dimensionen.[274] Zum einen umfasst sie die Vergleichbarkeit im Zeitablauf und zum anderen soll eine zwischenbetriebliche Vergleichbarkeit gewährleistet werden.[275] Beispielsweise ermöglicht die Angabe von Vorjahreszahlen einen Zeitvergleich, aufgrund dessen die Entwicklungstendenzen eines Unternehmens leichter abschätzbar sind.[276] Ferner unterstützt die Gleichartigkeit von Jahresabschlüssen verschiedener Unternehmen i. S. e. zwischenbetrieblichen Vergleichbarkeit die Adressaten bei ihren Kapitalvergabeentscheidungen.[277] Eine im Zeitverlauf stetige Anwendung sowohl von Rechnungslegungsmethoden als auch der Art der Darstellung ist insbesondere bei bestehenden Wahlrechten hilfreich, um Gemeinsamkeiten und Unterschiede von

[270] Vgl. CF (2010).QC.16.
[271] Vgl. KIRSCH, H.-J. U. A., Bedeutung der Verlässlichkeit, S. 769, im Kontext des *Conceptual Framework* (2010).
[272] Vgl. KIRSCH, H.-J. U. A., Bedeutung der Verlässlichkeit, S. 769.
[273] Vgl. hierzu Abschnitt 331.
[274] Vgl. BAETGE, J. U. A., in: Rechnungslegung nach IFRS, 2. Aufl., Teil A: Kapitel II, Rn. 58.
[275] Vgl. ED.CF.2.23.
[276] Vgl. BAETGE, J./KIRSCH, H.-J./THIELE, S., Bilanzen, S. 155.
[277] Vgl. ED.CF.2.26, sowie BAETGE, J. U. A., in: Rechnungslegung nach IFRS, 2. Aufl., Teil A: Kapitel II, Rn. 58.

Vergleichsobjekten zu erkennen und zu beurteilen.[278] Insgesamt darf die Forderung einer vergleichbaren Bilanzierung nicht insofern missinterpretiert werden, als unterschiedliche Sachverhalte aus Gründen der Vergleichbarkeit einheitlich bilanziert werden.[279]

333.2 Nachprüfbarkeit

Der Grundsatz der Nachprüfbarkeit soll das Vertrauen in die Finanzberichterstattung stärken, indem den Adressaten vermittelt wird, dass die Informationen frei von Fehlern und verzerrenden Einflüssen sind.[280] Auch wenn das Kriterium keine Voraussetzung für eine glaubwürdige Darstellung von Finanzinformationen ist,[281] steht es aufgrund seiner objektivierenden Eigenschaften dennoch in einer engen Verbindung zu dieser fundamentalen Anforderung.[282] Sofern mehrere voneinander unabhängige fachkundige Beobachter einen Konsens darüber erzielen können, inwieweit eine bestimmte Information glaubwürdig erscheint, ist der Grundsatz als erfüllt anzusehen.[283] Ein vollkommener Konsens wird in diesem Zusammenhang indes nicht gefordert, vielmehr genügt eine Bandbreite vertretbarer Werte, um die Richtigkeit der Abschlussinformation nachzuweisen.[284] Gerade bei konzerninternen Unternehmenszusammenschlüssen sollte die maßgebende Bilanzierungsmethode ein hinreichendes Maß an nachprüfbaren Elementen aufweisen, um den Adressaten glaubhaft zu vermitteln, dass das Bilanzierungsergebnis nicht durch die Nähebeziehung der beteiligten Parteien beeinflusst ist.

Eine Finanzinformation ist entweder direkt oder indirekt (intersubjektiv) nachprüfbar.[285] Während erstere Form der Objektivierung auf die unmittelbare Überprüfung eines Wertes abzielt,[286] bezieht sich eine indirekte Nachprüfbarkeit auf die Plausibilisierung der zum Bilanzansatz führenden Verfahren.[287] Kennzeichnend für **direkt** nachprüfbare Wertansätze ist, dass sie i. d. R. beobachtbare Marktpreise in Transaktionen zwischen unabhängigen Dritten darstellen und daher vergleichsweise einfach zu verifizieren sind.[288] Dementgegen werden bei einer indirekten

---

278 Vgl. ED.CF.2.25, sowie THEILE, C., in: IFRS-Handbuch, 5. Aufl., B II, Rn. 281. Der IASB sieht Stetigkeit und Vergleichbarkeit nicht als identitätsgleich an, sodass eine Missachtung des Stetigkeitsgebotes zwar die Vergleichbarkeit einschränkt, ihr indes nicht diametral entgegensteht, vgl. ED.CF.2.25.

279 Vgl. ED.CF.2.26.

280 Vgl. CF (2010).BC.3.34; sowie THEILE, C., in: IFRS-Handbuch, 5. Aufl., B II, Rn. 280. Trotz der engen Verbindung der qualitativen Anforderung der Nachprüfbarkeit mit der glaubwürdigen Darstellung ist sie nicht als Konkretisierung des Fundamentalgrundsatzes aufzufassen. Auch nicht nachprüfbare Informationen können glaubwürdig sein, sodass es sich lediglich um eine wünschenswerte Anforderung handelt. Die Einbeziehung der Nachprüfbarkeit als Aspekt der glaubwürdigen Darstellung könnte aus Sicht des IASB dazu führen, dass nicht nachprüfbare Informationen per se von der Finanzberichterstattung auszuschließen sind. Vgl. CF (2010).BC.3.36, sowie KIRSCH, H.-J. U. A., Bedeutung der Verlässlichkeit, S. 768; WAWRZINEK, W./LÜBBIG, M., in: Beck'sches IFRS-HB, 5. Aufl., § 2, Rn. 81.

281 Vgl. SCHRUFF, W., Spannungsfeld zwischen Cashflow-Prognose und Rechenschaft, S. 859.

282 Vgl. BAETGE, J./KIRSCH, H.-J./THIELE, S., Bilanzen, S. 155, sowie GIMPEL-HENNING, N., Sukzessive Anteilserwerbe, S. 20.

283 Vgl. ED.CF.2.29.

284 Vgl. ED.CF.2.29; KÜTING, K., Objektivierungsgrundsatz im HGB- und IFRS-System, S. 1405.

285 Vgl. ED.CF.2.30; BAETGE, J./KIRSCH, H.-J./THIELE, S., Bilanzen, S. 155.

286 Vgl. ED.CF.2.30; PELLENS, B. U. A., Internationale Rechnungslegung, S. 95.

287 Vgl. ED.CF.2.30; LORSON, P./GATTUNG, A., Faithful representation, S. 562.

288 Vgl. LORSON, P./GATTUNG, A., Faithful representation, S. 562 m. w. N.; BALLWIESER, W., Informations-

Überprüfung nur die den Wert begründenden Eingangsparameter des angewendeten Bilanzierungs- oder Bewertungsmodells kontrolliert.[289]

Speziell bei zukunftsorientierten Schätzungen,[290] die sich durch einen hohen Grad an Unsicherheit auszeichnen, ist eine Überprüfung angesichts der mit der Unsicherheit einhergehenden Ermessensspielräume nicht problemlos möglich.[291] Dies betrifft im hier betrachteten Kontext vor allem die Bewertung der konzernintern umgehangenen Beteiligung zum beizulegenden Zeitwert gemäß IFRS 13 *(Fair Value Measurement)*. Jedoch erfordern gerade zukunftsorientierte Abschlussinformationen ein Mindestmaß an Objektivierung, um für die Adressaten entscheidungsnützlich zu sein.[292] Die Angabe sämtlicher der Schätzung zugrunde liegender Annahmen, Umstände und anderer Faktoren kann aus Sicht des IASB hilfreich sein, den berechtigten Informationsempfängern das notwendige Mindestmaß an Objektivierung bereitzustellen.[293] Überdies ist festzuhalten, dass eine Ausweitung des Objektivierungsgedankens – bspw. durch eine verstärkte Vergangenheitsorientierung der Rechnungslegung – der fundamentalen Anforderung der Relevanz entgegenstehen würde.[294]

333.3 Zeitnähe

Ein IFRS-Abschluss sollte gemäß ED.CF.2.32 möglichst zeitnah aufgestellt werden.[295] Die unterstützende Eigenschaft der Zeitnähe soll bewirken, dass Finanzinformationen nicht aufgrund einer unangemessen verzögerten Offenlegung ihre Relevanz verlieren.[296] Denn nach Auffassung des IASB verlieren Abschlussinformationen umso mehr an Entscheidungsnützlichkeit, je größer die zeitliche Distanz zwischen Eintritt des abzubildenden Sachverhalts und der korrespondierenden Berichterstattung ist.[297] Indes sind ältere Informationen nicht per se nutzlos, da sie zur Identifizierung von Trends beitragen können.[298] Auch wenn aktuellere Informationen

GoB, S. 118.

289 Vgl. ED.CF.2.30.

290 Hierunter sind bspw. Schätzungen von beizulegenden Zeitwerten der dritten Stufe gemäß IFRS 13 zu subsumieren. Zu den Regelungen des IFRS 13 vgl. überblicksartig FISCHER, D. T., Fair Value Measurement, S. 235-238.

291 Vgl. BALLWIESER, W., Informations-GoB, S. 118; KOELEN, P., Bewertungskalküle in der IFRS-Rechnungslegung, S. 18 m. w. N.

292 Vgl. SCHRUFF, W., Spannungsfeld zwischen Cashflow-Prognose und Rechenschaft, S. 860, sowie grundlegend LEFFSON, U., Grundsätze ordnungsmäßiger Buchführung, S. 81.

293 Vgl. ED.CF.2.31; HOFFMANN, S./DETZEN, D., Das Joint Conceptual Framework, S. 54; GALLASCH, F., Bilanzierung von Versicherungsverträgen, S. 42.

294 Vgl. GIMPEL-HENNING, N., Sukzessive Anteilserwerbe, S. 21. Grundlegend zu diesem Zielkonflikt vgl. BAETGE, J., Objektivierung des Jahreserfolges, S. 167-173; MOXTER, A., Bilanzlehre, S. 256-258 und S. 274-276, sowie KOELEN, P., Bewertungskalküle in der IFRS-Rechnungslegung, S. 16-25 m. w. N.

295 Vgl. BAETGE, J. U. A., in: Rechnungslegung nach IFRS, 2. Aufl., Teil A: Kapitel II, Rn. 62.

296 Vgl. WAWRZINEK, W./LÜBBIG, M., in: Beck'sches IFRS-HB, 5. Aufl., § 2, Rn. 83.

297 Vgl. FISCHER, D. T., Neues Rahmenkonzept, S. 225. Da das *Conceptual Framework* auch als Rahmen für die Entwicklung von IFRS dient, ist aus dem Kriterium der Zeitnähe nicht ausschließlich die Forderung nach einer schnellen Abschlusserstellung und Veröffentlichung abzuleiten. Der IASB hat vor dem Hintergrund dieser Anforderung zu gewährleisten, dass die entwickelten Standards eine zeitnahe Informationsaufbereitung und -vermittlung erlauben, vgl. FISCHER, D. T., Neues Rahmenkonzept, S. 225.

298 Vgl. ED.CF.2.32; BAETGE, J./KIRSCH, H.-J./THIELE, S., Bilanzen, S. 155.

c. p. meist mit einer höheren Entscheidungsnützlichkeit einhergehen, darf eine zeitnahe Offenlegung nicht zulasten der Richtigkeit gehen.[299]

333.4 Verständlichkeit

Finanzinformationen müssen so aufbereitet werden, dass sie für ihre Adressaten verständlich sind.[300] Dies erfordert eine klare und präzise Klassifizierung sowie Darstellung der zu bilanzierenden Sachverhalte.[301] Die Anforderung an eine verständliche Berichterstattung begründet indes nicht das Weglassen von Informationen über inhärent komplexe wirtschaftliche Vorgänge.[302] Auch wenn dies ggf. die Verständlichkeit des Abschlusses fördern würde, ist ein solches Vorgehen nicht mit einer glaubwürdigen Darstellung und dem damit verbundenen Vollständigkeitsgrundsatz vereinbar.[303] Bei der Entwicklung von Standards setzt der IASB voraus, dass die Abschlussleser angemessene Kenntnisse haben, um geschäftliche und wirtschaftliche Zusammenhänge zu verstehen.[304] Jedoch erkennt er in diesem Kontext auch an, dass selbst gut informierte Adressaten zeitweise auf die Hilfe eines fachkundigen Beraters angewiesen sind.[305]

334. Kosten-Nutzen-Restriktion

Die in den vorangegangenen Abschnitten beschriebenen qualitativen Anforderungen an die IFRS-Rechnungslegung verursachen Kosten, die vor dem Hintergrund des damit verbundenen Nutzens für die Abschlussersteller und -adressaten zu rechtfertigen sind.[306] Die vom IASB formulierte Kosten-Nutzen-Begrenzung ist daher nicht als weitere Anforderung an eine entscheidungsnützliche Rechnungslegung zu verstehen, sondern als eine Restriktion im Hinblick auf die Bereitstellung entscheidungsnützlicher Abschlussinformationen.[307]

---

299 In diesem Zusammenhang sind die Vorteile einer zeitnahen Veröffentlichung gegenüber einer ggf. sorgfältigeren und damit verlässlicheren Finanzberichterstattung gegeneinander abzuwägen, vgl. Wawrzinek, W./Lübbig, M., in: Beck'sches IFRS-HB, 5. Aufl., § 2, Rn. 83.

300 Vgl. ED.CF.2.33-35; Adler, H./Düring, W./Schmaltz, K., in: ADS International, Abschnitt 1, Rn. 60.

301 Vgl. ED.CF.2.33; Baetge, J./Kirsch, H.-J./Thiele, S., Bilanzen, S. 155.

302 Vgl. ED.CF.2.34; Baetge, J. u. a., in: Rechnungslegung nach IFRS, 2. Aufl., Teil A: Kapitel II, Rn. 63.

303 Vgl. ED.CF.2.34.

304 Vgl. ED.CF.2.35; Picker, R. u. a., Applying IFRS, S. 9.

305 Vgl. ED.CF.2.35; Wawrzinek, W./Lübbig, M., in: Beck'sches IFRS-HB, 5. Aufl., § 2, Rn. 85.

306 Vgl. ED.CF.2.38-42; Fischer, D. T., Neues Rahmenkonzept, S. 225.

307 Vgl. CF (2010).BC.3.47.

Finanzinformationen sind nur dann offenzulegen, wenn der damit verbundene Nutzen für die Ersteller und Adressaten größer ist als die mit der Informationsgewinnung[308] und -vermittlung[309] verbundenen Kosten.[310] Der gegen die Kosten abzuwägende Nutzen besteht laut IASB in niedrigeren Kapitalkosten für die Marktteilnehmer aufgrund effizienterer Kapitalmärkte.[311] Die effizientere Kapitalallokation ist letztlich auf fundiertere Entscheidungen seitens der Investoren, Kreditgeber und anderer Gläubiger zurückzuführen, die sie auf der Grundlage von Rechnungslegungsinformationen treffen.[312] Da der IASB bereits bei der Entwicklung neuer IFRS die Kosten-Nutzen-Restriktion berücksichtigt,[313] werden die Bilanzierenden sich nur in sehr seltenen Fällen auf den Grundsatz der Kostenbegrenzung berufen können, um bestimmte Bilanzierungs- und Bewertungsmethoden nicht anzuwenden.[314] Dies liegt nicht zuletzt auch an der Reihe von nicht lösbaren Problemen hinsichtlich der Operationalisierung dieses Grundsatzes.[315]

34 Umgang mit Regelungslücken gemäß IAS 8

Die IFRS stellen trotz eines stetigen Entwicklungsprozesses[316] aus heutiger Sicht kein vollständiges in sich geschlossenes Normensystem dar.[317] Dieser Umstand ist zum einen auf die nicht hinreichend (verbindliche) konzeptionelle Regelungsgrundlage zurückzuführen, aber vor allem auch auf bestehende **Regelungslücken**.[318] Fehlt es, wie im Fall konzerninterner Unternehmenserwerbe, an (eindeutigen) Regelungen, wie ein Sachverhalt bilanziell abzubilden ist, hat das Management unter Berücksichtigung der Anforderungen in IAS 8.10 (a) und (b) in eigenem

308 Anbieter von Finanzinformationen haben den größten Aufwand durch das Sammeln, Verarbeiten, Prüfen und Verbreiten von Informationen, vgl. ED.CF.2.39. Neben solchen direkten Kosten sind auch indirekte Kosten bspw. durch erhöhten Wettbewerbsdruck, welcher aufgrund eines besseren Informationsstandes der Konkurrenzunternehmen ausgelöst wird, zu berücksichtigen, vgl. PELLENS, B. U. A., Internationale Rechnungslegung, S. 96.

309 Die Adressaten tragen die Kosten der Finanzberichterstattung zum einen in Form von reduzierten Erträgen. Zum anderen entstehen Aufwendungen durch Analyse und Auslegung der bereitgestellten Informationen, vgl. ED.CF.2.39.

310 Vgl. ED.CF.2.38; ADLER, H./DÜRING, W./SCHMALTZ, K., in: ADS International, Abschnitt 1, Rn. 92.

311 Vgl. ED.CF.2.40; SCHOO, L., Umsatzrealisierung nach IFRS, S. 15 f.

312 Vgl. ED.CF.2.40.

313 Vgl. ED.CF.2.41.

314 Vgl. WAWRZINEK, W./LÜBBIG, M., in: Beck'sches IFRS-HB, 5. Aufl., § 2, Rn. 95.

315 Vgl. hierzu ADLER, H./DÜRING, W./SCHMALTZ, K., in: ADS International, Abschnitt 1, Rn. 92 m. w. N.

316 Vgl. KÜTING, K., Komplexität der Rechnungslegung, S. 303; KLEINMANNS, H., Offene Gesellschaft der IFRS-Interpreten, S. 1325; ANDERS, G., Strittige Fragen der Konsolidierung, S. 39.

317 Vgl. zu dieser nach wie vor aktuellen Aussage BAETGE, J. U. A., in: Rechnungslegung nach IFRS, 2. Aufl., Teil A: Kapitel II, Rn. 28.

318 Vgl. BAETGE, J./ZÜLCH, H., in: HdJ, Abteilung I/2, Rn. 186 f.; BALLWIESER, W., IFRS-Rechnungslegung, S. 241-244. Rechtssystematisch lassen sich Regelungslücken in offene und verdeckte Lücken unterscheiden, vgl. hierzu RUHNKE, K./NERLICH, C., Behandlung von Regelungslücken, S. 390 f. Eine offene Lücke kann des Weiteren in eine bewusste und unbewusste Lücke unterschieden werden. Da sich der IASB im Fall von konzerninternen Unternehmenserwerben über die damit verbundenen Probleme im Klaren zu sein scheint, sind *business combinations under common control* als bewusste Regelungslücke einzustufen, vgl. hierzu ausführlicher CASSEL, J., Unternehmensbewertung im IFRS-Abschluss, S. 47 f.

Ermessen eine Rechnungslegungsmethode zu entwickeln bzw. darüber zu entscheiden, welche Rechnungslegungsmethode anzuwenden ist.[319]

Um zu gewährleisten, dass die vom Management angewendeten Bilanzierungsvorschriften auf demselben theoretischen Fundament basieren wie die vom IASB verabschiedeten Standards und Interpretationen, wird in **IAS 8.10** unmittelbar auf die im Rahmenkonzept verankerten Fundamentalgrundsätze Bezug genommen.[320] Wenngleich die aktuelle Fassung des IAS 8 noch auf die qualitativen Anforderungen der Relevanz und Verlässlichkeit aus dem *Conceptual Framework* (1989) verweist, ist davon auszugehen, dass die Regelungen des IAS 8 zeitnah an das finale *Conceptual Framework* angepasst werden.[321] Im Zuge dieser aus Sicht des IASB eher redaktionellen Änderungen[322] wird nunmehr deutlicher hervorgehoben, dass die zur Rechtsfortbildung angewendeten Bilanzierungsmethoden dem Postulat der Entscheidungsnützlichkeit zu genügen haben.[323] Zudem wird das Verlässlichkeitskriterium durch den die Entscheidungsnützlichkeit konkretisierenden Fundamentalgrundsatz der glaubwürdigen Darstellung ersetzt.[324] Mit der Aufnahme dieses Primärgrundsatzes finden sodann auch die eine glaubwürdige Darstellung fördernden Gütekriterien der Vollständigkeit, Neutralität und Fehlerfreiheit Eingang in den Anforderungskatalog des IAS 8.[325]

Zur normenkonformen Schließung einer Regelungslücke verweist IAS 8 auf die allgemeinen Methoden der Jurisprudenz zur Rechtsfortbildung durch Analogieschluss sowie durch den Rückgriff auf generelle Rechtsprinzipien.[326] Bei seiner Entscheidungsfindung, welche Bilanzierungs- oder Bewertungsmethode im Fall eines nicht geregelten ökonomischen Sachverhaltes anzuwenden ist, hat der Bilanzierende gemäß **IAS 8.11 (a)** in erster Linie auf die Vorschriften bestehender IFRS, die ähnliche und verwandte Fragen behandeln, zurückzugreifen.[327] Hierbei

---

319 Vgl. IAS 8.10; THEILE, C./PAWELZIK, K. U., in: IFRS-Handbuch, 5. Aufl., B VIII, Rn. 935. Der Anwendungsbereich des IAS 8 umfasst zunächst die Lückenschließung. Inwieweit auch die Auslegung unscharfer Regelungen durch die Vorschriften des IAS 8 abgedeckt ist, wird in der Literatur indes kontrovers diskutiert. Dies befürwortend, vgl. KLEINMANNS, H., Offene Gesellschaft der IFRS-Interpreten, S. 1326; RUHNKE, K./SIMONS, D., Rechnungslegung nach IFRS und HGB, S. 375 f.; GIMPEL-HENNING, N., Sukzessive Anteilserwerbe, S. 29. Lediglich die Rechtsfortbildung bejahend, vgl. NERLICH, C., Auslegungsmethodik für IFRS, S. 220-223.

320 Vgl. BLAUM, U./HOLZWARTH, J./WENDLANDT, G., in: Rechnungslegung nach IFRS, 2. Aufl., Teil B: IAS 8, Rn. 55.

321 Vgl. IASB (Hrsg.), Staff Paper CF Agenda ref. 10G (October 2014), Rn. 2.

322 Der IASB ist der Auffassung, dass die Anpassungen der einzelnen Standards an das neue *Conceptual Framework* keine substanziellen Veränderungen nach sich ziehen werden. Vielmehr dienen die Anpassungen der besseren Verständlichkeit und damit der Vermeidung von Missverständnissen, vgl. IASB (Hrsg.), Staff Paper CF Agenda ref. 10C (October 2014), Rn. 5.

323 Vgl. IASB (Hrsg.), Staff Paper CF Agenda ref. 10G (October 2014), Appendix B.

324 Vgl. IASB (Hrsg.), Staff Paper CF Agenda ref. 10G (October 2014), Appendix B.

325 Vgl. IASB (Hrsg.), Staff Paper CF Agenda ref. 10G (October 2014), Appendix B. Die qualitativen Anforderungen erfahren durch ihre Auflistung innerhalb des IAS 8 eine Aufwertung in Bezug auf ihren Verbindlichkeitscharakter bei der Entwicklung lückenschließender Normen, da die Vorgaben des *Conceptual Framework* grundsätzlich denen spezifischer IFRS untergeordnet sind, vgl. BLAUM, U./HOLZWARTH, J./WENDLANDT, G., in: Rechnungslegung nach IFRS, 2. Aufl., Teil B: IAS 8, Rn. 55.

326 Vgl. LÜDENBACH, N./HOFFMANN, W.-D./FREIBERG, J., in: Haufe IFRS-Kommentar, 14. Aufl., § 1, Rn. 78.

327 Vgl. IAS 8.11 (a), sowie HAMMEN, J., in: Internationale Rechnungslegung, IAS 8, Rn. 17.

hat der Abschlussersteller einerseits die Möglichkeit im Wege der **Einzelanalogie,** eine für einen Sachverhalt bestehende Abbildungsregel auf den ihm ähnlichen, aber ungeregelten Tatbestand zu übertragen.[328] Andererseits kann ebenso im Rahmen der **Gesamtanalogie** aus mehreren Standards, welche dieselbe Bilanzierungsfolge für mehrere Tatbestände vorsehen, ein gemeinsamer allgemeiner Rechtsgrundsatz abgeleitet werden.[329] Sofern der ungeregelte Bilanzierungssachverhalt den Tatbeständen ähnelt, die dem gewonnenen Grundsatz zugrunde liegen, ist dieser auch auf den ungeregelten Fall anzuwenden.[330] Die Übertragung von Bilanzierungsregelungen im Wege des Analogieschlusses gründet auf dem auch im Vorwort der IFRS *(Preface)* verankerten Gleichheitsgrundsatz, nach dem Gleichartiges gleich zu behandeln ist.[331]

Sofern keine zum ungeregelten Sachverhalt ähnlichen bzw. verwandten Sachverhalte zu identifizieren sind, für die eindeutige Bilanzierungsvorschriften existieren, hat der Bilanzierende in einem zweiten Schritt gemäß **IAS 8.11 (b)** die im *Conceptual Framework* enthaltenen Definitionen, Ansatz- und Erfassungskriterien sowie Bewertungskonzepte für Vermögenswerte und Schulden sowie Aufwendungen und Erträge zu berücksichtigen.[332] Trotz der nur selektiven Aufzählungen der zu beachtenden Grundsätze des Rahmenkonzepts ist davon auszugehen, dass dabei letztlich sämtliche Bestandteile des *Conceptual Framework* bei der Rechtsfortbildung zu beachten sind.[333]

Neben den in IAS 8.11 verpflichtend zu berücksichtigenden Ansatzpunkten zur Lückenschließung kann der Abschlussersteller des Weiteren die in **IAS 8.12** genannten Quellen heranziehen.[334] Diese umfassen u. a. die jüngsten Verlautbarungen anderer Normengeber, die ein ähnliches Rahmenkonzept zur Entwicklung von Bilanzierungsvorschriften verwenden wie der IASB.[335] Die zusätzliche Anforderung an ein vergleichbares Prinzipiensystem soll, ebenso wie der Verweis auf die Primärgrundsätze in IAS 8.10 (a) und (b), sicherstellen, dass keine Regelungen mit abweichendem theoretischen Unterbau innerhalb der IFRS-Abschlüsse angewendet

---

328 Vgl. RÜTHERS, B./BIRK, A./FISCHER, C., Rechtstheorie, Rn. 889, ebenso CASSEL, J., Unternehmensbewertung im IFRS-Abschluss, S. 54.

329 Vgl. LARENZ, K., Methodenlehre der Rechtswissenschaft, S. 381 f.; RUHNKE, K./NERLICH, C., Behandlung von Regelungslücken, S. 391.

330 Vgl. RUHNKE, K./NERLICH, C., Behandlung von Regelungslücken, S. 391.

331 Vgl. IASB (Hrsg.), Preface to IFRS, Rn. 12; CANARIS, C.-W., Lücken im Gesetz, S. 72 m. w. N.; LARENZ, K./CANARIS, C.-W., Methodenlehre der Rechtswissenschaft, S. 202, ebenso CASSEL, J., Unternehmensbewertung im IFRS-Abschluss, S. 53 f.; RUHNKE, K./SIMONS, D., Rechnungslegung nach IFRS und HGB, S. 386.

332 Vgl. BLAUM, U./HOLZWARTH, J./WENDLANDT, G., in: Rechnungslegung nach IFRS, 2. Aufl., Teil B: IAS 8, Rn. 54.

333 Vgl. ebenso GIMPEL-HENNING, N., Sukzessive Anteilserwerbe, S. 31. Das *staff paper* zu den voraussichtlichen Änderungen des IAS 1 und des IAS 8 im Zuge der Umsetzung des neuen *Conceptual Framework* verweist bei der zu ändernden Textpassage des IAS 8.11 (b) auf das Rahmenkonzept als Ganzes anstatt auf einzelne Bestandteile, vgl. IASB (Hrsg.), Staff Paper CF Agenda ref. 10G (October 2014), Appendix B.

334 Vgl. RUHNKE, K./SIMONS, D., Rechnungslegung nach IFRS und HGB, S. 378; PICKER, R. U. A., Applying IFRS, S. 686.

335 Vgl. IAS 8.12; WOJCIK, K.-P., IAS/IFRS als europäisches Recht, S. 288 f.; HAMMEN, J., in: Internationale Rechnungslegung, IAS 8, Rn. 18.

werden.[336] Denkbar ist in diesem Zusammenhang bspw. der Rückgriff auf die US-amerikanischen Normen der US-GAAP sowie sonstige Rechnungslegungsstandards mit angelsächsischem Ursprung wie z. B. UK-GAAP oder Canadian-GAAP.[337] Aber auch die durch das Deutsche Rechnungslegungs Standards Committee e. V. (DRSC) erarbeiteten DRS sind unter die Verlautbarungen des IAS 8.12 zu subsumieren.[338]

Weiterhin können anerkannte **Branchenpraktiken** sowie Rechnungslegungskommentare oder sonstige renommierte **Fachliteratur** zur Rechtsfortbildung genutzt werden.[339] Darunter fallen z. B. auch die Veröffentlichungen des Instituts der Wirtschaftsprüfer in Deutschland e. V. (IDW).[340] Im hierbetrachteten Kontext ist vor allem der IDW RS HFA 2 hervorzuheben, der zu *business combinations under common control* und weiteren Einzelfragen zur Anwendung der IFRS Stellung bezieht.[341] Ebenso können auch sonstige Verlautbarungen des IASB, wie bspw. das Vorwort zu den IFRS oder Standardentwürfe, zur Lückenschließung herangezogen werden.[342] Sämtliche nach IAS 8.12 in Frage kommenden Quellen stehen dabei insofern unter einem Konsistenzvorbehalt, als sie nicht im Widerspruch zu bestehenden IFRS und dem Rahmenkonzept stehen dürfen.[343]

Durch die Berufung auf Analogiefälle bzw. allgemeine Rechtsprinzipien lassen sich häufig verschiedene Wege der Lückenschließung begründen und vertreten.[344] Selten führen sie indes zu eindeutigen Lösungen. Dies ist vorwiegend auf die subjektive Wahrnehmung bzgl. der Ähnlichkeit ökonomischer Sachverhalte zurückzuführen.[345] Die Beurteilung der für die Wertung eines bilanziell abzubildenden Vorgangs „maßgeblichen Hinsichten"[346] erfordert individuelle Ermessensentscheidungen, die oftmals nur schwer intersubjektiv nachvollziehbar sein

---

336 Vgl. Blaum, U./Holzwarth, J./Wendlandt, G., in: Rechnungslegung nach IFRS, 2. Aufl., Teil B: IAS 8, Rn. 62.

337 Vgl. Blaum, U./Holzwarth, J./Wendlandt, G., in: Rechnungslegung nach IFRS, 2. Aufl., Teil B: IAS 8, Rn. 62, sowie allgemein zu verschiedenen internationalen Rechnungslegungssystemen Radebaugh, L. H./Gray, S. J./Black, E. L., International accounting, S. 60-91. Insbesondere die Sichtung der US-GAAP könnte vor dem Hintergrund der gemeinsamen Überarbeitung des *Conceptual Framework* durch den IASB und FASB sowie dem hohen Bestand an branchenspezifischen Regelungen anzuraten sein, vgl. Ruhnke, K./Simons, D., Rechnungslegung nach IFRS und HGB, S. 378 f.

338 Vgl. hierzu ausführlicher Kleinmanns, H., Offene Gesellschaft der IFRS-Interpreten, S. 1327 f.

339 Vgl. IAS 8.12; Hammen, J., in: Internationale Rechnungslegung, IAS 8, Rn. 19.

340 Vgl. hier und im Folgenden Ruhnke, K./Nerlich, C., Behandlung von Regelungslücken, sowie Kleinmanns, H., Offene Gesellschaft der IFRS-Interpreten, S. 1329 und S. 1333.

341 Vgl. IDW (Hrsg.), IDW RS HFA 2, Rn. 1-121, in Bezug auf *business combinations under common control* vgl. Rn. 33-44.

342 Vgl. Zülch, H., Lücken und Inkonsistenzen, S. 5.

343 Vgl. Köster, O., in: Thiele/von Keitz/Brücks, IAS 8, Rn. 121.

344 Vgl. hier und im Folgenden Lüdenbach, N./Hoffmann, W.-D./Freiberg, J., in: Haufe IFRS-Kommentar, 14. Aufl., § 1, Rn. 78.

345 Vgl. Ruhnke, K./Nerlich, C., Behandlung von Regelungslücken, S. 391, sowie Blaum, U./Holzwarth, J./Wendlandt, G., in: Rechnungslegung nach IFRS, 2. Aufl., Teil B: IAS 8, Rn. 58.

346 Larenz, K., Methodenlehre der Rechtswissenschaft, S. 381.

dürften.[347] Divergierende Lösungsansätze sind ebenfalls bei der Bezugnahme auf Verlautbarungen anderer Standardisierungsgremien sowie auf das Schrifttum i. S. d. IAS 8.12 zu erwarten.[348] Problematisch ist hier auch die Einstufung der Ähnlichkeit des dem jeweiligen Rechnungslegungssystem zugrunde liegenden konzeptionellen Rahmenkonzepts.[349] Darüber hinaus ist dieser Form der Rechtsfortbildung einschränkend hinzuzufügen, dass aus konzeptioneller Sicht die Beachtung nationaler Bilanzierungsvorschriften und Branchenpraktiken nur schwer mit dem Anspruch international verständlicher Rechnungslegungsnormen vereinbar erscheint.[350]

347 Vgl. LARENZ, K., Methodenlehre der Rechtswissenschaft, S. 381 f., sowie RUHNKE, K./NERLICH, C., Behandlung von Regelungslücken, S. 391.

348 Vgl. LÜDENBACH, N./HOFFMANN, W.-D./FREIBERG, J., in: Haufe IFRS-Kommentar, 14. Aufl., § 1, Rn. 78.

349 Vgl. RUHNKE, K./NERLICH, C., Behandlung von Regelungslücken, S. 393.

350 Vgl. hierzu ausführlicher LÜDENBACH, N./HOFFMANN, W.-D./FREIBERG, J., in: Haufe IFRS-Kommentar, 14. Aufl., § 1, Rn. 78.

4 Konzeption und Adressaten des IFRS-Teilkonzernabschlusses

41 Vorbemerkungen

In Abschnitt 25 wurde die mögliche Veränderung des Konsolidierungskreises im Zuge eines konzerninternen Unternehmenszusammenschlusses als wesentliches Abgrenzungsmerkmal interner Umstrukturierungen herausgearbeitet. Während konzerninterne Unternehmenserwerbe die Einflusssphäre des Konzerns insgesamt unverändert lassen, kann es auf Ebene des Teilkonzerns zu einer Veränderung der Beherrschungsverhältnisse kommen. Der daraufhin neu abzugrenzende Konsolidierungskreis ist gleichzeitig mit einer veränderten Vermögens-, Finanz- und Ertragslage des Teilkonzerns verbunden, die aus der Perspektive der Adressaten dieser Berichtseinheit bilanziell nachzuzeichnen ist.

Bevor im fünften Kapitel untersucht wird, welche Form der Bilanzierung hierfür am geeignetsten erscheint, ist zu klären, wer als primärer Adressat des IFRS-Teilkonzernabschlusses anzusehen ist, um einen notwendigen Bezugspunkt für eine entscheidungsnützliche Bilanzierung konzerninterner Unternehmenserwerbe zu schaffen. Da sich der IASB nicht explizit äußert, wer hierunter zu subsumieren ist, sind zunächst grundlegende Überlegungen zur Konzeption des Teilkonzernabschlusses erforderlich, um darauf aufbauend die primären Adressaten dieser Berichtseinheit ableiten zu können. Hierzu ist neben der Erläuterung der rechtlichen Aufstellungspflichten (Abschnitt 42) eine Auseinandersetzung mit der intendierten Zielsetzung des Teilkonzernabschlusses erforderlich, da die Adressatenfrage nicht isoliert von diesen Themenbereichen beantwortet werden kann (Abschnitt 43). Sowohl der Betrachtung der Zielsetzung als auch der damit verbundenen Klärung der primären Adressaten des Teilkonzernabschlusses geht jeweils eine allgemeine Betrachtung des übergeordneten Konzernabschlusses voraus, um Unterschiede und Gemeinsamkeiten der konsolidierten Abschlüsse zu verdeutlichen sowie Implikationen für den Teilkonzernabschluss abzuleiten. Überdies erfordert eine abschließende konzeptionelle Betrachtung des Teilkonzernabschlusses eine Diskussion darüber, inwieweit dieser Abschluss als Ausschnitt der übergeordneten wirtschaftlichen Einheit oder als eigenständiges Berichtsinstrument zu interpretieren ist. Insbesondere letzterer Punkt war in der bisherigen wissenschaftlichen Diskussion bzgl. der bilanziellen Abbildung konzerninterner Unternehmenserwerbe ein zentrales Argument für bzw. gegen verschiedene Bilanzierungsalternativen.

42 Aufstellungspflichten eines Teilkonzernabschlusses

Seit der Umsetzung der **IAS-Verordnung** durch das Europäische Parlament im Jahr 2005 sind kapitalmarktorientierte Mutterunternehmen innerhalb der EU dazu verpflichtet, ihren (Teil-)Konzernabschluss zwingend nach den IFRS aufzustellen.[351] Hinsichtlich der Beurteilung, ob eine grundsätzliche Pflicht zur Aufstellung eines (Teil-)Konzernabschlusses besteht,

[351] Vgl. EUROPÄISCHE UNION (Hrsg.), IAS Verordnung, Rn. 6; BAETGE, J./KIRSCH, H.-J./THIELE, S., Konzernbilanzen, S. 109; KIRSCH, H.-J., Umsetzung der Mitgliedstaatenwahlrechte, S. 275 f. Die

ist indes i. d. R. nicht auf die entsprechenden Vorschriften des IFRS 10 abzustellen, sondern auf die jeweiligen nationalen Regelungen des Sitzstaates des berichterstattenden Unternehmens.[352] Für in Deutschland ansässige Unternehmen sind gemäß § 315a Abs. 1 HGB diesbezüglich die §§ 290 ff. HGB maßgeblich.[353] Neben der obligatorischen IFRS-Anwendung für kapitalmarktorientierte (Teil-)Konzerne nach § 315a Abs. 2 HGB bietet § 315a Abs. 3 HGB für sämtliche Mutterunternehmen darüber hinaus die Möglichkeit, ihren (Teil-)Konzernabschluss wahlweise statt nach den Vorschriften des HGB nach den IFRS zu erstellen.[354] Die Vorschriften zur Konzernrechnungslegungspflicht des IFRS 10 sind nur für solche Staaten unmittelbar relevant, in denen die IFRS als verbindliches Normensystem übernommen wurden.[355]

Konstituierendes Merkmal der **Aufstellungspflicht** eines konsolidierten Abschlusses sowohl handelsrechtlich als auch nach IFRS ist die Existenz eines Mutter-Tochter-Verhältnisses zwischen zwei verbundenen Unternehmen.[356] Ein solches Subordinationsverhältnis liegt gemäß § 290 Abs. 1 HGB[357] sowie IFRS 10.4 f. immer dann vor, wenn das Mutterunternehmen unmittelbar oder mittelbar in der Lage ist, einen beherrschenden Einfluss[358] auf das Tochterunternehmen auszuüben.[359] Da diese Regelungen stets auf das Verhältnis zwischen zwei Unternehmen abstellen, hat prinzipiell jedes Mutterunternehmen auch auf tiefergestaffelten Konzernebenen einen konsolidierten Abschluss aufzustellen (sog. **Tannenbaumprinzip**[360]).[361]

Zur Vermeidung einer Teilkonzernrechnungslegung auf jeder Stufe eines mehrstufigen Konzerns existieren sowohl im HGB als auch in den IFRS weitreichende **Befreiungsmöglichkeiten** zur Aufstellung eines solchen Abschlusses.[362] Eine Möglichkeit für eine Befreiung besteht in beiden Rechnungslegungssystemen darin, dass das den Teilkonzernabschluss aufstellende Mut-

---

verpflichtende Anwendung betrifft indes nur diejenigen IFRS, die im Rahmen des *endorsement*-Verfahrens durch die EU-Kommission anerkannt wurden, vgl. hierzu ausführlicher OVERSBERG, T., Endorsement-Prozess, S. 1597-1602.

352 Vgl. KÜTING, K./WEBER, C.-P., Konzernabschluss, S. 119 f.

353 Vgl. PELLENS, B. U. A., Internationale Rechnungslegung, S. 120.

354 Vgl. BAETGE, J./KIRSCH, H.-J./THIELE, S., Konzernbilanzen, S. 110.

355 Vgl. BAETGE, J./HAYN, S./STRÖHER, T., in: Rechnungslegung nach IFRS, 2. Aufl., Teil B: IFRS 10, Rn. 55.

356 Vgl. KÜTING, K./WEBER, C.-P., Konzernabschluss, S. 120 f.

357 Im deutschen Rechtsraum sind ebenso die Konzernaufstellungspflichten des § 11 PublG zu beachten. Diese sind einschlägig, wenn das Mutterunternehmen weder eine Kapitalgesellschaft noch eine Personenhandelsgesellschaft i. S. d. § 264a HGB ist. Das PublG knüpft eine Aufstellungspflicht indes ebenso an das Beherrschungskonzept des § 290 HGB, vgl. hierzu ausführlicher BAETGE, J./KIRSCH, H.-J./THIELE, S., Konzernbilanzen, S. 98-100.

358 Zum Beherrschungsbegriff nach IFRS 10 vgl. KIRSCH, H.-J./EWELT-KNAUER, C., Abgrenzung des Vollkonsolidierungskreises, S. 1641-1645. Zum handelsrechtlichen Beherrschungsbegriff vgl. VON KEITZ, I./EWELT-KNAUER, C., in: Baetge/Kirsch/Thiele, § 290 HGB, Rn. 41-60 sowie Rn. 71-131.

359 Vgl. OSER, P./MILANOVA, E., Aufstellungspflicht und Abgrenzung des Konsolidierungskreises, S. 2028 f.

360 Vgl. BIENER, H., Konzernrechnungslegung nach der Siebenten Richtlinie, S. 6.

361 Vgl. BAETGE, J./KIRSCH, H.-J./THIELE, S., Konzernbilanzen, S. 88, sowie KRAG, J./MÜLLER, H., Zur Zweckmäßigkeit von Teilkonzernabschlüssen, S. 307; MAAS, U./SCHRUFF, W., Konzernrechnungslegung, S. 765.

362 Vgl. KIRSCH, H.-J./BERENTZEN, C., in: Baetge/Kirsch/Thiele, § 291 HGB, Rn. 1 und Rn. 511 im Kontext von IAS 27; BOEMLE, M., Konsolidierungspflicht in Teilkonzernen, S. 285.

terunternehmen zugleich Tochterunternehmen ist und in einen übergeordneten Konzernabschluss einbezogen wird.[363] Im Handelsrecht sind überdies in den §§ 291 und 292 HGB bestimmte Bedingungen kodifiziert, die erfüllt sein müssen, damit der übergeordnete konsolidierte Abschluss eine befreiende Wirkung entfaltet.[364] Neben dieser rein auf Teilkonzernebene bestehenden Befreiungsmöglichkeit greifen für deutsche Unternehmen zudem die handelsrechtlichen Befreiungstatbestände, die auch auf Ebene der obersten Konzernmuttergesellschaft anzuwenden sind.[365] Hiernach kann die Aufstellung eines (Teil-)Konzernabschlusses zum einen aufgrund mangelnder konsolidierungspflichtiger Tochterunternehmen (§§ 290 Abs. 5 HGB i. V. m. § 296 HGB)[366] und zum anderen basierend auf größenabhängigen Befreiungskriterien (§ 293 HGB)[367] unterbleiben.[368]

Die eingeschränkte Aufstellungspflicht eines Teilkonzernabschlusses aufgrund eines übergeordneten befreienden Konzernabschlusses kann indes unter bestimmten Umständen nicht in Anspruch genommen werden.[369] Eine Befreiung kann gemäß § 291 Abs. 3 Nr. 1 HGB sowie IFRS 10.4 (ii) nicht beansprucht werden, sofern das zu befreiende Mutterunternehmen **kapitalmarktorientiert** ist. In diesem Kontext gehen die Vorgaben der IFRS über die des Handelsrechts hinaus und schreiben schon dann eine verpflichtende Teilkonzernabschlussrechnung vor, wenn das untergeordnete Mutterunternehmen seine Abschlüsse zwecks geplanter Emission von Wertpapieren bei einer Regulierungsbehörde eingereicht hat bzw. im Begriff ist, dies zu tun (IFRS 10.4 (iii)).[370] Darüber hinaus sind Mutterunternehmen auf unteren Konzernstufen dazu verpflichtet, einen Teilkonzernabschluss aufzustellen, an denen **nicht-beherrschende Gesellschafter** beteiligt sind, sofern letztere die Aufstellung eines konsolidierten Abschlusses verlangen (§ 291 Abs. 3 Nr. 2 HGB sowie IFRS 10.4 (i)).[371] Während die IFRS in diesem Zusammenhang relativ unkonkret bleiben, schreibt das Handelsrecht u. a. Mindestbeteiligungen der nicht-beherrschenden Anteilseigner vor. So muss ein Teilkonzernabschluss nur aufgestellt wer-

---

363 Vgl. § 291 Abs. 1 HGB sowie IFRS 10.4 (a) (i) und (iv); KÜTING, P., Mythos eines Konzerns im Konzern, S. 1050; BAETGE, J./HAYN, S./STRÖHER, T., in: Rechnungslegung nach IFRS, 2. Aufl., Teil B: IFRS 10, Rn. 180.

364 Vgl. BAETGE, J./KIRSCH, H.-J./THIELE, S., Konzernbilanzen, S. 103-105.

365 Vgl. hierzu auch KÜTING, P., Mythos eines Konzerns im Konzern, S. 1050 f.

366 Vgl. hierzu KÜTING, K./GATTUNG, A./KEßLER, M., Konzernrechnungslegungspflicht (Teil I), S. 532.

367 Zur Anpassung der handelsrechtlichen Größenkriterien für die Befreiung nach § 293 HGB im Zuge des BilRUG, vgl. BLÖINK, T./KNOLL-BIERMANN, T., Bilanzrichtlinie-Umsetzungsgesetz, S. 72 f., sowie BAETGE, J./KIRSCH, H.-J./THIELE, S., Konzernbilanzen, S. 106 f.

368 Vgl. KÜTING, K./WEBER, C.-P., Konzernabschluss, S. 152 f.

369 Vgl. SENGER, T./RULFS, R., in: Beck'sches IFRS-HB, 5. Aufl., § 31, Rn. 19, sowie BAETGE, J./HAYN, S./STRÖHER, T., in: Rechnungslegung nach IFRS, 2. Aufl., Teil B: IFRS 10, Rn. 180.

370 Vgl. PELLENS, B. U. A., Internationale Rechnungslegung, S. 121. Teilkonzernmutterunternehmen, die am Stichtag zwar einen Antrag auf Zulassung am Kapitalmarkt gestellt haben, aber noch nicht zugelassen sind, können gemäß § 291 Abs. 3 Nr. 1 HGB weiterhin von der Befreiungsregel des § 291 Abs. 1 HGB Gebrauch machen, vgl. GROTTEL, B./KREHER, M., in: Beck Bilanzkomm., 10. Aufl., § 291 HGB, Rn. 31, sowie ZWIRNER, C., Kapitalmarktorientierung versus Börsennotierung, S. 95.

371 Vgl. hier und im Folgenden SENGER, T./RULFS, R., in: Beck'sches IFRS-HB, 5. Aufl., § 31, Rn. 19 und Rn. 30.

den, wenn dies von nicht-beherrschenden Gesellschaftern, denen mindestens 10 % an einer Aktiengesellschaft bzw. 20 % an einer Gesellschaft mit beschränkter Haftung gehören, gefordert wird.[372]

43 Zielsetzung eines Teilkonzernabschlusses

431. Notwendigkeit eines konsolidierten Abschlusses

Grundsätzlich ist ein Einzelabschluss dazu geeignet, gegenwärtigen und künftigen Investoren entscheidungsnützliche Informationen im Hinblick auf ihre Kapitalvergabeentscheidungen bereitzustellen.[373] Sofern das berichterstattende Unternehmen jedoch innerhalb eines Konzernverbundes organisiert ist, ist die isolierte Betrachtung des Einzelabschlusses aufgrund konzernspezifischer Einflüsse oftmals nur von begrenzter Aussagekraft.[374] Die wirtschaftlichen Abhängigkeiten der Konzernunternehmen können dazu führen, dass die Vermögens-, Finanz- und Ertragslage verzerrt dargestellt wird.[375] So ist es der Konzernspitze aufgrund ihres beherrschenden Einflusses[376] bspw. möglich, konzerninterne Transaktionen, wie die Erbringung von Sach- und Dienstleistungen oder die Gewährungen von Darlehen, durchzuführen, welche nicht zwangsläufig auf marktüblichen Konditionen basieren.[377] Der Informationsgehalt des Einzelabschlusses eines Konzernunternehmens ist jedoch auch dann beeinträchtigt, wenn interne Transaktionen zu Marktkonditionen abgeschlossen werden, da Gewinne als realisiert ausgewiesen werden, obwohl das Absatzrisiko noch im Konzernverbund lastet (sog. Zwischenerfolge).[378]

Um den Informationsansprüchen der Adressaten dennoch gerecht werden zu können, ist die (zusätzliche) Veröffentlichung eines konsolidierten Abschlusses erforderlich.[379] Dieser hat die

---

372 Vgl. KIRSCH, H.-J./BERENTZEN, C., in: Baetge/Kirsch/Thiele, § 291 HGB, Rn. 92.

373 Vgl. ED.CF.3.19 f.

374 Vgl. VON WYSOCKY, K./WOHLGEMUTH, M./BRÖSEL, G., Konzernrechnungslegung, S. 9, sowie PELLENS, B. U. A., Internationale Rechnungslegung, S. 117; BORES, W., Konsolidierte Erfolgsbilanzen, S. 20. Nichtsdestotrotz ist den Einzelabschlüssen eines Konzernunternehmens eine wichtige Informationsfunktion zuzusprechen, da eine im Konzernabschluss positive wirtschaftliche Lage darüber hinwegtäuschen kann, dass sich einzelne Beteiligungsunternehmen in einer Krise befinden, vgl. hierzu ausführlicher LIECK, H., Bilanzierung von Umwandlungen nach IFRS, S. 50 f.

375 Vgl. COENENBERG, A. G./HALLER, A./SCHULTZE, W., Jahresabschluss und Jahresabschlussanalyse, S. 610; PELLENS, B., Der Informationswert von Konzernabschlüssen, S. 35 f.; HINZ, M., Konzernabschluss als Instrument zur Informationsvermittlung, S. 2 f.

376 Zum Beherrschungsbegriff nach IFRS 10 vgl. IFRS 10.5-18; KIRSCH, H.-J./EWELT-KNAUER, C., Abgrenzung des Vollkonsolidierungskreises, S. 1641-1645; ERCHINGER, H./MELCHER, W., Neuerungen nach IFRS 10, S. 1229-1238.

377 Vgl. VON WYSOCKY, K./WOHLGEMUTH, M./BRÖSEL, G., Konzernrechnungslegung, S. 9. Weitere Beispiele liefern KLOSE, N.-C., Kapitalkonsolidierungs- und Bewertungsmethoden, S. 36-38; EBELING, R. M., Einheitsfiktion, S. 55-73.

378 Vgl. BUSSE VON COLBE, W. U. A., Konzernabschlüsse, S. 22; BALLWIESER, W., IFRS-Rechnungslegung, S. 171; KLOSE, N.-C., Kapitalkonsolidierungs- und Bewertungsmethoden, S. 37.

379 Vgl. ED.CF.3.21 f., sowie schon KLEIN, G., in: Küting/Weber, HdK, 1. Aufl., Kapitel II, Rn. 848. Der IASB ist der Auffassung, dass konsolidierte Abschlüsse im Allgemeinen entscheidungsnützlichere Informationen liefern als unkonsolidierte Abschlüsse: *„[...] in general, consolidated financial statements are more likely to provide useful information to users of financial statements than unconsolidated financial statements."* (ED.CF.3.23).

Vermögens-, Finanz- und Ertragslage der wirtschaftlichen Einheit Konzern den tatsächlichen Verhältnissen entsprechend *(true and fair view)* abzubilden.[380] Trotz der rechtlichen Selbstständigkeit der im Konzernverbund organisierten Unternehmen ist es daher notwendig, den konsolidierten Abschluss so aufzustellen, als handele es sich um ein einziges Unternehmen (**Einheitsfiktion**[381]).[382] Die einfache Addition[383] der in den konsolidierten Abschluss einbezogenen Einzelabschlüsse in Form eines Summenabschlusses würde dieser Forderung indes nicht hinreichend nachkommen.[384] Vielmehr sind die innerkonzernlichen Beziehungen zwischen den verbundenen Unternehmen explizit zu berücksichtigen, um die Mängel der Einzelabschlüsse zu beseitigen (**Kompensationsfunktion**[385]).[386] Hierzu sind die Geschäftsvorfälle aus der Perspektive der wirtschaftlichen Einheit neu zu beurteilen und um sämtliche internen Geschäftsvorfälle und deren Auswirkungen zu bereinigen.[387] Die im Zuge der Bereinigung durchzuführenden **Konsolidierungsmaßnahmen**[388] umfassen alle innerkonzernlichen Beteiligungs- bzw. Kapitalverflechtungen und Schuldverhältnisse (Kapitalkonsolidierung und Schuldenkonsolidierung) sowie die Auswirkungen konzerninterner Lieferungen und Leistungen (Zwischenergebniseliminierung und Aufwands- und Ertragskonsolidierung).[389] Letztendlich besteht die Notwendigkeit zur Aufstellung eines konsolidierten Abschlusses somit darin, den Informationsdefiziten der Einzelabschlüsse verbundener Unternehmen zu begegnen und durch die

---

380 Vgl. IAS 1.15; KLOSE, N.-C., Kapitalkonsolidierungs- und Bewertungsmethoden, S. 40; LÜDENBACH, N./HOFFMANN, W.-D./FREIBERG, J., in: Haufe IFRS-Kommentar, 14. Aufl., § 1, Rn. 68 f.

381 Vgl. hierzu im handelsrechtlichen Zusammenhang, EBELING, R. M., Einheitsfiktion, S. 5-8; KÜTING, K./WEBER, C.-P., Konzernabschluss, S. 96 und S. 100; BAETGE, J./KIRSCH, H.-J./THIELE, S., Konzernbilanzen, S. 8; ORDELHEIDE, D., Konzern als Gegenstand betriebswirtschaftlicher Forschung, S. 308.

382 Vgl. ED.CF.3.22 (a); IFRS 10.Appendix A, sowie BAETGE, J./HAYN, S./STRÖHER, T., in: Rechnungslegung nach IFRS, 2. Aufl., Teil B: IFRS 10, Rn. 11 und Rn. 50; GIMPEL-HENNING, N., Sukzessive Anteilserwerbe, S. 14.

383 Eine Addition der Einzelabschlüsse zum Summenabschluss hat nur bei der derivativen Konzernabschlusserstellung zu erfolgen. Es besteht jedoch auch die Möglichkeit den Konzernabschluss originär aus einem eigenen Buchungskreis herzuleiten. In diesem Fall wären die Einzelabschlüsse nicht mehr Ausgangspunkt des Konzernabschlusses, vgl. hierzu RUHNKE, K., Konzernbuchführung, S. 107, sowie ausführlich zu den zwei Erstellungsalternativen S. 62-117.

384 Vgl. hierzu und im Folgenden ausführlich BAETGE, J./KIRSCH, H.-J./THIELE, S., Konzernbilanzen, S. 48-52, sowie RUHNKE, K./SIMONS, D., Rechnungslegung nach IFRS und HGB, S. 698-702.

385 Vgl. hierzu allgemein KÜTING, P., Konzerninterne Umstrukturierungen, S. 80 f.; VON WYSOCKY, K./WOHLGEMUTH, M./BRÖSEL, G., Konzernrechnungslegung, S. 9, sowie im handelsrechtlichen Kontext SCHRUFF, W., Aussagefähigkeit des Konzernabschlusses, S. 43 f.

386 Vgl. HAYN, B., Konsolidierungstechnik, S. 19; BORES, W., Konsolidierte Erfolgsbilanzen, S. 20; STEINBACH, A., Grundsätze ordnungsmässiger Konzernbilanzierung, S. 53 f., im Ergebnis so auch SCHILDBACH, T., Konzernabschluß nach HGB, IAS und US-GAAP, S. 15.

387 Vgl. BAETGE, J./KIRSCH, H.-J./THIELE, S., Konzernbilanzen, S. 49, so auch PANZER, A., Statusändernde Anteilsveräußerungen im IFRS-Konzernabschluss, S. 15.

388 Vor der eigentlichen Aufrechnung der korrespondierenden Bilanz- bzw. GuV-Positionen sind zumeist konsolidierungsvorbereitende Maßnahmen notwendig, um die Ansatz- und Bewertungsvorschriften der einzubeziehenden Abschlüsse zu vereinheitlichen, vgl. hierzu IFRS 10.4; RUHNKE, K./SIMONS, D., Rechnungslegung nach IFRS und HGB, S. 720-722; BRUNE, J. W., in: Beck'sches IFRS-HB, 5. Aufl., § 32, Rn. 50-54.

389 Vgl. IFRS 10.B.86. Zu den einzelnen Konsolidierungsmaßnahmen vgl. BAETGE, J./HAYN, S./STRÖHER, T., in: Rechnungslegung nach IFRS, 2. Aufl., Teil B: IFRS 10, Rn. 252-295, sowie im Kontext des HGB SCHILDBACH, T., Grundlagen einer Konzernrechnungslegung, S. 199-207.

bilanzielle Berücksichtigung der wirtschaftlichen Einheit Konzern den Abschlussadressaten entscheidungsnützlichere Finanzinformationen bereitzustellen.

432. Ableitung der Zielsetzung eines Teilkonzernabschlusses

Auf den ersten Blick erscheint die Aufstellung eines Teilkonzernabschlusses aus den gleichen Überlegungen erforderlich, aus denen auch die Notwendigkeit eines Konzernabschlusses abgeleitet wurde. Unterschiede zwischen diesen Berichtsinstrumenten resultieren indes daraus, dass der Teilkonzern nicht die gesamte wirtschaftliche Einheit Konzern umfasst, sondern lediglich einen Ausschnitt dessen.[390] Demzufolge dürften regelmäßig wirtschaftliche und rechtliche Verbindungen mit anderen außerhalb des Teilkonzerns stehenden Konzernunternehmen bestehen.[391] Während der Leistungsaustausch innerhalb eines Teilkonzerns gemäß IFRS 10.B.86 im Teilkonzernabschluss zu konsolidieren ist, ist dies bei Transaktionen zwischen (Rest-)Konzern und Teilkonzern indes nicht vorgesehen.[392]

Da es dem Management der Konzernobergesellschaft aufgrund ihres beherrschenden Einflusses möglich ist, Transaktionen gezielt nach ihren Interessen zu gestalten, unterliegt die Vermögens-, Finanz- und Ertragslage des Teilkonzernabschlusses potenziellen Verzerrungen, die ein den tatsächlichen Verhältnissen entsprechendes Bild trüben.[393] Die damit verbundene **eingeschränkte Kompensationsfunktion** eines Teilkonzernabschlusses führt im Ergebnis dazu, dass gegen dieses im Vergleich zum Konzernabschluss vermeintlich „schwächere Publizitätsmittel“[394] ähnliche Vorbehalte anzuführen sind wie gegen den Einzelabschluss eines im Konzernverbund organisierten Unternehmens.[395] Allerdings besteht der Vorteil des Teilkonzernabschlusses gegenüber dem Konzernabschluss vor allem darin, dass dieser den direkten Eigen- bzw. Fremdkapitalgebern des Teilkonzernmutterunternehmens zusätzliche Finanzinformationen bereitstellt, die i. d. R. in einem übergeordneten Konzernabschluss untergehen würden.[396]

---

390 Vgl. SCHOLZ, G., Aussagefähigkeit von Teilkonzernabschlüssen, S. 12; KOHLMANN, U., Möglichkeiten und Grenzen von Teilkonzernabschlüssen, S. 5.

391 Vgl. WEBER, C.-P., Teilkonzernabschluss nach HGB und IFRS, S. 351.

392 Vgl. hierzu im Kontext von IAS 27 KASPERZAK, R./LIECK, H., Unternehmenszusammenschlüsse unter gemeinsamer Beherrschung, S. 773, sowie allgemein KIRCHNER, C., Teilkonzernrechnungslegung, S. 1613, KÜTING, P., Mythos eines Konzerns im Konzern, S. 1050.

393 Vgl. GROSS, G., Teilkonzernabschlüsse und Minderheitenschutz, S. 215; KLAR, M./REINKE, R., Spartenkonzern und Konsolidierungskreis, S. 695; SCHOLZ, G., Aussagefähigkeit von Teilkonzernabschlüssen, S. 37; WEBER, C.-P., Teilkonzernabschluss nach HGB und IFRS, S. 351.

394 NIEHUS, R. J., Befreiende Konzernabschlüsse, S. 33.

395 Vgl. hierzu vor allem KÜTING, P., Mythos eines Konzerns im Konzern, S. 1049 f., sowie MÜLLER, E., Konzernrechnungslegung auf Basis der 7. EG-Richtlinie, S. 55; SCHOLZ, G., Aussagefähigkeit von Teilkonzernabschlüssen, S. 37; WEBER, C.-P., Teilkonzernabschluss nach HGB und IFRS, S. 351; BAETGE, J./KIRSCH, H.-J./THIELE, S., Konzernbilanzen, S. 102; KIRCHNER, C., Teilkonzernrechnungslegung, S. 1613.

396 Vgl. KÜTING, K./GATTUNG, A./KEẞLER, M., Konzernrechnungslegungspflicht (Teil I), S. 532; KASPERZAK, R./LIECK, H., Unternehmenszusammenschlüsse unter gemeinsamer Beherrschung, S. 772; KOHLMANN, U., Möglichkeiten und Grenzen von Teilkonzernabschlüssen, S. 15. Zu den primären Adressaten des IFRS-Teilkonzernabschlusses vgl. ausführlich Abschnitt 44.

Im Vergleich zum Einzelabschluss bietet ein solcher Abschluss aufgrund teilkonzerninterner Konsolidierungsmaßnahmen einen besseren Einblick in die Vermögens-, Finanz- und Ertragslage der wirtschaftlichen Einheit Teilkonzern als der unkonsolidierte Abschluss des untergeordneten Mutterunternehmens.[397] Dies fußt nicht zuletzt auch darauf, dass im Einzelabschluss das Vermögen etwaiger Tochterunternehmen lediglich in aggregierter Form innerhalb des entsprechenden Beteiligungsbuchwertes ausgewiesen wird, während im korrespondierenden Teilkonzernabschluss die hinter der Beteiligung stehenden Vermögenswerte und Schulden differenziert ausgewiesen werden.[398] Aus diesen Gründen sieht der IASB den Einzelabschluss eines verbundenen Unternehmens lediglich als ergänzendes Berichtsinstrument an, dessen Informationsdefizite durch die gemeinsame Veröffentlichung mit einem konsolidierten Abschluss hinreichend behoben werden.[399] Ungeachtet der beschriebenen Funktionsmängel[400] ist ein Teilkonzernabschluss somit als Zwischenform von Einzel- und Gesamtkonzernabschlüssen[401] erforderlich, um bestimmten Kapitalgebern entscheidungsnützliche Informationen bereitzustellen.[402]

Dennoch erscheint die isolierte Betrachtung eines Teilkonzernabschlusses aufgrund seiner beschriebenen Schwächen nicht zweckmäßig. Letztlich ist er analog zum Einzelabschluss ebenso als ein ergänzendes Informationsinstrument[403] zum übergeordneten Konzernabschluss zu betrachten. In diesem Zusammenhang ist zu diskutieren, welche Adressaten ein berechtigtes Informationsinteresse an einem zusätzlich aufzustellenden Teilkonzernabschluss haben, das die mit der Abschlusserstellung verbundenen Aufwendungen rechtfertigt.[404]

---

397 Vgl. ED.CF.3.23; WEBER, C.-P., Teilkonzernabschluss nach HGB und IFRS, S. 348, sowie im Ergebnis auch KIRCHNER, C., Teilkonzernrechnungslegung, S. 1613; LIECK, H., Bilanzierung von Umwandlungen nach IFRS, S. 63.

398 Vgl. KIRSCH, H., Unternehmensperspektive und die berichterstattende Einheit, S. 256.

399 Vgl. ED.CF.3.25 i. V. m. ED.CF.BC.3.13 f., sowie KIRSCH, H., Unternehmensperspektive und die berichterstattende Einheit, S. 256.

400 Vgl. zu diesem Begriff KIRCHNER, C., Teilkonzernrechnungslegung, S. 1611, sowie KÜTING, P., Mythos eines Konzerns im Konzern, S. 1049.

401 Vgl. KOHLMANN, U., Möglichkeiten und Grenzen von Teilkonzernabschlüssen, S. 9-15.

402 Vgl. hierzu im Ergebnis auch KASPERZAK, R./LIECK, H., Unternehmenszusammenschlüsse unter gemeinsamer Beherrschung, S. 722 und S. 777.

403 Vgl. KRAG, J./MÜLLER, H., Zur Zweckmäßigkeit von Teilkonzernabschlüssen, S. 309; KOHLMANN, U., Möglichkeiten und Grenzen von Teilkonzernabschlüssen, S. 9-15. In diesem Kontext wird auch von einer Bindegliedfunktion zwischen Einzel- und Konzernabschluss gesprochen, vgl. SCHOLZ, G., Aussagefähigkeit von Teilkonzernabschlüssen, S. 38 f.

404 Vgl. hierzu die Diskussion in Abschnitt 443.

44 Adressaten des IFRS-Teilkonzernabschlusses

441. Allgemeiner Grundsatz der Adressatenorientierung

Um den Abschlusszweck der IFRS-Finanzberichterstattung bestmöglich zu erfüllen, muss die Konzernrechnungslegung an den Informationsbedürfnissen der zuvor identifizierten Abschlussadressaten ausgerichtet werden (sog. **Grundsatz der Adressatenorientierung**[405]).[406] Insbesondere bei einem weit gezogenen Adressatenkreis dürfte einer solchen Forderung aufgrund heterogener Informationsinteressen jedoch nur schwer nachzukommen sein.[407] So benötigen bspw. Anteilseigner Informationen zur Überwachung des Managements sowie über die künftige wirtschaftliche Entwicklung des Unternehmens, um spätere Rückflüsse einschätzen zu können, während Arbeitnehmer eher an der Bestandsfestigkeit sowie der künftigen Lohn- und Beschäftigungspolitik ihres Arbeitsgebers interessiert sind.[408] Die Vielzahl unterschiedlicher Interessengruppen[409] und deren divergierende Informationspräferenzen lassen es somit abwegig erscheinen, sämtliche Informationsansprüche innerhalb eines Berichtsinstruments umfassend zu erfüllen.[410] Prinzipiell besteht diese Problematik im Rahmen der Konzernrechnungslegung nochmals in verstärkter Form.[411] Neben den Informationspräferenzen der Kapitalgeber der Konzernobergesellschaft müssen darüber hinaus auch ggf. abweichende Informationsansprüche der Kapitalgeber der in den Konzernabschluss einbezogenen Tochter- bzw. Enkelunternehmen in Form von nicht-beherrschenden Gesellschaftern und Fremdkapitalgebern berücksichtigt werden. Insoweit bedarf es zwangsläufig einer Wertungsentscheidung des Normengebers, welche Interessengruppen als primäre Adressaten der (Teil-)Konzernrechnungslegung anzusehen sind.[412]

442. Adressaten des IFRS-Konzernabschlusses

Obgleich die IFRS-Rechnungslegung gemäß IAS 1.9 Finanzinformationen für eine *„wide range of users"*[413] bereitstellen soll, folgt der IASB dem Grundsatz der Adressatenorientierung

405 Vgl. BALLWIESER, W., Informations-GoB, S. 115 f.

406 Vgl. hierzu ebenso MOXTER, A., Fundamentalgrundsätze ordnungsmäßiger Rechenschaft, S. 94-96; MOXTER, A., Grundsätze ordnungsgemäßer Rechnungslegung, S. 223 f.; BUSSE VON COLBE, W. U. A., Konzernabschlüsse, S. 18; KLOSE, N.-C., Kapitalkonsolidierungs- und Bewertungsmethoden, S. 57, sowie ausführlich auch KÜTING, P., Konzerninterne Umstrukturierungen, S. 87-91.

407 Vgl. hierzu auch BUSSE VON COLBE, W. U. A., Konzernabschlüsse, S. 19.

408 Vgl. BAETGE, J./THIELE, S., Gesellschafterschutz versus Gläubigerschutz, S. 14-16; WEDELL, H., Wertschöpfung als Maßgröße, S. 205; WÜSTEMANN, J., Internationale Rechnungslegungsordnungen, S. 22.

409 Hierunter sind alle Informationsempfänger zu subsumieren, die ein generelles Interesse an den bereitgestellten Finanzinformationen haben. Hingegen umfasst der Begriff der Adressaten nur diejenigen, die aus Sicht des Normengebers ein berechtigtes Informationsinteresse haben. Vgl. grundlegend MOXTER, A., Bilanzlehre, S. 418 f.

410 Vgl. WEDELL, H., Wertschöpfung als Maßgröße, S. 206; HAAKER, A., Goodwill-Bilanzierung nach IFRS, S. 165, sowie KÜTING, P., Konzerninterne Umstrukturierungen, S. 88 f.

411 Vgl. hierzu und im Folgenden auch GIMPEL-HENNING, N., Sukzessive Anteilserwerbe, S. 14 f.

412 Vgl. BALLWIESER, W., Informations-GoB, S. 115 f., sowie MOXTER, A., Grundsätze ordnungsgemäßer Rechnungslegung, S. 227.

413 Vgl. IAS 1.9.

insofern, als er **gegenwärtige und künftige Kapitalgeber** als ***„primary users“***[414] des berichterstattenden Unternehmens benennt.[415] Diese Wertungsentscheidung des IASB liegt darin begründet, dass durch das finanzielle Investment der Kapitalgeber und dem damit verbundenen Ausfallrisiko ein besonderes Informationsinteresse dieser Gruppe besteht.[416] Weiterhin ist es vielen gegenwärtigen und künftigen Kapitalgebern nicht möglich, die benötigten Finanzinformationen direkt von ihrem Investitionsobjekt zu beziehen.[417] Während in der ursprünglichen Fassung des *Conceptual Framework* (1989) der Adressatenkreis noch erheblich weiter gefasst wurde,[418] hebt der Standardsetzer im aktuellen Rahmenkonzept explizit hervor, dass zwar auch andere Gruppen wie bspw. Aufsichtsbehörden sowie andere Mitglieder der Öffentlichkeit Informationen der Finanzberichterstattung als nützlich erachten könnten, deren spezifische Informationspräferenzen jedoch nicht bei der Konzipierung von Rechnungslegungsvorschriften berücksichtigt werden.[419]

Indessen bestehen auch innerhalb der Adressatengruppe der gegenwärtigen und künftigen Kapitalgeber keine homogenen, sondern bisweilen sogar konfliktäre Informationsbedürfnisse.[420] Zwischen den Eigen- und Fremdkapitalgebern basieren diese sowohl auf ihrem unterschiedlichen Investitionsrisiko[421] als auch auf ihren verschiedenen Mitspracherechten.[422] Darüber hinaus bestehen typischerweise auch konzernspezifische Interessenkonflikte zwischen beherrschenden und nicht-beherrschenden Gesellschaftern innerhalb der Gruppe der Eigenkapitalgeber bspw. aufgrund ungleicher Einflussnahmemöglichkeiten im Hinblick auf die relevanten Aktivitäten des berichterstattenden Unternehmens.[423] Um dennoch möglichst umfassend den

---

414 Vgl. ED.CF.1.5, hierzu kritisch FÜLBIER, R. U./GASSEN, J., Bilanzrechtsregulierung, S. 137.

415 Vgl. ED.CF.1.2-10 i. V. m. ED.CF.BC.1.11-13.

416 Vgl. bspw. HAAKER, A., Goodwill-Bilanzierung nach IFRS, S. 41; GALLASCH, F., Bilanzierung von Versicherungsverträgen, S. 33; PIER, C., Bilanzierung landwirtschaftlicher Vermögenswerte nach IAS 41, S. 21 f.

417 Vgl. ED.CF.1.5, sowie CF (2010).BC.1.16. Vgl. zur Diskussion über die Adressaten der IFRS-Rechnungslegung auch GIMPEL-HENNING, N., Sukzessive Anteilserwerbe, S. 10 f.; DETTENRIEDER, D., Hedge Accounting, S. 8 f.

418 Vgl. CF (1989), Rn. 9-10, sowie CF (2010).BC.1.10 f.

419 Vgl. ED.CF.1.10; PELLENS, B. U. A., Internationale Rechnungslegung, S. 87. Der IASB geht in diesem Zusammenhang jedoch davon aus, dass Informationen, die den spezifischen Hauptadressaten der Kapitalgeber dienlich sind, auch die Informationsansprüche anderer Interessengruppen wahrscheinlich erfüllen werden, vgl. CF (2010).BC.1.16; BAETGE, J./KIRSCH, H.-J./THIELE, S., Bilanzen, S. 151. Vgl. kritisch hierzu FÜLBIER, R. U./GASSEN, J., Bilanzrechtsregulierung, S. 137.

420 Vgl. ED.CF.1.8.; PELLENS, B., Rechnungslegungssysteme, Sp. 1547, sowie KÜTING, P., Konzerninterne Umstrukturierungen, S. 88 m. w. N.

421 Eigenkapitalgeber haben im Gegengensatz zu Fremdkapitalgebern lediglich einen Residualanspruch am Nettovermögen ihres Investitionsobjektes, vgl. grundlegend WÖHE, G./DÖRING, U., Allgemeine Betriebswirtschaftslehre, S. 541; BAETGE, J./KIRSCH, H.-J./THIELE, S., Bilanzen, S. 542 f.; HESSE, T., Debt Restructuring, S. 51 f. m. w. N.

422 Beispielsweise kann der Ausweis unrealisierter Gewinne aus Eigenkapitalgebersicht durchaus entscheidungsnützlich sein, während Fremdkapitalgeber dem tendenziell kritisch gegenüberstehen dürften, sofern der höhere Gewinnausweis mit höheren Ausschüttungen einhergeht. Vgl. hierzu PELLENS, B., Rechnungslegungssysteme, Sp. 1547.

423 Vgl. SCHILDBACH, T., Konzernabschluß nach HGB, IAS und US-GAAP, S. 39 f. Zu möglichen Interessengegensätzen zwischen Mehrheits- und nicht-beherrschenden Gesellschaftern vgl. auch KRAG, J./MÜLLER, H., Zur Zweckmäßigkeit von Teilkonzernabschlüssen, S. 308.

Ansprüchen sämtlicher Kapitalgeber zu entsprechen, kann die berichterstattende Einheit gemäß ED.CF.1.8 zusätzliche Informationen bereitzustellen, die aus Sicht der jeweiligen Adressaten am ehesten entscheidungsnützlich sind. Aus diesem Grund ist der Fragestellung, welche Adressaten die *„likely users of particular types of financial statements“*[424] sind, eine hohe Bedeutung für die Entwicklung künftiger Standards beizumessen.[425] Vor diesem Hintergrund ist auch die im Rahmen der aktuellen Überarbeitung des *Conceptual Framework* innerhalb des Abschnitts zur *reporting entity* neu aufgenommene Wertungsentscheidung des IASB hinsichtlich der Bestimmung der **primären Adressaten des Konzernabschlusses** zu deuten.[426]

In ED.CF.3.24 hebt der Board hervor, dass aus seiner Sicht die Kapitalgeber eines Beteiligungsunternehmens Finanzinformationen über die Ressourcen von bzw. die Ansprüche gegen das berichterstattende Unternehmen präferieren, an dem sie unmittelbar beteiligt sind. In diesem Kontext konkretisiert der Standardsetzer, dass der konsolidierte Abschluss eines Mutterunternehmens nicht dazu konzipiert ist, den nicht-beherrschenden Gesellschaftern bzw. Gläubigern eines Tochterunternehmens entscheidungsnützliche Informationen bereitzustellen.[427] Schlussendlich sind demnach nur die **Kapitalgeber des Mutterunternehmens** als primäre Adressaten des Konzernabschlusses anzusehen.[428]

Aufbauend auf dieser Klarstellung des IASB ist zu diskutieren, welche Auswirkungen dies auf die Gruppe der nicht-beherrschenden Gesellschafter sowie Gläubiger eines Tochterunternehmens hat. Auch wenn der IASB diese offenbar nicht als primäre Adressaten des Konzernabschlusses der gesamten wirtschaftlichen Einheit wertet, ist der Abschluss für sie dennoch von nicht unwesentlicher Bedeutung.[429] Zwar haben sie keine direkten Ansprüche gegenüber dem an der Konzernspitze stehenden Mutterunternehmen, gleichwohl ist eine umfassende Beurteilung der wirtschaftlichen Situation ihrer Anspruchseinheit aufgrund der finanz- und leistungswirtschaftlichen Abhängigkeiten nur im Kontext der wirtschaftlichen Lage des Gesamtkonzerns möglich.[430] Nichtsdestotrotz besitzt der Konzernabschluss für diese Adressatengruppe regelmäßig **keinen eigenständigen Informationswert**,[431] da es ihr nur eingeschränkt möglich ist, einem Abschluss relevante Finanzinformationen zu entnehmen, der sämtliche Vermögenswerte und Schulden einer wirtschaftlichen Einheit enthält, an denen sie nur zum Teil beteiligt

---

424 EFRAG (Hrsg.), Draft Comment Letter zum ED/2015/3, Rn. 56.

425 Vgl. insgesamt zu dieser Diskussion EFRAG (Hrsg.), Draft Comment Letter zum ED/2015/3, Rn. 52-56.

426 Vgl. hierzu ED.CF.3.11-25.

427 Vgl. ED.CF.3.24.

428 Vgl. ebenso GIMPEL-HENNING, N., Sukzessive Anteilserwerbe, S. 15, sowie PANZER, A., Statusändernde Anteilsveräußerungen im IFRS-Konzernabschluss, S. 18.

429 Vgl. hier und im Folgenden SCHWARZKOPF, A.-S., Anteile nicht beherrschender Gesellschafter, S. 44 f.; PAWELZIK, K. U., Konsolidierung von Minderheiten, S. 678; sowie PANZER, A., Statusändernde Anteilsveräußerungen im IFRS-Konzernabschluss, S. 17 f.

430 Vgl. BUSSE VON COLBE, W. U. A., Konzernabschlüsse, S. 27, sowie KLOSE, N.-C., Kapitalkonsolidierungs- und Bewertungsmethoden, S. 38.

431 Vgl. stellvertretend GÖTH, P., Eigenkapital im Konzernabschluß, S. 52.

sind.[432] Insofern ist die Entscheidung des IASB, die beherrschenden Gesellschafter und Fremdkapitalgeber des Konzernmutterunternehmens als primäre Adressaten dieses Abschlusses zu werten, nachvollziehbar. Gleichzeitig verdeutlicht die Auffassung des Standardsetzers, dass es eines **zusätzlichen Berichtsinstruments** bedarf, auf das die nicht-beherrschenden Gesellschafter und die Fremdkapitalgeber des Teilkonzernmutterunternehmens zurückgreifen können.

443. Ableitung der Adressaten des IFRS-Teilkonzernabschlusses

Aufgrund des erhöhten Ausfallrisikos ihres investierten Kapitals benötigen ebenso wie die Gesellschafter des an der Konzernspitze stehenden Mutterunternehmens auch die gegenwärtigen und künftigen Anteilseigner auf unteren Konzernstufen entscheidungsnützliche Informationen im Hinblick auf ihre künftige Ressourcenallokation. Nach Ansicht des IASB erhält diese Adressatengruppe die benötigten Informationen zwar einerseits grundsätzlich aus dem jeweiligen Einzelabschluss der unmittelbaren Anspruchseinheit[433], an der sie beteiligt sind.[434] Andererseits erkennt der Board gleichzeitig die geringe Aussagekraft des Einzelabschlusses eines im Konzernverbund organisierten Unternehmens im Vergleich zu einem konsolidierten Abschluss an.[435] Sofern also innerhalb eines mehrstufigen Konzerns auf der jeweiligen Anspruchsebene der nicht-beherrschenden Gesellschafter ein Teilkonzernabschluss erstellt wird, ergänzt dieser den Einzelabschluss aufgrund seiner geringeren Funktionsmängel und dem differenzierteren Vermögensausweis[436] als primäres Berichtsinstrument.[437]

Weiterhin deuten die Aufstellungspflichten des IFRS-Teilkonzernabschlusses auf die besondere Informationsfunktion dieses Abschlusses hin. Auch wenn die Vorschriften des IFRS 10.4 keine Bindungswirkung innerhalb der EU haben, tragen sie dennoch zum Selbstverständnis der IFRS als *„single set of high quality [...] and globally accepted financial reporting standards"*[438] bei und lassen erkennen, dass die **Gesellschafter und Gläubiger des Teilkonzernmutterunternehmens**, die nicht gleichzeitig Kapitalgeber des Konzernmutterunternehmens sind, im Fokus der Berichterstattung des Teilkonzernabschlusses stehen.[439] Die Verpflichtung zur Veröffentlichung eines solchen Abschlusses entfällt nämlich immer dann, wenn die nicht-

---

432 Vgl. hierzu im Ergebnis auch KÜTING, K./GATTUNG, A./KEẞLER, M., Konzernrechnungslegungspflicht (Teil I), S. 532; KASPERZAK, R./LIECK, H., Unternehmenszusammenschlüsse unter gemeinsamer Beherrschung, S. 772; KOHLMANN, U., Möglichkeiten und Grenzen von Teilkonzernabschlüssen, S. 15, sowie Abschnitt 432.

433 Vgl. ED.CF.3.24.

434 Vgl. SCHILDBACH, T., Konzernabschluß nach HGB, IAS und US-GAAP, S. 39 f.; HAYN, B., Konsolidierungstechnik, S. 29 f.

435 Vgl. ED.CF.3.23, sowie ausführlicher Abschnitt 431.

436 Vgl. ausführlicher hierzu Abschnitt 432.

437 LIECK geht in diesem Zusammenanhang sogar davon aus, dass der Teilkonzernabschluss den Einzelabschluss als Informationsinstrument verdrängt, vgl. LIECK, H., Bilanzierung von Umwandlungen nach IFRS, S. 63.

438 IASB (Hrsg.), Preface to IFRS, Rn. 6.

439 Vgl. im Ergebnis STRÖHER, T., Unternehmenszusammenschlüsse unter Common Control, S. 120, sowie LIECK, H., Bilanzierung von Umwandlungen nach IFRS, S. 62.

beherrschenden Gesellschafter der Konzernobergesellschaft keine Einwände gegen die unterbleibende Aufstellung erheben und die Schuld- oder Eigenkapitalinstrumente des untergeordneten Mutterunternehmens nicht an einem öffentlichen Markt gehandelt werden bzw. geplant ist sie dort zu handeln.[440]

Dementgegen dürften die **Kapitalgeber der Konzernobergesellschaft** i. d. R. nur ein eingeschränktes Interesse an den Finanzinformationen eines Teilkonzernabschlusses haben.[441] Dies liegt zum einen darin begründet, dass vor allem aus Sicht der beherrschenden Gesellschafter nur ein Teilbereich der gesamten wirtschaftlichen Einheit abgebildet wird, an der sie (mittelbar) beteiligt sind.[442] Zum anderen werden im Teilkonzernabschluss die durch die wirtschaftliche Abhängigkeit der Konzernunternehmen bedingten Mängel nicht vollständig kompensiert.[443] Letztlich werden die Informationsbedürfnisse der beherrschenden Gesellschafter sowie der Gläubiger des Konzernmutterunternehmens – neben dem Einzelabschluss – weniger durch den Teilkonzernabschluss als vielmehr durch den Gesamtkonzernabschluss befriedigt.[444] Dies gilt unabhängig davon, dass ein Teilkonzernabschluss, der ähnlich zur Segmentberichterstattung bspw. nach regionalen oder branchenbezogenen Kriterien aufgestellt wird, unter gewissen Umständen ebenfalls dazu geeignet sein könnte, als ergänzendes Berichtsinstrument entscheidungsnützliche Informationen für diese Adressatengruppe bereitzustellen.[445]

Die Ausführungen haben verdeutlicht, dass die Gesellschafter und Gläubiger des Teilkonzernmutterunternehmens, die nicht gleichzeitig Kapitalgeber des übergeordneten Konzernmutterunternehmens sind, als **primäre Adressaten des Teilkonzernabschlusses** anzusehen sind. Dem Grundsatz der Adressatenorientierung folgend, wird im weiteren Verlauf der Untersuchung sowohl die Analyse als auch die Konzipierung etwaiger Bilanzierungsvorschriften an den Informationsbedürfnissen dieser Adressatengruppe ausgerichtet. Im Folgenden wird jedoch zunächst darauf eingegangen, welche Bedeutung das Teilkonzernverständnis innerhalb der IFRS für die bilanzielle Erfassung innerkonzernlicher Unternehmenstransaktionen hat.

---

440 Vgl. IFRS 10.4 (a) (i)-(iii); BAETGE, J./HAYN, S./STRÖHER, T., in: Rechnungslegung nach IFRS, 2. Aufl., Teil B: IFRS 10, Rn. 180-186, sowie Abschnitt 42.

441 Vgl. KRAG, J./MÜLLER, H., Zur Zweckmäßigkeit von Teilkonzernabschlüssen, S. 310, sowie im Ergebnis auch GROSS, G., Teilkonzernabschlüsse und Minderheitenschutz, S. 215.

442 Vgl. SCHOLZ, G., Aussagefähigkeit von Teilkonzernabschlüssen, S. 12; KÜTING, P., Mythos eines Konzerns im Konzern, S. 1050.

443 Vgl. stellvertretend KIRCHNER, C., Teilkonzernrechnungslegung, S. 1613; SCHOLZ, G., Aussagefähigkeit von Teilkonzernabschlüssen, S. 37 f.; BAETGE, J./KIRSCH, H.-J./THIELE, S., Konzernbilanzen, S. 102. Dies gilt umso mehr, je stärker die wirtschaftlichen Verflechtungen zwischen Konzern und Teilkonzern sind, vgl. stellvertretend WEBER, C.-P., Teilkonzernabschluss nach HGB und IFRS, S. 352.

444 Vgl. KRAG, J./MÜLLER, H., Zur Zweckmäßigkeit von Teilkonzernabschlüssen, S. 310, sowie LIECK, H., Bilanzierung von Umwandlungen nach IFRS, S. 61.

445 Vgl. hierzu SCHEFFLER, E., Konzernmanagement, S. 66; WEBER, C.-P., Teilkonzernabschluss nach HGB und IFRS, S. 350-352. Ebenfalls zustimmend indes auch kritisch KÜTING, P., Mythos eines Konzerns im Konzern, S. 1052-1054 m. w. N.

45 Teilkonzernverständnis innerhalb der IFRS

451. Integrierte versus separate berichterstattende Einheit

Im Rahmen der kontrovers geführten wissenschaftlichen Diskussion bzgl. einer zweckgerechten Bilanzierung konzerninterner Unternehmenserwerbe nimmt die konzeptionelle Ausrichtung des Teilkonzerns bislang eine herausragende Stellung ein.[446] So erachtet bspw. KÜTING die vorherige Klärung des dem Normengefüge der IFRS zugrunde liegenden **Teilkonzernverständnisses** als notwendige Voraussetzung zur normenkonformen Schließung der existierenden Regelungslücke.[447] Ebenso macht das IDW die anzuwendende Bilanzierungsmethode von dem maßgeblichen Teilkonzernverständnis des jeweiligen Bilanzierenden abhängig.[448]

Einerseits kann der Teilkonzernabschluss als **Ausschnitt** der übergeordneten wirtschaftlichen Einheit Konzern interpretiert werden.[449] Eine solche integrierte Betrachtungsweise hätte prinzipiell zur Konsequenz, dass die Bilanzierung auf Teilkonzernebene allein aus der Perspektive des obersten Mutterunternehmens vorzunehmen wäre und somit gleichzeitig die Informationsinteressen der beherrschenden Gesellschafter als primäre Adressaten des übergeordneten Konzernabschlusses fokussiert würden. Dementsprechend müssten sämtliche Auswirkungen von Up- und Downstream-Geschäften zwischen Konzern und Teilkonzern wie bspw. Zwischengewinne im Zuge der Konsolidierung im Teilkonzernabschluss eliminiert werden.[450]

Andererseits kann der Teilkonzern als eine autonome berichterstattende Einheit betrachtet werden, bei der übergeordnete Unternehmensstrukturen ignoriert werden ***(separate reporting entity)***.[451] Bei diesem Ansatz findet insofern ein Perspektivwechsel statt, als allein die Sichtweise des Teilkonzernmutterunternehmens bei der Bilanzierung maßgebend ist.[452] Durch die Abstrahierung vom Gesamtkonzernverbund werden somit die Informationsinteressen der aus Gesamtkonzernsicht nicht-beherrschenden Gesellschafter als primäre Adressaten der Teilkonzernmutter in den Mittelpunkt gestellt.[453] Bei einer stringenten Umsetzung dieses Verständnisses ist eine Konsolidierung von Geschäftsvorfällen mit anderen, nicht zum Konsolidierungskreis des

---

446 Vgl. stellvertretend GATTUNG, A., Berichterstattung zu nahe stehenden Unternehmen, S. 315; WIRTH, J., Firmenwertbilanzierung nach IFRS, S. 351; BUSCHHÜTER, M./SENGER, T., Common Control Transactions, S. 25; KÜTING, P., Restrukturierungen im mehrstufigen Konzern (Teil 1), S. 205; STRÖHER, T., Unternehmenszusammenschlüsse unter Common Control, S. 117.

447 Vgl. KÜTING, P., Teilkonzern-(miss-)verständnis nach IFRS, S. 151 f.

448 Vgl. IDW (Hrsg.), IDW RS HFA 2, Rn. 36-42.

449 Dieser Auffassung offenbar folgend vgl. WIRTH, J., Firmenwertbilanzierung nach IFRS, S. 345; KÜTING, P., Konzerninterne Umstrukturierungen, S. 131-135 und S. 249; KÜTING, P., Teilkonzern-(miss-)verständnis nach IFRS, S. 153-156. Zu den primären Adressaten des Konzernabschlusses vgl. Abschnitt 442.

450 Vgl. STRÖHER, T., Unternehmenszusammenschlüsse unter Common Control, S. 117.

451 Dieser Auffassung offenbar folgend vgl. STRÖHER, T., Unternehmenszusammenschlüsse unter Common Control, S. 122; LIECK, H., Bilanzierung von Umwandlungen nach IFRS, S. 66 f.; GATTUNG, A., Berichterstattung zu nahe stehenden Unternehmen, S. 319; WEBER, C.-P., Teilkonzernabschluss nach HGB und IFRS, S. 354, sowie im Ergebnis auch HAYN, S., Ausgewählte Konsolidierungsfragen, S. 427-430.

452 Vgl. ROBBINS, B., Question of Basis, S. 100; KÜTING, P., Teilkonzern-(miss-)verständnis nach IFRS, S. 152.

453 Vgl. WIRTH, J., Firmenwertbilanzierung nach IFRS, S. 351, sowie Abschnitt 443.

Teilkonzerns gehörenden Konzernunternehmen nicht erforderlich.[454] Dieses Vorgehen basiert letztlich auf der Fiktion, dass teilkonzernübergreifende Transaktionen aus Sicht des Teilkonzerns stets als mit fremden Dritten abgeschlossen und realisiert gelten, auch dann, wenn sie tatsächlich innerhalb der übergeordneten wirtschaftlichen Einheit durchgeführt wurden.[455]

Bislang hat sich innerhalb des Schrifttums keine herrschende Meinung bzgl. des Verständnisses des Teilkonzerns als Auszug des Gesamtkonzerns oder als eigenständige berichterstattende Einheit herausgebildet.[456] Zwar deuten die Konsolidierungsvorschriften des IFRS 10, welche grundsätzlich keine Eliminierung von Geschäftsvorfällen zwischen zwei berichterstattenden Einheiten vorsehen darauf hin, dass der Teilkonzernabschluss als autonomes Berichtsinstrument zu interpretieren ist.[457] Jedoch hat sich der IASB bislang nicht explizit zu diesem Thema geäußert. Aus diesem Grund ist zur Ableitung des Teilkonzernverständnisses auf das *Conceptual Framework* in seiner Funktion als allgemeine Deduktionsbasis zurückzugreifen.[458] Die maßgebenden Ausführungen, die Aufschluss über die Konzeption des Teilkonzernabschlusses geben, finden sich in dem neu aufgenommenen Abschnitt zur *reporting entity.*

452. Allgemeine Konzeption der *reporting entity*

Mit den Ausführungen zur *reporting entity* hat der IASB eine allgemeingültige Definition bzw. Abgrenzung einer berichterstattenden Einheit auf Ebene des *Conceptual Framework* implementiert.[459] Hiermit strebt der Board ein übergreifendes Konzept der rechnungslegenden Einheit an, das im Einklang mit dem allgemeinen Zweck der IFRS-Rechnungslegung stehen soll.[460] Gemäß ED.CF.3.11 ist eine ***reporting entity*** als Einheit definiert, die entweder freiwillig oder auf Basis gesetzlicher Vorgaben einen Abschluss veröffentlicht. Dabei muss es sich nicht zwingend um eine juristische Person *(legal entity)* handeln.[461] Vielmehr kann eine berichterstattende

---

454 Vgl. hier und im Folgenden WEBER, C.-P., Teilkonzernabschluss nach HGB und IFRS, S. 353.

455 Vgl. KÜTING, P., Teilkonzern-(miss-)verständnis nach IFRS, S. 152.

456 Vgl. ANDREJEWSKI, K. C., Unternehmenszusammenschlüsse unter gemeinsamer Beherrschung, S. 1436; IDW (Hrsg.), IDW RS HFA 2, Rn. 36; GATTUNG, A., Berichterstattung zu nahe stehenden Unternehmen, S. 308 m. w. N., sowie Fn. 449 und Fn. 451.

457 Vgl. hierzu ausführlich KASPERZAK, R./LIECK, H., Unternehmenszusammenschlüsse unter gemeinsamer Beherrschung, S. 772 f.

458 Vgl. ähnlich STRÖHER, T., Unternehmenszusammenschlüsse unter Common Control, S. 120 f., der sich lediglich auf die Ableitung des Teilkonzernverständnisses aus dem *Conceptual Framework* bezieht und nicht die generelle Notwendigkeit eines solchen Konzepts hinterfragt.

459 Vgl. ED.CF.3.1-21. Ursprünglich sollten die Ausführungen zur *reporting entity* bereits im Zuge der Phase D des *joint project* zwischen IASB und FASB in das überarbeitete Rahmenkonzept 2010 aufgenommen werden. Da das Projekt durch die beiden Standardsetzer jedoch nicht finalisiert wurde, hat der IASB auf die bereits existierenden Vorarbeiten, insbesondere in Form des *exposure draft* vom März 2010 sowie den dazu erhaltenen Kommentaren zurückgegriffen und direkt im Zuge des ED/2015/3 veröffentlicht, vgl. hierzu ERB, C./PELGER, C., Neues Rahmenkonzept der IFRS-Rechnungslegung, S. 518; KIRSCH, H.-J./SCHOO, L./KRAFT, A., Discussion Paper zum Conceptual Framework des IASB, S. 301 f.

460 Vgl. GASSEN, J./EISENSCHINK, T./WEIL, M., Konzept der rechnungslegenden Einheit, S. 805; TEITLER-FEINBERG, E., Reporting Entity, S. 3 f. Im Ergebnis auch KIRSCH, H., Unternehmensperspektive und die berichterstattende Einheit, S. 253 f.

461 Vgl. ED.CF.3.12.

Einheit auch einen Teil eines oder mehrerer Unternehmen verkörpern.[462] Zur Abgrenzung der berichterstattenden Einheit bedient sich der IASB dem Beherrschungskonzept des IFRS 10. Während im Einzelabschluss nur über die wirtschaftlichen Ressourcen und Ansprüche zu berichten ist, die von der Muttergesellschaft direkt kontrolliert werden *(direct control)*[463], sind innerhalb des konsolidierten Abschlusses zusätzlich die wirtschaftlichen Ressourcen und Ansprüche der beherrschten Tochterunternehmen *(indirect control)*[464] darzustellen.[465] Insgesamt handelt es sich bei einer berichterstattenden Einheit somit um einen **abgegrenzten Wirtschaftsbereich**, für den vonseiten der Kapitalgeber eine Nachfrage an entscheidungsnützlichen Informationen besteht.[466] Auslegungsfragen im Hinblick auf die Konzeption einer *reporting entity* wie dem Teilkonzern haben sich somit ganz grundsätzlich an der Zwecksetzung der IFRS zu orientieren.[467]

453. Entscheidungsnützlichkeit als Leitperspektive

Verbindet man die Auffassung des Standardsetzers zur allgemeinen konzeptionellen Ausrichtung einer berichterstattenden Einheit mit den Überlegungen zum Verständnis eines Teilkonzernabschlusses, schließt sich sodann die Frage an, ob der Teilkonzern verstanden als Auszug des Gesamtkonzerns oder als eigenständige berichterstattende Einheit den primären Adressaten des untergeordneten Mutterunternehmens entscheidungsnützlichere Informationen liefert.[468]

Geschäftsvorfälle zwischen dem Teilkonzernmutterunternehmen und dem übergeordneten Mutterunternehmen bzw. dessen Tochtergesellschaften, die nicht von der Teilkonzernobergesellschaft beherrscht werden, haben unmittelbare Auswirkungen auf die **Vermögens-, Finanz- und Ertragslage** der rechnungslegenden Einheit.[469] Dies basiert zum einen darauf, dass im Zuge eines Leistungsaustausches Vermögenswerte in den Verfügungsbereich des Teilkonzerns gelangen und dafür i. d. R. finanzielle Mittel denselben verlassen. Zum anderen hat der Geschäftsvorfall Auswirkungen auf den zeitlichen Anfall, die Höhe sowie Unsicherheit künftiger Zahlungsüberschüsse, sodass auch die Ertragslage des Teilkonzerns betroffen ist. Dies gilt unabhängig davon, ob die Geschäfte mit außerhalb oder innerhalb des Konzernverbundes stehenden Parteien realisiert wurden und die Transaktionsbedingungen möglicherweise nicht dem Fremdvergleichsgrundsatz standhalten. Eine Konsolidierung eines innerkonzernlichen Leistungsaustausches würde dessen wirtschaftliche Auswirkungen auf die berichterstattende Einheit nicht mehr erkennen lassen. Die **Relevanz** der vermittelten Informationen wäre somit eingeschränkt. Letztlich würde sich der Teilkonzernabschluss nicht mehr in dem intendierten

---

462 Vgl. ED.CF.3.12.
463 Vgl. ED.CF.3.14 i. V. m. ED.CF.3.19 f.
464 Vgl. ED.CF.3.14 i. V. m. ED.CF.3.21-25.
465 Vgl. ERB, C./PELGER, C., Vorstellungen vom neuen Rahmenkonzept, S. 1060.
466 Vgl. ED.CF.BC.3.8, sowie GASSEN, J./EISENSCHINK, T./WEIL, M., Konzept der rechnungslegenden Einheit, S. 805.
467 Vgl. ebenso STRÖHER, T., Unternehmenszusammenschlüsse unter Common Control, S. 121.
468 Vgl. ebenso LIECK, H., Bilanzierung von Umwandlungen nach IFRS, S. 60 f.
469 Vgl. hier und im Folgenden LIECK, H., Bilanzierung von Umwandlungen nach IFRS, S. 65.

Maße als Grundlage für künftige Kapitalvergabeentscheidungen eignen.[470] Vor diesem Hintergrund erscheint es vordergründig notwendig, die Transkationen zwischen den Kapitalgebern des Konzernmutterunternehmens und denen des untergeordneten Mutterunternehmens wie Geschäftsbeziehungen unter Konzernfremden zu bilanzieren.

Eine sachverhaltsunspezifische Interpretation des Teilkonzernabschlusses als separate berichterstattende Einheit lässt jedoch außer Acht, dass es sich nur fiktiv um einen Leistungsaustausch zwischen Konzernfremden handelt, sodass mögliche Interessengegensätze[471] zwischen den Kapitalgebern des Konzernmutterunternehmens und denen des untergeordneten Mutterunternehmens nicht hinreichend berücksichtigt werden. Die vollständige Ausblendung der Gesamtkonzernstrukturen würde enormes **bilanzpolitisches Gestaltungspotenzial** mit sich bringen.[472] Der beherrschende Einfluss der Mehrheitsgesellschafter ermöglicht es bspw., Vermögenswerte zu überzogenen Preisen an das Teilkonzernmutterunternehmen zu veräußern. Den Kapitalgebern des untergeordneten Mutterunternehmens würde sodann wissentlich oder unwissentlich eine Werthaltigkeit des Vermögenswertes suggeriert, die nicht zutreffend ist. Dieses Beispiel verdeutlicht den hohen Stellenwert einer glaubwürdigen Darstellung vor allem bei ermessensbehafteten konzerninternen Transaktionen. Die unterschiedlichen konzeptionellen Ansätze dürfen daher nicht ausschließlich vor dem Kriterium der Relevanz diskutiert werden, sondern müssen ebenso einer **glaubwürdigen Darstellung** genügen.[473]

Da verschiedene Geschäftsvorfälle jedoch mit divergierenden bilanzpolitischen Spielräumen verbunden und somit im Hinblick auf ihre glaubwürdige Darstellung jeweils differenziert zu würdigen sind, erscheint eine undifferenzierte Interpretation des Teilkonzerns als Auszug des Gesamtkonzerns oder als eigenständige berichterstattende Einheit nicht zweckgerecht. Während die Bilanzierung von Schuldbeziehungen oder einfachen Downstream-Geschäften – wie bspw. dem Verkauf von Vorprodukten, deren Wert relativ einfach plausibilisiert werden kann – vermutlich dann am entscheidungsnützlichsten ist, wenn die Auswirkungen der Transaktion auf die Vermögens-, Finanz- und Ertragslage nicht eliminiert werden, ist dies bei komplexeren Transaktionen wie Unternehmenszusammenschlüssen und dem damit verbundenen bilanzpolitischen Gestaltungspotenzial möglicherweise nicht der Fall. Vielmehr hat sich das Bilanzierungsergebnis für einen auf Teilkonzernebene abzubildenden Sachverhalt einzelfallspezifisch am Kriterium der Entscheidungsnützlichkeit zu messen. Erst nachdem geklärt ist, ob eine Bilanzierungsmethode die fundamentalen Anforderungen der IFRS-Rechnungslegung möglichst

---

470 Vgl. ähnlich KRAG, J./MÜLLER, H., Zur Zweckmäßigkeit von Teilkonzernabschlüssen, S. 309, wenn auch im handelsrechtlichen Kontext.

471 An dieser Stelle wird vom international nicht einschlägigen deutschen materiellen Konzernrecht der §§ 311 und 312 AktG abstrahiert, die aus Gründen des Minderheitenschutzes einen Nachteilsausgleich sowie einen Abhängigkeitsbericht einfordern. Dies soll die nicht-beherrschenden Gesellschafter vor nachteiligen Transaktionen mit den Mehrheitsgesellschaftern, die dem Fremdvergleich nicht standhalten, schützen. Vgl. hierzu ausführlich EMMERICH, V./HABERSACK, M., Konzernrecht, S. 461-511.

472 Vgl. hier und im Folgenden ebenso KÜTING, P., Konzerninterne Umstrukturierungen, S. 128 m. w. N.

473 Vgl. hierzu im Ergebnis auch GATTUNG, A., Berichterstattung zu nahe stehenden Unternehmen, S. 319.

weitgehend erfüllt, kann in einem zweiten Schritt versucht werden, die Bilanzierungsweise in das konzeptionelle Spektrum der berichterstattenden Einheit einzuordnen. Eine so vorgenommene Zuordnung zu einem der zwei Teilkonzernverständnisse kann in Abhängigkeit von den konstituierenden Merkmalen des zu bilanzierenden Sachverhalts jedoch durchaus variieren. Vor diesem Hintergrund ist die Hilfestellung, die das konzeptionelle Verständnis des IFRS-Teilkonzernabschlusses zur Lückenschließung leisten kann, grundsätzlich in Frage zu stellen.

Ebenso distanzieren sich die EFRAG und der IASB offenbar von dem methodischen Vorgehen, über das Verständnis des IFRS-Teilkonzerns zweckgerechte Bilanzierungsvorschriften zur Erfassung von konzerninternen Unternehmenszusammenschlüssen abzuleiten.[474] Sowohl der Forschungsansatz des IASB in seinem diesbezüglichen *research project*[475] als auch jener der EFRAG in ihrem *discussion paper*[476] zum gleichen Themenkomplex orientieren sich allein an den Informationsbedürfnissen der primären Adressaten des Teilkonzernabschlusses und der Entscheidungsnützlichkeit der durch die dort diskutierten Bilanzierungsmethoden vermittelten Finanzinformationen. Das wie auch immer geartete Teilkonzernverständnis wird – soweit ersichtlich – von keiner der Institutionen zur Schließung der Regelungslücke des IFRS 3.2 (c) explizit mit ins Kalkül gezogen.[477]

46 Zwischenfazit

Innerhalb der vorstehenden Ausführungen konnte herausgearbeitet werden, dass die Gesellschafter und Gläubiger des Teilkonzernmutterunternehmens, die nicht gleichzeitig Kapitalgeber der Konzernobergesellschaft sind, als die **primären Adressaten des IFRS-Teilkonzernabschusses** zu werten sind. Auch wenn eine isolierte Betrachtung dieses Berichtsinstruments aufgrund seiner bestehenden Funktionsmängel nicht ausreicht, um die wirtschaftliche Situation des Teilkonzernmutterunternehmen zu beurteilen, erhält der Teilkonzernabschluss seine Existenzberechtigung durch die Darstellung zusätzlicher Detailinformationen über die für die primären Adressaten relevante wirtschaftliche Einheit.[478] Den Adressaten werden so entscheidungsnützliche Informationen bereitgestellt, die in der Form weder aus dem Einzelabschluss noch aus dem Konzernabschluss abgeleitet werden können. Übertragen auf die bilanzielle Abbildung konzerninterner Unternehmenserwerbe im Teilkonzernabschluss bedeutet dies, dass die zur Schließung der Regelungslücke in Betracht kommenden Bilanzierungsalternativen allein vor dem Hintergrund zu würdigen sind, ob sie den aus Gesamtkonzernsicht nicht-beherrschenden Gesellschaftern sowie Gläubigern des Teilkonzernmutterunternehmens im Hinblick

474 In Bezug auf das Diskussionspapier der EFRAG vgl. KÜTING, P., Teilkonzern-(miss-)verständnis nach IFRS, S. 152.

475 Vgl. IASB (Hrsg.), Project Overview BCUCC, o. S.

476 Vgl. EFRAG U. A. (Hrsg.), Business Combinations under Common Control, S. 1-83.

477 Vgl. EFRAG U. A. (Hrsg.), Business Combinations under Common Control, S. 17 f.; IASB (Hrsg.), Staff Paper BCUCC Agenda ref. 4 (October 2014), Rn. 8. Diesen abweichenden Forschungsansatz der EFRAG offenbar ebenfalls zur Kenntnis nehmend vgl. KÜTING, P., Teilkonzern-(miss-)verständnis nach IFRS, S. 152.

478 Vgl. KASPERZAK, R./LIECK, H., Unternehmenszusammenschlüsse unter gemeinsamer Beherrschung, S. 722.

auf ihre Ressourcenallokation nützlich sind. Möglicherweise abweichende Informationsbedürfnisse der Mehrheitsgesellschafter müssen allenfalls nachgelagert mit ins Kalkül einbezogen werden, da der IASB diese Adressatengruppe aus den dargestellten Gründen nicht als primäre Nutzer des Teilkonzernabschlusses ansieht.

Das bislang in der Literatur oftmals als Weichenstellung[479] für oder gegen eine Bilanzierungsvariante dienende **Verständnis des Teilkonzerns** als eine separate vom Konzern unabhängige berichterstattende Einheit oder als eine in den Konzern integrierte Berichtseinheit kann zur Lückenschließung grundsätzlich keine echte Hilfestellung leisten. Vielmehr ist das Teilkonzernverständnis fallspezifisch vor dem Hintergrund der Entscheidungsnützlichkeit zu würdigen. Dabei stehen vor allem die Anforderungen an eine glaubwürdige Darstellung bei stark ermessensbehafteten Transaktionen – wie bspw. Unternehmenszusammenschlüssen – im Zentrum der Betrachtung. Schlussendlich kann eine Aussage zum zugrunde liegenden Verständnis des IFRS-Teilkonzernabschlusses in Bezug auf interne Unternehmenszusammenschlüsse somit erst in Anschluss an die Beurteilung der verschiedenen bilanziellen Abbildungsalternativen getroffen werden.[480]

479 Vgl. stellvertretend IDW (Hrsg.), IDW RS HFA 2, Rn. 36-42.

480 Vgl. Abschnitt 577.

5 Kritische Analyse der Bilanzierung teilkonzernübergreifender Unternehmenszusammenschlüsse unter gemeinsamer Beherrschung im IFRS-Teilkonzernabschluss

51 Vorbemerkungen

Wie in Abschnitt 25 dargestellt, bleibt die im Teilkonzernabschluss auszuweisende Vermögensstruktur infolge einer teilkonzerninternen Unternehmensakquisition unverändert. Sofern sich jedoch der Beteiligungstransfer über die Grenzen des Teilkonzerns erstreckt, hat dies zwangsläufig Auswirkungen auf dessen Vermögenslage. Diesbezüglich wurde die Veränderung des Konsolidierungskreises der berichterstattenden Einheit als konstituierendes Abgrenzungsmerkmal konzerninterner Unternehmenszusammenschlüsse herausgearbeitet. Die bilanzielle Abbildung der Vermögensänderungen im Rahmen der Erstkonsolidierung ist indes mit besonderen Herausforderungen verbunden, die in der Form im Kontext externer Unternehmenszusammenschlüsse nicht auftreten. Diese basieren vor allem auf den **Abhängigkeiten zwischen den involvierten Transaktionspartnern**. Das oberste Mutterunternehmen könnte seine beherrschende Stellung dahingehend (aus-)nutzen, eine bestimmte Darstellung der Vermögens-, Finanz- und Ertragslage zu bewirken und damit die Teilkonzernabschlussadressaten hinsichtlich der tatsächlichen wirtschaftlichen Verhältnisse des Teilkonzerns zu täuschen.[481]

Welche Konsolidierungsmethode zur teilkonzernbilanziellen Erfassung derartiger Transaktionen am ehesten geeignet ist, muss in erster Linie aus dem Blickwinkel der in Abschnitt 44 identifizierten primären Adressaten des IFRS-Teilkonzernabschlusses beurteilt werden.[482] Während die Mehrheitsgesellschafter schon vor dem internen Zusammenschluss an dem Akquisitionsobjekt beteiligt sind, werden die Gesellschafter des Teilkonzerns, die nicht gleichzeitig Kapitalgeber der Konzernobergesellschaft sind, grundsätzlich erst im Zuge des Unternehmenszusammenschlusses zu Anteilseignern des jeweiligen Tochterunternehmens, die am wirtschaftlichen Erfolg des Unternehmens partizipieren.[483] Anders als die Mehrheitsgesellschafter haben die nicht-beherrschenden Anteilseigner zudem aufgrund ihrer inferioren Machtposition stark eingeschränkte Mitwirkungs- und Eingriffsrechte gegenüber dem geschäftsführenden Management.[484] Damit ist gleichzeitig auch der Einfluss dieser Gesellschaftergruppe auf die Durchfüh-

---

481 Vgl. allgemein hierzu KÜTING, K./SEEL, C., Beziehungen zu related parties, S. 227.

482 Im weiteren Verlauf der Untersuchung werden ausschließlich Unternehmenszusammenschlüsse unter gemeinsamer Beherrschung betrachtet, bei denen nicht-beherrschende Gesellschafter der Konzernobergesellschaft unmittelbar am erwerbenden Teilkonzernmutterunternehmen beteiligt sind. Akquisitionen eines Teilkonzernmutternunternehmens ohne Beteiligung konzernfremder Gesellschafter werden hingegen nicht betrachtet. Von nicht-beherrschenden Gesellschaftern des Teilkonzernmutterunternehmens, welche direkte Gesellschafter des Enkelunternehmens darstellen, wird jedoch abstrahiert. Auch wenn Fremdkapitalgeber gleichermaßen als primäre Adressaten des Teilkonzernabschlusses anzusehen sind, werden die Auswirkungen der jeweiligen Konsolidierungsmethode auf die Informationsbedürfnisse dieser Adressatengruppe nicht näher betrachtet.

483 Vgl. IASB (Hrsg.), Staff Paper BCUCC Agenda ref. 8 (March 2015), Rn. 28 f.

484 Vgl. hier und im Folgenden KOELEN, P., Bewertungskalküle in der IFRS-Rechnungslegung, S. 11 f. m. w. N.

rung sowie die konkrete Gestaltung der internen Unternehmensakquisition als gering einzuschätzen. Insofern verkörpert der interne Unternehmenserwerb aus Sicht der nicht-beherrschenden Gesellschafter eine Art passives Investment.[485] Die letztlich verbleibende Handlungsmöglichkeit dieser Investoren, um auf evtl. gegenläufige Interessen der Konzernobergesellschaft entsprechend zu reagieren, ist die Beendigung ihres originären Investments *(control by exit).*[486]

Um die wirtschaftlichen Auswirkungen des (evtl. unfreiwillig) eingegangenen Investments auf ihre ursprüngliche Beteiligung zu beurteilen, benötigen die neuen Anteilseigner einerseits Informationen darüber, wie das Management mit dem von ihnen bereitgestellten Kapital gewirtschaftet hat. Hierbei steht vor allem die **Angemessenheit** der für die Unternehmensbeteiligung **hingegebenen Gegenleistung** im Mittelpunkt der Betrachtung, da diese dem Fremdvergleichsgrundsatz möglicherweise nicht standhält. Neben diesen eher rechenschaftsgeprägten Abschlussinformationen sind andererseits ebenso Informationen erforderlich, anhand derer die (künftigen) **Auswirkungen auf die Vermögens-, Finanz- und Ertragslage** des neu formierten Teilkonzerns eingeschätzt werden können.

Wie der veränderte Konsolidierungskreis infolge eines teilkonzernübergreifenden Unternehmenszusammenschlusses bilanziell nachgezeichnet werden sollte, ist Gegenstand der folgenden Ausführungen. Dazu werden zunächst die im Kontext des IAS 8 für normenkonform befundenen **Bilanzierungsmethoden** der Methode der Buchwertfortführung und der Erwerbsmethode gemäß IFRS 3 analysiert. Der abschließenden Beurteilung dieser Methoden geht jeweils eine Konkretisierung der inhaltlichen Anforderung der Bilanzierungsformen voran. Hierbei unterscheidet sich die Diskussion der Ausgestaltung der Methode der Buchwertfortführung (Abschnitt 53) insofern von der der Erwerbsmethode (Abschnitt 54), als es sich bei ersterer um eine nicht (mehr) im IFRS-Normensystem verankerte Bilanzierungssystematik handelt. Daher dienen die ehemaligen Vorschriften zur Interessenzusammenführungsmethode in diesem Kontext als Orientierungshilfe.[487] Hingegen erfordert die Betrachtung der Regelungen des IFRS 3 vorwiegend eine Beurteilung, ob die für Unternehmenszusammenschlüsse zwischen fremden Dritten konzipierten Bilanzierungsvorschriften auf Transaktionen unter gemeinsamer Beherrschung übertragen werden können oder ob ggf. partielle Anpassungen erforderlich sind.[488] Aufbauend auf den Erkenntnissen der jeweiligen Analyse sowie der vergleichenden Würdigung der beiden Bilanzierungsmethoden in Abschnitt 55, werden alternative Bilanzierungsformen diskutiert, die den identifizierten Schwächen der Methode der Buchwertfortführung sowie der Anwendung der Erwerbsmethode (möglicherweise) begegnen (Abschnitt 56 und Abschnitt 57). Schlussendlich darf bei keiner der hier diskutierten alternativen Konsolidierungsformen außer

485 Vgl. IASB (Hrsg.), Staff Paper BCUCC Agenda ref. 23A (April 2016), Rn. 27.
486 Vgl. KRÖNERT, B., Grundsätze informationsorientierter Rechnungslegung, S. 38 f., sowie Abschnitt 11.
487 Vgl. Abschnitt 531. bis Abschnitt 534.
488 Vgl. Abschnitt 541. bis Abschnitt 545.

Acht gelassen werden, wie sie sich in den IFRS-Regelungskanon als prinzipienorientiertes Normensystem einfügen.[489]

52 Bilanzierungsalternativen gemäß IAS 8

Bei der Bilanzierung von Unternehmenszusammenschlüssen unter gemeinsamer Beherrschung hat das verantwortliche Management unter Beachtung der in IAS 8 formulierten Nebenbedingungen in eigenem Ermessen darüber zu entscheiden, welche Bilanzierungsmethode zur Erfassung dieses Sachverhaltes anzuwenden ist.[490] Aufgrund der mit dieser Entscheidungsfindung verbundenen Ermessensspielräume[491] haben sich zur Schließung der Regelungslücke des IFRS 3.2 (c) vertretbare Bilanzierungsmöglichkeiten unterschiedlichster Natur herausgebildet.[492]

Einerseits wird die Anwendung der in IFRS 3 normierten Erwerbsmethode durch den Verweis auf bestehende Vorschriften in den IFRS, die vergleichbare Sachverhalte behandeln, für sachgerecht erachtet.[493] Die Einzelanalogie basiert auf dem *separate reporting entity approach*[494], auf dessen Grundlage konzerninterne Unternehmenszusammenschlüsse fiktiv als mit fremden Dritten abgeschlossen gelten und daher in Anlehnung an den im *preface* verankerten Gleichheitsgrundsatz dieselben Regelungen angewendet werden sollten, die auch für externe Unternehmenszusammenschlüsse einschlägig sind.[495] Sofern ein direkter Bezug zu den Vorschriften des IFRS 3 aufgrund der expliziten Ausgrenzung des hier betrachteten Sachverhalts aus dem Anwendungsbereich dieses Standards jedoch abgelehnt wird, könnte eine Bilanzierung entsprechend der Erwerbsmethode alternativ über den Verweis auf äquivalente Vorschriften anderer Standardsetzer begründet werden.[496] So sieht bspw. der kanadische Standardsetzer AcSB unter gewissen Voraussetzungen eine Anwendung der Erwerbsmethode bei derartigen Unternehmenszusammenschlüssen vor.[497]

---

489 Vgl. IFRS FOUNDATION (Hrsg.), Due Process Handbook, Rn. 1.1, Rn. 3.27 und Rn. 5.20, sowie allgemein zu einer prinzipienorientierten Rechnungslegung im Vergleich zu kasuistischen Einzelfallregelungen PREIßLER, G., Prinzipienbasierte Rechnungslegung, S. 17-22.

490 Vgl. IAS 8.10.

491 Vgl. Abschnitt 34.

492 Vgl. EY (Hrsg.), International GAAP 2016 (Volume 1), S. 680 f.

493 Vgl. stellvertretend SENGER, T./BRUNE, J. W., in: Beck'sches IFRS-HB, 5. Aufl., § 34, Rn. 24; PwC (Hrsg.), Manual of accounting 2015 (Volume 2), Rn. 25.402; BUDDE, T., Bilanzierung von Common-Control-Transaktionen, S. 32. A. A. offenbar KÜTING, P., Konzerninterne Umstrukturierungen, S. 133, aus dessen Sicht es „[...] einen gravierenden und nicht zu rechtfertigenden gesetzlichen Verstoß [...][darstellt; Anm. d. Verf.], gelangte die Erwerbsmethode – trotz des für solche Konstellationen expliziten geltenden Verbots – direkt (i. S. d. IAS 8.11 (a)) oder indirekt über die Verweisvorschrift des IAS 8.12 zur Anwendung."

494 Vgl. Abschnitt 451., sowie LÜDENBACH, N./HOFFMANN, W.-D./FREIBERG, J., in: Haufe IFRS-Kommentar, 14. Aufl., § 31, Rn. 193

495 Vgl. BUSCHHÜTER, M., in: Internationale Rechnungslegung, IFRS 3, Rn. 25; PwC (Hrsg.), Manual of accounting 2015 (Volume 2), Rn. 25.402; GATTUNG, A., Berichterstattung zu nahe stehenden Unternehmen, S. 317.

496 Vgl. HAYN, S./GRÜNE, M., Konzernabschluss nach IFRS, S. 85, sowie hier und im Folgenden STRÖHER, T., Unternehmenszusammenschlüsse unter Common Control, S. 150 f.

497 Vgl. IASB (Hrsg.), Staff Paper BCUCC Agenda ref. 8A (March 2015), Rn. 30-32.

Da international eine Vielzahl von unterschiedlichen Bilanzierungsregelungen zu konzerninternen Unternehmenszusammenschlüssen existiert, die die in IAS 8 formulierten Anforderungen grundsätzlich erfüllen,[498] kann über die Verweisvorschrift des IAS 8.12 andererseits ebenso die Anwendung der Methode der Buchwertfortführung befürwortet werden.[499] In diesem Kontext wird vor allem auf die entsprechenden Vorschriften der US-GAAP zur Bilanzierung von Vermögenstransfers sowie dem Austausch von Anteilen zwischen Unternehmen, die sich unter gemeinsamer Beherrschung befinden, verwiesen.[500] Gleichermaßen können auch die Regelungen des britischen Standardsetzers, der ähnlich wie der US-amerikanische FASB für diese Art von Transaktionen die Übernahme der Buchwerte des erworbenen Unternehmens vorsieht, zur Lückenschließung herangezogen werden.[501]

Je nach eingeschlagenem Begründungsstrang besteht aus Perspektive des Bilanzierenden somit ein faktisches Wahlrecht zwischen den beiden angeführten Bilanzierungsmethoden. In diesem Zusammenhang spricht sich das Institut der Wirtschaftsprüfer in Deutschland e. V. (IDW) in seiner Stellungnahme zur Rechnungslegung IDW RS HFA 2 im Ergebnis ebenfalls für ein Bilanzierungswahlrecht aus.[502] In Abhängigkeit vom zugrunde gelegten Teilkonzernverständnis ist sowohl die Fortführung des bilanziellen Wert- und Mengengerüsts des erworbenen Tochterunternehmens innerhalb des Teilkonzernabschlusses gestattet als auch die analoge Anwendung der Vorschriften des IFRS 3.

Gleichermaßen spricht sich keine der „Big 4“-Prüfungsgesellschaften in ihren Rechnungslegungskommentaren für eine zwingende Anwendung einer der beiden Bilanzierungsmethoden aus.[503] Lediglich die vom IASB in der Vergangenheit in anderem Kontext diskutierte *Fresh Start*-Methode,[504] bei der sämtliche Vermögenswerte und Schulden beider Parteien vollständig

498 Vgl. STRÖHER, T., Unternehmenszusammenschlüsse unter Common Control, S. 148.

499 Vgl. BAETGE, J./HAYN, S./STRÖHER, T., in: Rechnungslegung nach IFRS, 2. Aufl., Teil B: IFRS 3, Rn. 46.

500 Vgl. stellvertretend WIRTH, J., Firmenwertbilanzierung nach IFRS, S. 354 m. w. N.; KÜTING, P., Konzerninterne Umstrukturierungen, S. 135-139. Zu den entsprechenden Vorschriften des FASB vgl. ASC 805-50-25-2, sowie ASC 805-50-30-5. Grundsätzlich sind Unternehmenszusammenschlüsse unter gemeinsamer Beherrschung von der Anwendung des ASC 805, dem einschlägigen Standard für Unternehmenszusammenschlüsse innerhalb der US-GAAP, ausgeschlossen. Dennoch finden sich Vorgaben zur Bilanzierung dieser Art von Transaktion in den *subsections* ASC 805-50, vgl. hierzu EY (Hrsg.), Developments Business Combinations, Rn. 2.2.3, sowie Appendix C 3.

501 Vgl. stellvertretend PwC (Hrsg.), Manual of accounting 2015 (Volume 2), Rn. 25.403, sowie ausführlich STRÖHER, T., Unternehmenszusammenschlüsse unter Common Control, S. 139-141.

502 Vgl. hier und im Folgenden IDW (Hrsg.), IDW RS HFA 42, Rn. 33-42, sowie PFITZER, N., in: WP-Handbuch 2014, Band II, 14. Aufl., Kapitel F, Rn. 185-189.

503 Vgl. KPMG (Hrsg.), Insights into IFRS 2015/16 (Volume 1), Rn. 5.13.50.20; EY (Hrsg.), International GAAP 2016 (Volume 1), S. 680 f.; PwC (Hrsg.), Manual of accounting 2015 (Volume 2), Rn. 25.402 f., sowie im Ergebnis wohl auch DELOITTE (Hrsg.), iGAAP 2015, S. 1811.

504 Zu Beginn der Überarbeitung des damaligen Standards zur Bilanzierung von Unternehmenszusammenschlüssen, dem IAS 22 *(Business Combinations)*, wurde ursprünglich in Erwägung gezogen, unter gewissen Umständen die Anwendung der *Fresh Start*-Methode zuzulassen. Letztlich wurde von diesen Überlegungen jedoch vollständig Abstand genommen. Vgl. IFRS 3.BC.23-26, sowie BUSCHHÜTER, M., in: Internationale Rechnungslegung, IFRS 3, Rn. 27.

neubewertet werden,[505] kommt zur Bilanzierung von Unternehmenszusammenschlüssen unter gemeinsamer Beherrschung nicht in Betracht. Weder jüngste Verlautbarungen anderer Standardsetzer noch anerkannte Branchenpraktiken oder einschlägige Fachliteratur sprechen sich für die Anwendung dieser Methode aus.[506] Dies trifft gleichermaßen auf die Europäische Union zu, die in Art. 25 der EU-Bilanzrichtlinie ihren Mitgliedsstaaten lediglich die Möglichkeit einräumt, die Methode der Buchwertfortführung entweder wahlweise oder verpflichtend vorzuschreiben.[507]

Trotz des Ausschlusses der *Fresh Start*-Methode wird deutlich, dass auf der Grundlage von IAS 8 verschiedene Bilanzierungsmethoden zur Lückenschließung sinnvoll begründet werden können, die denselben Unternehmenszusammenschluss mit sehr unterschiedlichen Erfolgs- und Vermögenswirkungen innerhalb des Teilkonzernabschlusses abbilden.[508] Daneben besteht zudem die Problematik, dass sich die Anwendung oder Gestaltung der jeweils gewählten Bilanzierungsalternative aufgrund von spezifischen nationalen Vorgaben möglicherweise inhaltlich voneinander unterscheiden kann.[509] Insgesamt scheinen die Regelungen des IAS 8 zumindest in Bezug auf Unternehmenszusammenschlüsse unter gemeinsamer Beherrschung daher nicht dazu geeignet, die diesbezüglich bestehende *diversity in practice* einzugrenzen.[510] In diesem Zusammenhang ist der Meinung von LÜDENBACH/HOFFMANN/FREIBERG beizupflichten, dass sich jede Form der Rechtsfortbildung in erster Linie an ihrer Entscheidungsnützlichkeit und Widerspruchsfreiheit zum *Conceptual Framework* messen lassen muss und die Vorschriften des IAS 8.11 f. eher eine Art formale Hilfestellung zur strukturierten Lückenschließung darstellen.[511]

Unabhängig von den Regelungen des IAS 8 diskutiert der IASB in seinem aktuellen Forschungsprojekt zu *business combinations under common control* ebenfalls die Anwendung der Methode der Buchwertfortführung sowie der Erwerbsmethode zur bilanziellen Abbildung derartiger Transaktionen.[512] Analog zum Vorgehen des IASB wird in den folgenden Abschnitten losgelöst vom „Korsett" des IAS 8 untersucht, welche der beiden Methoden eher dazu geeignet ist, den primären Adressaten des Teilkonzernabschlusses entscheidungsnützliche Informationen zu vermitteln.[513] Nicht weiter betrachtet wird die *Fresh Start*-Methode, von der sich der

505 Vgl. EY (Hrsg.), International GAAP 2016 (Volume 1), S. 681, sowie ausführlich zur *Fresh Start*-Methode MUFF, M., Kapitalkonsolidierung nach der Fresh-Start-Methode, S. 1-171.

506 Vgl. BUSCHHÜTER, M., in: Internationale Rechnungslegung, IFRS 3, Rn. 27; EY (Hrsg.), International GAAP 2016 (Volume 1), S. 681; STRÖHER, T., Unternehmenszusammenschlüsse unter Common Control, S. 144, sowie im Ergebnis wohl auch PWC (Hrsg.), Manual of accounting 2015 (Volume 2), Rn. 25.401-25.403; KPMG (Hrsg.), Insights into IFRS 2015/16 (Volume 1), Rn. 5.13.50.20.

507 Vgl. EUROPÄISCHE UNION (Hrsg.), EU-Bilanzrichtlinie, S. 26.

508 Vgl. KRAWITZ, N./LEUKEL, S., Unternehmensfusionen in der Rechnungslegung, S. 91.

509 Vgl. im Ergebnis auch STRÖHER, T., Unternehmenszusammenschlüsse unter Common Control, S. 151.

510 Vgl. ähnlich EFRAG U. A. (Hrsg.), Business Combinations under Common Control, S. 5.

511 Vgl. LÜDENBACH, N./HOFFMANN, W.-D./FREIBERG, J., in: Haufe IFRS-Kommentar, 14. Aufl., § 1, Rn. 78.

512 Vgl. IASB (Hrsg.), Staff Paper BCUCC Agenda ref. 14 (June 2014), Rn. 31.

513 Vgl. Abschnitt 53 und Abschnitt 54.

IASB sowohl zur Bilanzierung von externen als auch von internen Unternehmenszusammenschlüssen offenbar vollständig distanziert und die darüber hinaus auch vonseiten des Schrifttums nicht als ernsthafte Bilanzierungsalternative gewertet wird.[514]

53 Methode der Buchwertfortführung

531. Grundkonzeption der Methode der Buchwertfortführung

Eine in der Vergangenheit in verschiedenen Rechnungslegungssystemen verankerte Methode der Kapitalkonsolidierung war die **Buchwertfortführung.**[515] Die innerhalb internationaler Standards sowie im handelsrechtlichen Kontext in der Gestalt der Interessenzusammenführungsmethode[516] *(pooling-of-interests method)* bekannte Bilanzierungsalternative sollte eine **besondere Form von Unternehmenszusammenschlüssen** abbilden, die nicht als Erwerbsvorgang zu qualifizieren waren.[517] Die spezifischen Merkmale eines Interessenzusammenschlusses zweier Unternehmen wurde nach damaliger Ansicht der Standardsetzer durch die Anwendung der Erwerbsmethode nicht hinreichend berücksichtigt, sodass für solche Fallkonstellationen eigenständige Bilanzierungsvorschriften notwendig erschienen.[518] Auch wenn sich die Anwendungsvoraussetzungen[519] dieser Methode innerhalb der verschiedenen Rechnungslegungssysteme im Detail unterschieden, stimmten sie in ihrer Grundkonzeption dennoch überein.[520]

Während die konzeptionelle Ausrichtung der Erwerbsmethode nicht auf den Erwerb von Anteilen an einem Tochterunternehmen abstellt, sondern den (fiktiven) Erwerb einzelner Vermögenswerte und Schulden unterstellt (Einzelerwerbsfiktion),[521] lag der Interessenzusammenfüh-

---

514 Vgl. IFRS 3.BC.26, sowie stellvertretend EY (Hrsg.), International GAAP 2016 (Volume 1), S. 681; BUSCHHÜTER, M., in: Internationale Rechnungslegung, IFRS 3, Rn. 29.

515 Da bei dieser Bilanzierungsmethode die Buchwerte der in die Summenbilanz aufzunehmenden Vermögenswerte und Schulden fortgeführt werden, ist sie inhaltlich von der bis zum BilMoG im HGB kodifizierten Buchwertmethode abzugrenzen, bei der stille Reserven bis zur Höhe des (vorläufigen) Geschäfts- oder Firmenwertes aufgedeckt werden durften, vgl. hierzu BAETGE, J./KIRSCH, H.-J./THIELE, S., Konzernbilanzen, S. 210-223.

516 Die Konsolidierungsmethode hat ihren Ursprung in den US-GAAP, wo sie innerhalb der APB Opinion No. 16 *(Business Combinations)* kodifiziert war. Die Vorgängerorganisation des IASB, das IASC, hat die Methode unter dem Namen *Unitings of Interests* in IAS 22 *(Business Combinations, rev. 1998)* detailliert erörtert. Handelsrechtlich waren die Vorschriften zur Interessenzusammenführungsmethode in § 302 HGB a. F. angelegt, vgl. ECKES, B./WEBER, C.-P., in: Küting/Weber, HdK, 2. Aufl., § 302, Rn. 1 f. und Rn. 5.

517 Vgl. KÜHN, S., Ausgestaltungsformen der Erwerbsmethode, S. 95; MUJKANOVIC, R., Zukunft der Kapitalkonsolidierung, S. 534; LINZBACH, M., Latente Steuern bei Unternehmenszusammenschlüssen, S. 241.

518 Vgl. stellvertretend HOFFMANN, I., Kapitalkonsolidierung bei Interessenzusammenführung, S. 46 m. w. N.

519 Vgl. hierzu übersichtlich KRAWITZ, N./LEUKEL, S., Unternehmensfusionen in der Rechnungslegung, S. 94.

520 Vgl. stellvertretend BÖCKING, H.-J./KLEIN, G./LOPATTA, K., Abschaffung der Pooling of Interests-Methode, S. 19, sowie jeweils m. w. N. KRAWITZ, N./LEUKEL, S., Unternehmensfusionen in der Rechnungslegung, S. 91 und S. 95; LINZBACH, M., Latente Steuern bei Unternehmenszusammenschlüssen, S. 240.

521 Vgl. statt vieler HÖHNE, F./SENGER, T., in: MüKo Bilanzrecht (Bd. 2), § 301 HGB, Rn. 7; VON WYSOCKY, K./WOHLGEMUTH, M./BRÖSEL, G., Konzernrechnungslegung, S. 114; THEILE, C./PAWELZIK, K. U., in: IFRS-Handbuch, 5. Aufl., D VI, Rn. 5530.

rungsmethode die Annahme zugrunde, dass die Gesellschafter zweier sich zusammenschließender Unternehmen ihre **wirtschaftlichen Ressourcen zusammenlegen** *(poolen)*.[522] Die Umsetzung des *Pooling-of-Interests*-Gedankens beruhte daher nicht auf einem Beteiligungserwerb durch Kauf, sondern wurde auf Ebene der Gesellschafter durch einen Anteilstausch vollzogen.[523] Im Zuge der Vereinigung der Vermögensinteressen tauschten die bisherigen Anteilseigner eines der beiden sich zusammenschließenden Unternehmen daher ihre direkte Beteiligung in eine indirekte Beteiligung und erhielten als Gegenleistung Anteile an der aufnehmenden Gesellschaft.[524] Bedingt durch den Anteilstausch sollte gewährleistet werden, dass die Interessen der beteiligten Gesellschafter sowie ihre Beteiligung an den Chancen und Risiken in ähnlichem Ausmaß wie vor dem Zusammenschluss an der neu entstandenen Unternehmenseinheit gewahrt bleiben.[525] Im Gegensatz zur Erwerbsmethode, bei der sich der Gesellschafterkreis ändern kann, schied bei einer Interessenvereinigung grundsätzlich keiner der Eigentümer der sich zusammenschließenden Unternehmen als Gesellschafter des neuen Unternehmensverbundes aus.[526] Hierdurch behielten alle Parteien ihre Stellung als Anteilseigner, sodass die Eigentümerinteressen an der neu formierten wirtschaftlichen Einheit in ähnlichem Ausmaß fortbestanden. [527] In diesem Kontext wurde zugleich unterstellt, dass die sich zusammenschließenden Unternehmen in unveränderter Form weitergeführt werden.[528]

Aus konzeptioneller Perspektive zog ein solcher Interessenzusammenschluss keine Einzelerwerbsfiktion i. S. e. Aufdeckung von stillen Reserven und Lasten nach sich.[529] Vielmehr hatten beide Unternehmen in einer aggregierten Form Rechnung zu legen, als seien sie schon immer innerhalb eines gemeinsamen Konzernverbunds organisiert gewesen.[530] Dementsprechend wurde einer solchen wirtschaftlichen Gestaltung eines Unternehmenszusammenschlusses bilanziell dadurch Rechnung getragen, dass die jeweiligen Buchwerte sämtlicher Vermögenswerte und Schulden innerhalb des konsolidierten Abschlusses fortzuführen waren.[531] Des Wei-

---

522 Vgl. NIEHUS, R. J., 7. EG-Richtlinie und Pooling-of-Interests Methode, S. 440; sowie hier und im Folgenden BÖCKING, H.-J./KLEIN, G./LOPATTA, K., Abschaffung der Pooling of Interests-Methode, S. 18.

523 Vgl. hier und im Folgenden FOCKEN, E./LENZ, H., Spielräume der Kapitalkonsolidierung, S. 2438, sowie hier und im Folgenden BAETGE, J./KIRSCH, H.-J./THIELE, S., Konzernbilanzen (7. Aufl.), S. 250 f. m. w. N.

524 Vgl. BIENER, H./BERNEKE, W., Bilanzrichtlinien-Gesetz, S. 338.

525 Vgl. stellvertretend VATER, H., Abschaffung des Pooling of Interests, S. 1842 m. w. N.

526 Vgl. ADLER, H./DÜRING, W./SCHMALTZ, K., in: ADS, § 302 HGB, Rn. 4-6; FOCKEN, E./LENZ, H., Spielräume der Kapitalkonsolidierung, S. 2438.

527 Vgl. HOFFMANN, I., Kapitalkonsolidierung bei Interessenzusammenführung, S. 2; BAETGE, J./HEIDEMANN, C., in: Baetge/Kirsch/Thiele, § 302 HGB, Rn. 4 f.; ECKES, B./WEBER, C.-P., in: Küting/Weber, HdK, 2. Aufl., § 302, Rn. 4; SCHRUFF, W., Aussagefähigkeit des Konzernabschlusses, S. 230; BRUNS, H.-G., Zusammenschluß der Daimler-Benz AG und der Chrysler Corporation, S. 839.

528 Vgl. hier und im Folgenden ECKES, B./WEBER, C.-P., in: Küting/Weber, HdK, 2. Aufl., § 302, Rn. 4; sowie KÜHN, S., Ausgestaltungsformen der Erwerbsmethode, S. 95 f.

529 Vgl. FOCKEN, E./LENZ, H., Spielräume der Kapitalkonsolidierung, S. 2438.

530 Vgl. NIEHUS, R. J., 7. EG-Richtlinie und Pooling-of-Interests Methode, S. 440; BAETGE, J./KIRSCH, H.-J./THIELE, S., Konzernbilanzen (7. Aufl.), S. 251.

531 Vgl. HOFFMANN, I., Kapitalkonsolidierung bei Interessenzusammenführung, S. 36; MUJKANOVIC, R., Abbildung von Unternehmenserwerben im Konzernabschluss, S. 534. Während innerhalb des HGB bei

teren wurden bei der Kapitalaufrechnung entstehende positive bzw. negative Unterschiedsbeträge erfolgsneutral mit dem Konzerneigenkapital verrechnet.[532] Sämtliche Aufwendungen und Erträge fanden nicht erst zum Zeitpunkt der Erstkonsolidierung Eingang in den Konzernabschluss, sondern wurden bereits zu Beginn des Geschäftsjahres, in dem der Unternehmenszusammenschluss stattgefunden hat, summiert und in der konsolidierten Gewinn- und Verlustrechnung ausgewiesen.[533] Dem folgend waren ebenso die Vorjahresangaben in der Bilanz und Gewinn- und Verlustrechnung des Konzerns so anzupassen, als hätte der Zusammenschluss schon in der Vergangenheit stattgefunden. Durch die retrospektive Anwendung der Konsolidierungsvorschriften wurde die Vermögens-, Finanz- und Ertragslage der wirtschaftlichen Einheit letztlich so dargestellt, als wären die zusammengeschlossenen Unternehmen schon seit ihrer Gründung innerhalb desselben Konzernverbunds organisiert gewesen.[534]

Überträgt man die konzeptionellen Grundgedanken der damaligen Gestaltung der Methode der Buchwertfortführung bei Interessenzusammenführungen auf Unternehmenszusammenschlüsse unter gemeinsamer Beherrschung, so ergeben sich zumindest teilweise inhaltliche Überschneidungspunkte. Vom Standpunkt der Konzernobergesellschaft aus betrachtet hat die Transaktion keine wesentlichen Auswirkungen auf die Verfügungsmacht der von ihr kontrollierten Ressourcen.[535] Daher löst diese Form von Unternehmenszusammenschlüssen, ebenso wie die zuvor beschriebenen Interessenzusammenschlüsse, keine grundlegende Änderung der Kontrollsituation aus.[536] Sofern jedoch, wie im hier betrachteten Fall, auf Teilkonzernebene Eigenkapitalgeber in Form von aus Gesamtkonzernsicht nicht-beherrschenden Gesellschaftern im Zentrum der Betrachtung stehen, ist das ursprüngliche Gedankengut der Interessenzusammenführungsmethode nicht mehr ohne Weiteres auf *Common Control*-Transaktionen übertragbar. Während die Eigentümerinteressen der Mehrheitsgesellschafter nahezu unverändert fortbestehen, werden die nicht-beherrschenden Gesellschafter im Zuge des internen Unternehmenszusammenschlusses gewöhnlich erst zu Anteilseignern des hinzuerworbenen Tochterunternehmens.[537] Der infolge

---

Erfüllung der Voraussetzungen des § 302 HGB a. F. ein Wahlrecht bestand, die Interessenzusammenführungsmethode anzuwenden, musste innerhalb der US-GAAP sowie den IFRS die Kapitalkonsolidierungsmethode verpflichtend angewendet werden, sobald die Tatbestandsmerkmale der APB Opinion No. 16 bzw. des IAS 22 vorlagen, vgl. BÖCKING, H.-J./KLEIN, G./LOPATTA, K., Abschaffung der Pooling of Interests-Methode, S. 19 f.

532 Vgl. hier und im Folgenden NIEHUS, R. J., 7. EG-Richtlinie und Pooling-of-Interests Methode, S. 441; VON WYSOCKY, K./WOHLGEMUTH, M./BRÖSEL, G., Konzernrechnungslegung, S. 113.

533 Vgl. hier und im Folgenden HAYN, S., Entwicklungstendenzen in der Konzernrechnungslegung, S. 432 m. w. N.

534 Vgl. im Ergebnis auch RAMMERT, S., Pooling of Interests, S. 622 f., sowie ECKES, B./WEBER, C.-P., in: Küting/Weber, HdK, 2. Aufl., § 302, Rn. 4.

535 Vgl. ähnlich SENGER, T./BRUNE, J. W., in: Beck'sches IFRS-HB, 5. Aufl., § 34, Rn. 20.

536 Vgl. in diesem Zusammenhang PAWELZIK, K. U., Bilanzierung von Interessenzusammenschlüssen, S. 2569.

537 Vgl. Abschnitt 51. Es kann indes auch die in Abschnitt 532.2 beschriebene Konstellation eintreten, dass eine spezifische Gruppe von Anteilseignern, die keinen beherrschenden Einfluss auf ihre jeweilige Beteiligung ausüben kann, sowohl an dem Teilkonzernmutterunternehmen als auch an dem erworbenen Tochterunternehmen beteiligt ist. In diesen Fällen resultiert aus dem internen Unternehmenszusammenschluss keine neue Unternehmensbeteiligung aus der Perspektive dieser Anteilseignergruppe.

des konzerninternen Zusammenschlusses veränderte Gesellschafterkreis auf untergeordneten Konzernstufen ist nicht mehr deckungsgleich mit dem idealtypischen Grundgedanken einer prinzipiell unveränderten Anteilseignerstruktur im Rahmen eines Interessenzusammenschlusses durch Anteilstausch.[538]

Trotz der konzeptionellen und sachverhaltsspezifischen Unterschiede dieser zwei Formen von Unternehmenszusammenschlüssen, zieht der IASB eine Buchwertfortführung zur bilanziellen Abbildung konzerninterner Unternehmenszusammenschlüsse in Betracht. Eine unveränderte Anwendung der damaligen Vorschriften zur Interessenzusammenführungsmethode erscheint jedoch allein vor dem Hintergrund der konzeptionellen Unterschiede der zwei Formen von Unternehmenszusammenschlüssen ungeeignet. In diesem Kontext diskutiert auch der IASB in seinem aktuellen Forschungsprojekt zu *business combinations under common control*, wie die Methode der Buchwertfortführung im Vergleich zu den damaligen Vorschriften anzupassen ist, sodass die Bilanzierungsmethode den spezifischen Gegebenheiten konzerninterner Unternehmenszusammenschlüsse bestmöglich Rechnung trägt.[539] Anknüpfend an die dortige Diskussion wird die Bilanzierungsmethode im Folgenden zunächst konkretisiert (Abschnitt 532. bis Abschnitt 534.) und anschließend mit Blick auf das übergeordnete Ziel der Entscheidungsnützlichkeit umfassend gewürdigt (Abschnitt 536.). Bei den diesbezüglichen Ausführungen stehen im Unterschied zur früheren Interessenzusammenführungsmethode vor allem die Informationsinteressen der primären Adressaten des Teilkonzernabschlusses im Zentrum der Betrachtung.

532. Im Teilkonzernabschluss fortzuführende Buchwerte

532.1 Vorbemerkungen

Bei der bilanziellen Abbildung eines Unternehmenszusammenschlusses mittels der Methode der Buchwertfortführung werden die in den Teilkonzern aufzunehmenden Vermögenswerte und Schulden nicht an ihre zum Transaktionszeitpunkt geltenden beizulegenden Zeitwerte angepasst.[540] Vielmehr übernimmt der Erwerber analog zur technischen Vorgehensweise bei der Interessenzusammenführungsmethode gemäß IAS 22,[541] die Buchwerte des erworbenen Unternehmens in seinen konsolidierten Abschluss und schreibt diese dort fort.[542] Während bei einer Anwendung der Buchwertfortführung auf externe Unternehmenszusammenschlüsse, bei denen das Akquisitionsobjekt vor dem Zusammenschluss noch nicht Teil des Konsolidierungskreises

538 Vgl. im Ergebnis wohl auch HAIL, L., Pooling of Interests als Alternative, S. 702 f.

539 Vgl. IASB (Hrsg.), ASAF BCUCC Agenda ref. 6 (December 2015), S. 1-34.

540 Vgl. HAYN, S., Komplexe Konsolidierungskreisänderungen, S. 261.

541 Aufgrund der gleichen technischen Vorgehensweise im Rahmen der damaligen Interessenzusammenführungsmethode wird die Methode der Buchwertfortführung im Schrifttum zum Teil auch als *as-if-pooling* oder quasi-*pooling* bezeichnet. Vgl. WEBER, C.-P., Teilkonzernabschluss nach HGB und IFRS, S. 358, sowie KÜTING, P., Konzerninterne Umstrukturierungen, S. 129. Da im Rahmen dieser Arbeit die bilanzielle Abbildung eines Unternehmenszusammenschlusses unter gemeinsamer Beherrschung betrachtet wird und nicht die eines Interessenzusammenschlusses unter Gleichen, wird an dieser Stelle bewusst die Bezeichnung der Methode der Buchwertfortführung gewählt.

542 Vgl. PwC (Hrsg.), Manual of accounting 2015 (Volume 2), Rn. 25.403.

ist, stets die Buchwerte aus dem Einzelabschluss des erworbenen Tochterunternehmens in den Teilkonzernabschluss übernommen werden müssten,[543] ergeben sich bei konzerninternen Unternehmenserwerben Ermessensspielräume hinsichtlich der fortzuführenden Wertansätze.[544]

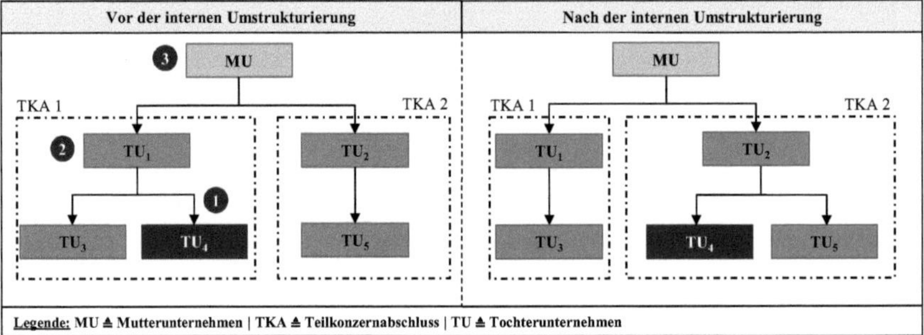

Abbildung 5-1: Alternativen fortzuführender Buchwerte im Rahmen konzerninterner Unternehmenszusammenschlüsse

Aufgrund fehlender Vorschriften des IASB ist es dem den Teilkonzernabschluss aufstellenden Mutterunternehmen (TU2) theoretisch möglich, zwischen verschiedenen Wertansätzen zu wählen, die in den konsolidierten Abschluss der in Abbildung 5-1 dargestellten neu formierten wirtschaftlichen Einheit (TKA 2) übernommen werden. Hierzu zählen bei mehrstufigen Konzernstrukturen:

1. die Buchwerte aus dem Einzelabschluss des Akquisitionsobjektes (TU4)
2. die Buchwerte aus dem konsolidierten Abschluss des die Beteiligung veräußernden unmittelbaren Mutterunternehmens (TU1), sowie
3. die Buchwerte aus dem Konzernabschluss des an der Konzernspitze stehenden Mutterunternehmens (MU).[545]

Bei Konzernstrukturen mit mehr als zwei Stufen können überdies theoretisch die Buchwerte jedes weiteren Mutterunternehmens, welches sich in der Beteiligungsstruktur zwischen dem obersten Mutterunternehmen und dem unmittelbaren Mutterunternehmen des Akquisitionsobjektes befindet, übernommen werden. Die jeweiligen Wertansätze in den verschiedenen (kon-

543 Vgl. im Ergebnis auch BAETGE, J./KIRSCH, H.-J./THIELE, S., Konzernbilanzen (7. Aufl.), S. 251.

544 Vgl. zur Diskussion möglicher zu übernehmender Buchwerte u. a. IASB (Hrsg.), ASAF BCUCC Agenda ref. 6 (December 2015), S. 23-27; BUSCHHÜTER, M./SENGER, T., Common Control Transactions, S. 26; CHRISTIAN, D., Transaktionen im Teilkonzernabschluss, S. 170.

545 Vgl. KASB (Hrsg.), IASB Emerging Economic Group 4th Meeting, Rn. 5.13, sowie hier und im Folgenden KPMG (Hrsg.), Insights into IFRS 2015/16 (Volume 1), Rn. 5.13.60.10; CHRISTIAN, D., Transaktionen im Teilkonzernabschluss, S. 170.

solidierten) Abschlüssen können sich sowohl der Höhe nach als auch dem Grunde nach unterscheiden.[546] Dies dürfte regelmäßig der Fall sein, wenn das kontrollierende Mutterunternehmen das betreffende Tochterunternehmen im Vorfeld eines konzerninternen Veräußerungsvorgangs von einer außerhalb des Konsolidierungskreises stehenden Partei erworben hat.[547] Das erwerbende Mutterunternehmen ist dann zur Anwendung der Erwerbsmethode gemäß IFRS 3 verpflichtet.[548]

Zum Teil wird die Auffassung vertreten, die fortzuführenden Wertansätze im Teilkonzernabschluss von dem zugrunde liegenden Teilkonzernverständnis abhängig zu machen. Sofern der Bilanzierende den Teilkonzern als *separate reporting entity* interpretiert, würde dies in konzeptioneller Hinsicht für eine Übernahme der fortgeführten Buchwerte aus dem Einzelabschluss des konzernintern erworbenen Tochterunternehmens (①) sprechen.[549] Ein solches Verständnis des Teilkonzernabschlusses lässt keinen Spielraum für die Fortführung von Wertansätzen übergeordneter rechnungslegender Einheiten, da einzig die Perspektive des Erwerbers, unabhängig von der Einordnung in den Gesamtkonzern, eingenommen wird.[550] Hingegen spricht eine integrierte Betrachtung des Teilkonzernabschlusses als Ausschnitt einer übergeordneten wirtschaftlichen Einheit und der damit verbundenen maßgebenden Bilanzierungsperspektive des obersten Mutterunternehmens konzeptionell für eine Fortführung der Buchwerte der obersten Kontrollinstanz (③).[551] Die Ableitung der im Teilkonzernabschluss fortzuführenden Wertansätze aus dem zugrunde liegenden Teilkonzernverständnis ist jedoch aus zweierlei Gründen zu kritisieren. Zum einen spricht die stringente Umsetzung des *separate reporting entity approach* dafür, den konzerninternen Unternehmenszusammenschluss mittels Erwerbsmethode zu bilanzieren, und somit grundsätzlich gegen eine Buchwertführung,[552] sodass sich Vertreter dieses Teilkonzernverständnisses nicht mit einer solchen Anwendungsfrage der Buchwertfortführung konfrontiert sehen dürften. Davon unabhängig erscheint eine undifferenzierte Übernahme einer dieser Sichtweisen mitsamt der jeweils daraus resultierenden Bilanzierungskonsequenzen zum anderen nicht zielführend, da die jeweiligen Wertansätze primär an ihrer Entscheidungsnützlichkeit zu beurteilen sind.[553]

---

546 Vgl. KASB (Hrsg.), Research Report in Accounting for BCUCC, S. 20 f.

547 Vgl. PwC (Hrsg.), Manual of accounting 2015 (Volume 2), Rn. 25.404.1.

548 Seit dem 31. März 2004 sind (externe) Unternehmenszusammenschlüsse innerhalb der IFRS-Rechnungslegung zwingend nach der Erwerbsmethode gemäß IFRS 3 zu bilanzieren, vgl. BRÜCKS, M./WIEDERHOLD, P., IFRS Business Combinations, S. 117. Ausführlicher zu den Regelungen des IFRS 3, vgl. Abschnitt 54.

549 Vgl. hierzu sowie im Folgenden HAYN, S., Komplexe Konsolidierungskreisänderungen, S. 261; BAETGE, J./HAYN, S./STRÖHER, T., in: Rechnungslegung nach IFRS, 2. Aufl., Teil B: IFRS 3, Rn. 49. Zu den unterschiedlichen Verständnissen des IFRS-Teilkonzernabschlusses vgl. Abschnitt 451.

550 Vgl. BUSCHHÜTER, M., in: Internationale Rechnungslegung, IFRS 3, Rn. 28 m. w. N.

551 Vgl. HAYN, S., Ausgewählte Konsolidierungsfragen, S. 429, sowie im Ergebnis EY (Hrsg.), International GAAP 2016 (Volume 1), S. 688 f.

552 Vgl. Abschnitt 52.

553 Vgl. Abschnitt 453. und Abschnitt 46, sowie offenbar auch IASB (Hrsg.), ASAF BCUCC Agenda ref. 6 (December 2015), S. 3.

Insgesamt hat sich in der Literatur bislang jedoch keine eindeutige herrschende Meinung herausgebildet, aus welchem (ggf. konsolidierten) Abschluss die jeweiligen Buchwerte der Vermögenswerte und Schulden übernommen werden sollten.[554] Der IASB hat diesen Themenbereich im Rahmen seines aktuellen Forschungsprojekts zu *business combinations under common control* zwar diskutiert, bislang jedoch keine Stellung bezogen, welcher Abschluss im Falle einer verpflichtenden Anwendung der Methode der Buchwertfortführung maßgebend für die Kapitalkonsolidierung sein sollte.[555] Daher wird in den folgenden Abschnitten darauf eingegangen, welche Wertansätze aus der Perspektive der primären Adressaten des Teilkonzernabschlusses am ehesten den Zweck der IFRS-Rechnungslegung erfüllen.

532.2 Fortführung der Buchwerte aus dem Einzelabschluss

Sofern im Rahmen der Buchwertfortführung die Wertansätze aus dem Einzelabschluss des Akquisitionsobjektes fortgeschrieben werden sollen, können diese grundsätzlich nicht ohne vorherige Anpassungsmaßnahmen in den Teilkonzernabschluss des Erwerbers übernommen werden.[556] Die möglicherweise veränderten Wertansätze gegenüber dem Ausweis im jeweiligen Einzelabschluss (sog. IFRS-Handelsbilanz I) resultieren einerseits aus der Angleichung an konzerneinheitliche Bilanzierungs-, Bewertungs- und Ausweisgrundsätze und andererseits aus der ggf. vorzunehmenden Vereinheitlichung der Stichtage, zu dem der einzubeziehende Abschluss aufzustellen ist.[557] Wertanpassungen sind jedoch vor allem dann zu erwarten, wenn kein separater Einzelabschluss nach IFRS aufgestellt wird und die Buchwerte des handelsrechtlichen Jahresabschlusses (sog. Handelsbilanz I) an die Vorgaben der IFRS anzupassen sind. Das Ergebnis der entsprechenden Anpassungen ist die sog. IFRS-Handelsbilanz II,[558] die in diesem Kontext maßgeblich für die Aufstellung des Teilkonzernabschlusses wäre.

---

554 Sich für eine Fortführung der Buchwerte des obersten Mutterunternehmens aussprechend, vgl. PwC (Hrsg.), Manual of accounting 2015 (Volume 2), Rn. 25.404.1, so wohl auch KÜTING, der sich für eine äquivalente Übernahme der diesbezüglichen Regelungen der US-GAAP ausspricht, vgl. KÜTING, P., Konzerninterne Umstrukturierungen, S. 138. Nach Auffassung des IDW sind die Vermögenswerte und Schulden eines übergeordneten Mutterunternehmens zu übernehmen, ohne dies näher zu konkretisieren, vgl. IDW (Hrsg.), IDW RS HFA 42, Rn. 41. ERNST & YOUNG spricht sich für die Übernahme von Buchwerten des Mutterunternehmens aus, erachtet jedoch in gewissen Fallkonstellationen eine Übernahme der Buchwerte aus dem Einzelabschluss des übertragenen Unternehmens als zweckmäßig, vgl. EY (Hrsg.), International GAAP 2016 (Volume 1), S. 687 f. BAETGE/HAYN/STRÖHER knüpfen die fortzuführenden Buchwerte an die konzeptionelle Sichtweise des Teilkonzerns als Ausschnitt aus dem Gesamtkonzernabschluss bzw. als separate berichterstattende Einheit, vgl. BAETGE, J./HAYN, S./STRÖHER, T., in: Rechnungslegung nach IFRS, 2. Aufl., Teil B: IFRS 3, Rn. 49. Nach Ansicht von STRÖHER sind Buchwerte aus dem Einzelabschluss des erworbenen Unternehmens innerhalb des Teilkonzernabschlusses fortzuführen, vgl. STRÖHER, T., Unternehmenszusammenschlüsse unter Common Control, S. 156. Diesbezüglich offenbar ohne Präferenz, vgl. KPMG (Hrsg.), Insights into IFRS 2015/16 (Volume 1), Rn. 5.13.60.10.

555 Vgl. IASB (Hrsg.), ASAF BCUCC Agenda ref. 6 (December 2015), S. 23-27.

556 Vgl. wenn auch im handelsrechtlichen Kontext, SCHILDBACH, T., Konzernabschluß nach HGB, IAS und US-GAAP, S. 178.

557 Vgl. IFRS 10.19 i. V. m. IFRS 10.B.87 f. und IFRS 10.B.92 f., sowie PELLENS, B. U. A., Internationale Rechnungslegung, S. 743.

558 Vgl. hierzu auch KÜTING, K./WEBER, C.-P., Konzernabschluss, S. 237; GIMPEL-HENNING, N., Sukzessive Anteilserwerbe, S. 73.

Dem Grundsatz der Adressatenorientierung folgend hat sich die Bilanzierung an den primären Nutzern des jeweiligen Berichtsinstruments zu orientieren.[559] Sofern bei einem internen Unternehmenszusammenschluss ein Großteil der Nutzer des Teilkonzernabschlusses des Erwerbers identitätsgleich mit denen des Einzelabschlusses des konzernintern erworbenen Tochterunternehmens ist, spräche dies für die Übernahme der Wertansätze des Akquisitionsobjektes aus der IFRS-Handelsbilanz II.[560] Übertragen auf einen konkreten Erwerbsvorgang aus Sicht der primären Adressaten des Teilkonzernabschlusses bedeutet dies, dass in solchen Fallkonstellationen ein wesentlicher Anteil dieser Gesellschaftergruppe sowohl an dem erwerbenden untergeordneten Mutterunternehmen als auch an dem Erwerbsobjekt selbst unmittelbar beteiligt sein müsste. In Abbildung 5-2 ist eine derartige Transaktion exemplarisch dargestellt. Die nicht-beherrschenden Gesellschafter aus der Perspektive des Konzernmutterunternehmens (MU) werden dort durch den Anteilseigner (A) repräsentiert. Die Gesellschaftergruppe ist vor und nach dem konzerninternen Unternehmenszusammenschluss unmittelbar an dem Teilkonzernmutterunternehmen TU_2 und dem Akquisitionsobjekt TU_1 beteiligt, sodass aus dem Erwerbsvorgang auch aus ihrer Perspektive keine neue Unternehmensbeteiligung entsteht.

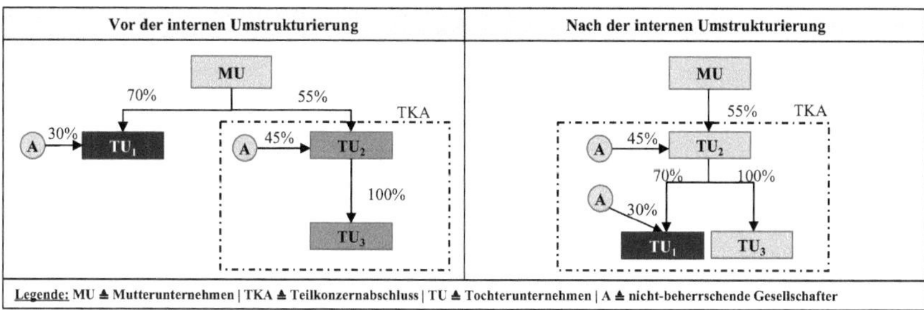

Abbildung 5-2: Spezifische Erwerbskonstellation im Rahmen der Fortführung der Buchwerte des Einzelabschlusses

Obgleich sich durch den konzerninternen Erwerb möglicherweise die effektive Beteiligungsquote der nicht-beherrschenden Gesellschafter erhöht, stellt der Unternehmenszusammenschluss aus ihrer Sicht prinzipiell keine wesentliche Änderung ihrer Vermögensstruktur dar. Somit unterscheidet sich dieses Szenario maßgeblich von einem konzerninternen Unternehmenszusammenschluss, im Zuge dessen die nicht-beherrschenden Gesellschafter erst zu Anteilseignern des erworbenen Unternehmens werden. Eine in diesem Kontext unbegründete Unterbrechung der fortgeführten historischen Anschaffungskosten aus der IFRS-Handelsbilanz II bspw. durch die Übernahme abweichender Wertansätze aus dem konsolidierten Abschluss des

559 Vgl. Abschnitt 441.

560 Vgl. EY (Hrsg.), International GAAP 2016 (Volume 1), S. 687 f.

obersten Mutterunternehmens in den Teilkonzernabschluss würde zu einem „Bruch in der Datenbasis“[561] führen, der die Entscheidungsnützlichkeit der vermittelten Information für die nicht-beherrschenden Gesellschafter ggf. einschränkt.

Daher wäre in solchen Konstellationen der Zweck der IFRS-Rechnungslegung möglicherweise durch die Übernahme der Buchwerte aus der IFRS-Handelsbilanz II besser erfüllt als durch einen veränderten Vermögensausweis i. V. m. der Übernahme konzernbilanzieller Wertansätze, der an dieser Stelle ggf. irreführend sein könnte.[562] Allerdings ist davon auszugehen, dass die skizzierte Erwerbskonstellation vielmehr eine Ausnahme als die Regel darstellt. Üblicherweise werden die primären Adressaten des Teilkonzernabschlusses erst durch den konzerninternen Unternehmenszusammenschluss zu Gesellschaftern des Tochterunternehmens. Ob die dadurch ausgelösten Informationsbedürfnisse bspw. hinsichtlich der dann veränderten Vermögenslage womöglich eher durch die Fortführung der konzernbilanziellen Buchwerte befriedigt werden als durch die Übernahme der historischen Wertansätze aus dem Einzelabschluss, wird im Folgenden betrachtet.

532.3 Fortführung der (teil-)konzernbilanziellen Buchwerte

Neben der Übernahme der Wertansätze aus dem Einzelabschluss des konzernintern erworbenen Tochterunternehmens können ebenso die Buchwerte aus dem konsolidierten Abschluss im neuformierten Teilkonzernabschuss des Erwerbers fortgeschrieben werden. Sofern wie in Abbildung 5-1 das die Beteiligung veräußernde unmittelbare Mutterunternehmen an der Spitze eines Teilkonzerns steht, zählen hierzu zum einen die Buchwerte im entsprechenden Teilkonzernabschluss. Zum anderen können auch die im Gesamtkonzernabschluss ausgewiesenen Wertansätze übernommen werden. Sofern dem konzerninternen Unternehmenszusammenschluss ein externer Erwerbsvorgang des konzernintern umgehangenen Tochterunternehmens vorgelagert ist, dürften sich die Wertansätze der in diesem Kontext zu übernehmenden Buchwerte der IFRS-Handelsbilanz III von den fortgeführten historischen Anschaffungs- und Herstellungskosten der IFRS-Handelsbilanz II regelmäßig unterscheiden.[563] Im Zuge des ursprünglichen Erwerbsvorgangs sind gemäß IFRS 3 sämtliche stillen Reserven und Lasten des neuen Tochterunternehmens aufzudecken sowie alle identifizierbaren Vermögenswerte und Schulden inklusive eines Geschäfts- oder Firmenwertes zu aktivieren.[564] Die Vermögenswerte und Schulden werden

561 RAMMERT, S., Pooling of Interests, S. 623, ursprünglich entnommen aus IASC (Hrsg.), G4+1 Position Paper, Rn. 33.

562 Vgl. EY (Hrsg.), International GAAP 2016 (Volume 1), S. 687 f.

563 Vgl. HAYN, S., Ausgewählte Konsolidierungsfragen, S. 429, sowie PwC (Hrsg.), Manual of accounting 2015 (Volume 2), Rn. 25.404.1.

564 Vgl. IFRS 3.10 und IFRS 3.18; HACHMEISTER, D., Unternehmenszusammenschlüsse nach IFRS 3, S. 117 f. und S. 120 f.; KÜTING, K./WEBER, C.-P., Konzernabschluss, S. 284 f.; PELLENS, B. U. A., Internationale Rechnungslegung, S. 765 f.

dabei unabhängig davon angesetzt, ob diese zugleich im Einzelabschluss des erworbenen Tochterunternehmens bilanziert werden.[565] Sie müssen lediglich die Definitionskriterien[566] eines Vermögenswertes bzw. einer Schuld i. S. d. Rahmenkonzepts erfüllen sowie in direktem Zusammenhang mit dem Unternehmenszusammenschluss stehen.[567]

In diesem Zusammenhang ist es möglich, dass die Wertansätze der Vermögenswerte und Schulden im konsolidierten Abschluss des die Beteiligung veräußernden unmittelbaren Mutterunternehmens von denen innerhalb des Konzernabschlusses des obersten Mutterunternehmens abweichen. Dies kann indes nur dann eintreten, wenn der Zeitpunkt der Kontrollerlangung des unmittelbaren Mutterunternehmens über das jeweilige Tochterunternehmen vor dem des obersten Mutterunternehmens liegt und damit die Erstkonsolidierungszeitpunkte des Beteiligungsunternehmens im Teilkonzern- und im Konzernabschluss nicht übereinstimmen.[568] In solchen Fallkonstellationen kann es daher einen Unterschied machen, ob im Rahmen einer Buchwertfortführung für eine Übernahme der Buchwerte aus dem Teilkonzernabschluss des unmittelbaren Mutterunternehmens oder für die Fortführung der Konzernbuchwerte des obersten Mutterunternehmens plädiert wird.

Auch wenn die im konsolidierten Abschluss ausgewiesenen Buchwerte des veräußernden Teilkonzerns und des Gesamtkonzerns möglicherweise voneinander abweichen, ermöglicht der mit den jeweiligen Wertansätzen zum einen verbundene vergleichsweise **vollständige Vermögensausweis** den primären Adressaten des Teilkonzernabschlusses eine umfassende Beurteilung der Vermögenslage der aus ihrer Perspektive grundsätzlich neuen Unternehmensbeteiligung.[569] Aufgrund der beschränkten Ansatzmöglichkeiten selbsterstellter immaterieller Vermögenswerte sowie des Bilanzierungsverbots eines Geschäfts- oder Firmenwertes und den oftmals hohen Wertpotenzialen[570] dieser Ressourcen wäre eine solche Beurteilung auf Basis der Buchwerte des vereinheitlichten Einzelabschlusses nur sehr eingeschränkt möglich.[571]

Zum anderen ist mit der Fair Value-Bewertung im Zuge der ursprünglichen Akquisition des Tochterunternehmens der Ausweis **aktuellerer Wertverhältnisse** im Vergleich zu den in der

565 Vgl. IFRS 3.13; HACHMEISTER, D., Unternehmenszusammenschlüsse nach IFRS 3, S. 118.

566 Vgl. hierzu ED.CF.4.5-39.

567 Vgl. IFRS 3.11 f.; KLOSE, N.-C., Kapitalkonsolidierungs- und Bewertungsmethoden, S. 129 m. w. N.; GIMPEL-HENNING, N., Sukzessive Anteilserwerbe, S. 73 f.

568 Vgl. im Ergebnis KPMG (Hrsg.), Insights into IFRS 2015/16 (Volume 1), Rn. 5.13.60.10.

569 Aus der Perspektive der nicht-beherrschenden Gesellschafter handelt es sich nur dann um eine aus ihrer Sicht neue Unternehmensbeteiligung, sofern sie nicht schon vor dem internen Unternehmenszusammenschluss eine Beteiligung an dem Erwerbsobjekt gehalten haben.

570 Vgl. zu den Wertpotenzialen immaterieller Vermögenswerte bspw. GUTSCHE, R., Intangibles, quo vadis, S. 193; KAPLAN, R. S./NORTON, D. P., Grünes Licht für Ihre Strategie, S. 19, ebenso BEYER, S./MACKENSTEDT, A., Bewertung immaterieller Vermögenswerte, S. 338.

571 Zur eingeschränkten Aktivierungsfähigkeit selbsterstellter immaterieller Vermögenswerte sowie dem Bilanzierungsverbot eines originären Geschäfts- oder Firmenwertes, vgl. IAS 38.48-67, sowie BAETGE, J./KIRSCH, H.-J./THIELE, S., Bilanzen, S. 301-303.

IFRS-Handelsbilanz II ausgewiesenen fortgeführten historischen Anschaffungs- und Herstellungskosten verbunden. Auch wenn die fortgeschriebenen (teil-)konzernbilanziellen Buchwerte nicht den Wertverhältnissen zum Zeitpunkt des internen Unternehmenszusammenschlusses entsprechen, weisen sie dennoch eine vergleichsweise höhere Aktualität auf. Die **Relevanz** der in den Teilkonzernabschluss zu übernehmenden Buchwerte des jeweiligen konsolidierten Abschlusses ist umso größer einzuschätzen, je geringer der Zeitraum zwischen dem konzerninternen Beteiligungstransfer und dem ursprünglichen Erwerbsvorgang des Akquisitionsobjektes durch das entsprechende Mutterunternehmen ist *(et vice versa)*.[572] Da die im Konzernabschluss des obersten Mutterunternehmens ausgewiesenen Buchwerte stets auf einem Erstkonsolidierungszeitpunkt basieren, der entweder dem des untergeordneten Teilkonzernmutterunternehmens entspricht oder diesem zeitlich nachgelagert ist, ist den konzernbilanziellen Finanzinformationen in diesem Zusammenhang grundsätzlich die gleiche oder eine höhere Relevanz zuzusprechen als den Buchwerten der IFRS-Handelsbilanz III des die Beteiligung veräußernden Teilkonzerns.

Vergleicht man die diskutierten Buchwerte hinsichtlich ihrer **glaubwürdigen Darstellung**, so erfüllen die fortgeführten historischen Anschaffungs- und Herstellungskosten des Tochterunternehmens in der IFRS-Handelsbilanz II offenbar am ehesten diese qualitative Anforderung an eine entscheidungsnützliche Informationsvermittlung. Die dortigen auf dem Anschaffungs- und Herstellungskostenprinzip basierenden Wertansätze unterliegen tendenziell wenigen Verzerrungen aufgrund etwaiger Ermessensspielräume.[573] Im Gegensatz hierzu ist die Glaubwürdigkeit der ausgewiesenen Buchwerte auf Ebene der konsolidierten Abschlüsse vergleichsweise eingeschränkt. Dies basiert vor allem auf möglichen Bewertungsunsicherheiten im Zusammenhang mit der Zeitwertbilanzierung sowie dem Ansatz selbsterstellter immaterieller Vermögenswerte bzw. eines fortgeführten Geschäfts- oder Firmenwertes.[574] Dennoch entstehen durch die Fortführung der in Rede stehenden Buchwerte sowohl des Teilkonzernabschlusses als auch des Konzernabschlusses keine neuen verzerrenden Einflüsse, die einer neutralen Berichterstattung entgegenstehen würden. Die dortigen Wertansätze resultieren aus einer Transaktion mit frem-

---

572 Vgl. EY (Hrsg.), International GAAP 2016 (Volume 1), S. 687.

573 Vgl. zu Einschränkungen von Gestaltungsspielräumen durch das Anschaffungskostenprinzip KÜTING, K./LAUER, P., Anschaffungskostenprinzip nach HGB und IFRS, S. 1188 f.

574 Vgl. im Hinblick auf die Ermessensspielräume bei der Bewertung von immateriellen Vermögenswerten bspw. HOFFMANN, W.-D., Immaterielle Vermögenswerte beim Unternehmenserwerb, S. 68. Zu Problemen bei der Folgebewertung eines Geschäfts- oder Firmenwertes im Rahmen des *impairment only approach* vgl. bspw. GUNDEL, T./MÖHLMANN-MAHLAU, T./SÜNDERMANN, F., Wider dem Impairment-Only-Approach, S. 131-133, sowie allgemein zu den Bewertungsunsicherheiten im Rahmen der Fair Value-Bewertung bspw. KÜHNBERGER, M., Fair Value Accounting, Bilanzpolitik und Qualität von Abschlüssen, S. 434-438.

den Dritten *(arm's length transaction)*, welche grundsätzlich durch die entrichtete Gegenleistung bis zu einem gewissen Maß objektiviert werden.[575] Daher ist den betreffenden Buchwerten zwar eine vergleichsweise geringe, jedoch keinesfalls fehlende Glaubwürdigkeit beizumessen.[576]

Vor dem Hintergrund einer entscheidungsnützlichen Rechnungslegung aus der Perspektive der primären Adressaten des Teilkonzernabschlusses ist nach hier vertretener Ansicht die **Fortführung der Buchwerte aus dem Konzernabschluss des obersten Mutterunternehmens** zu empfehlen. Diese ermöglichen den nicht-beherrschenden Gesellschaftern im Vergleich zu den anderen diskutierten Buchwerten aufgrund des grundsätzlich sowohl vollständigeren als auch aktuelleren Vermögensausweises eine bessere Einschätzung der Wertverhältnisse der erworbenen Vermögenswerte und übernommenen Schulden und der damit verbundenen Cashflow-Potenziale.[577] Sofern bei der obersten Kontrollinstanz, welche die gemeinsame Beherrschung ausübt, keine Pflicht zur Konzernrechnungslegung besteht,[578] ist auf die Wertansätze des höchsten konsolidierten Abschlusses innerhalb des Konzernverbundes zurückzugreifen.[579] Darüber hinaus könnte der IASB eine Ausnahmeregelung für diejenigen Fallkonstellationen schaffen, die auch aus der Perspektive der nicht-beherrschenden Gesellschafter keine neue Unternehmensbeteiligung nach sich ziehen. Lediglich bei Unternehmenszusammenschlüssen unter gemeinsamer Beherrschung, bei denen im Vorfeld keine Konzernabschlusspflicht bestand, müssen zwangsläufig die Buchwerte aus dem Einzelabschluss des erworbenen Unternehmens übernommen werden.[580]

532.4 Konzeptionelle Eignung der Fortführung der konzernbilanziellen Buchwerte

Dem im vorherigen Abschnitt unterbreiteten Lösungsvorschlag wird zum Teil aus konzeptionellem Blickwinkel entgegengehalten, dass es sich hierbei um eine nicht im IFRS-Normensystem verankertes ***push-down-accounting*** handelt.[581] Beim *push-down-accounting* darf ein Mutterunternehmen im Rahmen der Kontrollerlangung über ein neues Tochterunternehmen die konzernbilanziellen Wertansätze auch im Einzelabschluss des jeweiligen Beteiligungsunternehmens ausweisen.[582] Das Wert- und Mengengerüst im Einzelabschluss des Tochterunternehmens würde infolgedessen durch jenes aus der IFRS-Handelsbilanz III ersetzt, wie es sich bei

575 Vgl. hierzu ausführlicher Abschnitt 543.3.

576 Vgl. im Ergebnis ebenso IASC (Hrsg.), G4+1 Position Paper, Rn. 92, wenn auch in einem anderen Kontext.

577 Vgl. ähnlich, wenn auch in anderem Zusammenhang, IFRS 3.BC.25 und IFRS 3.BC.203, sowie IASC (Hrsg.), G4+1 Position Paper, Rn. 81.

578 Vgl. hierzu Abschnitt 221., sowie Abbildung 2-1.

579 Vgl. KASB (Hrsg.), Research Report in Accounting for BCUCC, S. 35; PwC (Hrsg.), Manual of accounting 2015 (Volume 2), Rn. 25.403.

580 Vgl. PwC (Hrsg.), Manual of accounting 2015 (Volume 2), Rn. 25.403.

581 Vgl. ähnlich STRÖHER, T., Unternehmenszusammenschlüsse unter Common Control, S. 156 f.; EFRAG U. A. (Hrsg.), Business Combinations under Common Control, S. 58. Ebenso äußerten einzelne Kommentierende im Rahmen von *outreach activities* diesbezüglich bedenken, vgl. IASB (Hrsg.), Staff Paper BCUCC Agenda ref. 23B (April 2016), Rn. 32.

582 Vgl. EY (Hrsg.), FASB makes pushdown accounting optional, S. 2 f.; PwC (Hrsg.), Pushdown accountig

der Erstkonsolidierung für den Konzernabschluss ergibt.[583] Die ursprünglich von der US-amerikanischen Börsenaufsichtsbehörde SEC stammenden Regelungen des *push-down-accounting*[584] sind seit November 2014 fester Bestandteil der US-GAAP.[585] Durch die Aufnahme in das Regelungssystem des FASB ist es nunmehr grundsätzlich jedem nach US-GAAP bilanzierenden Unternehmen möglich, diese Bilanzierungsmethode anzuwenden, unabhängig davon, ob es SEC-berichtspflichtig ist.[586]

Vonseiten des IASB wird ein solches „Herunterdrücken" der Wertansätze eines konsolidierten Abschlusses in den zugrundeliegenden Einzelabschluss bislang nicht thematisiert.[587] In diesem Kontext wird innerhalb des Schrifttums eine Anwendung des *push-down-accounting* im IFRS-Normensystem für nicht zulässig erachtet, da eine analoge Anwendung der US-amerikanischen Regelungen über IAS 8.12 mit anderen Vorschriften der IFRS kollidiert.[588] So würde die Übernahme des Wert- und Mengengerüstes des Konzernabschlusses in den Abschluss des Tochterunternehmens grundsätzlich zu einer Aktivierung eines selbst geschaffenen Geschäfts- oder Firmenwertes sowie selbsterstellter immaterieller Vermögenswerte, wie bspw. Markennamen und Kundenstämmen führen, was nicht mit den Regelungen des IAS 38 *(Intangible Assets)* vereinbar wäre.[589] So ist in diesem Zusammenhang der Auffassung von DUHR zuzustimmen, „dass der vom Käufer erworbene, beim gekauften Unternehmen jedoch weiterhin eher als originär zu bezeichnender Geschäftswert im Einzelabschluss des gekauften Unternehmens abgebildet wird."[590]

Überträgt man den Grundgedanken des *push-down-accounting* auf eine Buchwertfortführung der Wertansätze aus dem Konzernabschluss des obersten Mutterunternehmens in den konsoli-

now optional, S. 1, sowie schon ROBBINS, B., Question of Basis, S. 100.

583 Vgl. SCHILDBACH, T., Konzernabschluß nach HGB, IAS und US-GAAP, S. 225.

584 Vgl. WIRTH, J., Firmenwertbilanzierung nach IFRS, S. 173.

585 Vgl. FASB (Hrsg.), Accounting Standard Update No. 2014-17, S. 1-19.

586 Vgl. EY (Hrsg.), FASB makes pushdown accounting optional, S. 1 f. Vorab war es lediglich SEC-berichtspflichtigen Unternehmen unter gewissen Voraussetzungen möglich, *push-down-accounting* anzuwenden. Im Zuge der Veröffentlichung des FASB Accounting Standards Update No. 2014-17 hat die SEC ihre diesbezüglichen Regelungen aufgehoben. Diese schrieben eine verpflichtende Anwendung des *push-down-accounting* grundsätzlich immer dann vor, wenn das Mutterunternehmen mehr als 95 % der Anteile an einem Tochterunternehmen hielt. Bei einem Stimmrechtsbesitz zwischen 80 % und 95 % war ein Anwendungswahlrecht vorgesehen. Lag der Anteilsbesitz hingegen unter 80 % durfte diese Bilanzierungsmethode nicht angewendet werden, vgl. PwC (Hrsg.), Pushdown accountig now optional, S. 1, sowie SCHILDBACH, T., Grundlagen einer Konzernrechnungslegung, S. 226 m. w. N.

587 Vgl. FASB (Hrsg.), Accounting Standard Update No. 2014-17, S. 3; WIRTH, J., Firmenwertbilanzierung nach IFRS, S. 173; MUJKANOVIC, R., Der Geschäftswert nach IFRS, S. 809.

588 Vgl. BAETGE, J./HAYN, S./STRÖHER, T., in: Rechnungslegung nach IFRS, 2. Aufl., Teil B: IFRS 3, Rn. 227. Diese Argumentation setzt überdies voraus, dass die Anwendung des *push-down-accounting* überhaupt als Regelungslücke i. S. d. IAS 8.10 zu interpretieren ist, vgl. GATTUNG, A., Berichterstattung zu nahe stehenden Unternehmen, S. 310. Zur Unzulässigkeit des *push-down-accounting* vgl. ebenso HAYN, S., Komplexe Konsolidierungskreisänderungen, S. 261; PwC (Hrsg.), Don't let push-down accounting push you around, S. 2; EY (Hrsg.), US GAAP/IFRS accounting differences, S. 63.

589 Vgl. IAS 38.48 und IAS 38.63, sowie EY (Hrsg.), US GAAP/IFRS accounting differences, S. 63.

590 DUHR, A., Grundsätze ordnungsmäßiger Geschäftswertbilanzierung, S. 34.

dierten Abschluss des untergeordneten Mutterunternehmens, so sind diese Rechnungslegungsmethoden nicht miteinander vergleichbar.[591] Das Hauptargument für die Anwendung des *push-down-accounting* ist die Herstellung einer Symmetrie zwischen Einzelabschluss des erworbenen Tochterunternehmens und dem korrespondierenden Konzernabschluss des Erwerbers.[592] Wenngleich bei der hier diskutierten Form der Buchwertfortführung der Vermögensausweis einer übergeordneten rechnungslegenden Einheit nach unten durchgereicht wird, handelt es sich hierbei lediglich um eine Übernahme von derivativen Wertansätzen in den konsolidierten Abschluss des Erwerbers. Eine Rückwirkung des Unternehmenserwerbs auf den Einzelabschluss des Akquisitionsobjektes bleibt somit aus.[593] Letztlich führt dieses Vorgehen somit zu keinem Verstoß gegen die Vorschriften des IAS 38 oder anderer IFRS, da die fortzuführenden Wertansätze des übergeordneten Konzernabschlusses beim Erwerber in Form des Teilkonzernmutterunternehmens und nicht etwa beim erworbenen Unternehmen selbst ausgewiesen werden. Die bei der hier unterbreiteten Gestaltung der Buchwertfortführung anzuwendende Art des *push-down-accounting* wird im weiteren Verlauf dieser Untersuchung als *push-down-accounting* i. w. S. bezeichnet und ist inhaltlich von der im Kontext der US-GAAP gebräuchlichen Form des *push-down-accounting* (i. e. S.) abzugrenzen, bei der das Wert- und Mengengerüst des Akquisitionsobjektes substituiert wird.

533. Bilanzierung eines Unterschiedsbetrages aus der Kapitalkonsolidierung

533.1 Charakter und Bilanzierung eines positiven und negativen Unterschiedsbetrages

Im Zuge der Erstkonsolidierung nach der Methode der Buchwertfortführung wird ebenso wie bei anderen Konsolidierungsmethoden der Beteiligungsbuchwert mit dem (anteiligen) Eigenkapital des Tochterunternehmens verrechnet.[594] Da der Wertansatz der erworbenen Beteiligung in den seltensten Fällen mit dem Saldo der hinter der Beteiligung stehenden Vermögenswerte

591 Vgl. im Ergebnis wohl auch KASB (Hrsg.), Research Report in Accounting for BCUCC, S. 35.

592 Vgl. TRÜTZSCHLER, K., Behandlung von Firmenwerten nach HGB und US-GAAP, S. 398 f. Ohne eine Synchronisierung dieser Abschlüsse hätte das die Beherrschung ausübende Mutterunternehmen die Möglichkeit, die jeweiligen Vermögenswerte des Tochterunternehmens entweder zu historischen Anschaffungskosten oder zu Zeitwerten auszuweisen. Diese verschiedenen Darstellungsformen innerhalb des Einzelabschlusses des Tochterunternehmens werden durch die Anwendung des *push-down-accounting* auf eine Zeitwertbilanzierung beschränkt, vgl. hierzu SCHILDBACH, T., Konzernabschluß nach HGB, IAS und US-GAAP, S. 225 f.; ERHARDT, M., Push-down accounting, S. 758 f. Ein weiteres Argument für ein *push-down-accounting* ist eine erleichterte Konzernabschlusserstellung, da keine separate Neubewertungsbilanz (IFRS-Handelsbilanz III) geführt werden muss, vgl. WIRTH, J., Firmenwertbilanzierung nach IFRS, S. 173 f.; KÜTING, K./WEBER, C.-P., Konzernabschluss, S. 89.

593 Vgl. COENENBERG, A. G./HALLER, A./SCHULTZE, W., Jahresabschluss und Jahresabschlussanalyse, S. 695, in Bezug auf Rückwirkungen des Unternehmenszusammenschlusses auf den Einzelabschluss des Beteiligungsunternehmens.

594 Vgl. im Kontext der Buchwertfortführung GROCH, C., Buchwertfortführung bei Umstrukturierungen, S. 344. Vgl. allgemein zur Aufgabe der Kapitalkonsolidierung BAETGE, J./KIRSCH, H.-J./THIELE, S., Konzernbilanzen, S. 179; HEURUNG, R., Kapitalkonsolidierungsmethoden im Vergleich, S. 1773.

und Schulden übereinstimmt, ergeben sich infolge der Kapitalaufrechnung zunächst rein technisch bedingte **Unterschiedsbeträge**.[595] Ein ggf. entstehender Unterschiedsbetrag basiert bei der Buchwertfortführung jedoch nicht auf dem neubewerteten Eigenkapital des Akquisitionsobjektes, sondern auf dem zu fortgeführten Buchwerten bewerteten Saldo der erworbenen Vermögenswerte und übernommenen Schulden.[596] Aus diesem Grund wird das Vorzeichen sowie die Höhe der Residualgröße einerseits durch die Höhe der vergüteten stillen Reserven und Lasten und andererseits durch geschäftswertbildende Faktoren[597] beeinflusst.[598] Während bei alternativen Konsolidierungsmethoden die erworbenen Vermögenswerte inklusive sämtlicher stiller Reserven und Lasten getrennt vom Geschäfts- oder Firmenwert anzusetzen sind, fließen diese bei der Buchwertfortführung undifferenziert in die Residualgröße ein.[599] Ebenso ist es denkbar, dass der Unterschiedsbetrag aus einem ungerechtfertigt hohen bzw. niedrigen Kaufpreis resultiert, der von der obersten Muttergesellschaft aufgrund ihres beherrschenden Einflusses auch gegen die Interessen des untergeordneten Mutterunternehmens bzw. den daran unmittelbar beteiligten nicht-beherrschenden Kapitalgebern durchgesetzt werden kann. Letztlich ist der im Rahmen der Anwendung der Buchwertfortführung entstehende Unterschiedsbetrag aus der Kapitalkonsolidierung als eine Art **„Blackbox"** zu betrachten, die keine Rückschlüsse auf die sich dahinter verbergenden Bestandteile zulässt. Hinsichtlich der Bilanzierung eines solchen Unterschiedsbetrages besteht grundsätzlich die Möglichkeit, diesen entweder zu aktivieren bzw. zu passivieren oder aber erfolgsneutral mit dem Teilkonzerneigenkapital zu verrechnen.

Auch wenn ein positiver Unterschiedsbetrag im Wesentlichen Bestandteile umfasst, die vermutlich die Vermögenswerteigenschaft des *Conceptual Framework* erfüllen, würden bei einer undifferenzierten Aktivierung der Residualgröße sämtliche stille Reserven innerhalb dieses „Sammelpostens" ausgewiesen, die wirtschaftlich betrachtet einzelnen Vermögenswerten und Schulden zugeordnet werden müssten. Zudem ergäben sich zusätzliche Probleme bei der Bestimmung der betrieblichen Nutzungsdauer eines solchen Wertekonglomerates, die eine den tatsächlichen Verhältnissen entsprechende Folgebewertung nur schwer möglich erscheinen lassen. Ebenso spricht die Konzeption der Methode der Buchwertfortführung gegen eine Aktivierung der Residualgröße. Letztlich sollen im Rahmen dieser Bilanzierungsmethode die historischen Wertansätze des erworbenen Tochterunternehmens im konsolidierten Abschluss des Erwerbers lediglich fortgeführt werden, sodass die konzeptionelle Ausrichtung der Buchwertfortführung keinen Raum für die Aktivierung eines vor dem Zusammenschluss noch nicht bilanzierten Vermögenswertes lässt, der gegen die gewünschte Bilanzkontinuität des konsolidierten Abschlusses verstoßen würde.[600]

---

595 Vgl. KÜTING, K./SEEL, C./STRAUß, M., Änderung der Beteiligungshöhe, S. 179; GIMPEL-HENNING, N., Sukzessive Anteilserwerbe, S. 67, wenn auch im Kontext der Erwerbsmethode.
596 Vgl. stellvertretend IASB (Hrsg.), ASAF BCUCC Agenda ref. 6 (December 2015), S. 15.
597 Vgl. hierzu BEYER, B., Die Bilanzierung des Goodwills nach IFRS, S. 71-80.
598 Vgl. im Ergebnis auch BAETGE, J./KIRSCH, H.-J./THIELE, S., Konzernbilanzen (7. Aufl.), S. 259.
599 Vgl. SIMON, S., Pooling und Verschmelzung, S. 45, sowie weiterführend Abschnitt 54.
600 Vgl. hierzu auch IASC (Hrsg.), G4+1 Position Paper, S. 4.

Bei einer erfolgsneutralen Verrechnung einer ggf. entstehenden Wertdifferenz zwischen der hingegebenen Gegenleistung und des zu Buchwerten bewerteten Eigenkapitals würde die Grundidee der Buchwertfortführung erhalten bleiben. Durch die Saldierung mit dem Teilkonzerneigenkapital hat der Unterschiedsbetrag eher den Charakter einer technischen Aufrechnungsdifferenz, da ihr durch die Saldierung implizit der Status eines Vermögenswertes aberkannt wird. Sofern die für den Anteilserwerb hingegebene Gegenleistung den Saldo der übernommenen Vermögenswerte und Schulden übersteigt, führt die Verrechnung des positiven Unterschiedsbetrages zu einer Verminderung des Eigenkapitals. Aus einem negativen Unterschiedsbetrag resultiert ein entsprechender Eigenkapitalanstieg.[601] Allerdings suggeriert auch eine solche bilanzielle Behandlung des Unterschiedsbetrages den primären Adressaten des Teilkonzernabschlusses eine Vermögensveränderung, die ggf. nicht den tatsächlichen Verhältnissen entspricht. Das aus einem **positiven Unterschiedsbetrag** resultierende verminderte Eigenkapital führt immer dann zu einer unzutreffenden Darstellung der Vermögenslage sowie der finanziellen Stabilität des Teilkonzerns, wenn sich hinter der Aufrechnungsdifferenz stille Reserven oder geschäftswertbildende Faktoren verbergen. Analog wird bei einem **negativen Unterschiedsbetrag**, der nicht aus einem günstigen Gelegenheitskauf resultiert, das Eigenkapital unberechtigterweise zu hoch ausgewiesen. Neben dem evtl. missverständlichen Eigenkapitalausweis[602] ist es zudem nicht möglich, zwischen den den Unterschiedsbetrag möglicherweise begründenden Werttreibern zu unterscheiden. Die auf den Unterschiedsbetrag zurückzuführenden Eigenkapitalveränderungen würden somit nur durch zusätzliche Angaben innerhalb des Eigenkapitalspiegels und/oder Anhangs ersichtlich.[603]

In der Gesamtschau wird deutlich, dass sowohl die Aktivierung der Aufrechnungsdifferenz als auch ihre erfolgsneutrale Verrechnung mit Problemen behaftet ist, die vor dem Hintergrund einer wirtschaftlichen Betrachtungsweise zu kritisieren sind. Allerdings ist die Saldierung des Unterschiedsbetrages mit dem Teilkonzerneigenkapital an dieser Stelle vor allem aus konzeptionellen Überlegungen notwendig, um durch ein Aktivierungsverbot eines vor dem Zusammenschluss noch nicht bilanzierten Vermögenswertes die Grundidee der Methode der Buchwertfortführung aufrecht zu erhalten.

533.2 Verrechnung des Unterschiedsbetrages mit dem Teilkonzerneigenkapital

Hinsichtlich der bilanziellen Behandlung eines ggf. bei dem Unternehmenszusammenschluss entstehenden Unterschiedsbetrages ist zu klären, mit welcher **Eigenkapitalposition** die Residualgröße zu saldieren ist. Die diesbezüglichen Diskussionen im Kontext des *research project*

601 Vgl. KÜTING, K./DUSEMOND, M./NARDMANN, B., Ausgewählte Probleme der Kapitalkonsolidierung, S. 4; KÜHN, S., Ausgestaltungsformen der Erwerbsmethode, S. 95 m. w. N.

602 Vgl. im Ergebnis auch GROCH, C., Buchwertfortführung bei Umstrukturierungen, S. 344 f.

603 Die Regelungen des § 302 Abs. 3 HGB a. F. zur Interessenzusammenführungsmethode sahen entsprechende Anhangangaben vor, wodurch praktisch die Höhe des Unterschiedsbetrages offengelegt wurde, ECKES, B./WEBER, C.-P., in: Küting/Weber, HdK, 2. Aufl., § 302, Rn. 48. Zwar enthielten die Vorschriften des IAS 22 ebenfalls erweiterte Angabepflichten zu Interessenzusammenschlüssen, diese sahen jedoch keine expliziten Erläuterungen zur Eigenkapitalveränderung vor, vgl. IAS 22.95.

zu *business combinations under common control* deuten darauf hin, dass der Standardsetzer keine festen Vorgaben bzgl. der korrespondierenden Eigenkapitalposition ausspricht, sofern er sich für die Anwendung der Buchwerfortführung entscheiden sollte.[604] Ebenso hat sich innerhalb des bisherigen wissenschaftlichen Diskurses keine herrschende Meinung herausgebildet, wie mit diesem Themenbereich umgegangen werden sollte.[605] Überwiegend wird in diesem Zusammenhang eine bilanzielle Erfassung in den Kapitalrücklagen *(capital reserve)*, den Gewinnrücklagen *(retained earnings)* oder aber innerhalb eines separaten Korrekturpostens zum Eigenkapital diskutiert.[606] Eine Saldierung mit zweckgebundenen Eigenkapitalbestandteilen wie bspw. bestimmten satzungsmäßigen Rücklagen[607] dürfte hingegen ausscheiden.[608] Hierdurch wird verhindert, dass zum Auflösungszeitpunkt der zweckgebundenen Eigenkapitalpositionen, diese nicht schon durch eine Saldierung mit dem Unterschiedsbetrag verbraucht sind.[609]

In der **Kapitalrücklage** des Teilkonzernabschlusses werden hauptsächlich Beträge ausgewiesen, die den jeweiligen verbundenen Unternehmen aufgrund gesellschaftsrechtlicher Vorgänge über das gezeichnete Kapital hinaus von außen zugeführt wurden.[610] Dies betrifft u. a. ein bei der Ausgabe von Anteilsrechten erzieltes Agio (Aufgeld) in Form einer Differenz zwischen Ausgabebetrag und Nennbetrag der Gesellschafteranteile.[611] Dementgegen repräsentieren die **Gewinnrücklagen** keine Beträge die auf erfolgsneutralen Transaktionen mit Gesellschaftern basieren, sondern umfassen vielmehr erwirtschaftete Gewinne des Teilkonzernverbundes, die im Geschäftsjahr oder in vorangegangenen Perioden thesauriert wurden.[612]

---

604 Vgl. IASB (Hrsg.), ASAF BCUCC Agenda ref. 6 (December 2015), S. 18. Dies liegt in erster Linie wohl in der generellen Zurückhaltung des IASB begründet, sich zur bilanziellen Behandlung von Eigenkapitalpositionen zu äußern, deren (rechtlicher) Charakter oftmals durch das nationale Gesellschaftsrecht vorgegeben wird, vgl. IASB (Hrsg.), Staff Paper BCUCC Agenda ref. 23B (April 2016), Rn. 35.

605 Vgl. stellvertretend zu unterschiedlichen Auffassungen mit welcher Eigenkapitalposition der Unterschiedsbetrag zu verrechnen sein könnte KÜTING, P., Konzerninterne Umstrukturierungen, S. 139; STRÖHER, T., Unternehmenszusammenschlüsse unter Common Control, S. 154-156, sowie GROCH, C., Buchwertfortführung bei Umstrukturierungen, S. 344.

606 Vgl. PwC (Hrsg.), Manual of accounting 2015 (Volume 2), Rn. 25.403; CHRISTIAN, D., Transaktionen im Teilkonzernabschluss, S. 170; STRÖHER, T., Unternehmenszusammenschlüsse unter Common Control, S. 154; KPMG (Hrsg.), Insights into IFRS 2015/16 (Volume 1), Rn. 5.13.60.15. Da die Vorschriften des IAS 1 kein detailliertes Gliederungsschema vorgeben, wie das Eigenkapital des (konsolidierten) Abschlusses darzustellen ist (vgl. IAS 1.78 (e); PETERSEN, K./BANSBACH, F./DORNBACH, E., IFRS-Praxishandbuch, S. 302), und die Eigenkapitalposition daher in Abhängigkeit von den jeweiligen nationalen rechtlichen Bestimmungen des nach IFRS bilanzierenden Unternehmens evtl. voneinander abweichen können (vgl. im Ergebnis wohl auch PELLENS, B. U. A., Internationale Rechnungslegung, S. 504), orientieren sich die folgenden Ausführungen am handelsrechtlichen Eigenkapitalausweis.

607 Vgl. zur Zweckgebundenheit von bestimmen satzungsmäßigen Rücklagen BAETGE, J./KIRSCH, H.-J./THIELE, S., Bilanzen, S. 507 m. w. N.

608 Vgl. HOFFMANN, I., Kapitalkonsolidierung bei Interessenzusammenführung, S. 146-149.

609 Vgl. HOFFMANN, I., Kapitalkonsolidierung bei Interessenzusammenführung, S. 148 f.

610 Vgl. WINKELJOHANN, N./HOFFMANN, K., in: Beck Bilanzkomm., 10. Aufl., § 272 HGB, Rn. 160; BAETGE, J./KIRSCH, H.-J./THIELE, S., Bilanzen, S. 500; KROPFF, B., in: MüKo Bilanzrecht (Bd. 2), § 272 HGB, Rn. 92.

611 Vgl. hier und im Folgenden THIELE, S., in: Baetge/Kirsch/Thiele, § 272 HGB, Rn. 105 und Rn. 141.

612 Vgl. BÖCKING, H.-J./GROS, M., in: Ebenroth/Boujong/Joost/Strohn, 3. Aufl., § 272 HGB, Rn. 23; REINER, G., in: Münchener Komm. HGB, 3. Aufl., § 272 HGB, Rn. 105; KROPFF, B., in: MüKo Bilanzrecht (Bd. 2),

Sofern bei der Verrechnung des Unterschiedsbetrages keine dieser Positionen direkt angesprochen werden soll, kann ein zusätzlicher Posten in das Teilkonzerneigenkapital aufgenommen werden. Aufgrund der in diesem Zusammenhang ausbleibenden Allokation des zu saldierenden Unterschiedsbetrages auf die Kapital- und/oder Gewinnrücklagen, wird das Eigenkapital nicht direkt, sondern indirekt innerhalb eines **Korrekturpostens** berichtigt. Dieses Vorgehen wird auch als **indirekte Globalkorrektur** bezeichnet.[613] In der handelsrechtlichen Konzernabschlusserstellung wird ein solcher Korrekturposten bspw. bei der Behandlung von echten Aufrechnungsdifferenzen im Rahmen der Schuldenkonsolidierung für zulässig erachtet.[614] Anstatt einer zusammengefassten Berichtigung innerhalb einer zusätzlichen Eigenkapitalposition ist ebenso eine ursachenspezifische Bildung verschiedener Korrekturposten denkbar (**indirekte Einzelkorrektur**).[615]

Im handelsrechtlichen Schrifttum wurde bei der Anwendung der Interessenzusammenführungsmethode gemäß § 302 HGB a. F. – ebenfalls bedingt durch fehlende Vorgaben des Gesetzgebers – überwiegend dafür plädiert, den bei einem Interessenzusammenschluss entstehenden Unterschiedsbetrag vorrangig mit den **Kapitalrücklagen** zu saldieren.[616] Ein den Rücklagenposten übersteigender Betrag sollte sodann in den Gewinnrücklagen[617] oder aber einem gesonderten Eigenkapitalbestandteil ausgewiesen werden.[618] Diese vorrangige Saldierung mit den Kapitalrücklagen würde dem Bilanzleser jedoch möglicherweise suggerieren, dass es sich im Falle eines positiven Unterschiedsbetrages ausschließlich um eine Kapitalrückzahlung an das übergeordnete Mutterunternehmen handelt, die im Kontext mit dem Unternehmenszusammenschluss stattgefunden hat. Umgekehrt wäre eine Erhöhung der Kapitalrücklage um einen negativen Unterschiedsbetrag bilanziell als eine Art Kapitaleinlage des Konzernmutterunternehmens zu werten.[619]

Da diese Form der undifferenzierten bilanziellen Erfassung eines Unterschiedsbetrages bei wirtschaftlicher Betrachtungsweise i. d. R. nicht das darstellt, was es aus bilanzieller Perspektive vorgibt darzustellen, erscheint eine **verursachungsgerechte Verrechnung** nach Maßgabe der Bestandteile dieser Größe vorzugswürdig.[620] Bei einer solchen Vorgehensweise werden so-

§ 272 HGB, Rn. 172.

613 Vgl. hierzu BUSSE VON COLBE, W. U. A., Konzernabschlüsse, S. 464 f.

614 Vgl. BAETGE, J./KIRSCH, H.-J./THIELE, S., Konzernbilanzen, S. 253 f., hierzu einschränkend vgl. EBELING, R. M., in: Baetge/Kirsch/Thiele, § 303 HGB, Rn. 105 f.

615 Vgl. BUSSE VON COLBE, W. U. A., Konzernabschlüsse, S. 465.

616 Vgl. SCHRUFF, W., Aussagefähigkeit des Konzernabschlusses, S. 236 f. m. w. N.; SCHINDLER, J., Kapitalkonsolidierung nach dem Bilanzrichtlinien-Gesetz, S. 253 f. m. w. N.; ECKES, B./WEBER, C.-P., in: Küting/Weber, HdK, 2. Aufl., § 302, Rn. 34; PFAFF, D./MÖLLER, M., in: Beck HdR, C 410, Rn. 100.

617 Vgl. KÜTING, K./DUSEMOND, M./NARDMANN, B., Ausgewählte Probleme der Kapitalkonsolidierung, S. 4 f.

618 Vgl. ECKES, B./WEBER, C.-P., in: Küting/Weber, HdK, 2. Aufl., § 302, Rn. 35.

619 Vgl. PFAFF, D./MÖLLER, M., in: Beck HdR, C 410, Rn. 100, ebenso GLINKEMANN, S., Pooling-of-Interests-Methode, S. 2478.

620 Vgl. dies im Ergebnis ebenfalls befürwortend STRÖHER, T., Unternehmenszusammenschlüsse unter Common Control, S. 155 f., sowie im handelsrechtlichen Kontext GLINKEMANN, S., Pooling-of-Interests-Methode,

wohl der konzeptionelle Hintergrund der jeweiligen Eigenkapitalposition als auch die Entstehungsursachen des Unterschiedsbetrages berücksichtigt, um eine den tatsächlichen Verhältnissen entsprechende Saldierung zu ermöglichen. Dem folgend sollten Wertbestandteile der Residualgröße, die ansonsten erfolgsneutral zu erfassen wären, mit den Kapitalrücklagen verrechnet werden. Komponenten, deren alternative Bilanzierung sich hingegen in der Gewinn- und Verlustrechnung niederschlägt, sollten sodann in den Gewinnrücklagen erfasst werden.

Nach diesem Ansatz erscheint eine Verrechnung mit den Kapitalrücklagen nur insoweit sachgerecht, als der Unterschiedsbetrag auf Zahlungen an bzw. Einlagen von übergeordneten Gesellschaftern basiert.[621] Der vom tatsächlichen Unternehmenswert des in den Teilkonzern zu integrierenden Unternehmens abweichende Betrag der hingegebenen Gegenleistung ist wirtschaftlich als **gesellschaftsrechtliche Maßnahme** zu qualifizieren, was die Erfassung in den Kapitalrücklagen rechtfertigen würde. Dagegen sollten Bestandteile des Unterschiedsbetrages, die auf stille Reserven oder Lasten bzw. geschäftswertbildende Faktoren zurückzuführen sind, mit den Gewinnrücklagen saldiert werden.[622] Der ansonsten erfolgswirksam zu erfassende **Werteverzehr**, der mit einer Aktivierung dieser Vermögenswerte verbunden wäre, würde sich letztlich über die Erfassung in der Gesamtergebnisrechnung ebenfalls in geringeren Gewinnrücklagen niederschlagen. Die unmittelbare Verrechnung mit den Gewinnrücklagen tritt damit an die Stelle ansonsten höherer Abschreibungen.[623] Insgesamt ist diese Vorgehensweise eher mit dem innerhalb der IFRS verankerten Grundsatz einer wirtschaftlichen Betrachtungsweise vereinbar als eine pauschale Erfassung in den Kapitalrücklagen.[624] Jedoch setzt dieser Vorschlag eine exakte Kenntnis der zu verrechnenden Wertbestandteile des Unterschiedsbetrages voraus. Bei der Evaluierung dieser Bestandteile ergeben sich dann ähnliche Bewertungs- und Ermessensspielräume wie bei der Anwendung der Erwerbsmethode mit dem Unterschied, dass etwaige stille Reserven oder geschäftswertbildende Faktoren nicht differenziert in der Bilanz ausgewiesen, sondern lediglich in separaten Eigenkapitalpositionen erfasst werden.[625] Inwieweit der mit der Bewertung verbundene Aufwand den daraus resultierenden Informationsnutzen rechtfertigt, ist daher fraglich.

Anders als die verursachungsgerechte Verrechnung wäre die vollständige Berücksichtigung eines Unterschiedsbetrages innerhalb eines **gesonderten Korrekturpostens** nicht von etwaigen Zuordnungsproblemen zu einzelnen Eigenkapitalpositionen betroffen. Auch wenn dies gleichermaßen auf eine pauschale Saldierung mit den Kapitalrücklagen zutrifft, ist die indirekte Ei-

---

S. 2478; ADLER, H./DÜRING, W./SCHMALTZ, K., in: ADS, § 302 HGB, Rn. 51.

621 Vgl. hierzu an späterer Stelle ausführlicher Abschnitt 544.5.

622 Vgl. zur verursachungsgerechten Saldierung eines Unterschiedsbetrages mit den Gewinnrücklagen auch STRÖHER, T., Unternehmenszusammenschlüsse unter Common Control, S. 155 m. w. N.

623 Vgl. ADLER, H./DÜRING, W./SCHMALTZ, K., in: ADS, § 302 HGB, Rn. 51.

624 Vgl. zum Grundsatz der wirtschaftlichen Betrachtungsweise Abschnitt 332.2.

625 Vgl. allgemein hierzu ZÜLCH, H./STORK, T./DETZEN, D., Kaufpreisallokation nach IFRS 3, S. 300-327, sowie speziell zu Unternehmenszusammenschlüssen unter gemeinsamer Beherrschung Abschnitt 54.

genkapitalkorrektur gegenüber den beiden zuvor beschriebenen Varianten der direkten Einzelkorrektur nach der hier vertretenen Auffassung zu präferieren. Neben ihrer geringen Komplexität hat diese Methode vor allem den Vorteil, dass die Auswirkungen des Unternehmenszusammenschlusses auf das Eigenkapital von den übrigen Eigenkapitalveränderungen separiert werden.[626] Hierdurch wird dem Bilanzleser glaubwürdig vermittelt, dass die Eigenkapitalveränderung auf Differenzen aus der Kapitalkonsolidierung basiert, sodass potenzielle Fehlinterpretationen vermieden werden können. Sofern es sich bei dem aus dem internen Unternehmenszusammenschluss resultierenden Unterschiedsbetrag um einen im Vergleich zu anderen Konsolidierungsdifferenzen wesentlichen Posten handelt, ist die indirekte Einzelkorrektur der Globalkorrektur vorzuziehen. KPMG bezeichnet einen solchen Korrekturposten zum Eigenkapital bspw. als *merger reserve*.[627] Auf diese Weise wird den Abschlussadressaten unmittelbar ersichtlich, welche Art von Konsolidierungsdifferenzen sich hinter diesem Posten verbergen. Des Weiteren ist ein solches Vorgehen mit dem Vorteil verbunden, dass die durch den (nationalen) Einzelabschluss vorgegebenen Eigenkapitalpositionen nicht durch Konzernabschluss bedingte Buchungen, wie der hier betrachteten Saldierung eines Unterschiedsbetrages, unnötig verfälscht werden. Insgesamt wird durch diese Verrechnungssystematik somit gewährleistet, dass sowohl der eigentliche Korrekturposten als auch die übrigen Eigenkapitalpositionen letztlich das repräsentieren, was sie vorgeben zu repräsentieren.

534. Retrospektive Darstellung des Unternehmenszusammenschlusses

Die damalige Gestaltung der Methode der Buchwertfortführung in Form der Interessenzusammenführungsmethode sah vor, die Finanzinformationen der sich zusammenschließenden Unternehmen so darzustellen, als seien sie schon immer innerhalb desselben Konzernverbundes organisiert gewesen.[628] Daher wird im Folgenden der Frage nachgegangen, ob – analog zur damaligen Bilanzierung von Interessenzusammenschlüssen unter Gleichen – bei der Erfassung von teilkonzernübergreifenden Unternehmenszusammenschlüssen unter gemeinsamer Beherrschung mittels Buchwertfortführung ebenfalls die Finanzinformationen des Teilkonzernabschlusses aufgrund des internen Unternehmenserwerbs rückwirkend angepasst werden sollten.[629]

---

626 Vgl. allgemein zu den Vorteilen einer indirekten Eigenkapitalkorrektur BUSSE VON COLBE, W. U. A., Konzernabschlüsse, S. 465.

627 Vgl. KPMG (Hrsg.), Insights into IFRS 2015/16 (Volume 1), Rn. 5.13.60.15, sowie example 4a.

628 Vgl. THEILE, C./PAWELZIK, K. U., in: IFRS-Handbuch, 5. Aufl., D VI, Beispiel zur Fortführung von Rn. 5841; ECKES, B./WEBER, C.-P., in: Küting/Weber, HdK, 2. Aufl., § 302, Rn. 4, sowie EY (Hrsg.), International GAAP 2016 (Volume 1), S. 689. Ebenso schreiben die aktuellen Vorschriften der US-GAAP eine rückwirkende Anpassung der Finanzinformationen infolge einer Transaktionen unter gemeinsamer Beherrschung verbindlich vor, vgl. ASC 805-50-45-2, sowie ASC 805-50-45-5. Es ist strittig, inwiefern diese Vorschriften im Wege der Lückenschließung des IAS 8.12 vollständig auf die IFRS übertragen werden müssten. Dies befürwortend vgl. KÜTING, P., Konzerninterne Umstrukturierungen, S. 138 f., hier Fn. 889. A. A. hingegen BUSCHHÜTER, M./SENGER, T., Common Control Transactions, S. 27.

629 Vgl. IASB (Hrsg.), ASAF BCUCC Agenda ref. 6 (December 2015), S. 28-33; EFRAG U. A. (Hrsg.), Business Combinations under Common Control, S. 34; PwC (Hrsg.), Business combinations and NCI, Rn. 8.3.5.2;

Neben der grundsätzlichen Frage, ob das Gedankengut der damaligen Gestaltung der Methode der Buchwertfortführung auf die bilanzielle Abbildung konzerninterner Unternehmenserwerbe übertragen werden sollte, kann eine **rückwirkende Anpassung der Finanzinformationen** so konzipiert sein, dass die Erstkonsolidierung unabhängig vom tatsächlichen Erwerbszeitpunkt fiktiv auf den Beginn der frühesten auszuweisenden Vergleichsperiode rückdatiert wird. Infolgedessen kommt es einerseits zu einem retrospektiven Ausweis der eigentlich erst zum tatsächlichen Akquisitionszeitpunkt erworbenen Vermögenswerte und übernommenen Schulden. Andererseits wird das ansonsten zeitanteilig zu übernehmende Jahresergebnis des erworbenen Tochterunternehmens vollständig in der Gesamtergebnisrechnung des Teilkonzerns ausgewiesen.[630]

Im Ergebnis sind somit sowohl die aktuelle Berichtsperiode, in der der teilkonzernübergreifende Unternehmenserwerb stattgefunden hat, als auch die **Vorjahresangaben** entsprechend anzupassen. Im Unterschied zur Adjustierung der Abschlussinformationen bei der Anwendung der Interessenzusammenführungsmethode, ist eine Rückdatierung des Erstkonsolidierungszeitpunktes bei *Common Control*-Transaktionen nur für diejenigen Zeiträume möglich und maßgeblich, in denen die sich zusammenschließenden Unternehmen tatsächlich unter einem gemeinsamen Kontrollverhältnis standen, sodass die Anpassungszeiträume fallspezifisch variieren könnten.[631] In der nachfolgenden Abbildung 5-3 sind die unterschiedlichen Zeiträume dargestellt, für die eine retrospektive Anpassung der Abschlussinformationen in Abhängigkeit vom Zustandekommen des *Common Control*-Verhältnisses vorgenommen werden könnte.

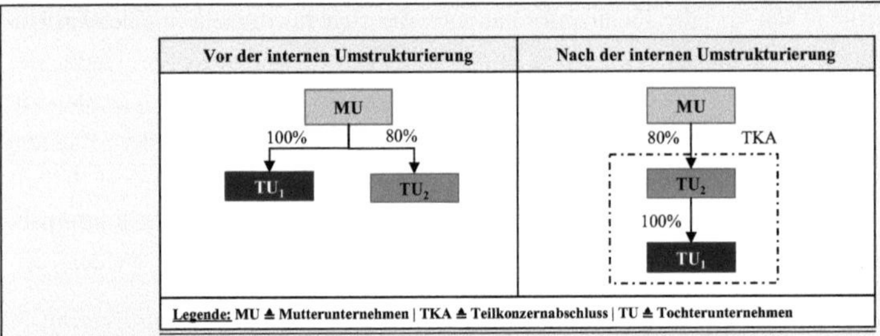

Fallkonstellation 1:

Tochterunternehmen TU_2 erwirbt das Tochterunternehmen TU_1 zur Mitte des Geschäftsjahres t = 2. Da TU_1 schon seit dem Geschäftsjahr t = 0 unter der Kontrolle des obersten Mut-

BUSCHHÜTER, M./SENGER, T., Common Control Transactions, S. 29; HAYN, S., Komplexe Konsolidierungskreisänderungen, S. 260 f.; CHRISTIAN, D., Transaktionen im Teilkonzernabschluss, S. 170 f.

630 Vgl. hier und im Folgenden PwC (Hrsg.), Manual of accounting 2015 (Volume 2), Rn. 25.404; KPMG (Hrsg.), Insights into IFRS 2015/16 (Volume 1), Rn. 5.13.62; EY (Hrsg.), International GAAP 2016 (Volume 1), S. 689-691.

631 Vgl. HAYN, S., Ausgewählte Konsolidierungsfragen, S. 428; CHRISTIAN, D., Transaktionen im Teilkonzernabschluss, S. 170 f.; BUSCHHÜTER, M., in: Internationale Rechnungslegung, IFRS 3, Rn. 31.

terunternehmens (MU) stand, wären sämtliche Vermögenswerte und Schulden sowie Aufwendungen und Erträge zum Beginn der frühesten Vergleichsperiode (hier: t = 1) entsprechend einzubeziehen und fortzuschreiben.

Fallkonstellation 2:
Im Unterschied zu Fallkonstellation 1 ist das erworbene TU1 nun erst seit Mitte des Geschäftsjahres t = 1 unter einem gemeinsamen Kotrollverhältnis, da es vorher einem anderen Konzernverbund angehörte. Aus diesem Grund könnte eine Anpassung der Finanzinformationen erst ab Mitte der Vergleichsperiode t = 1 durchgeführt werden.

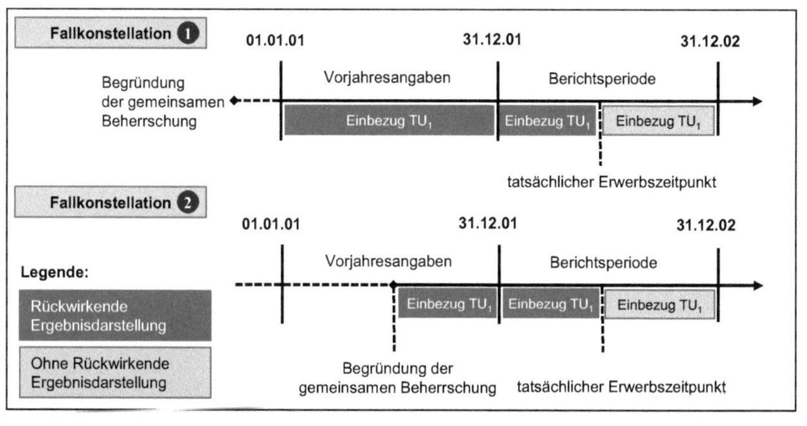

Abbildung 5-3: Retrospektiver Ergebnisausweis bei Anwendung der Buchwertfortführung[632]

Die früheren Vorschriften zur Bilanzierung von Interessenzusammenschlüssen, die eine rückwirkende Anpassung der Abschlussinformationen vorsahen,[633] basierten auf dem theoretischen Grundgedanken, dass keine Gesellschaft von der anderen übernommen wird und der wirtschaftliche Sinngehalt des Zusammenschlusses allein in der Vereinigung der Ressourcen liegt.[634] Die Logik dieser Ressourcenvereinigung ist insofern auf konzerninterne Unternehmenszusammenschlüsse übertragbar, als das übergeordnete Mutterunternehmen auch in den Vergleichsperioden vor dem eigentlichen Zusammenschluss die Kontrolle über die sich zusammenschließenden Tochterunternehmen hatte. Da aus der Perspektive der Konzernobergesellschaft bzw. der Mehrheitsgesellschafter die Vermögenswerte lediglich in eine andere berichterstattende Einheit verschoben werden und somit keine Ressourcen den Konzernverbund verlassen, erscheint eine Analogie zur Interessenzusammenführungsmethode vorerst gerechtfertigt.[635] Dennoch bleibt

632 In Anlehnung an KPMG (Hrsg.), Insights into IFRS 2015/16 (Volume 1), Rn. 5.13.62.15.

633 Vgl. hierzu stellvertretend HAYN, S., Entwicklungstendenzen in der Konzernrechnungslegung, S. 432 m. w. N.

634 Vgl. stellvertretend NIEHUS, R. J., 7. EG-Richtlinie und Pooling-of-Interests Methode, S. 440; BAETGE, J./KIRSCH, H.-J./THIELE, S., Konzernbilanzen (7. Aufl.), S. 250 f., sowie ausführlicher hierzu Abschnitt 531.

635 Vgl. ähnlich EY (Hrsg.), International GAAP 2016 (Volume 1), S. 689.

fraglich, inwieweit die retrospektive Darstellung der Abschlussinformationen im Kontext konzerninterner Unternehmenszusammenschlüsse erforderlich ist.

Auch ohne eine rückwirkende Anpassung erhalten die Gesellschafter des übergeordneten Mutterunternehmens die entsprechenden Finanzinformationen, da diese bereits durch den übergeordneten Konzernabschlusses vermittelt werden. Vielmehr ist die Anpassung daher aus der Perspektive der primären Adressaten des Teilkonzernabschlusses zu bewerten.[636] Unabhängig davon, dass diese Gesellschaftergruppe keine Beherrschung über die im Teilkonzernabschluss ausgewiesenen Vermögenswerte hat, stellt der Zeitpunkt des teilkonzernübergreifenden Unternehmenszusammenschlusses den für sie maßgeblichen Ansatzzeitpunkt dar. Erst ab dem Erwerbszeitpunkt haben die Anteilseigner grundsätzlich einen Anspruch an den vom Teilkonzernmutterunternehmen nunmehr veränderten Zahlungsüberschüssen.[637] Die Berücksichtigung von Aufwendungen und Erträgen, die vor dem internen Unternehmenszusammenschluss erwirtschaftet wurden, führt zwangsläufig dazu, dass die neuformierte berichterstattende Einheit Gewinne bzw. Verluste ausweist, die zwar im Konzern, jedoch nicht innerhalb des Teilkonzerns erzielt wurden.[638] Ebenso suggeriert der Ausweis der gesamten Gewinnrücklagen der erworbenen Gesellschaft, dass diese vollständig innerhalb des Teilkonzerns erwirtschaftet wurden.[639] Inwieweit ein solches Vorgehen mit dem dem konsolidierten Abschluss zugrunde liegenden Prinzip des ***true and fair view***[640] vereinbar ist, bleibt an dieser Stelle fraglich.[641]

Vor diesem Hintergrund sind wohl auch die Vorschriften des IFRS 10.B.88 zu interpretieren, nach denen Aufwendungen und Erträge erst dann in den konsolidierten Abschluss des Mutterunternehmens einbezogen werden dürfen, nachdem dieses die Beherrschung über das Tochterunternehmen erlangt hat.[642] Bezogen auf die infolge des internen Unternehmenszusammenschlusses neue bzw. veränderte rechnungslegende Einheit handelt es sich hierbei um den Erwerbszeitpunkt des den Teilkonzernabschluss aufstellenden unmittelbaren Mutterunternehmens. Jegliche Abweichungen von den Vorschriften des IFRS 10.B.88 würden aus der Perspektive der berichterstattenden Einheit Teilkonzern letztlich zu rein **hypothetischen Finanzinformationen** führen (sog. Pro-Forma-Finanzinformationen), die nicht den tatsächlichen Verhältnissen der Vermögens-, Finanz- und Ertragslage entsprächen.[643] In Verbindung damit,

636 Vgl. Abschnitt 443.

637 Der Erwerbszeitpunkt ist bilanzrechtlich der Zeitpunkt, zu dem das wirtschaftliche Eigentum auf das Mutterunternehmen übergeht, und damit gleichzeitig das maßgebliche Datum für die mit den Anteilen verbundenen Gewinnbezugsrechte, vgl. hierzu im handelsrechtlichen Kontext WINKELJOHANN, N./DEUBERT, M., in: Beck Bilanzkomm., 10. Aufl., § 301 HGB, Rn. 131.

638 Vgl. NIEHUS, R. J., 7. EG-Richtlinie und Pooling-of-Interests Methode, S. 445.

639 Vgl. SCHINDLER, J., Kapitalkonsolidierung nach dem Bilanzrichtlinien-Gesetz, S. 257 f.; RAMMERT, S., Pooling of Interests, S. 623.

640 Vgl. hierzu Abschnitt 431.

641 Vgl. ebenso NIEHUS, R. J., 7. EG-Richtlinie und Pooling-of-Interests Methode, S. 445.

642 Vgl. hier und im Folgenden ebenso EY (Hrsg.), International GAAP 2016 (Volume 1), S. 689. Die Regelungen des IFRS 10 sehen keinen Ausnahmetatbestand für Unternehmenszusammenschlüsse unter gemeinsamer Beherrschung vor.

643 Vgl. IASB (Hrsg.), Staff Paper BCUCC Agenda ref. 23B (April 2016), Rn. 27.

dass in den IFRS selbst keinerlei Vorschriften existieren, die die Aufstellung solcher kombinierter Abschlüsse[644] *(combined financial statements)* regeln, ist es wenig verwunderlich,[645] dass der IASB eine rückwirkende Erstkonsolidierung im Rahmen von Unternehmenszusammenschlüssen unter gemeinsamer Beherrschung ablehnt.[646] Die Haltung des IASB gegenüber einer retrospektiven Darstellung der Abschlussinformationen ist nach hier vertretener Auffassung zu begrüßen, da jeglicher Ausweis von Finanzinformationen, die zeitlich vor dem Erstkonsolidierungszeitpunkt des Akquisitionsobjekts liegen, mit einer zu positiven (bzw. negativen) Darstellung der Vermögens-, Finanz und Ertragslage des Teilkonzerns verbunden wäre.

535. Zwischenfazit

In den vorangegangenen Abschnitten 532. - 534. wurde die Gestaltung der Methode der Buchwertfortführung zur bilanziellen Abbildung von Unternehmenszusammenschlüssen unter gemeinsamer Beherrschung konkretisiert. Im Gegensatz zur damaligen Interessenzusammenführungsmethode wurden dabei die Informationsbedürfnisse der nicht-beherrschenden Gesellschafter als primäre Adressaten des Teilkonzernabschlusses in den Fokus der Betrachtung gerückt.

Sofern sich der IASB für die Buchwertfortführung als maßgebliche Bilanzierungsmethode ausspricht, sollte diese nach der hier vertretenen Auffassung entsprechend den folgenden drei Punkten konzipiert sein:

- Erstens sollten die **konzernbilanziellen Buchwerte** des Akquisitionsobjektes, die im konsolidierten Abschluss des höchsten Mutterunternehmens bilanziert werden, im Teilkonzernabschluss des Erwerbers fortgeführt werden. Die auf einem vorgelagerten externen Unternehmenserwerb basierenden sowohl vollständigeren als auch aktuelleren Wertansätze ermöglichen den primären Adressaten der berichterstattenden Einheit eine bessere Beurteilung der künftigen Ertragspotenziale der aus ihrer Sicht grundsätzlich neuen Unternehmensbeteiligung. Wie herausgearbeitet wurde, gehen mit dem Ausweis tendenziell ermessensbehafteter Vermögenswerte keine neuerlichen Objektivierungsprobleme einher, sodass die Glaubwürdigkeit der Bilanzierung nicht weiter beeinträchtigt wird.[647]
- Zweitens sollte ein ggf. entstehender **Unterschiedsbetrag** zwischen der hingegebenen Leistung und den konzernbilanziellen Buchwerten in einem **gesonderten Korrekturpo-**

---

[644] Vgl. hierzu umfassend PFÖHLER, M. U. A., Anwendungsfälle für kombinierte und Carve-out-Abschlüsse nach IFRS, S. 475-483; PFÖHLER, M. U. A., Kombinierte und Carve-Out-Abschlüsse nach IFRS, S. 224-235.

[645] Vgl. FEE (Hrsg.), Combined and Carve-Out Financial Statements, Rn. 1.13; PFÖHLER, M. U. A., Anwendungsfälle für kombinierte und Carve-out-Abschlüsse nach IFRS, S. 476.

[646] Vgl. IASB (Hrsg.), ASAF BCUCC Agenda ref. 6 (December 2015), S. 33.

[647] Vgl. Abschnitt 532.3.

sten innerhalb des Eigenkapitals erfasst werden. Je nach Wesentlichkeit des Unterschiedsbetrages ist eine indirekte Einzelkorrektur der indirekten Globalkorrektur vorzuziehen. Einerseits entstehen bei der vorgeschlagenen Verrechnungsmethodik keine Zuordnungsprobleme auf einzelne Eigenkapitalpositionen, wie es eine verursachungsgerechte Saldierung möglicherweise mit sich bringt. Andererseits wird den Teilkonzernabschlussadressaten die Höhe der Eigenkapitalveränderung, die auf Konsolidierungsdifferenzen zurückzuführen ist, glaubhaft vermittelt, ohne das andere Eigenkapitalpositionen durch konzernspezifische Buchungen verzerrt werden. Überdies ist es dem Bilanzleser bei einer indirekten Einzelkorrektur möglich, die mit der Verrechnung des Unterschiedsbetrages verbundene Eigenkapitalveränderung von anderen eigenkapitalverändernden Transaktionen unmittelbar zu unterscheiden.[648]

- Zuletzt ist eine **retrospektive Darstellung** der Abschlussinformationen, wie es bei der Anwendung der Interessenzusammenführungsmethode gefordert war und noch immer von den entsprechenden Vorschriften zur Bilanzierung von *Common Control*-Transaktionen der US-GAAP gefordert wird, abzulehnen. Die Rückdatierung der Erstkonsolidierung auf den Zeitpunkt der frühesten Vergleichsperiode vermittelt den nicht-beherrschenden Gesellschaftern ein für sie als neue Anteilseigner an dem konzernintern erworbenen Tochterunternehmen nicht zutreffendes Bild der Vermögens-, Finanz- und Ertragslage des Teilkonzerns.[649] Daher sollte analog zu den Vorschriften des IFRS 10.B.88 der Erwerbszeitpunkt des untergeordneten Mutterunternehmens als Erstkonsolidierungszeitpunkt vorgeschrieben werden.

536. Abschließende Würdigung der Bilanzierung teilkonzernübergreifender Unternehmenszusammenschlüsse unter gemeinsamer Beherrschung mittels der Methode der Buchwertfortführung

Neben den herausgearbeiteten Konkretisierungen bleibt die übergeordnete Frage zu klären, ob eine so konzipierte Buchwertfortführung zu einer aus Sicht der primären Teilkonzernabschlussadressaten entscheidungsnützlichen Berichterstattung führt. Bei der diesbezüglichen Beurteilung sind explizit die Merkmale konzerninterner Unternehmenszusammenschlüsse miteinzubeziehen. Hier ist vor allem die **spezifische Besonderheit** als Transaktion zwischen nahestehenden Personen[650] zu nennen, die unmittelbare Auswirkungen auf die Gestaltung des Zusammenschlusses haben kann.[651] Die in diesem Zusammenhang möglicherweise von Marktkonditionen abweichende Gestaltung des Unternehmenserwerbs hat sich in entsprechend höheren Anforderungen an eine objektivierte Rechnungslegung widerzuspiegeln.

---

648 Vgl. Abschnitt 533.2.

649 Vgl. Abschnitt 534.

650 Vgl. Abschnitt 222.

651 Vgl. hierzu auch EFRAG U. A. (Hrsg.), Business Combinations under Common Control, S. 25 f.

Gerade diese Anforderung scheint die Konsolidierungsmethode durch die Fortführung der konzernbilanziellen Buchwerte der Tochtergesellschaft innerhalb des Teilkonzernabschlusses zu erfüllen. Die Rechnungslegungsinformationen sind einerseits durch den **historischen Anschaffungsvorgang** mit nicht nahestehenden Personen hinreichend objektiviert und unterliegen durch ihre Übernahme in den Teilkonzernabschluss keinen neuerlichen Ansatz- und Bewertungsspielräumen.[652] Die damit verbundene Kontinuität der Rechnungslegungsinformationen[653] ermöglicht es den beherrschenden Gesellschaftern des Konzernmutterunternehmens, die Entwicklungstendenzen ihrer Unternehmensbeteiligung leichter einzuschätzen. Dies basiert maßgeblich auf der zeitlichen Vergleichbarkeit der bilanziellen Wertansätze sowohl vor als auch nach dem Unternehmenszusammenschluss.[654] Den beherrschenden Gesellschaftern wird daher mit vergleichsweise geringem buchungstechnischen Aufwand[655] die Beurteilung der Wertentwicklung ihres originären Investments ermöglicht.[656]

Hingegen erscheint die eher vergangenheitsorientierte bestätigende Informationswirkung der historischen Wertansätze aus Sicht der Gesellschafter des Teilkonzernmutterunternehmens, die nicht gleichzeitig Kapitalgeber der Konzernobergesellschaft sind, nur **eingeschränkt entscheidungsnützlich**. Vielmehr benötigt diese Anteilseignergruppe zukunftsgerichtete Finanzinformationen, die es ihnen ermöglichen, die künftigen wirtschaftlichen Ergebnisse der aus ihrer Perspektive prinzipiell neuen Unternehmensbeteiligung einschätzen zu können. Die Anwendung der Buchwertfortführung vermittelt den primären Adressaten des Teilkonzernabschlusses indes nur **unvollständige Informationen** über das konzernintern umgeschichtete Vermögen.[657] Einerseits schützt die ausbleibende Neubewertung vor einer evtl. nicht zutreffenden Darstellung von Vermögenswerten, deren Ansatz und Bewertung bei einer Transaktion mit fremden Dritten möglicherweise anders beurteilt worden wäre.[658] Andererseits liefert gerade die Zeitwertbilanzierung und ein damit verbundener vollständiger Vermögensausweis Informationen über die zahlungsmittelgenerierenden Fähigkeiten des konzernintern erworbenen Unternehmens.[659] Dieser Zielkonflikt wird jedoch dadurch – zumindest geringfügig – abgemildert, dass nicht die Wertansätze aus dem Einzelabschluss des Erwerbsobjektes, sondern die fortgeführten konzernbilanziellen Buchwerte aus der Neubewertungsbilanz des obersten Mutterunternehmens in den Teilkonzernabschluss übernommen werden.[660] Ein ggf. fortzuführender derivativer Geschäfts-

---

652 Vgl. im Ergebnis auch RAMMERT, S., Pooling of Interests, S. 625; MUJKANOVIC, R., Zukunft der Kapitalkonsolidierung, S. 536; EFRAG U. A. (Hrsg.), Business Combinations under Common Control, S. 57.

653 Vgl. RAMMERT, S., Pooling of Interests, S. 623 f.; VATER, H., Abschaffung des Pooling of Interests, S. 1844.

654 Vgl. zur qualitativen Anforderung der Vergleichbarkeit Abschnitt 333.1.

655 Vgl. GLINKEMANN, S., Pooling-of-Interests-Methode, S. 2477; BÖCKING, H.-J./KLEIN, G./LOPATTA, K., Abschaffung der Pooling of Interests-Methode, S. 21.

656 Vgl. EFRAG U. A. (Hrsg.), Business Combinations under Common Control, S. 29 f.; KASB (Hrsg.), Research Report in Accounting for BCUCC, S. 140.

657 Vgl. KASPERZAK, R./LIECK, H., Unternehmenszusammenschlüsse unter gemeinsamer Beherrschung, S. 774.

658 Vgl. EFRAG U. A. (Hrsg.), Business Combinations under Common Control, S. 57.

659 Vgl. IFRS 3.BC.37; IASC (Hrsg.), G4+1 Position Paper, Rn. 79.

660 Vgl. Abschnitt 532.

oder Firmenwert ist umso entscheidungsnützlicher, je näher der externe und interne Unternehmenszusammenschluss zeitlich beieinander liegen.[661]

Überdies muss die Konsolidierungsmethode Informationen vermitteln, anhand derer die primären Adressaten des Teilkonzernabschlusses in der Lage sind, die **Leistung des geschäftsführenden Managements** zu beurteilen.[662] Die Evaluierung, wie effizient das geschäftsführende Management mit den ihm anvertrauten Mitteln gewirtschaftet hat, wird üblicherweise anhand von Rentabilitätsbetrachtungen vorgenommen.[663] Dies erfordert einerseits Informationen über die Ertragskraft der konzernintern erworbenen Unternehmensbeteiligung und andererseits damit untrennbar verbunden ebenso Informationen über die Angemessenheit der für den Erhalt der Beteiligung hingegebenen Gegenleistung.

Auch wenn die Bilanzierungsmethode durch den Ausweis weitestgehend objektivierter Wertansätze tendenziell rechenschaftsfördernd ist,[664] wird durch die Übernahme der konzernbilanziellen Wertansätze das Bild der wirtschaftlichen Lage des Teilkonzerns möglicherweise verzerrt dargestellt.[665] Die einfache Fortführung der konzernbilanziellen Buchwerte zieht eine Art „**doppelten Renditeeffekt**"[666] nach sich, der die Erfolgsbeurteilung der Transaktion beeinträchtigt.[667] Einerseits bleibt eine i. d. R. eigenkapitalerhöhende Aufdeckung stiller Reserven aus, was i. V. m. der erfolgsneutralen Verrechnung eines positiven Unterschiedsbetrages regelmäßig sogar zu einer Verringerung des bilanziellen Eigenkapitals führen dürfte. Andererseits müssen keinerlei ergebnismindernden Abschreibungen auf stille Reserven oder einen etwaigen Geschäfts- oder Firmenwert erfasst werden, sodass der Jahresüberschuss der neuformierten wirtschaftlichen Einheit c. p. höher ausfällt.[668]

Somit schlägt sich die Bilanzierungsmethode in Folgeperioden in vergleichsweise vorteilhaften Renditekennzahlen nieder, die nicht den tatsächlichen wirtschaftlichen Verhältnissen entsprechen und im Ergebnis womöglich zu einer zu positiven Beurteilung der Leistung des den internen Unternehmenszusammenschluss zu verantwortenden Managements führen.[669] Das hier vertretene Verbot der retrospektiven Anpassung der Finanzinformationen schränkt die Aufhellung

---

661 Vgl. EY (Hrsg.), International GAAP 2016 (Volume 1), S. 686 f.

662 Vgl. zum Rechenschaftsgedanken in der IFRS-Rechnungslegung Abschnitt 32.

663 Vgl. Coenenberg, A. G./Straub, B., Rechenschaft versus Entscheidungsunterstützung, S. 18.

664 Vgl. hierzu schon Baetge, J., Objektivierung des Jahreserfolges, S. 21, ebenso Coenenberg, A. G./Straub, B., Rechenschaft versus Entscheidungsunterstützung, S. 18 m. w. N.

665 Vgl. grundlegend, Baetge, J./Kirsch, H.-J./Thiele, S., Bilanzen, S. 110.

666 Hail, L., Pooling of Interests als Alternative, S. 707.

667 Vgl. stellvertretend Böcking, H.-J./Klein, G./Lopatta, K., Abschaffung der Pooling of Interests-Methode, S. 21.

668 Vgl. hier und im Folgenden auch Lopatta, K./Müßig, A., Die Bilanzierung von Business Combinations, S. 15 f.; Hail, L., Pooling of Interests als Alternative, S. 707 und S. 710; Kasperzak, R./Lieck, H., Unternehmenszusammenschlüsse unter gemeinsamer Beherrschung, S. 775; Pellens, B./Sellhorn, T., Kapitalkonsolidierung nach der Fresh-Start-Methode, S. 2129 f.

669 Vgl. Böcking, H.-J./Klein, G./Lopatta, K., Abschaffung der Pooling of Interests-Methode, S. 21.

der Ertragslage nur für das Jahr des Zusammenschlusses ein und hat somit keinerlei Auswirkungen auf den Ertragsausweis in Folgeperioden. Gerade bei ertragsschwachen Teilkonzernen bestehen daher möglicherweise bilanzpolitische Anreize, interne Unternehmensakquisitionen durchzuführen, um so die wirtschaftliche Situation entsprechend positiv darzustellen.[670]

Die tendenziell zu positive Evaluierung des konzerninternen Unternehmenszusammenschlusses hat ebenso Einfluss auf die Beurteilung der **Angemessenheit der** vom Konzernmutterunternehmen geforderten bzw. festgelegten **Gegenleistung**. Selbst dann, wenn das Teilkonzernergebnis infolge des Zusammenschlusses unverändert bleibt, erscheint ein überhöhter Kaufpreis der Unternehmensbeteiligung aufgrund des doppelten Renditeeffekts aus der Perspektive der nicht-beherrschenden Gesellschafter möglicherweise gerechtfertigt. Da dieser Effekt durch die erfolgsneutrale Verrechnung eines positiven Unterschiedsbetrages noch verstärkt wird, ist es womöglich sogar im Interesse des geschäftsführenden Managements, eine unangemessene Gegenleistung an das veräußernde Konzernunternehmen zu entrichten.[671] Hinzu kommt, dass die Anschaffungskosten nicht mehr maßgeblich für den Ansatz und die Bewertung der hinter der Beteiligung stehenden Vermögenswerte und Schulden sind.[672] Somit ist für die Teilkonzernabschlussadressaten nicht vollständig erkennbar, welche Vermögenswerte sie im Austausch mit der hingegebenen Gegenleistung tatsächlich erhalten haben.[673] Zwar ist der Betrag der Gegenleistung, der vom Reinvermögen des Tochterunternehmens abweicht, in einem gesonderten Eigenkapitalposten ersichtlich, dennoch ist unklar, was sich hinter dieser Residualgröße verbirgt.[674] Selbst wenn der Unterschiedsbetrag auf werthaltigen stillen Reserven oder sonstigen einem Ansatzverbot unterliegenden Vermögenswerten basiert, dürfen diese nicht ausgewiesen werden. Andersherum ist ebenfalls nicht ersichtlich, ob der Unterschiedsbetrag auf etwaige Überzahlungen zurückzuführen ist. Vor diesem Hintergrund dürfte es dem Konzernmutterunternehmen schwer fallen, die Angemessenheit der geforderten Gegenleistung glaubhaft zu vermitteln, da es sich auch dann auf das Ansatzverbot der entsprechenden Vermögenswerte berufen kann, wenn der Unterschiedsbetrag allein durch das *Common Control*-Verhältnis beeinflusst ist.

Insgesamt zeichnet sich die Methode der Buchwertfortführung durch ihren scheinbar **hohen Grad an Objektivität** aus, auch wenn diese von den an späterer Stelle noch ausgeführten Problemen hinsichtlich der Bestimmung eines zu übernehmenden Geschäfts- oder Firmenwertes

---

670 Vgl. RAMMERT, S., Pooling of Interests, S. 628, sowie VATER, H., Abschaffung des Pooling of Interests, S. 1846.

671 Vgl. hierzu auch PELLENS, B./SELLHORN, T., Kapitalkonsolidierung nach der Fresh-Start-Methode, S. 2130 m. w. N.

672 Vgl. im Ergebnis auch LIECK, H., Bilanzierung von Umwandlungen nach IFRS, S. 196. Zum damit einhergehenden Verstoß gegen das Anschaffungskostenprinzip vgl. EFRAG U. A. (Hrsg.), Business Combinations under Common Control, S. 58.

673 Vgl. hierzu auch IFRS 3.BC.41-43.

674 Vgl. Abschnitt 533.1.

leicht getrübt wird.[675] Dennoch trägt die weitestgehend intersubjektive Nachprüfbarkeit der historischen Wertansätze zur Glaubwürdigkeit der vermittelten Finanzinformationen bei. Andererseits wird die **Entscheidungsnützlichkeit** durch das geringe Ausmaß rechenschaftsfördernder Informationen, das eine Beurteilung des tatsächlichen wirtschaftlichen Erfolgs der Transaktion nur schwer ermöglicht, eingeschränkt. In der Gesamtschau bleibt festzuhalten, dass die Methode der Buchwertfortführung eher die Informationsbedürfnisse der Mehrheitsgesellschafter befriedigt, als denen im Zentrum der Teilkonzernberichterstattung stehenden primären Adressaten nützlich zu sein. Des Weiteren kommt hinzu, dass die mit der Buchwertfortführung **verbundenen Fehlanreize** im Vergleich zur damaligen Anwendung der Bilanzierungsmethode bei Interessenzusammenschlüssen offenbar nochmal höher zu gewichten sind. Zum einen entfällt die Suche nach einem geeigneten Transaktionspartner, der darüber hinaus noch gegenläufige Interessen in Bezug auf die Gestaltung des Zusammenschlusses durchsetzen könnte. Zum anderen unterläge die Buchwertfortführung – anders als bei der Interessenzusammenführungsmethode – keinen restriktiven Anwendungsvoraussetzungen, da lediglich der Tatbestand eines Unternehmenszusammenschlusses unter gemeinsamer Beherrschung erfüllt sein müsste.[676] Daher wirkt die Methode der Buchwertfortführung insgesamt anreizverstärkend, konzerninterne Unternehmenszusammenschlüsse lediglich aus bilanzpolitisch motivierten Gründen durchzuführen.

Inwieweit den herausgearbeiteten Schwachpunkten der Buchwertfortführung durch einen vollständigeren und aktuelleren Vermögensausweis begegnet werden könnte, ist maßgeblich von den damit möglicherweise verbundenen bilanziellen Gestaltungsspielräumen abhängig. Aus diesem Grund werden in Abschnitt 54 die Regelungen des IFRS 3 vor allem dahingehend analysiert, ob bzw. wieweit sie neben ihrer vermeintlich höheren Relevanz ebenso den Anforderungen an eine glaubwürdige Bilanzierung genügen.

54 Erwerbsmethode gemäß IFRS 3

541. Grundkonzeption der Erwerbsmethode

Seit Inkrafttreten der Regelungen des IFRS 3 ist die Erwerbsmethode die einzig zulässige Form der Bilanzierung von Unternehmenszusammenschlüssen in der IFRS-Rechnungslegung.[677] Die Vorgängerregelungen zu IFRS 3 ließen neben der Erwerbsmethode unter bestimmten Voraussetzungen ebenso noch die Anwendung der Interessenzusammenführungsmethode zu.[678] Während Letztere einen Zusammenschluss von gleichberechtigten Partnern auf Grundlage eines Anteilstausches unterstellte, basiert die Erwerbsmethode ursprünglich auf dem Gedanken eines Kaufgeschäftes, infolgedessen eine finanzielle Gegenleistung aus dem Konzernverbund an die

675 Vgl. Abschnitt 573.2.

676 Vgl. zu den Anwendungsvoraussetzungen der Interessenzusammenführungsmethode KRAWITZ, N./LEUKEL, S., Unternehmensfusionen in der Rechnungslegung, S. 94.

677 Vgl. IFRS 3.4; SENGER, T./BRUNE, J. W., in: Beck'sches IFRS-HB, 5. Aufl., § 34, Rn. 35.

678 Vgl. HEIDEMANN, C., Kaufpreisallokation nach IFRS 3, S. 1-3; BUSSE VON COLBE, W. U. A., Konzernabschlüsse, S. 197.

vorherigen Eigentümer des Beteiligungsunternehmens abfließt.[679] Dieser Grundidee folgend wird bei der konzernbilanziellen Erfassung des Anschaffungsvorgangs nicht auf die Beteiligung als Ganzes abgestellt, vielmehr wird der separate Kauf der einzelnen hinter der Beteiligung stehenden Vermögenswerte und Schulden fingiert (sog. **Einzelerwerbsfiktion**[680]).[681] Damit einhergehend werden die Vermögenswerte und Schulden des Tochterunternehmens nicht zu Buchwerten in den konsolidierten Abschluss übernommen, sondern i. H. d. fiktiven Anschaffungskosten, wie sie sich aus Perspektive des erwerbenden Unternehmens zum Transaktionszeitpunkt ergeben hätten.[682] Die Anwendung der Erwerbsmethode erfordert gemäß IFRS 3.5 die vier in Abbildung 5-4 dargestellten Schritte.

Um zu beurteilen, welche der zusammenschließenden Gesellschaften den Unternehmenserwerb zu bilanzieren hat, ist es in einem ersten Schritt erforderlich, das erwerbende Unternehmen zu identifizieren.[683] Da die Vorschriften des IFRS 3.7 in diesem Zusammenhang auf die Leitlinien des IFRS 10 verweisen, ist das Unternehmen, welches die Beherrschung über das jeweils andere ausüben kann, als Erwerber anzusehen.[684] Der Tag, an dem das Beherrschungsverhältnis begründet wird, stellt den Erwerbszeitpunkt dar und ist gleichzeitig das maßgebende Datum für die Erstkonsolidierung.[685]

Die aus der Einzelerwerbsfiktion resultierende Neubewertung geht in einem dritten Schritt mit dem Ansatz und der Bewertung sämtlicher identifizierbarer Vermögenswerte und Schulden des Tochterunternehmens einher.[686] Das Hauptaugenmerk im Rahmen dieser Untersuchung liegt auf dem letzten Anwendungsschritt der Erwerbsmethode, der Bilanzierung eines Geschäfts- oder Firmenwertes bzw. eines Gewinns aus einem vorteilhaften Erwerb. Der thematische Schwerpunkt basiert vor allem auf den spezifischen Problemen, die im Kontext konzerninterner

---

[679] Vgl. GLAUM, M./VOGEL, S., Bilanzierung von Unternehmenszusammenschlüssen, S. 45; FOCKEN, E./LENZ, H., Spielräume der Kapitalkonsolidierung, S. 2438; BAETGE, J./KIRSCH, H.-J./THIELE, S., Konzernbilanzen (7. Aufl.), S. 250 f. Entgegen der ursprünglichen Grundidee stellt der IASB bei der Überarbeitung des IFRS 3 (2004) klar, dass ein Unternehmenszusammenschluss auch ohne Erwerbstransaktion stattfinden kann. Um dies zu verdeutlichen, wurde in der englischen Originalfassung der überarbeiteten Version des IFRS 3 (*rev.* 2008) der Begriff *„purchase method"* durch den Begriff *„acquisition method"* ersetzt. Hieraus ergeben sich jedoch keine materiellen Änderung im Vergleich zum IFRS 3 (2004), weswegen überwiegend weiterhin der Begriff der Erwerbsmethode verwendet wird, vgl. IFRS 3.BC.14, sowie SENGER, T./BRUNE, J. W., in: Beck'sches IFRS-HB, 5. Aufl., § 34, Rn. 35; BERNDT, T./GUTSCHE, R., in: MüKo Bilanzrecht (Bd. 1), IFRS 3, Rn. 57.

[680] Vgl. hierzu stellvertretend THEILE, C./PAWELZIK, K. U., in: IFRS-Handbuch, 5. Aufl., D VI, Rn. 5530, sowie schon ARBEITSKREIS „EXTERNE UNTERNEHMENSRECHNUNG" DER SCHMALENBACH-GESELLSCHAFT (Hrsg.), Aufstellung von Konzernabschlüssen, S. 67; ORDELHEIDE, D., Kapitalkonsolidierung nach der Erwerbsmethode, S. 240.

[681] Vgl. wenn auch im handelsrechtlichen Kontext HÖHNE, F./SENGER, T., in: MüKo Bilanzrecht (Bd. 2), § 301 HGB, Rn. 7.

[682] Vgl. VON WYSOCKY, K./WOHLGEMUTH, M./BRÖSEL, G., Konzernrechnungslegung, S. 114.

[683] Vgl. BERNDT, T./GUTSCHE, R., in: MüKo Bilanzrecht (Bd. 1), IFRS 3, Rn. 59, sowie ausführlich Abschnitt 542.

[684] Vgl. BAETGE, J./HAYN, S./STRÖHER, T., in: Rechnungslegung nach IFRS, 2. Aufl., Teil B: IFRS 3, Rn. 106.

[685] Vgl. IFRS 3.8 f.; THEILE, C./PAWELZIK, K. U., in: IFRS-Handbuch, 5. Aufl., D VI, Rn. 5550.

[686] Vgl. KÜTING, K./WIRTH, J., Unternehmenszusammenschlüsse nach IFRS 3, S. 170 f., sowie ausführlich Abschnitt 543.

Unternehmenszusammenschlüsse mit der Interpretation und Behandlung eines positiven wie auch negativen Unterschiedsbetrages aus der Kapitalkonsolidierung verbunden sind.[687]

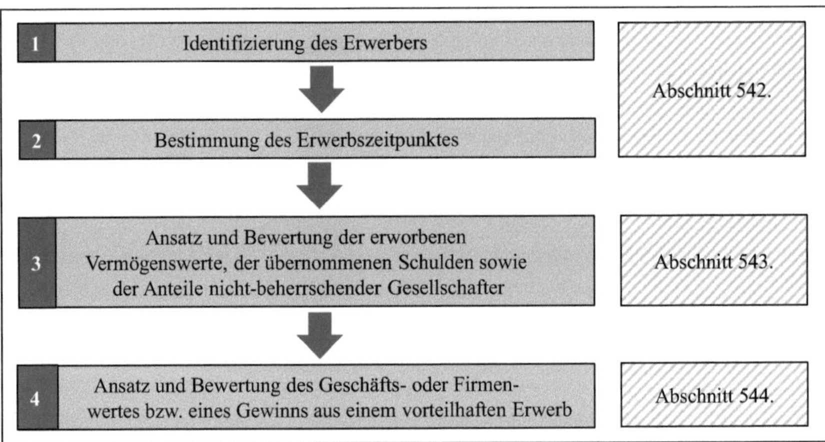

Abbildung 5-4: Schematischer Ablauf der Erwerbsmethode gemäß IFRS 3.5[688]

Obgleich der IASB konzerninterne Unternehmenserwerbe explizit aus dem Anwendungsbereich des IFRS 3 ausschließt,[689] weist diese Form eines Unternehmenszusammenschlusses aus der Perspektive der primären Adressaten des Teilkonzernabschlusses dennoch **ähnliche Merkmale wie ein Unternehmenszusammenschluss mit unverbundenen Unternehmen** auf.[690] Sofern – wie im linken Kasten der Abbildung 5-5 dargestellt – TU_2 und TU_1 schon vor dem Zusammenschluss Bestandteil desselben Konzernverbundes waren, hat sich die teilkonzernbilanzielle Abbildung dieser Transaktion momentan an den Vorgaben zur individuellen Rechtsfortbildung gemäß IAS 8 zu orientieren.[691] Dagegen muss der im rechten Kasten der Abbildung 5-5 skizzierte Unternehmenszusammenschluss von TU_2 und TU_1 nach den Vorschriften des IFRS 3 bilanziert werden, sofern die Gesellschaften vor der Transaktion von unterschiedlichen Mutterunternehmen beherrscht werden.

Aus dem Blickwinkel der nicht-beherrschenden Gesellschafter (A) sind beide Zusammenschlussformen jedoch miteinander vergleichbar. Infolge des bei beiden Erwerbskonstellationen erweiterten Konsolidierungskreises der berichterstattenden Einheit Teilkonzern verändert sich gleichermaßen auch der Anteil der Vermögenswerte und Schulden, an denen die nicht-beherrschenden Gesellschafter (A) beteiligt sind. Sowohl bei dem Unternehmenszusammenschluss

687 Vgl. IASB (Hrsg.), Staff Paper BCUCC Agenda ref. 8 (March 2015), Rn. 31 (a); EFRAG U. A. (Hrsg.), Business Combinations under Common Control, S. 50, sowie ausführlicher Abschnitt 544.
688 In Anlehnung an SENGER, T./BRUNE, J. W., in: Beck'sches IFRS-HB, 5. Aufl., § 34, Rn. 36.
689 Vgl. Abschnitt 221.
690 Vgl. hier und im Folgenden IASB (Hrsg.), Staff Paper BCUCC Agenda ref. 8 (March 2015), Rn. 28-30.
691 Vgl. Abschnitt 52.

unter gemeinsamer Beherrschung als auch bei Erwerbskonstellationen, die zur verpflichtenden Anwendung des IFRS 3 führen, halten die Gesellschafter (A) nach dem Zusammenschluss eine mittelbare Beteiligung am Tochterunternehmen TU1, an dem sie vor der (innerkonzernlichen) Erwerbstransaktion nicht beteiligt waren.

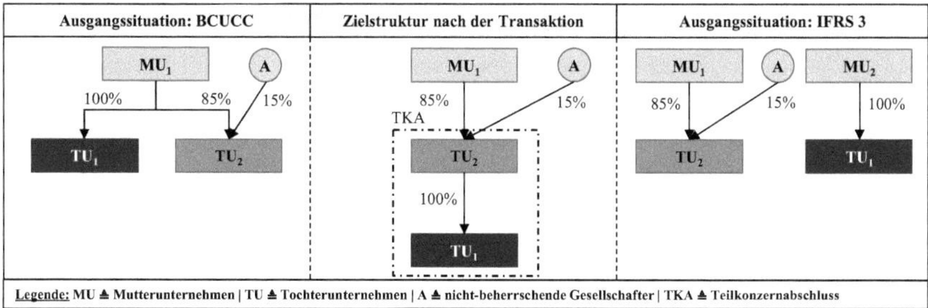

Abbildung 5-5: Konzerninterne Unternehmenszusammenschlüsse aus wirtschaftlicher Betrachtungsweise der primären Adressaten des Teilkonzernabschlusses[692]

Letztlich unterscheiden sich teilkonzernübergreifende interne Unternehmenszusammenschlüsse aus der Sicht der nicht-beherrschenden Gesellschafter nur insoweit von externen Unternehmenszusammenschlüssen, als sie zwischen nahestehenden Personen stattfinden.[693] Dennoch kann dies Implikationen für die bilanzielle Erfassung solcher Vorgänge haben, sodass die bestehenden Bilanzierungsvorschriften des IFRS 3, die ursprünglich für Transaktionen zwischen fremden Dritten konzipiert wurden, ggf. nicht problemlos auf Zusammenschlüsse unter gemeinsamer Beherrschung übertragbar sind. In den folgenden Abschnitten werden daher die mit den verschiedenen Anwendungsschritten der in den IFRS verankerten Erwerbsmethode einhergehenden Problembereiche diskutiert.

542. Identifizierung des Erwerbers

542.1 Leitlinien zur Identifizierung des Erwerbers

Wie im vorangegangenen Abschnitt angedeutet, stellen die Identifizierung des Erwerbers sowie die Bestimmung des Erwerbszeitpunktes die Rahmenparameter der teilkonzernbilanziellen Erfassung eines Unternehmenszusammenschlusses dar. Zum einen legen sie den Blickwinkel fest, aus dem die Bilanzierung zu erfolgen hat, und zum anderen determinieren sie den Zeitpunkt, der den bilanziellen Wertansätzen zugrunde zu legen ist.[694] Während sich bei der Evaluierung des **Erwerbszeitpunktes** keine Unterschiede zwischen internen und externen Unternehmenserwerben ergeben, da bei beiden Zusammenschlussformen der Erstkonsolidierungszeitpunkt

---

692 In Anlehnung an IASB (Hrsg.), Staff Paper BCUCC Agenda ref. 8 (March 2015), Rn. 28.

693 Vgl. Abschnitt 222. Hierin ist sicherlich auch der Grund für den Ausschluss dieses Sachverhalts aus dem Anwendungsbereich des IFRS 3 zu sehen, vgl. implizit IASB (Hrsg.), Project Overview BCUCC, o. S.

694 Vgl. SENGER, T./BRUNE, J. W., in: Beck'sches IFRS-HB, 5. Aufl., § 34, Rn. 45 f. und Rn. 57; SCHMIDBAUER, R., Unternehmenszusammenschlüsse nach IFRS 3, S. 122.

regelmäßig mit der rechtsgültigen Übertragung der Gegenleistung und der damit verbundenen Übernahme der Vermögenswerte und Schulden (sog. *closing date*) zusammenfällt,[695] bestehen hingegen bei der Beurteilung des maßgebenden Erwerbers gewisse Besonderheiten.[696]

Entsprechend den Vorschriften des IFRS 3 sind bei der **Identifizierung des Erwerbers** die ökonomischen Gegebenheiten und nicht die formalrechtlichen Verhältnisse entscheidend.[697] Bei dieser Beurteilung ist zunächst auf das **Beherrschungskonzept** des IFRS 10 zurückzugreifen.[698] Hiernach ist ein Investor als Erwerber i. S. d. IFRS 3.7 anzusehen, sofern er Rechte erlangt, die es ihm ermöglichen, variable Rückflüsse aus seinem Beteiligungsunternehmen zu erhalten, und er seine Verfügungsgewalt dazu nutzen kann, die Höhe der ihm zustehenden wirtschaftlichen Erfolge zu beeinflussen.[699] Sofern aus der Anwendung des IFRS 10 kein eindeutiges Ergebnis hervorgeht, sind die Anhaltspunkte des IFRS 3.B.14-B.18 heranzuziehen.[700] Die dort aufgeführten **Indikatoren** sind Ausfluss der vom Standardsetzer intendierten wirtschaftlichen Betrachtungsweise,[701] da sie die konkrete Gestaltungsform des Unternehmenszusammenschlusses bei der Identifizierung des Erwerbers mit ins Kalkül einbeziehen. Die in den entsprechenden Textziffern aufgeführten Hinweise betreffen besondere Zusammenschlussformen wie bspw. umgekehrte Unternehmenserwerbe oder Zusammenschlüsse, die mittels eines dafür neu gegründeten Unternehmens *(NewCo)* durchgeführt werden.[702] Die beschriebene Vorgehensweise zur Identifikation eines Erwerbers gemäß IFRS 3 ist nicht ohne Weiteres auf konzerninterne Unternehmenszusammenschlüsse übertragbar, da das oberste Mutterunternehmen *ex definitione* sowohl vor als auch nach dem Zusammenschluss das entsprechende Tochterunternehmen beherrscht und somit kein Wechsel der ursprünglichen Kontrollverhältnisse vorliegt.[703]

---

695 Vgl. allgemein IFRS 3.9; KÜTING, K./WEBER, C.-P., Konzernabschluss, S. 331. Ebenso ist es grundsätzlich auch möglich, ein vom *closing date* abweichendes Datum des Beherrschungsüberganges zu vereinbaren, vgl. THEILE, C./PAWELZIK, K. U., in: IFRS-Handbuch, 5. Aufl., D VI, Rn. 5550-5552; BAETGE, J./KIRSCH, H.-J./THIELE, S., Konzernbilanzen, S. 232.

696 Vgl. EFRAG U. A. (Hrsg.), Business Combinations under Common Control, S. 38.

697 Vgl. SENGER, T./BRUNE, J. W., in: Beck'sches IFRS-HB, 5. Aufl., § 34, Rn. 45.

698 Vgl. HÖLLERSCHMID, C./KERSCHBAUMER, H./SCHLÖGEL, G., Unternehmenszusammenschlüsse und Konsolidierung, S. 32.

699 Vgl. IFRS 10.6; PELLENS, B. U. A., Internationale Rechnungslegung, S. 126; ZÜLCH, H./POPP, M., Überblick über das neue Control-Konzept, S. 1532, sowie umfassend hierzu auch KÜTING, K./MOJADADR, M., Control-Konzept nach IFRS 10, S. 273-286; BÖCKEM, H./STIBI, B./ZOEGER, O., Konsolidierungskreis nach IFRS 10, S. 399-409.

700 Vgl. IFRS 3.B.13; PWC (Hrsg.), Manual of accounting 2015 (Volume 2), Rn. 25.52 und Rn. 25.60; PETERSEN, K./BANSBACH, F./DORNBACH, E., IFRS-Praxishandbuch, S. 529.

701 Vgl. ähnlich KÜTING, K./WEBER, C.-P., Konzernabschluss, S. 329.

702 Vgl. IFRS 3.B.15 und IFRS 3.B.17, sowie PELLENS, B. U. A., Internationale Rechnungslegung, S. 761 f. Zur Identifizierung eines Erwerbers bei umgekehrten Unternehmenserwerben sowie *NewCo*-Transaktionen vgl. FREIBERG, J., Identifizierung des Erwerbers, S. 116 f.; WEBER, I., Special Purpose Acquisition Companies, S. 76.

703 Vgl. KPMG (Hrsg.), Comment Letter (DP/EFRAG), S. 9; SENGER, T./BRUNE, J. W., in: Beck'sches IFRS-HB, 5. Aufl., § 34, Rn. 20.

542.2 Teilkonzernmutterunternehmen als Erwerber i. S. d. IFRS 3.6 f.

Unabhängig davon, ob aus der Perspektive des Konzernmutterunternehmens das maßgebliche Kriterium zur Identifizierung des Erwerbers in Form der Kontroll-Erlangung offenbar nicht erfüllt ist,[704] setzt die Anwendung der Erwerbsmethode auf teilkonzernübergreifende Unternehmenszusammenschlüsse unter gemeinsamer Beherrschung zwangsläufig die Bestimmung derjenigen Partei voraus, aus deren Sicht der Anschaffungsvorgang des Tochterunternehmens zu bilanzieren ist. Daher ist es in diesem Kontext erforderlich, die Beherrschungsmöglichkeit über das Beteiligungsunternehmen nicht aus der Perspektive des an der Konzernspitze stehenden Mutterunternehmens, sondern aus der des berichterstattenden Unternehmens zu beurteilen.[705]

Auch wenn eine solche Vorgehensweise zur Ermittlung der Erwerbers offenbar im Einklang mit den Vorschriften des IFRS 10 steht, in denen bei der Bestimmung eines Mutter-Tochter-Verhältnisses ebenfalls von übergeordneten Beherrschungsstrukturen abstrahiert wird,[706] darf nicht ausgeblendet werden, dass die finale Beherrschungsmöglichkeit bzgl. der relevanten Aktivitäten *de facto* beim obersten Konzernmutterunternehmen verbleibt. Dies ermöglicht ihm, sowohl die Auswahl der beteiligten Parteien als auch die konkrete Durchführung der Transaktionen i. S. d. Leitlinien des IFRS 3.B.14-B.18 in seinem Ermessen zu gestalten.[707] Insofern ist das Teilkonzernmutterunternehmen lediglich als eine Art ***„accounting acquirer“***[708] zu interpretieren. Dies ändert jedoch nichts daran, dass im Zuge des internen Unternehmenszusammenschlusses die Vermögenswerte und Schulden des Tochterunternehmens in den Verfügungsbereich des jeweiligen Teilkonzernmutterunternehmens gelangen und dort entsprechend zu bilanzieren sind.

Im Ergebnis eröffnet die Beherrschungsmacht des obersten Mutterunternehmens diesem zwar die Möglichkeit, den Erwerber innerhalb des Konzernverbundes in seinem Interesse (bspw. aus bilanzpolitischen Gründen) gezielt zu wählen, die eigentliche Identifizierung desselben i. S. d. Vorschriften des IFRS 3.6 f. ist hiervon jedoch unberührt und letztlich mit den gleichen Herausforderungen behaftet wie bei externen Unternehmenszusammenschlüssen. Während die übergeordneten Kontrollstrukturen bei der Bestimmung des *accounting acquirer* also weitest-

---

704 Vgl. SENGER, T./BRUNE, J. W., in: Beck'sches IFRS-HB, 5. Aufl., § 34, Rn. 20.

705 Vgl. ebenso im Rahmen der Kommentierungsschreiben zum diesbezüglichen *discussion paper* der EFRAG stellvertretend BDO (Hrsg.), Comment Letter (DP/EFRAG), S. 8; MAZARS (Hrsg.), Comment Letter (DP/EFRAG), S. 8; AASB (Hrsg.), Comment Letter (DP/EFRAG), S. 8 f.; EY (Hrsg.), Comment Letter (DP/EFRAG), S. 8; KASB (Hrsg.), Research Report in Accounting for BCUCC, S. 134.

706 Vgl. EFRAG U. A. (Hrsg.), Business Combinations under Common Control, S. 40, sowie wohl auch PAWELZIK, K. U., Bilanzierung von Interessenzusammenschlüssen, S. 2570 und S. 2574, wenn auch im Kontext von IAS 27.

707 Vgl. stellvertretend EFRAG U. A. (Hrsg.), Business Combinations under Common Control, S. 39; MAZARS (Hrsg.), Comment Letter (DP/EFRAG), S. 8.

708 EY (Hrsg.), Comment Letter (DP/EFRAG), S. 8.

gehend als unproblematisch zu betrachten sind, haben sie vielmehr Auswirkungen auf die konkrete Bilanzierung der erworbenen Vermögenswerte und Schulden sowie eines Unterschiedsbetrages aus der Kapitalkonsolidierung.

543. Ansatz und Bewertung der erworbenen Vermögenswerte und übernommenen Schulden

543.1 Vorbemerkungen

Im Zuge der (bilanziellen) Integration des Akquisitionsobjektes in den Teilkonzernabschluss des Erwerbers werden im Rahmen der Erwerbsmethode prinzipiell sämtliche Vermögenswerte und Schulden des Tochterunternehmens vollständig neubewertet.[709] Die noch in den Vorschriften des IFRS 3 (2004) verankerte konzeptionelle Vorgehensweise, den Kaufpreis auf die erworbenen Vermögenswerte und Schulden zu verteilen (sog. **Kaufpreisallokation**), um die Anschaffungskosten der Transaktion auf wertbildende Faktoren zu schlüsseln,[710] findet sich in der überarbeiteten Version des IFRS 3 (*rev.* 2008) nicht mehr wieder.[711] Die Bilanzierung erfolgt nunmehr losgelöst von der hingegebenen Gegenleistung, sodass diese lediglich für die Ermittlung des Unterschiedsbetrages von Bedeutung ist.[712] Vor diesem Hintergrund werden in Abschnitt 543.2 zunächst die Ansatz- und Bewertungskriterien im Rahmen eines Unternehmenszusammenschlusses dargestellt. Dem nachfolgend wird in Abschnitt 543.3 diskutiert, ob die diesbezüglichen Mechanismen des IFRS 3 gleichermaßen auf konzerninterne Unternehmenszusammenschlüsse anwendbar sind. Im Kern dieser Überlegungen stehen vor allem etwaige Auswirkungen auf die Glaubwürdigkeit der Berichterstattung.

543.2 Ansatz und Bewertung des erworbenen Vermögens

543.21 Ansatzkriterien des erworbenen Vermögens

IFRS 3.10 verpflichtet den Erwerber zum Erwerbszeitpunkt, sämtliche erworbenen und identifizierbaren Vermögenswerte und Schulden inkl. nicht-beherrschender Anteile[713] des Akquisitionsobjektes in den konsolidierten Abschluss zu übernehmen und getrennt vom Geschäfts- oder Firmenwert anzusetzen.[714] Die teilkonzernbilanzielle Aufnahme der jeweiligen Vermögenswerte und Schulden erfordert zum einen, dass diese im Einklang mit den im *Conceptual*

---

709 Vgl. KUHNER, C., Abbildung von Unternehmenskäufen, S. 16. Da eine Neubewertung sämtlicher erworbener Vermögenswerte und Schulden i. d. R. mit einem nicht vertretbaren Aufwand verbunden ist, muss im Vorfeld eine Grenze für die erwarteten stillen Reserven und Lasten festlegt werden, die für die Beurteilung der Vermögens-, Finanz- und Ertragslage des konsolidierten Abschlusses wesentlich ist. Vgl. ZELGER, H., Purchase Price Allocation, S. 153 f.

710 Vgl. ZÜLCH, H./WÜNSCH, M., Indikative Kaufpreisallokation, S. 466, sowie KUHNER, C., Abbildung von Unternehmenskäufen, S. 16.

711 Vgl. SENGER, T./BRUNE, J. W., in: Beck'sches IFRS-HB, 5. Aufl., § 34, Rn. 39.

712 Vgl. GIMPEL-HENNING, N., Sukzessive Anteilserwerbe, S. 72, sowie wohl auch BAETGE, J./HAYN, S./STRÖHER, T., in: Rechnungslegung nach IFRS, 2. Aufl., Teil B: IFRS 3, Rn. 130 und Rn. 150.

713 Im Rahmen dieser Untersuchung wird von nicht-beherrschenden Gesellschaftern des Teilkonzernmutternehmens, welche direkte Gesellschafter des Enkelunternehmens darstellen, abstrahiert.

714 Vgl. HENDLER, M./ZÜLCH, H., Beteiligungsverhältnisse bei Tochterunternehmen, S. 485; BAETGE,

Framework angelegten allgemeinen Definitionskriterien sind und zum anderen, dass sie Bestandteil dessen sind, was im Rahmen des Zusammenschlusses getauscht wurde.[715]

Seit der jüngsten Überarbeitung des Rahmenkonzepts[716] stellt ein **Vermögenswert** eine gegenwärtige ökonomische Ressource dar, welche in der Verfügungsgewalt des berichterstattenden Unternehmens steht und das Ergebnis eines vergangenen Ereignisses ist.[717] Spiegelbildlich ist eine **Schuld** als gegenwärtige Verpflichtung der Gesellschaft zur Übertragung einer ökonomischen Ressource definiert, die ebenfalls aus einem vergangenen Ereignis resultiert.[718] Während die Definition eines Vermögenswertes in der momentan geltenden Fassung des Rahmenkonzepts direkt auf einen erwarteten **künftigen Nutzenzufluss** abstellt,[719] wird dieser nun in seiner Bedeutung zurückgestuft.[720] In seiner Beschreibung einer ökonomischen Ressource verdeutlicht der IASB, dass nunmehr das Potenzial, einen wirtschaftlichen Nutzen zu generieren, ausreicht, um diese als Vermögenswert zu aktivieren.[721] Neben den gelockerten Anforderungen auf Ebene des Definitionskriteriums entfallen ebenfalls die Hürden der zusätzlichen Ansatzkriterien des wahrscheinlichen Nutzenzuflusses sowie der verlässlichen Bestimmung der Anschaffungs- oder Herstellungskosten.[722] Damit es im Zuge der geänderten Ansatzbedingungen jedoch nicht zu einer ausufernden Aktivierung von Vermögenswerten kommt, ist die Ansatzbeschränkung nun explizit an die fundamentalen qualitativen Anforderungen der Relevanz und glaubwürdigen Darstellung sowie an die in ED.CF.2.38 formulierte Kosten-Nutzen-Restriktion geknüpft.[723]

Infolge eines Unternehmenszusammenschlusses und der in diesem Zusammenhang unterstellten Einzelerwerbsfiktion ist die Aktivierungsfähigkeit der erworbenen Vermögenswerte neu zu beurteilen. Dies betrifft vor allem **selbsterstellte immaterielle Vermögenswerte** wie Markennamen oder Kundenbeziehungen, die bislang dem Aktivierungsverbot des IAS 38.63 unterlagen. Angesichts ihres nunmehr derivativen Charakters sind diese im konsolidierten Abschluss des Erwerbers anzusetzen.[724] Neben den allgemeinen Definitionskriterien des *Conceptual*

J./KIRSCH, H.-J./THIELE, S., Konzernbilanzen, S. 232.

715 Vgl. IFRS 3.11 f.; PELLENS, B./AMSHOFF, H./SELLHORN, T., Einheitstheorie in der M&A-Bilanzierung, S. 602; KLOSE, N.-C., Kapitalkonsolidierungs- und Bewertungsmethoden, S. 129 m. w. N.

716 Vgl. Abschnitt 31.

717 Vgl. ED.CF.4.4 f.

718 Vgl. ED.CF.4.4 und 4.24; LÜDENBACH, N./HOFFMANN, W.-D./FREIBERG, J., in: Haufe IFRS-Kommentar, 14. Aufl., § 1, Rn. 94; KRAFT, A., Extractive Activities, S. 56.

719 Vgl. CF (2010).4.4 (a).

720 Vgl. hier und im Folgenden DEHMEL, I., Definitions- und Ansatzkriterien, S. 1170 f.

721 Vgl. ED.CF.4.6, sowie ERB, C./PELGER, C., Praxisimplikationen zum künftigen IFRS-Rahmenkonzept, S. 22.

722 Vgl. ERB, C./PELGER, C., Vorstellungen vom neuen Rahmenkonzept, S. 1061.

723 Vgl. ED.CF.5.9; DEHMEL, I., Definitions- und Ansatzkriterien, S. 1773 f.; BROWN, J., Asset and liability definitions, S. 426; KRAFT, A., Extractive Activities, S. 58. In den Textziffern ED.CF.5.13-24 konkretisiert der IASB Indikatoren, aufgrund derer der Bilanzansatz auszuschließen ist.

724 Vgl. IFRS 3.13; KÜTING, K./WEBER, C.-P., Konzernabschluss, S. 354.

Framework enthält IFRS 3 mit der Anforderung der **Identifizierbarkeit** ein zusätzliches Aktivierungskriterium.[725] Während die Identifizierung von materiellen Vermögenswerten bedingt durch ihre physische Substanz grundsätzlich keine Probleme bereitet, ist die Erfassung immaterieller Vermögenswerte ungleich schwieriger einzuschätzen.[726] Aus diesem Grund behandeln die Anwendungsleitlinien des IFRS 3 das Identifikationsproblem explizit nur für den Fall immaterieller Vermögenswerte.[727] In Verbindung mit den Vorschriften des IAS 38.12 hat der Erwerber immaterielle Vermögenswerte getrennt vom Geschäfts- oder Firmenwert anzusetzen, sofern diese entweder vom Gesamtunternehmen separierbar[728] sind oder aber ihre Entstehung auf einem vertraglichen oder sonstigen Recht[729] basiert.[730] Das Separierbarkeitskriterium stellt auf eine Art[731] selbstständige Verwertbarkeit des Vermögensvorteils ab, die immer dann erfüllt ist, wenn dieser Vorteil einzeln oder gemeinsam mit einem Vertrag, einem Vermögenswert oder einer Schuld veräußert, übertragen, lizenziert, vermietet oder getauscht werden kann.[732]

Entgegen den allgemeinen Ansatzkriterien des noch geltenden Rahmenkonzepts, sowie denen auf Standardebene, ist die bloße Identifizierbarkeit der im Zuge eines Unternehmenszusammenschlusses erworbenen Vermögenswerte und übernommenen Schulden grundsätzlich ausreichend für ihren Bilanzansatz.[733] Der IASB erachtet einen gesonderten Nachweis über den erwarteten künftigen Nutzenzufluss als nicht mehr notwendig.[734] Gleichzeitig wird per se unterstellt, dass, sofern der immaterielle Vermögenswert separierbar ist oder aus einem vertraglichen oder anderen Recht entsteht, genügend Informationen existieren, um diesen hinreichend verlässlich bewerten zu können.[735]

Sofern das erworbene Vermögen die vorangegangenen Ansatzbedingungen erfüllt und es Teil des eigentlichen Unternehmenszusammenschlusses ist, sind die übernommenen Vermögens-

725 Vgl. KUHNER, C., Abbildung von Unternehmenskäufen, S. 16; BAETGE, J./HAYN, S./STRÖHER, T., in: Rechnungslegung nach IFRS, 2. Aufl., Teil B: IFRS 3, Rn. 173.

726 Vgl. GLAUM, M./VOGEL, S., Bilanzierung von Unternehmenszusammenschlüssen, S. 46; ZELGER, H., Purchase Price Allocation, S. 154.

727 Vgl. IFRS 3.B.31; LÜDENBACH, N./HOFFMANN, W.-D./FREIBERG, J., in: Haufe IFRS-Kommentar, 14. Aufl., § 31, Rn. 75.

728 Vgl. IFRS 3.B.33, sowie IAS 38.12 (a).

729 Vgl. IFRS 3.B.32, sowie IAS 38.12 (b).

730 Vgl. BALLWIESER, W., IFRS-Rechnungslegung, S. 185, sowie HEIDEMANN, C., Kaufpreisallokation nach IFRS 3, S. 74-76.

731 Bezüglich der Unterschiede zum handelsrechtlichen Begriff der selbstständigen Verwertbarkeit vgl. LANGECKER, A./MÜHLBERGER, M., Immaterielle Vermögenswerte im Konzernabschluss, S. 109 f., sowie HEIDEMANN, C., Kaufpreisallokation nach IFRS 3, S. 75 f. m. w. N.

732 Vgl. WULF, I., Immaterielle Vermögenswerte nach IFRS, S. 110; HOMMEL, M./BENKEL, M./WICH, S., IFRS 3 Business Combinations, S. 1269.

733 Vgl. KÜTING, K./WEBER, C.-P., Konzernabschluss, S. 354.

734 Vgl. IFRS 3.BC.126; IAS 38.25 und IAS 38.33; HACHMEISTER, D., Unternehmenszusammenschlüsse nach IFRS 3, S. 118; SCHWEDLER, K., Business Combinations Phase II, S. 133.

735 Vgl. BÖCKING, H.-J./WIEDERHOLD, P., in: MüKo Bilanzrecht (Bd. 1), IAS 38, Rn. 48-51.

werte und Schulden innerhalb der IFRS-Bilanzterminologie **zu klassifizieren und zu designieren.**[736] Die potenziellen Umgliederungen der Bilanzpositionen sind entsprechend ihren Vertragsbedingungen, wirtschaftlichen Bedingungen sowie den jeweiligen Absichten und Bilanzierungsmethoden des Erwerbers ebenso wie nach sonstigen bestehenden relevanten Umständen vorzunehmen.[737] Beispielsweise sind erworbene Immobilien je nach Absicht des Erwerbers als operatives Vermögen gemäß IAS 16 oder zu Renditezwecken gehaltenes Vermögen gemäß IAS 40 *(Investment Property)* einzustufen.[738]

543.22 Bewertung des erworbenen Vermögens zum beizulegenden Zeitwert gemäß IFRS 13

543.221. Bewertungsprämissen gemäß IFRS 13

Der Bewertungsgrundsatz des IFRS 3.18 schreibt vor, alle erworbenen identifizierbaren Vermögenswerte und übernommenen Schulden zu ihrem zum Erwerbszeitpunkt beizulegenden Zeitwert zu bewerten.[739] Nach Auffassung des IASB stellt der Fair Value den relevantesten Wertmaßstab des übernommenen Vermögens dar, der es den Adressaten der Finanzberichterstattung darüber hinaus ermöglicht, die Leistung des Managements für die ihnen anvertrauten Ressourcen zu beurteilen.[740] Auch wenn die Anwendungsleitlinien des IFRS 3 Hinweise zur Ermittlung des beizulegenden Zeitwertes von besonderen identifizierbaren Vermögenswerten geben, werden die Grundprinzipien zur Fair Value-Bewertung in IFRS 13 *(Fair Value Measurement)* standardübergreifend geregelt.[741]

In IFRS 13 wird der **Fair Value** allgemein als derjenige Preis definiert, der bei der Veräußerung des zu bewertenden Vermögenswertes bzw. bei der Übertragung einer Schuld in einer gewöhnlichen Transaktion zwischen Marktteilnehmern am Bewertungsstichtag gezahlt würde.[742] Entgegen dem, was die Bezeichnung dieses Bewertungsmaßstabes suggeriert, handelt es sich hierbei nicht um ein Konzept zur Ermittlung eines „fairen Wertes", der den tatsächlichen inneren Wert des Bewertungsobjektes entspricht, sondern vielmehr um ein Preisfindungskonzept, welches die Zahlungsbereitschaft eines beliebigen Marktteilnehmers am Bewertungsstichtag widerspiegelt.[743] Der Definition des IFRS 13.9 folgend ist bei der Bewertung stets auf den **Veräußerungspreis** *(exit price)* abzuzielen und zwar unabhängig davon, ob das Bewertungsobjekt

[736] Vgl. IFRS 3.15.
[737] Vgl. BEYHS, O./WAGNER, B., Neue Vorschriften des IASB zur Abbildung von Unternehmenszusammenschlüssen, S. 76; HENDLER, M./ZÜLCH, H., Beteiligungsverhältnisse bei Tochterunternehmen, S. 487.
[738] Vgl. SENGER, T./BRUNE, J. W., in: Beck'sches IFRS-HB, 5. Aufl., § 34, Rn. 88.
[739] Vgl. stellvertretend HENDLER, M./ZÜLCH, H., Beteiligungsverhältnisse bei Tochterunternehmen, S. 488; BUSCHHÜTER, M., in: Internationale Rechnungslegung, IFRS 3, Rn. 77.
[740] Vgl. IFRS 3.BC.198 und IFRS 3.BC.203; ähnlich auch BAETGE, J./HAYN, S./STRÖHER, T., in: Rechnungslegung nach IFRS, 2. Aufl., Teil B: IFRS 3, Rn. 200.
[741] Vgl. IFRS 3.B.41-B.45; PETERSEN, K./BANSBACH, F./DORNBACH, E., IFRS-Praxishandbuch, S. 533.
[742] Vgl. IFRS 13.9; KIRSCH, H.-J. U. A., in: Rechnungslegung nach IFRS, 2. Aufl., Teil B: IFRS 13, Rn. 14; GROßE, J.-V., IFRS 13 Fair Value Measurement, S. 287.
[743] Vgl. CASTEDELLO, M./KLINGBEIL, C., Anwendungsfragen zu IFRS 13, S. 483 f.

tatsächlich veräußert wird (**Abgangsfiktion**).[744] Sofern bei einer lediglich hypothetisch durchgeführten Transaktion keine direkten Marktpreise beobachtbar sind, ist der beizulegende Zeitwert anhand von Bewertungsverfahren zu ermitteln.[745]

Bei der Bestimmung des Fair Value sind nur jene Eigenschaften bei der Preisfestsetzung zu berücksichtigen, die erwartungsgemäß von einem **typischen Marktteilnehmer** vergütet werden würden. Das bedeutet, dass unternehmensspezifische Einflüsse wie bspw. individuelle Nutzungsrechte zulasten einer strengen Marktorientierung ausgeblendet werden müssen.[746] Bei den diesbezüglichen (hypothetischen) Transaktionspartnern muss es sich um sachverständige, vertragswillige und voneinander unabhängige Marktteilnehmer handeln, die als Käufer und Verkäufer auf dem Hauptmarkt (bzw. vorteilhaftesten Markt)[747] in Erscheinung treten.[748] Die Anforderung an die Unabhängigkeit der agierenden Parteien ist bei *Common Control*-Transaktionen per se nicht gegeben, dennoch scheiden hieraus resultierende Preise nicht automatisch als Eingangsparameter bei der Fair Value-Ermittlung aus, sofern substanzielle Hinweise existieren, welche die Marktbedingungen der Transaktion belegen.[749] Weiterhin enthalten die Vorschriften des IFRS 13 Annahmen zur Verwendung von nicht-finanziellen Vermögenswerten.[750] Durch die zusätzliche Bewertungsprämisse des ***highest and best use*** ist bei der Ermittlung des beizulegenden Zeitwertes davon auszugehen, dass die entsprechende Ressource nutzenmaximierend eingesetzt wird und so ihrer besten Verwendung innerhalb des Unternehmens zugeführt wird.[751]

543.222. Fair Value-Hierarchie gemäß IFRS 13

Sowohl bei der Fair Value-Ermittlung im Allgemeinen als auch bei der des im Zuge eines konzerninternen Unternehmenszusammenschlusses erworbenen Vermögens im Speziellen hat der Bilanzierende zur sachgerechten Schätzung dieses Wertmaßstabes bestimmte Bewertungsverfahren anzuwenden.[752] Hierbei kommen die drei grundlegenden **Bewertungsverfahren** des marktbasierten Ansatzes *(market approach)*, des kapitalwertorientierten Ansatzes *(income approach)* sowie des kostenbasierten Ansatzes *(cost approach)* in Betracht.[753] Auch wenn der

---

744 Vgl. GIMPEL-HENNING, N., Sukzessive Anteilserwerbe, S. 98.

745 Vgl. WAWRZINEK, W./LÜBBIG, M., in: Beck'sches IFRS-HB, 5. Aufl., § 2, Rn. 238.

746 Vgl. IFRS 13.11; LÜDENBACH, N./HOFFMANN, W.-D./FREIBERG, J., in: Haufe IFRS-Kommentar, 14. Aufl., § 8a, Rn. 17; ZWIRNER, C./BOECKER, C., Fair Value Measurement nach IFRS 13, S. 8.

747 Vgl. zu dem in IFRS 13 verwendeten Konzept des Hauptmarktes bzw. des vorteilhaftesten Marktes weiterführend FLICK, P./GEHRER, J./MEYER, S., Neue Vorschriften für die Fair Value-Ermittlung, S. 389.

748 Vgl. IFRS 13.BC.56; HITZ, J.-M./ZACHOW, J., Beizulegender Zeitwert nach IFRS 13, S. 967; GROßE, J.-V., IFRS 13 Fair Value Measurement, S. 288.

749 Vgl. IFRS 13.BC.57; LÜDENBACH, N./HOFFMANN, W.-D./FREIBERG, J., in: Haufe IFRS-Kommentar, 14. Aufl., § 8a, Rn. 26.

750 Vgl. IFRS 13.27-33.

751 Vgl. HITZ, J.-M./ZACHOW, J., Beizulegender Zeitwert nach IFRS 13, S. 967; CASTEDELLO, M./KLINGBEIL, C., Anwendungsfragen zu IFRS 13, S. 485.

752 Vgl. allgemein WAWRZINEK, W./LÜBBIG, M., in: Beck'sches IFRS-HB, 5. Aufl., § 2, Rn. 254.

753 Vgl. IFRS 13.62; BAETGE, J./KIRSCH, H.-J./THIELE, S., Bilanzen, S. 229.

IASB in IFRS 13.62 auf verschiedene Bewertungsverfahren verweist, ist keine der dort genannten Methoden als grundsätzlich vorzugswürdig einzustufen.

Welcher Bewertungsansatz im Einzelfall letztlich auszuwählen ist, hängt vielmehr von der Qualität der zur Verfügung stehenden Inputparameter ab.[754] In diesem Kontext ist innerhalb der gegebenen Ansätze diejenige Bewertungsmethode anzuwenden, bei der möglichst viele (relevante) beobachtbare Inputfaktoren und möglichst wenige nicht-beobachtbare Inputfaktoren verwendet werden.[755] Die bevorzugte Verwendung von beobachtbaren Eingangsparametern und die damit verbundene Marktobjektivierung spiegeln sich in der **Fair Value-Hierarchie** des IFRS 13 wider, welche die in die Bewertungsverfahren einzubeziehenden Einflussgrößen vorgibt.[756] Neben der angestrebten Marktobjektivierung wird durch die Hierarchisierung der zulässigen Datenquellen in drei Stufen gleichzeitig die Konsistenz und die Vergleichbarkeit der ermittelten beizulegenden Zeitwerte und den dazugehörigen Angaben verbessert.[757]

Aufgrund der abfallenden Priorität der verschiedenen Stufen der Fair Value-Hierarchie ist zunächst auf Preise für identische Vermögenswerte oder Schulden abzustellen, die auf einem aktiven Markt gehandelt werden (***Level*-1-Inputfaktoren**).[758] Durch die Nebenbedingung eines aktiven Marktes wird die kontinuierliche Verfügbarkeit der Preisinformationen sichergestellt.[759] Faktisch handelt es sich bei dieser Bewertungsstufe nicht mehr um Inputfaktoren für eines der oben genannten Bewertungsverfahren, da der Preis dem Fair Value des Bewertungsobjektes entspricht und daher unverändert übernommen wird.[760] Der auf dem aktiven Markt beobachtbare Preis liefert nach Ansicht des IASB die verlässlichsten substanziellen Hinweise auf den beizulegenden Zeitwert.[761] Jedwede Anpassung dieses Parameters führt zu einer Herabstufung in der Bewertungshierarchie.[762]

Demgegenüber können Eingangsparameter der zweiten Stufe (***Level*-2-Inputfaktoren**) ggf. angepasst werden, um wertrelevante Eigenschaften und Umstände aus Sicht der Marktteilnehmer zu berücksichtigen, die nicht automatisch zu einer Abstufung auf die dritte Bewertungsebene

---

754 Vgl. IFRS 13.BC.142; WIELAND-BLÖSE, H./ANDRÉ, J., in: Thiele/von Keitz/Brücks, IFRS 13, Rn. 263, sowie hier und im Folgenden KIRSCH, H.-J. U. A., in: Rechnungslegung nach IFRS, 2. Aufl., Teil B: IFRS 13, Rn. 44.

755 Vgl. IFRS 13.61 und IFRS 13.67, sowie IDW (Hrsg.), IDW RS HFA 47, Rn. 56.

756 Vgl. HITZ, J.-M., Diskussionspapier Fair Value Measurements, S. 363; WIELAND-BLÖSE, H./ANDRÉ, J., in: Thiele/von Keitz/Brücks, IFRS 13, Rn. 263 f.; HITZ, J.-M./ZACHOW, J., Beizulegender Zeitwert nach IFRS 13, S. 969.

757 Vgl. IFRS 13.72; WAWRZINEK, W./LÜBBIG, M., in: Beck'sches IFRS-HB, 5. Aufl., § 2, Rn. 259.

758 Vgl. IFRS 13.76, sowie zur Fair Value-Hierarchie des IFRS 13 hier und im Folgenden umfassend KIRSCH, H.-J. U. A., in: Rechnungslegung nach IFRS, 2. Aufl., Teil B: IFRS 13, Rn. 65-99.

759 Vgl. KALANTARY, A., Fair Value-Bewertung immaterieller Vermögenswerte, S. 86.

760 Vgl. GROßE, J.-V., IFRS 13 Fair Value Measurement, S. 290, sowie THEILE, C., in: IFRS-Handbuch, 5. Aufl., B IV, Rn. 476.

761 Vgl. IFRS 13.77 i. V. m. IFRS 13.69. In der zuletzt genannten Textstelle werden Ausnahmen dargestellt, die eine Anpassung der direkt beobachtbaren Preise erfordern.

762 Vgl. HITZ, J.-M./ZACHOW, J., Beizulegender Zeitwert nach IFRS 13, S. 969.

führen.[763] Unter *Level*-2-Inputs werden sämtliche Preisinformationen für Vermögenswerte und Schulden subsumiert, die entweder direkt oder indirekt beobachtet werden können und nicht der ersten Stufe zuzuordnen sind.[764] Hierbei handelt es sich einerseits um Preise für ähnliche Bewertungsobjekte auf aktiven Märkten sowie um Preise für ähnliche und identische Vermögenswerte und Schulden auf inaktiven Märkten.[765] Andererseits zählen hierzu aber auch andere Eingangsparameter als beobachtbare Preise wie bspw. Zinssätze, Renditekurven oder auch marktgestützte Inputfaktoren. Letztere werden vornehmlich über Marktdaten unter Anwendung von Korrelationsanalysen oder sonstigen statistischen Verfahren abgeleitet oder durch sie gestützt.[766] Die verschiedenen Inputfaktoren auf der zweiten Stufe unterliegen keiner expliziten Hierarchisierung seitens des IASB, dennoch dürfte aufgrund der intendierten Zielsetzung, einer weitestgehend marktbasierten Bewertung, eine Präferenz für beobachtbare (ähnliche) Marktwerte bestehen.[767]

Als *ultima ratio* zu Ermittlung des beizulegenden Zeitwertes ist die Verwendung von nichtbeobachtbaren unternehmensindividuellen Eingangsparametern anzusehen (***Level*-3-Inputfaktoren**).[768] Auf diese ist immer dann zurückzugreifen, wenn keine geeigneten beobachtbaren Marktdaten verfügbar sind.[769] Zu derartigen Inputfaktoren zählen bspw. historische Abschmelzraten für Kundenbeziehungen oder interne Cashflow-Prognosen.[770] Wenngleich bei der Bewertung damit möglicherweise unternehmenseigene Daten herangezogen werden, müssen diese der Konzeption des IFRS 13 folgend an die Annahmen und Einschätzungen des typischen Marktteilnehmers angepasst werden.[771] Trotz des fehlenden Marktbezugs stellt der auf Basis dieser Inputfaktoren ermittelte beizulegende Zeitwert daher grundsätzlich keine unternehmensspezifische Bewertungsgröße dar. Die Anpassung der Inputparameter an die Bewertungsannahmen der Marktteilnehmer ist indes nur in dem Umfang durchzuführen, als diese nicht mit unangemessenen Anstrengungen des Bilanzierenden verbunden sind.[772]

Bei der **Gesamteinstufung** eines ermittelten Fair Value ist der Inputfaktor der niedrigsten Stufe maßgeblich, der einen signifikanten Einfluss auf das Bewertungsergebnis hat.[773] Mit abneh-

---

763 Vgl. IFRS 13.83 f.; FISCHER, D. T., Fair Value Measurement, S. 238.

764 Vgl. IFRS 13.81 f.; IDW (Hrsg.), IDW RS HFA 47, Rn. 84 f.

765 Vgl. IFRS 13.82 (a) und (b), sowie hier und im Folgenden auch FLICK, P./GEHRER, J./MEYER, S., Neue Vorschriften für die Fair Value-Ermittlung, S. 390.

766 Vgl. IFRS 13.82 (c) und (d) i. V. m. IFRS 13.Appendix A, sowie WIELAND-BLÖSE, H./ANDRÉ, J., in: Thiele/von Keitz/Brücks, IFRS 13, Rn. 293.

767 Vgl. LÜDENBACH, N./FREIBERG, J., Zweifelhafter Objektivierungsbeitrag, S. 441; KIRSCH, H.-J. U. A., in: Rechnungslegung nach IFRS, 2. Aufl., Teil B: IFRS 13, Rn. 82.

768 Vgl. IFRS 13.86-90; HITZ, J.-M., Diskussionspapier Fair Value Measurements, S. 364.

769 Vgl. IFRS 13.87; GIMPEL-HENNING, N., Sukzessive Anteilserwerbe, S. 107.

770 Vgl. IFRS 13.B.36; KALANTARY, A., Fair Value-Bewertung immaterieller Vermögenswerte, S. 87 f.

771 Vgl. KIRSCH, H.-J. U. A., in: Rechnungslegung nach IFRS, 2. Aufl., Teil B: IFRS 13, Rn. 87; WAWRZINEK, W./LÜBBIG, M., in: Beck'sches IFRS-HB, 5. Aufl., § 2, Rn. 265.

772 Vgl. IFRS 13.89; KÖHLING, K., Fair Value-Ermittlung für Renditeimmobilien, S. 33.

773 Vgl. ZWIRNER, C./BOECKER, C., Fair Value Measurement nach IFRS 13, S. 9.

mender Qualität der Eingangsparameter steigt gleichzeitig auch der Umfang der mit der Bewertung verbundenen Anhangangaben.[774] Hierdurch soll dem Adressaten ein Verständnis der verwendeten Inputparameter und der daran geknüpften Bewertungsmethoden vermittelt werden, um letztlich die Transparenz der Berichterstattung zu erhöhen.[775] Durch die ausgeweitete Berichterstattungspflicht wird gleichzeitig deutlich, dass der beizulegende Zeitwert an Aussagekraft verliert, sofern in der Verfahrenshierarchie auf untergeordnete Inputparameter zurückgegriffen werden muss.[776]

543.3 Kritische Würdigung der Ansatz- und Bewertungsvorschriften im Rahmen konzerninterner Unternehmenszusammenschlüsse

Inwieweit die Regelungen des IFRS 3 auf den hier untersuchten Sachverhalt übertragbar sind, hängt nicht zuletzt davon ab, ob die damit verbundenen Ansatz- und Bewertungsvorgänge zu einer vergleichsweise eingeschränkten glaubwürdigen Berichterstattung führen. Vor diesem Hintergrund gilt es zu überprüfen, ob die aus der Erwerbsmethode resultierenden Bilanzierungsprobleme bei konzerninternen Unternehmenszusammenschlüssen höher zu gewichten sind als bei Zusammenschlüssen zwischen fremden Dritten.

Die infolge des überarbeiteten *Conceptual Framework* künftig **veränderten Definitions- und Ansatzkriterien** scheinen keine materiellen Veränderungen bei der Bilanzierung von Unternehmenszusammenschlüssen nach sich zu ziehen. Dies liegt in erster Linie darin begründet, dass die Ansatzkriterien des geltenden Rahmenkonzepts bei der bilanziellen Erfassung der erworbenen identifizierbaren Vermögenswerte und Schulden grundsätzlich[777] ohnehin außer Kraft gesetzt sind.[778] Der IASB begründet die Abschaffung des Wahrscheinlichkeitskriteriums innerhalb der Vorschriften des IAS 38 und auf Ebene des überarbeiteten Rahmenkonzepts damit, dass der für die erhaltenen Vermögenswerte gezahlte Preis gleichzeitig die Erwartungen bzgl. des künftigen Nutzenzuflusses widerspiegelt.[779] Ein entsprechend niedriger Kaufpreis ist somit Ausdruck geringerer Nutzenerwartungen *(et vice versa)*. Im Ergebnis wird das Wahrscheinlichkeitskriterium daher auf die Bewertungsebene zurückgestuft.[780] Dies gilt gleichermaßen für Unternehmenszusammenschlüsse, bei denen die hingegebene Gegenleistung nicht unmittelbar einzelnen Vermögenswerten und Schulden zuordenbar ist, sondern sich auf das Ak-

---

774 Vgl. IFRS 13.91-99; FISCHER, D. T., Fair Value Measurement, S. 238.

775 Vgl. KIRSCH, H.-J. U. A., in: Rechnungslegung nach IFRS, 2. Aufl., Teil B: IFRS 13, Rn. 153.

776 Vgl. LÜDENBACH, N./FREIBERG, J., Zweifelhafter Objektivierungsbeitrag, S. 442; KALANTARY, A., Fair Value-Bewertung immaterieller Vermögenswerte, S. 88.

777 Zu den Ausnahmen der Ansatz- und Bewertungsgrundsätze des IFRS 3 vgl. IFRS 3.21-31, sowie PETERSEN, K./BANSBACH, F./DORNBACH, E., IFRS-Praxishandbuch, S. 533.

778 Vgl. IFRS 3.BC.126; IAS 38.33; KPMG (Hrsg.), Insights into IFRS 2015/16 (Volume 1), Rn. 2.6.570.20; EY (Hrsg.), International GAAP 2016 (Volume 1), S. 582.

779 Vgl. ED.CF.5.18; IAS 38.25 und IAS 38.33.

780 Vgl. BAETGE, J./HAYN, S./STRÖHER, T., in: Rechnungslegung nach IFRS, 2. Aufl., Teil B: IFRS 3, Rn. 164-166; DEHMEL, I., Definitions- und Ansatzkriterien, S. 1773; GUTSCHE, R., Intangibles, quo vadis, S. 194.

quisitionsobjekt als Ganzes bezieht. Die Tatsache, dass das erworbene Vermögen in die Kaufpreisüberlegungen eingeflossen ist, wird vonseiten des IASB sowohl als ausreichendes Indiz für einen künftigen Nutzenzufluss als auch für deren verlässliche Bewertbarkeit gewertet.[781] Der mit der „**niedrigere[n; Anm. d. Verf.] […] Nachweisschwelle**"[782] einhergehende **extensive Ansatz** immaterieller Vermögenswerte ist ursprünglich dadurch motiviert gewesen, möglichst große Bestandteile des Kaufpreises auf einzelne Vermögenswerte zu allokieren, die ansonsten in der Sammelgröße Goodwill untergehen würden.[783] Der IASB vertritt in diesem Zusammenhang die Auffassung, dass der separate Ansatz des identifizierten erworbenen Vermögens vom Geschäfts- oder Firmenwert die Entscheidungsnützlichkeit der Finanzberichterstattung erhöht.[784] Die Ansicht basiert wohl im Wesentlichen darauf, dass die Höhe der Gegenleistung und damit des Goodwill bei externen Unternehmenszusammenschlüssen i. d. R. durch eine Markttransaktion objektiviert ist und der erweiterte Ansatz identifizierbarer Vermögenswerte somit lediglich mit einem detaillierteren Vermögensausweis verbunden ist, durch den die „undefinierbare Residualgröße"[785] des **Geschäfts- oder Firmenwertes minimiert** wird.

Durch die implizit nachgelagerte Berücksichtigung der **Ansatzkriterien** im Zuge der Bewertung des erworbenen Vermögens stehen die Vorschriften des IFRS 3 grundsätzlich im Einklang mit der neuen Ansatzkonzeption des IASB.[786] Dennoch würde die Anwendung der Regelungen auf konzerninterne Unternehmenszusammenschlüsse zu einer **vergleichsweise stärkeren Entobjektivierung** der Rechnungslegungsinformationen führen, als es bei externen Unternehmenszusammenschlüssen der Fall ist.[787] Dies liegt in erster Linie darin begründet, dass bei konzerninternen Unternehmenszusammenschlüssen die objektivierende Kraft eines Marktpreises fehlt.[788] Der beherrschende Einfluss des übergeordneten Mutterunternehmens ermöglicht es diesem, den Veräußerungspreis des Tochterunternehmens in gewissen Grenzen eigenständig festzulegen. Bedingt durch die fehlenden Kaufpreisverhandlungen und dem damit verbundenen ausbleibenden Interessenausgleich zwischen den beteiligten Parteien, spiegelt der Preis weitestgehend die **subjektiven Einschätzungen des Veräußerers** bzgl. der Werthaltigkeit der zu bilanzierenden Vermögenswerte wider und nicht die des Erwerbers.[789] Damit ist die Annahme

[781] Vgl. IFRS 3.BC.125; IAS 38.33; BAETGE, J./HAYN, S./STRÖHER, T., in: Rechnungslegung nach IFRS, 2. Aufl., Teil B: IFRS 3, Rn. 163-167.

[782] HOMMEL, M./BENKEL, M./WICH, S., IFRS 3 Business Combinations, S. 1269.

[783] Vgl. LÜDENBACH, N./HOFFMANN, W.-D./FREIBERG, J., in: Haufe IFRS-Kommentar, 14. Aufl., § 31, Rn. 76; VELTE, P., Intangible Assets und Goodwill im Spannungsfeld, S. 158 f.; KUHLEWIND, A.-M., Purchase Price Allocation, S. 502; GUTSCHE, R., Intangibles, quo vadis, S. 194.

[784] Vgl. IFRS 3.BC.158.

[785] Vgl. HOMMEL, M./BENKEL, M./WICH, S., IFRS 3 Business Combinations, S. 1268.

[786] Vgl. BALLWIESER, W., Ökonomische Analyse des Rahmenkonzepts, S. 470 f.; DEHMEL, I., Definitions- und Ansatzkriterien, S. 1773.

[787] Vgl. allgemein zur Entobjektivierung der Kaufpreisallokation HOMMEL, M./BENKEL, M./WICH, S., IFRS 3 Business Combinations, S. 1269 f.

[788] Vgl. EFRAG U. A. (Hrsg.), Business Combinations under Common Control, S. 42.

[789] Vgl. hierzu auch CASTEDELLO, M./KLINGBEIL, C., Anwendungsfragen zu IFRS 13, S. 483, sowie LÖCKE, J., Konzernintern erworbene immaterielle Vermögensgegenstände, S. 415 f. m. w. N., wenn auch im handelsrechtlichen Kontext. Vgl. hierzu auch Abschnitt 544.322.

des IASB, dass die entrichtete Gegenleistung automatisch als hinreichendes Indiz für den künftigen Nutzenzufluss zu werten ist, zumindest in diesem Kontext zweifelhaft.

Wenngleich bei konzerninternen Unternehmenszusammenschlüssen kein Marktpreis als objektivierendes Element der Bilanzierung herangezogen werden kann, schließt dies den Ansatz des identifizierten Vermögens dennoch nicht per se aus. Der IASB erachtet eine Aktivierung auch dann für zulässig, wenn die damit einhergehende Aufdeckung der stillen Reserven den Kaufpreis der Beteiligung übersteigt.[790] Während die ehemaligen Vorschriften des IAS 22 eine Aktivierung selbsterstellter immaterieller Vermögenswerte, die nicht auf einem aktiven Markt gehandelt wurden, nur insoweit gestatteten, als hieraus kein negativer Unterschiedsbetrag entstand bzw. erhöht wurde, vertritt der IASB seit der Verabschiedung des IFRS 3 (2004) die Maßgabe, sämtliche materiellen und immateriellen identifizierbaren Vermögenswerte **unabhängig vom gezahlten Kaufpreis anzusetzen.**[791] Somit steht die im objektiv-teleologischen Sinne fehlende Pagatorik[792] bei konzerninternen Unternehmenszusammenschlüssen dem Ansatz dieser Vermögenswerte zumindest aus regelungssystematischer Sicht nicht entgegen.

Hinsichtlich der **konkreten Bewertung** der zu aktivierenden identifizierbaren Vermögenswerte und Schulden treten ähnliche Herausforderungen wie auch bei Unternehmenszusammenschlüssen mit fremden Dritten auf.[793] Dadurch, dass nur ein Kaufpreis für das Gesamtunternehmen gezahlt wird, muss zwangsläufig auf die **Bewertungsvorschriften des IFRS 13** zurückgegriffen werden. Aufgrund der konzeptionellen Ausrichtung des Fair Value als Veräußerungspreis zwischen voneinander unabhängigen Marktteilnehmern,[794] erscheinen die Bewertungsvorschriften grundsätzlich dazu geeignet, die konzerninterne Perspektive zugunsten einer Marktperspektive auszublenden. Unabhängig davon, ob es sich bei dem Zusammenschluss um eine *related party transaction* handelt, sind ebenso wie bei externen Unternehmenszusammenschlüssen somit nur die werttreibenden Eigenschaften des zu bewertenden Vermögenswertes zu berücksichtigen, die gleichermaßen von einem durchschnittlichen (konzernfremden) Marktteilnehmer berücksichtigt worden wären.[795]

Nichtsdestotrotz sind die in IFRS 13 verankerten Vorschriften zur Zeitwertbilanzierung je nach Beschaffenheit des Bewertungsobjektes mit unterschiedlichen **Ermessensspielräumen** verbunden. Vor allem die Bewertung immaterieller Vermögenswerte ist aufgrund ihrer oftmals

---

790 Vgl. HOMMEL, M./BENKEL, M./WICH, S., IFRS 3 Business Combinations, S. 1271.

791 Vgl. KÜTING, K./WIRTH, J., Unternehmenszusammenschlüsse nach IFRS 3, S. 170 f.; THEILE, C./PAWELZIK, K. U., Bilanzierung eines excess, S. 320.

792 Auch wenn in den überwiegenden Fällen ein Kaufpreis für das konzernintern erworbene Unternehmen gezahlt werden dürfte, entfaltet dieser keine objektivierende Wirkung, wie dies üblicherweise bei pagatorisch abgesicherten Transaktionen der Fall ist, bei denen die hingegebene Gegenleistung das Ergebnis eines Verhandlungsprozesses zwischen fremden Dritten ist. Vgl. hierzu ausführlicher Abschnitt. 544.323.

793 Vgl. ebenso KPMG (Hrsg.), Comment Letter (DP/EFRAG), S. 14; BDO (Hrsg.), Comment Letter (DP/EFRAG), S. 8; MAZARS (Hrsg.), Comment Letter (DP/EFRAG), S. 9 f.

794 Vgl. KIRSCH, H.-J. U. A., in: Rechnungslegung nach IFRS, 2. Aufl., Teil B: IFRS 13, Rn. 3133 (a).

795 Vgl. Abschnitt 543.221.

hohen Individualität besonders herausfordernd.[796] Die Einzigartigkeit dieser Vermögenswerte ermöglicht es nur in Ausnahmefällen, auf direkt am Markt beobachtbare Preise für identische Vermögenswerte zurückzugreifen.[797] Daher wird die Bestimmung des beizulegenden Zeitwertes regelmäßig lediglich mittels Inputparameter der zweiten oder dritten Stufe möglich sein. Je weiter sich der Fair Value einer marktbasierten Bewertung entzieht, desto niedriger ist auch der Objektivierungsgrad des Bewertungsergebnisses einzuschätzen. Dies gilt vor allem für *Level*-3-Inputfaktoren, deren Herkunft aufgrund der subjektiven Einschätzungen des Bilanzierenden für den Adressaten nicht unmittelbar nachvollziehbar ist und daher vergleichsweise anfällig gegenüber Manipulationen scheint.[798]

Die mit der Fair Value-Hierarchie einhergehenden Ermessensspielräume bei der Ermittlung des beizulegenden Zeitwertes treffen indes gleichermaßen auf konzerninterne wie auch auf Unternehmenszusammenschlüsse mit fremden Dritten zu. Auch der bei externen Unternehmensakquisitionen vermeintlich objektivierende Charakter der hingegebenen Gegenleistung ist insofern zu relativieren, als diese keine wesentliche Hilfestellung bei der Beurteilung der jeweiligen Wertansätze bietet. Vielmehr ist der zwischen voneinander unabhängigen Parteien ausgehandelte **Kaufpreis** für die Bewertung der in Rede stehenden Vermögenswerte nicht von Bedeutung. Zum einen ist die Bewertung der Höhe nach nicht auf die Anschaffungskosten begrenzt und zum anderen liefert der für das gesamte Unternehmen gezahlte Preis keine Rückschlüsse auf die Angemessenheit einzelner Wertansätze. Da die für das Erwerbsobjekt gezahlten Anschaffungskosten einzelnen Vermögenswerten nicht direkt zuordenbar sind, dienen diese somit auch bei externen Unternehmenszusammenschlüssen nicht als objektivierender Referenzmaßstab. Letztlich liefert die Höhe der hingegebenen Gegenleistung lediglich Informationen darüber, inwieweit die Wertansätze insgesamt pagatorisch abgesichert sind, sodass ihr allenfalls ein **plausibilisierender Charakter** zuzusprechen ist.

Allerdings dürften die **Informationsasymmetrien** zwischen Käufer und Verkäufer bei konzerninternen Unternehmenszusammenschlüssen regelmäßig geringer sein als bei Transaktionen mit fremden Dritten. Gerade bei fehlenden Marktdaten können konzerninterne Informationen über das jeweilige Bewertungsobjekt daher grundsätzlich dazu beitragen, die Glaubwürdigkeit des Wertansatzes zu erhöhen.[799] Die Informationen dürfen gemäß IFRS 13 bei der Bewertung

---

796 Vgl. HOFFMANN, W.-D., Immaterielle Vermögenswerte beim Unternehmenserwerb, S. 68; CASTEDELLO, M./KLINGBEIL, C., Anwendungsfragen zu IFRS 13, S. 486; BAETGE, J./HAYN, S./STRÖHER, T., in: Rechnungslegung nach IFRS, 2. Aufl., Teil B: IFRS 3, Rn. 209.

797 Vgl. hier und im Folgenden auch ZÜLCH, H./STORK, T./DETZEN, D., Kaufpreisallokation nach IFRS 3, S. 300.

798 Vgl. hierzu insgesamt KALANTARY, A., Fair Value-Bewertung immaterieller Vermögenswerte, S. 88. Zu den verschiedenen Objektivierungsstufen der Fair Value-Hierarchie vgl. LÜDENBACH, N./HOFFMANN, W.-D./FREIBERG, J., in: Haufe IFRS-Kommentar, 14. Aufl., § 8a, Rn. 32.

799 Vgl. im Ergebnis wohl auch KIRSCH, H.-J. U. A., in: Rechnungslegung nach IFRS, 2. Aufl., Teil B: IFRS 13, Rn. 89 f.

nur insoweit einbezogen werden, als sie zur Berücksichtigung von wertbestimmenden Eigenschaften führen, die dem Bewertungsobjekt unmittelbar anhaften und somit gleichermaßen von einem typischen Marktteilnehmer eingepreist worden wären.[800]

Insgesamt bleibt festzuhalten, dass eine pauschale Unterstellung des wahrscheinlichen Nutzenzuflusses beim Ansatz der erworbenen identifizierbaren Vermögenswerte bei konzerninternen Unternehmenszusammenschlüssen nach hier vertretener Auffassung nur schwer zu rechtfertigen ist. Allerdings sollte sich ein geringerer erwarteter Nutzenzufluss zumindest konzeptionell in einer entsprechend niedrigeren Bewertung der jeweiligen Vermögenswerte widerspiegeln. Auch wenn die Bewertungsmechanismen des IFRS 13 grundsätzlich auf interne Transaktionen übertragbar sind, darf nicht ausgeblendet werden, dass vor allem Bewertungsergebnisse, welche durch die Verwendung von Inputparametern der dritten Stufe ermittelt werden, erheblichen subjektiven Schätzrisiken unterliegen. Ungeachtet dessen, dass die Glaubwürdigkeit solcher Schätzungen aufgrund geringerer Informationsasymmetrien zwischen Käufer und Verkäufer möglicherweise eher gegeben ist als bei externen Unternehmenszusammenschlüssen, sind die **bilanzpolitischen Gestaltungsspielräume**, die mit dem Ansatz und der Bewertung des erworbenen Vermögens verbunden sind, bei beiden Formen von Unternehmenszusammenschlüssen **gleich zu gewichten**. Demzufolge sind die diesbezüglichen Vorschriften des IFRS 3 grundsätzlich auch für konzerninterne Unternehmenszusammenschlüsse unter gemeinsamer Beherrschung geeignet. Inwieweit dies ebenfalls auf den Ansatz und die Bewertung eines Unterschiedsbetrages aus der Kapitalkonsolidierung zutrifft, wird in den folgenden Abschnitten geklärt.

544. Ansatz und Bewertung eines Unterschiedsbetrages aus der Kapitalkonsolidierung

544.1 Vorbemerkungen

Der letzte Schritt bei der teilkonzernbilanziellen Kapitalkonsolidierung eines konzerninternen Unternehmenserwerbs auf Basis der Vorschriften des IFRS 3 umfasst den Ansatz und die Bewertung eines positiven bzw. negativen Unterschiedsbetrages.[801] Vor allem einem positiven Unterschiedsbetrag kommt aufgrund seiner speziellen Eigenschaft als Konglomerat verschiedenster immaterieller Werttreiber i. V. m. seiner oftmals hohen wertmäßigen Bedeutung eine besondere Stellung bei der Bilanzierung von Unternehmenszusammenschlüssen zu.[802] Insofern wird in den folgenden Abschnitten nähergehend untersucht, welche spezifischen Her-

800 Vgl. IFRS 13.11, sowie WAWRZINEK, W./LÜBBIG, M., in: Beck'sches IFRS-HB, 5. Aufl., § 2, Rn. 239; LÜDENBACH, N./HOFFMANN, W.-D./FREIBERG, J., in: Haufe IFRS-Kommentar, 14. Aufl., § 8a, Rn. 18.

801 Vgl. Abschnitt 541.

802 Vgl. KÜTING, K., Geschäfts- oder Firmenwert in der Konsolidierungspraxis 2010, S. 1677 f.; KÜTING, K./WIRTH, J., Unternehmenszusammenschlüsse nach IFRS 3, S. 174; HAAKER, A., Goodwill-Bilanzierung nach IFRS, S. 57 und S. 82; WIRTH, J., Firmenwertbilanzierung nach IFRS, S. 182 f.; KLOSE, N.-C., Kapitalkonsolidierungs- und Bewertungsmethoden, S. 97.

ausforderungen bei der Ermittlung eines Unterschiedsbetrages bei konzerninternen Transaktionen auftreten und inwieweit sich hieraus möglicherweise Auswirkungen auf die Interpretation der jeweiligen Residualgröße ergeben (Abschnitt 544.34 und Abschnitt 544.44). Insbesondere letzterer Punkt erfordert ein tiefergehendes Verständnis der Residualgrößen, weshalb der jeweiligen Diskussion grundlegende Ausführungen zum konzeptionellen Charakter des entsprechenden Unterschiedsbetrages vorangestellt werden (Abschnitt 544.31 und Abschnitt 544.41). Als Ausgangsbasis der folgenden Analyse wird in Abschnitt 544.2 zunächst ganz generell auf die in IFRS 3 verankerte Ermittlungssystematik eines ggf. im Rahmen der Kapitalaufrechnung entstehenden Unterschiedsbetrages eingegangen.

544.2 Grundsätzliche Ermittlungssystematik gemäß IFRS 3

Die Kapitalkonsolidierung stellt regelmäßig den technischen Ausgangspunkt zur Bestimmung des Unterschiedsbetrages dar.[803] Sofern sich bei der Eliminierung der internen Kapitalverflechtung der Beteiligungsbuchwert des zu konsolidierenden Tochterunternehmens und das auf die Beteiligung entfallende, nunmehr neubewertete Eigenkapital nicht in gleicher Höhe gegenüberstehen, resultiert aus der Aufrechnungsmethodik ein Unterschiedsbetrag.[804] Je nach Vorzeichen sehen die Regelungen des IFRS 3 entweder die Aktivierung eines derivativen **Geschäfts- oder Firmenwertes** oder die erfolgswirksame Erfassung eines ***bargain purchase*** vor.[805] Die Ermittlung des Unterschiedsbetrages beschränkt sich indes nicht auf die reine Aufrechnung des Beteiligungsbuchwertes des Tochterunternehmens, sondern muss darüber hinaus an die spezifischen Vorschriften des IFRS 3 angepasst werden.[806]

In diesem Kontext ist zunächst der beizulegende Zeitwert der zum Erwerb der Beteiligung **aufgewendeten Gegenleistung** *(consideration transferred)* zu ermitteln,[807] der letztlich auch den Referenzpunkt zur Bestimmung des Unterschiedsbetrages darstellt und nicht zwangsläufig mit dem zu eliminierenden Beteiligungsbuchwert aus dem Einzelabschluss übereinstimmt. So sind z. B. im Wertansatz der Beteiligung enthaltene **Anschaffungsnebenkosten** – wie bspw. direkt zurechenbare Beratungs- oder Anwaltskosten – bei der Bestimmung der hingegebenen Gegenleistung nicht zu berücksichtigen und müssen deshalb durch entsprechende Korrekturbuchungen aufwandswirksam adjustiert werden.[808] Sofern der Unternehmenszusammenschluss nicht mit liquiden Mitteln oder Zahlungsmitteläquivalenten beglichen wird, ist zudem regelmäßig

---

803 Dies setzt einen aus den Einzelabschlüssen der Tochterunternehmen abgeleiteten Konzernabschluss voraus, vgl. hierzu sowie im Folgenden ausführlich GIMPEL-HENNING, N., Sukzessive Anteilserwerbe, S. 78 f.

804 Vgl. wenn auch im handelsrechtlichen Kontext VON WYSOCKY, K./WOHLGEMUTH, M./BRÖSEL, G., Konzernrechnungslegung, S. 130; BAETGE, J./KIRSCH, H.-J./THIELE, S., Konzernbilanzen, S. 223 f., sowie SENGER, T./DIERSCH, U., in: Beck'sches IFRS-HB, 5. Aufl., § 35, Rn. 17.

805 Vgl. BAETGE, J./HAYN, S./STRÖHER, T., in: Rechnungslegung nach IFRS, 2. Aufl., Teil B: IFRS 3, Rn. 258.

806 Vgl. GIMPEL-HENNING, N., Sukzessive Anteilserwerbe, S. 79.

807 Vgl. SENGER, T./BRUNE, J. W., in: Beck'sches IFRS-HB, 5. Aufl., § 34, Rn. 172.

808 Vgl. zur Behandlung von Anschaffungsnebenkosten IFRS 3.53 i. V. m. IFRS 3.BC.365, sowie KÜTING, K./WEBER, C.-P./WIRTH, J., Goodwillbilanzierung, S. 142 f.; LÜDENBACH, N./HOFFMANN, W.-D./FREIBERG, J., in: Haufe IFRS-Kommentar, 14. Aufl., § 31, Rn. 39-41.

eine **gesonderte Bewertung der Anschaffungskosten** erforderlich, um den beizulegenden Zeitwert der hingegebenen nicht-monetären Vermögenswerte zu bestimmen.[809] Mit den dann jeweils anzuwendenden Bewertungsmechanismen sind besondere Anforderungen an die Ermittlung der Höhe der übertragenen Gegenleistung verbunden.

Des Weiteren wird der Beteiligungsbuchwert durch die in IFRS 3.32 (a) (ii) vorgeschriebene Hinzurechnung des **Wertes der nicht-beherrschenden Anteile** am Akquisitionsobjekt angepasst. Dies ist erforderlich, da die aufgewendete Gegenleistung stets mit dem vollständig neubewerteten Reinvermögen verrechnet wird.[810] Im Falle eines sukzessiven Unternehmenszusammenschlusses muss der übertragenen Gegenleistung überdies der beizulegende Zeitwert der bereits vor dem neuerlichen Erwerbsvorgang bestehenden Beteiligung (Altanteile) hinzugerechnet werden.[811]

Hinsichtlich der Bewertung der nicht-beherrschenden Anteile eröffnen die Vorschriften des IFRS 3 dem Bilanzierenden ein kontrovers diskutiertes Wahlrecht,[812] das unmittelbaren Einfluss auf die Höhe des Unterschiedsbetrages haben kann.[813] Die in Rede stehenden Anteile dürfen entweder i. H. ihres beteiligungsproportionalen Anspruchs am neubewerteten identifizierbaren Nettovermögen bewertet werden (sog. ***Partial Goodwill*-Methode**[814]) oder aber mit ihrem beizulegenden Zeitwert in die Berechnung des Unterschiedsbetrages einfließen (sog. ***Full Goodwill*-Methode**).[815] Während bei der anteiligen Bewertung i. H. d. identifizierten Nettovermögens ein positiver Unterschiedsbetrag allein auf die Mehrheitsgesellschafter entfällt, kann bei der Anwendung der *Full Goodwill*-Methode darüber hinaus auch ein Geschäfts- oder Firmenwert, der auf die nicht-beherrschenden Gesellschafter entfällt, aktiviert werden.[816]

Während bei der derivativen Konzernabschlusserstellung ein zu bilanzierender Unterschiedsbetrag aufgrund der Aufrechnung des entsprechend adjustierten Beteiligungsbuchwertes aus dem Einzelabschluss des Mutterunternehmens mit dem auf diesen entfallenden neubewerteten

809 Vgl. IFRS 3.37; FINK, C., Unternehmenszusammenschlüsse, S. 115 f., sowie hier und im Folgenden SENGER, T./BRUNE, J. W., in: Beck'sches IFRS-HB, 5. Aufl., § 34, Rn. 176.

810 Vgl. HACHMEISTER, D., Unternehmenszusammenschlüsse nach IFRS 3, S. 120.

811 Vgl. FINK, C., Unternehmenszusammenschlüsse, S. 118; HENDLER, M./ZÜLCH, H., Beteiligungsverhältnisse bei Tochterunternehmen, S. 498 und S. 491. Zur umfassenden Interpretation eines stufenweise entstandenen Geschäfts- oder Firmenwertes vgl. GIMPEL-HENNING, N., Interpretation eines Goodwill aus stufenweisen Unternehmenserwerben, S. 217-222.

812 Vgl. BADER, A./SCHREDER, M., Full goodwill-Methode vs. partial goodwill-Methode, S. 279; PELLENS, B./BASCHE, K./SELLHORN, T., Full Goodwill Method, S. 3 f.; PELLENS, B./SELLHORN, T./AMSHOFF, H., Reform der Konzernbilanzierung, S. 1749-1755, sowie HAAKER, A., Full-Goodwill-Wahlrecht nach IFRS 3, S. 238.

813 Vgl. hierzu inklusive ausführlichem Beispiel LÜDENBACH, N./HOFFMANN, W.-D./FREIBERG, J., in: Haufe IFRS-Kommentar, 14. Aufl., § 31, Rn. 134-139.

814 Im Schrifttum wird häufig auch der Begriff des *purchased goodwill* verwendet, vgl. stellvertretend KÜTING, K./WEBER, C.-P./WIRTH, J., Goodwillbilanzierung, S. 142.

815 Vgl. hier und im Folgenden ZWIRNER, C./KÜNKELE, K. P., Full Goodwill nach IFRS 3, S. 253; BADER, A./SCHREDER, M., Full goodwill-Methode vs. partial goodwill-Methode, S. 276, sowie PANZER, A., Statusändernde Anteilsveräußerungen im IFRS-Konzernabschluss, S. 89 f.

816 Vgl. KÜTING, K./WIRTH, J., Goodwillbilanzierung Near Final Draft, S. 463.

Eigenkapital eine konsolidierungstechnische Residualgröße darstellt, wird bei einer vereinfachten Bestimmung des Unterschiedsbetrages direkt auf den beizulegenden Zeitwert der übertragenen Gegenleistung abgestellt. Diese auch in IFRS 3 beschriebene idealtypische Vorgehensweise zur Ermittlung der aus dem Unternehmenszusammenschluss möglicherweise resultierenden Saldogröße ist in Abbildung 5-6 grafisch dargestellt.[817]

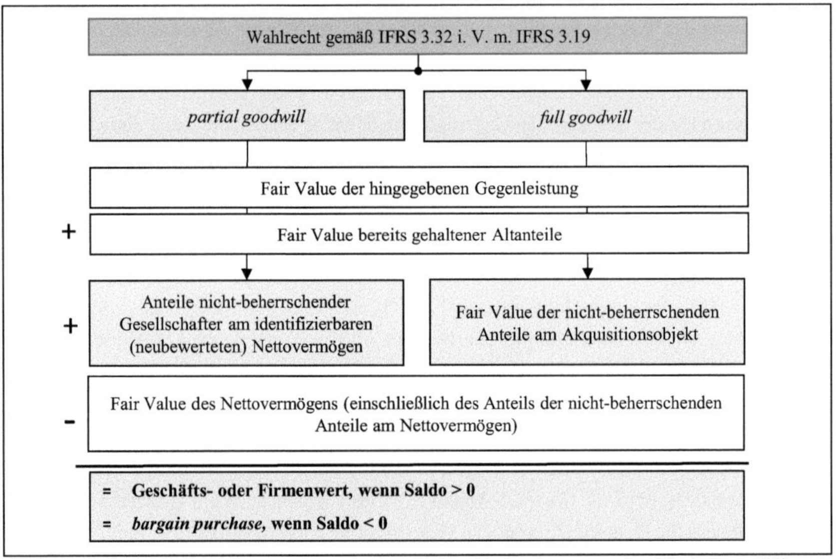

Abbildung 5-6: Ermittlungssystematik eines Unterschiedsbetrages aus der Kapitalkonsolidierung gemäß IFRS 3[818]

Da die *Full Goodwill*-Methode aus Sicht der (deutschen) IFRS-Anwender bislang keine bedeutende Stellung einnimmt und sie darüber hinaus mit keinen spezifischen Problemen bei der bilanziellen Abbildung konzerninterner Unternehmenszusammenschlüsse verbunden ist, wird diese Methodik zur Bestimmung des Unterschiedsbetrages im weiteren Verlauf dieser Untersuchung nicht mehr explizit diskutiert.[819] Im Kern der weiteren Betrachtung steht somit die *Partial Goodwill*-Methode.

[817] Vgl. IFRS 3.31 i. V. m. IFRS 3.BC.328.

[818] In Anlehnung an KÜTING, K./WIRTH, J., Goodwillbilanzierung Near Final Draft, S. 462; KÜTING, K./WEBER, C.-P./WIRTH, J., Goodwillbilanzierung, S. 142.

[819] Vgl. zur Bedeutung der *Full Goodwill*-Methode LEITNER-HANETSEDER, S./REBHAN, E., Praxis der Goodwill-Bilanzierung der DAX-30-Unternehmen, S. 162; BADER, A./SCHREDER, M., Full goodwill-Methode vs. partial goodwill-Methode, S. 279; PANZER, A., Statusändernde Anteilsveräußerungen im IFRS-Konzernabschluss, S. 89 m. w. N., sowie schon KÜTING, K./WIRTH, J., Goodwillbilanzierung Near Final Draft, S. 468.

544.3 Ermittlung und Bilanzierung eines positiven Unterschiedsbetrages aus der Kapitalkonsolidierung im Rahmen konzerninterner Unternehmenszusammenschlüsse

544.31 Allgemeiner Charakter und Bestandteile eines Geschäfts- oder Firmenwertes

544.311. Originärer versus derivativer Geschäfts- oder Firmenwert

Je nach der Entstehungsweise wird sowohl in der internationalen Rechnungslegung als auch in anderen Rechnungslegungssystemen zwischen einem derivativen und einem originären Geschäfts- oder Firmenwert unterschieden.[820] Im Allgemeinen repräsentiert diese Wertgröße die künftig zu erwartenden Einzahlungsüberschüsse eines Unternehmens, die nicht Bestandteil des bilanzierten Nettovermögens sind. Der investitionstheoretischen Interpretation des Goodwill folgend, verkörpert dieser die Differenz zwischen dem Ertragswert des Unternehmens und dessen Substanzwert.[821] Während erstere Bezugsgröße den Barwert der künftigen Einzahlungsüberschüsse darstellt, handelt es sich bei dem Substanzwert des Unternehmens um die Summe der zum Fair Value bewerteten Einzelwerte sämtlicher Vermögenswerte, abzüglich der ebenfalls zu Zeitwerten passivierten Schulden.[822]

Ein auf diese Weise ermittelter Goodwill wird als **originärer oder auch selbsterstellter Geschäfts- oder Firmenwert** bezeichnet.[823] Die aus dem Ertragswert des Unternehmens abgeleitete Größe umfasst verschiedenste wertbildende Faktoren, wie bspw. Standortvorteile, Belegschaftsqualität oder einen Mehrwert aus der Kombination von Produktionsfaktoren. In ihrer Gesamtheit tragen die unterschiedlichen Faktoren zu einer Ertragserzielung bei, die über die des bilanzierten Nettovermögens hinausgeht.[824] Die originäre Wertgröße kann sowohl durch eine positive Unternehmensentwicklung als auch durch spezifische Investitionen seitens des Managements entstehen.[825] Die Identifizierung der immateriellen Werttreiber, die sich hinter dem selbsterstellten Geschäfts- oder Firmenwert verbergen, stellt den Bilanzierenden indes vor (unüberwindbare) Herausforderungen, die in Kombination mit den damit verbundenen Bewertungs- und Objektivierungsproblemen als Grund für das in IAS 38.48 kodifizierte Aktivierungsverbot des originären Geschäfts- oder Firmenwertes zu sehen sind.[826]

---

820 Vgl. SCHMIDT, I. M., Goodwill im internationalen Vergleich, S. 27.

821 Vgl. LOPATTA, K., Goodwillbilanzierung nach internationalen Rechnungslegungsstandards, S. 91 f.; STREIM, H. U. A., Ökonomische Analyse der Goodwill-Bilanzierung, S. 22; SCHMIDT, I. M., Ansätze für eine umfassende Rechnungslegung, S. 56, sowie schon MOXTER, A., Die Geschäftswertbilanzierung in der Rechtsprechung, S. 743.

822 Vgl. HINZ, M., Goodwillbilanzierung, S. 349; BALLWIESER, W., Geschäftswert, S. 304.

823 Vgl. hierzu schon WÖHE, G., Bilanzierung und Bewertung des Firmenwertes, S. 91.

824 Vgl. HAAS, C., Goodwill-Bilanzierung nach IFRS, S. 279 f. m. w. N.; BALLWIESER, W., Geschäftswert, S. 304; BAETGE, J./KIRSCH, H.-J./THIELE, S., Bilanzen, S. 179.

825 Vgl. VELTE, P., Intangible Assets und Goodwill im Spannungsfeld, S. 196 f. m. w. N.

826 Vgl. IAS 38.49; LOPATTA, K./MÜBIG, A., Die Bilanzierung von Business Combinations, S. 92 m. w. N., sowie hier und im Folgenden auch HAAKER, A., Goodwill-Bilanzierung nach IFRS, S. 62 f. m. w. N.

Während einem selbst geschaffenen originären Geschäfts- oder Firmenwert durch das Aktivierungsverbot der Status eines Vermögenswertes abgesprochen wird, ist ein aus einem Kaufpreis abgeleiteter (derivativer) Goodwill unbedingt in den (konsolidierten) Abschluss aufzunehmen.[827] Ein solcher entgeltlich erworbener **derivativer Geschäfts- oder Firmenwert** ist im Rahmen einer Transaktion abgegolten und kann sowohl eine Teilmenge des originären Goodwill darstellen[828] als auch darüber hinausgehende Komponenten bspw. in Form von Synergieeffekten umfassen, die sich aus dem konkreten Zusammenschluss zweier Unternehmen ergeben.[829] Auch wenn beide Arten des Goodwill das Potenzial besitzen, einen künftigen Nutzenzufluss zu generieren, ist der erworbene derivative Geschäfts- oder Firmenwert durch seinen untrennbaren Bezug zum entrichteten Kaufpreis vergleichsweise stärker objektiviert und wird daher zum Vermögenswert „geadelt"[830].[831]

Entgegen der vorangegangenen Abgrenzung eines entgeltlich erworbenen Geschäfts- oder Firmenwertes, der sich allein aus pagatorischen Wertgrößen ableitet, fasst der IASB den **Begriff des derivativen Goodwill offenbar weiter**. Die Vorschriften zum unentgeltlichen Unternehmenserwerb[832] sowie zum Ausübungswahlrecht der *Full Goodwill*-Methode[833] verdeutlichen, dass der Standardsetzer auch dann eine Aktivierung eines Geschäfts- oder Firmenwertes befürwortet, wenn dieser nicht pagatorisch abgesichert ist. In den genannten Fallkonstellationen steht nicht, wie bei einem entgeltlichen Erwerb, die hingegebene Gegenleistung im Zentrum der Betrachtung, sondern vielmehr die **Unternehmenstransaktion** als solche.

Infolge einer fehlenden alternativen Bezugsgröße muss die Form des derivativen Geschäfts- oder Firmenwertes ebenso wie der originäre Goodwill aus dem Ertragswert des Unternehmens abgeleitet werden. Auch wenn die Höhe der hingegebenen Gegenleistung und die damit verbundenen Einschätzungen des Wertpotenzials eines entgeltlich erworbenen Geschäfts- oder Firmenwertes von den subjektiven Erwartungen des Erwerbers sowie von dessen Verhandlungsgeschick abhängig sind,[834] führt die vollständige Abkopplung von pagatorischen Größen

---

827 Vgl. hierzu kritisch HAAKER, A., Goodwill-Bilanzierung nach IFRS, S. 63 f. Zur Ermittlung des derivativen Geschäfts- oder Firmenwertes vgl. ausführlich Abschnitt 544.2.

828 Vgl. hierzu stellvertretend DUHR, A., Grundsätze ordnungsmäßiger Geschäftswertbilanzierung, S. 112.

829 Vgl. SCHMIDT, I. M., Ansätze für eine umfassende Rechnungslegung, S. 60; ähnlich auch VELTE, P., Intangible Assets und Goodwill im Spannungsfeld, S. 196 f.

830 HAAKER, A., Goodwill-Bilanzierung nach IFRS, S. 65.

831 Vgl. stellvertretend HOMMEL, M., Bilanzierung von Goodwill und Badwill, S. 802; LOPATTA, K., Goodwillbilanzierung nach internationalen Rechnungslegungsstandards, S. 93; KLOSE, N.-C., Kapitalkonsolidierungs- und Bewertungsmethoden, S. 107 m. w. N., sowie kritisch MOXTER, A., Die Geschäftswertbilanzierung in der Rechtsprechung, S. 744.

832 Vgl. IFRS 3.43 f.; SENGER, T./BRUNE, J. W., in: Beck'sches IFRS-HB, 5. Aufl., § 34, Rn. 197, sowie ausführlich Abschnitt 544.324.

833 Vgl. IFRS 3.19; BADER, A./SCHREDER, M., Full goodwill-Methode vs. partial goodwill-Methode, S. 276-282.

834 Vgl. ähnlich schon MOXTER, A., Die Geschäftswertbilanzierung in der Rechtsprechung, S. 743 f., sowie SCHMIDT, I. M., Ansätze für eine umfassende Rechnungslegung, S. 60.

zu denselben Bewertungs- und Objektivierungsproblemen, wie sie auch beim originären Goodwill auftreten. Inhaltlich ist diese Form des derivativen Geschäfts- oder Firmenwertes jedoch von einem originären Goodwill abzugrenzen, da dieser im Gegensatz zum originären Goodwill nicht im Unternehmen selbst, sondern **im Zuge einer konkreten Akquisition entsteht.**[835] Damit umfasst die Residualgröße analog zum entgeltlich erworbenen (derivativen) Geschäfts- oder Firmenwert bspw. spezifische Synergien und unterscheidet sich somit hinsichtlich ihrer Bestandteile vom originären Geschäfts- oder Firmenwert. Um die beschriebenen inhaltlichen Unterschiede sowie die „Zwei-Klassen-Objektivierung" eines aus einem Kaufpreis und eines aus einer Transaktion abgeleiteten Geschäfts- oder Firmenwertes zu verdeutlichen, wird innerhalb des Schrifttums in diesem Zusammenhang zum Teil auch von einem **derivativen Geschäfts- oder Firmenwert im engeren und im weiteren Sinne** gesprochen.[836]

544.312. Bestandteile des derivativen Geschäfts- oder Firmenwertes

Im Unterschied zu anderen Vermögenswerten ist dem Abschlussadressaten bei dem nebulösen Wertekonglomerat des Geschäfts- oder Firmenwertes häufig nicht ersichtlich, welche Bestandteile sich hinter dieser Größe verbergen.[837] Bei der Erläuterung der ökonomischen Komponenten des derivativen Geschäfts- oder Firmenwertes innerhalb der *basis for conclusions* des IFRS 3 greift der IASB auf den Ansatz von JOHNSON/PETRONE zurück.[838] Diesem Erklärungsansatz folgend besteht der derivative Goodwill im Wesentlichen aus zwei Komponenten:[839]

1. Der Differenz zwischen dem beizulegenden Zeitwert des Beteiligungsunternehmens bei isoliert betrachteter Unternehmensfortführung und dem Fair Value des identifizierbaren Nettovermögens (sog. Going Concern-Goodwill), sowie
2. dem beizulegenden Zeitwert der aus dem Zusammenschluss erwarteten Synergien und sonstigen Vorteile (sog. Synergien-Goodwill).

Bei den von JOHNSON/PETRONE als ***core goodwill*** bezeichneten Komponenten handelt es sich um die Summe der insgesamt aus der Transaktion erwarteten Synergieeffekte.[840] Diese entfallen zum einen auf das Erwerbsobjekt als solches (sog. unechte Synergien) und zum anderen

835 Vgl. SCHMIDT, I. M., Ansätze für eine umfassende Rechnungslegung, S. 61.

836 Vgl. SCHMIDT, I. M., Ansätze für eine umfassende Rechnungslegung, S. 60 f., sowie HAAKER, A., Goodwill-Bilanzierung nach IFRS, S. 65 f.

837 Vgl. SELLHORN, T., Bilanzielle Behandlung des Goodwill, S. 888; KÜHNBERGER, M., Firmenwerte in der Bilanz, S. 677.

838 Vgl. IFRS 3.BC.313; JOHNSON, T./PETRONE, K., Is Goodwill an Asset, S. 293-303; BEYER, B., Die Bilanzierung des Goodwills nach IFRS, S. 128. Innerhalb der Literatur existieren verschiedene Ansätze, welche den wirtschaftlichen Charakter des Geschäfts- oder Firmenwertes jeweils unterschiedlich interpretieren, vgl. etwa WÖHE, G., Bilanzierung und Bewertung des Firmenwertes, S. 89-108; SELLHORN, T., Bilanzielle Behandlung des Goodwill, S. 885-892; ALVAREZ, M./BIBERACHER, J., Goodwill-Bilanzierung, S. 346-352. Zu den Unterschieden und Gemeinsamkeiten verschiedener Konzepte vgl. umfassend HAAKER, A., Goodwill-Bilanzierung nach IFRS, S. 83-136.

839 Vgl. im Folgenden JOHNSON, T./PETRONE, K., Is Goodwill an Asset, S. 295.

840 Vgl. zum Folgenden ursprünglich JOHNSON, T./PETRONE, K., Is Goodwill an Asset, S. 296.

resultieren sie aus unternehmensübergreifenden Synergiepotenzialen im Zusammenhang mit der Integration des Akquisitionsobjektes in den Konzernverbund (sog. echte Synergien).[841]

Der ***Going Concern-Goodwill*** umfasst die Wertbestandteile des originären Geschäfts- oder Firmenwertes des erworbenen Unternehmens, die unabhängig vom Zusammenschluss mit dem Erwerber realisiert werden können.[842] Die sich aus der Differenz des Unternehmenswertes und dem beizulegenden Zeitwert des identifizierbaren Nettovermögens ergebende Größe verkörpert daher einerseits das Nutzenpotenzial der nicht-bilanzierungsfähigen immateriellen Vermögenswerte wie bspw. Standortvorteile[843], noch nicht eingeleitete Geschäfte sowie Zukunftspläne des handelnden Managements[844] und andererseits den Kapitalisierungsmehrwert der Nettovermögenswerte.[845] Unter Letzterem sind interne Verbundeffekte i. S. v. unechten Synergien zu subsumieren, die sich aus dem Kombinationsprozess sowohl des bilanzierten Nettovermögens als auch der nicht-bilanzierungsfähigen immateriellen Werte ergeben, die den Wert ihrer Einzelverwendung übersteigen.[846]

Während der *Going Concern-Goodwill* somit nur solche Wertbestandteile umfasst, die dem Bewertungsobjekt auf Basis einer ***stand alone*-Betrachtung** unmittelbar anhaften, werden innerhalb des **Synergien-Goodwill** solche finanziellen Vorteile bilanziert, die sich erst durch den

---

841 Vgl. hierzu ebenso HAAKER, A., Goodwill-Bilanzierung nach IFRS, S.131; WIRTH, J., Firmenwertbilanzierung nach IFRS, S. 184-190; HACHMEISTER, D./KUNATH, O., Bilanzierung des Geschäfts- oder Firmenwerts, S. 65; MA, R./HOPKINS, R., Goodwill, S. 77-80; STREIM, H. U. A., Ökonomische Analyse der Goodwill-Bilanzierung, S. 23; RICHTER, M., Die Bewertung des Goodwill nach SFAS No. 141 und SFAS No. 142, S. 31. Zu echten und unechten Synergien im Kontext der objektivierten Unternehmensbewertung vgl. IDW (Hrsg.), IDW S 1 i. d. F. 2008, Rn. 33 f., sowie KLÖNNE, H., Objektivierte Bewertung und Verteilung von Synergieeffekten, S. 46-49.

842 Vgl. IFRS 3.BC.316; SELLHORN, T., Bilanzielle Behandlung des Goodwill, S. 889; RICHTER, M., Die Bewertung des Goodwill nach SFAS No. 141 und SFAS No. 142, S. 31. Hierzu zählt auch ein bei früheren Unternehmenszusammenschlüssen erworbener Geschäfts- oder Firmenwert des Akquisitionsobjektes, vgl. LOPATTA, K., Goodwillbilanzierung nach internationalen Rechnungslegungsstandards, S. 96.

843 Vgl. statt vieler BALLWIESER, W., Geschäftswert, S. 304.

844 Vgl. hierzu KIRSCH, H.-J./KOELEN, P., IFRS-Rechnungslegung und Unternehmensbewertung, S. 290.

845 Vgl. IFRS 3.BC.316 i. V. m. IFRS 3.BC.313, sowie PANZER, A., Statusändernde Anteilsveräußerungen im IFRS-Konzernabschluss, S. 126 f.

846 Vgl. JOHNSON, T./PETRONE, K., Is Goodwill an Asset, S. 296 i. V. m. HAAKER, A., Goodwill-Bilanzierung nach IFRS, S. 126 f., der treffend darauf hinweist, dass der Wertschaffungsprozess immaterieller Werte unabhängig von deren Bilanzierungsfähigkeit ist und die daraus resultierenden ökonomischen Vorteile daher gleichermaßen Bestandteil des Kapitalisierungsmehrwertes sein können. Vgl. hierzu auch PANZER, A., Statusändernde Anteilsveräußerungen im IFRS-Konzernabschluss, S. 126 f. A. A. offenbar WÖHE, der lediglich den aus dem Kombinationsprozess des bilanzierten Vermögens entstehenden Mehrwert als Bestandteil des Kapitalisierungsmehrwertes interpretiert. Vgl. WÖHE, G., Bilanzierung und Bewertung des Firmenwertes, S. 92 und S. 99.

Unternehmenszusammenschluss und die damit verbundene Zusammenlegung der Vermögensmassen ergeben.[847] Damit bildet die zweite Komponente des Kern-Geschäfts- oder Firmenwertes letztendlich echte Synergiewirkungen zwischen den involvierten Parteien ab, die maßgeblich von der erwerberspezifischen Integrationsstrategie abhängig sind.[848]

Da der derivative Geschäfts- oder Firmenwert grundsätzlich aus den Anschaffungskosten der Beteiligung abgeleitet wird, kann die Residualgröße neben den Komponenten des *core goodwill* ggf. weitere Bestandteile umfassen die ihr entsprechend der Goodwillkonzeption von JOHNSON/PETRONE theoretisch nicht zugeordnet werden dürften. Hierzu zählen zum einen Überbewertungen einer nicht-monetären hingegebenen Gegenleistung, die auf etwaigen Bewertungsfehlern basiert und somit in keinem Zusammenhang mit künftigen Zahlungsströmen steht.[849] Zum anderen trifft dies gleichermaßen auf Über- bzw. Unterzahlungen seitens des Erwerbers zu.[850] Anstatt dass diese die Höhe des derivativen Geschäfts- oder Firmenwertes beeinflussen, müssten sie von ihrem Charakter her vielmehr als Verlust bzw. Gewinn in der Gesamtergebnisrechnung erfasst werden, da sie nicht die Eigenschaften eines Vermögenswertes erfüllen.[851] Dennoch führt sowohl eine Überzahlung als auch eine Überwertung der hingegebenen Gegenleistung gemäß der aktuellen Vorschriften des IFRS 3 zu einer Erhöhung des derivativen Geschäfts- oder Firmenwertes.[852]

544.32 Referenzgröße zur Ermittlung eines Geschäfts- oder Firmenwertes aus der Kapitalkonsolidierung

544.321. Vorbemerkungen

Die Vorschriften des IFRS 3 zur Bestimmung des Geschäfts- oder Firmenwertes knüpfen – wie in Abschnitt 544.2 gezeigt – grundsätzlich an den Fair Value der hingegebenen Gegenleistung an. Da anders als bei externen Unternehmenszusammenschlüssen bei konzerninternen Transaktionen kein Marktpreis existiert, aus dem der Goodwill abgeleitet werden könnte, wird in den folgenden Abschnitten diskutiert, ob die bei innerkonzernlichen Erwerbsvorgängen übereignete Gegenleistung, trotzt ihres fehlenden Marktbezuges, aus regelungssystematischer Sicht zur Ermittlung eines Geschäfts- oder Firmenwertes herangezogen werden kann. Hierzu werden in einem ersten Schritt die Überlegungen des IASB nähergehend betrachtet, den erworbenen Unternehmensanteil regelmäßig mit dem beizulegenden Zeitwert der übertragenen Gegenleistung

847 Vgl. JOHNSON, T./PETRONE, K., Is Goodwill an Asset, S. 296, die in diesem Zusammenhang auch von einem *combination goodwill* sprechen. Vgl. hierzu insgesamt auch HACHMEISTER, D./KUNATH, O., Bilanzierung des Geschäfts- oder Firmenwerts, S. 65; HAAS, C., Goodwill-Bilanzierung nach IFRS, S. 281 f.; LOPATTA, K., Goodwillbilanzierung nach internationalen Rechnungslegungsstandards, S. 96.

848 Vgl. WIRTH, J., Firmenwertbilanzierung nach IFRS, S. 189 f., sowie SELLHORN, T., Bilanzielle Behandlung des Goodwill, S. 889.

849 Vgl. IFRS 3.BC.313 und IFRS 3.BC.315; STREIM, H. U. A., Ökonomische Analyse der Goodwill-Bilanzierung, S. 23.

850 Vgl. HACHMEISTER, D./KUNATH, O., Bilanzierung des Geschäfts- oder Firmenwerts, S. 65.

851 Vgl. JOHNSON, T./PETRONE, K., Is Goodwill an Asset, S. 295 f.; IFRS 3.BC.315.

852 Vgl. STREIM, H. U. A., Ökonomische Analyse der Goodwill-Bilanzierung, S. 23.

zu bewerten und damit zugleich die Aktivierungsobergrenze der rechnerischen Saldogröße vorzugeben (Abschnitt 544.322.).[853] In einem zweiten Schritt werden in Abschnitt 544.323. mögliche Auswirkungen auf die Bilanzierung des Geschäfts- oder Firmenwertes untersucht, sofern zur Bestimmung der zu aktivierenden Residualgröße ungeprüft auf die konzernintern übereignete Gegenleistung abgestellt wird. Aufbauend auf diesen Erkenntnissen werden im IFRS 3 geregelte Erwerbskonstellationen betrachtet, in denen der Goodwill nicht aus einem Marktpreis abgeleitet werden kann, um im Wege der Einzelanalogie eine Vorgehensweise zur Goodwillbilanzierung im Rahmen von konzerninternen Unternehmenszusammenschlüssen zu identifizieren, die mit den Vorschriften des IFRS 3 vereinbar ist.

544.322. Fair Value der hingegebenen Gegenleistung als *best evidence* für den Fair Value der Beteiligung

Der IASB begründet die **Verwendung der übertragenen Gegenleistung** zur Bewertung des Geschäfts- oder Firmenwertes damit, dass (externe) Unternehmenszusammenschlüsse im Allgemeinen Tauschgeschäfte sind, bei denen die Vertragsparteien Vermögenswerte in gleicher Höhe tauschen (bspw. Zahlungsmittel gegen Beteiligung) und der Transaktionspreis in den meisten Erwerbskonstellationen der bestmögliche Nachweis ***(best evidence)*** im Hinblick auf den Fair Value des Anteils des Erwerbers am erworbenen Unternehmen ist.[854] Die diesbezüglichen Überlegungen basieren auf der grundlegenden ökonomischen Logik, dass die in die Preisverhandlungen involvierten Parteien **entgegengesetzte Interessen** hinsichtlich ihrer individuellen Gewinn- bzw. Nutzenmaximierung verfolgen.[855]

Das damit in Verbindung stehende Optimierungskalkül der Vertragspartner äußert sich in einem möglichst hohen Verkaufspreis aus Sicht des Verkäufers, welchem wiederum ein möglichst geringer Kaufpreis des Erwerbers gegenübersteht. Eine Transaktion kommt prinzipiell nur dann zustande, wenn der Grenzpreis des Käufers, bei dem der Kapitalwert der Investition einen Wert von Null annimmt, über dem des Verkäufers liegt. Zwar entspricht der Grenzpreis dem subjektiven Urteil bzgl. der Werthaltigkeit des Akquisitionsobjektes aus der Perspektive der jeweiligen Partei, die Einschätzungen müssen jedoch in gewissem Umfang deckungsgleich sein, da ein Leistungsaustausch ansonsten nicht zustande kommen würde.[856] Insofern spiegelt der in einem Verhandlungsprozess entstandene Transaktionspreis nicht lediglich die subjektive Beurteilung eines Bilanzierenden wider, sondern erfährt aufgrund der gegensätzlich gelagerten Interessen der Verhandlungsparteien eine gewisse Objektivierung. Die Verwendung der An-

---

853 Vgl. FINK, C., Unternehmenszusammenschlüsse, S. 115. Zu den diesbezüglichen Ausnahmen vom Anschaffungskostenprinzip bei der Anwendung der *Full Goodwill*-Methode sowie den Vorschriften zum unentgeltlichen Unternehmenserwerb vgl. Abschnitt 544.311. und Abschnitt 544.324.

854 Vgl. IFRS 3.BC.330 f. i. V. m. IFRS 13.77, sowie HAAS, C., Goodwill-Bilanzierung nach IFRS, S. 164; CASSEL, J., Unternehmensbewertung im IFRS-Abschluss, S. 233.

855 Vgl. hier und im folgenden Absatz LÖCKE, J., Konzernintern erworbene immaterielle Vermögensgegenstände, S. 415 f., wenn auch nicht im Kontext konzerninterner Unternehmenserwerbe.

856 Vgl. hierzu ausführlich HAAKER, A., Goodwill-Bilanzierung nach IFRS, S. 123 m. w. N.

schaffungskosten für Zwecke der Bilanzierung dient daher letztlich dazu, die individuellen Einschätzungen des Bilanzierenden und die damit einhergehenden bilanziellen Gestaltungsspielräume durch die **objektivierende Kraft eines Marktpreises** zu begrenzen.[857]

Die Ausführungen innerhalb der *basis for conclusions* des IFRS 3.BC.331 deuten darauf hin, dass die hingegebene Gegenleistung zwar *„in many, if not most, situations"*[858] der beste Schätzer für den tatsächlichen Fair Value des erworbenen Unternehmensanteils ist, aber eben nicht in allen. Obgleich der Standardsetzer im Kontext etwaiger Ausnahmen von der Regel explizit nur von einem aus einem Erwerbsvorgang entstehenden negativen Unterschiedsbetrag spricht,[859] betrifft dies gleichermaßen auch den Geschäfts- oder Firmenwert. Die beschriebene **Grundsatzvermutung** ist offenbar immer dann einer genaueren Überprüfung zu unterziehen, wenn die hingegebene Gegenleistung nicht mit der Definition des beizulegenden Zeitwertes gemäß IFRS 13 vereinbar ist und somit die prägenden Eigenschaften dieses Wertmaßstabes nicht erfüllt werden.[860] Bei der Beurteilung, ob der beizulegende Zeitwert des erworbenen Unternehmens letztlich dem Transaktionspreis entspricht, hat der Bilanzierende sämtliche charakteristischen Faktoren zu berücksichtigen, die kennzeichnend für die Transaktion und die erhaltenen Vermögenswerte und Schulden sind.[861] Beispielhafte Geschäftsvorfälle, bei denen die übertragene Gegenleistung nicht mit der Definition des beizulegenden Zeitwertes vereinbar sein könnte, sind in IFRS 13.B.4 aufgeführt.[862] Hierzu zählen:

1. Transaktionen, die zwischen nahestehenden Unternehmen und Personen stattfinden,
2. Transaktionen, die aus einer wirtschaftlichen Zwangslage heraus getätigt werden,
3. Geschäftsvorfälle, bei denen sich der Transaktionspreis nicht ausschließlich auf die zu bewertende Bilanzierungseinheit *(unit of account)* bezieht, sowie
4. Transaktionen, die nicht auf dem Haupt- bzw. vorteilhaftesten Markt durchgeführt werden.

Die dargelegten Tatbestandsmerkmale, die auf eine Verletzung der vom IASB formulierten Grundannahme, dass der beizulegende Zeitwert der hingegebenen Gegenleistung der beste Schätzer des Fair Value der erworbenen Beteiligung ist, hindeuten, können grundsätzlich bei sämtlichen Formen von Unternehmenstransaktionen auftreten. Bei konzerninternen Unternehmenszusammenschlüssen besteht indes die Besonderheit, dass das Merkmal der **Unabhängigkeit** der Transaktionsparteien *ex definitione* **nicht erfüllt ist**.[863] Zwar kann der Bilanzierende

[857] Vgl. LÖCKE, J., Konzernintern erworbene immaterielle Vermögensgegenstände, S. 415 f. m. w. N.
[858] IFRS 3.BC.331.
[859] Vgl. weiterführend zur diesbezüglichen Behandlung eines negativen Unterschiedsbetrages Abschnitt 544.4.
[860] Vgl. hier und im Folgenden CASSEL, J., Unternehmensbewertung im IFRS-Abschluss, S. 233-236.
[861] Vgl. IFRS 13.59.
[862] Vgl. hierzu auch FLICK, P./GEHRER, J./MEYER, S., Neue Vorschriften für die Fair Value-Ermittlung, S. 388, sowie CASSEL, J., Unternehmensbewertung im IFRS-Abschluss, S. 235 f.
[863] Vgl. Abschnitt 222.

sein ggf. dennoch unabhängiges Handeln mittels substanzieller Hinweise untermauern,[864] sofern der geforderten Beweislast, dass die Transaktion dem Fremdvergleichsgrundsatz standhält, jedoch nicht nachgekommen werden kann, entspricht die hingegebene Gegenleistung nicht den in IFRS 13 formulierten Anforderungen.[865]

Die zwischen den verbundenen Unternehmen bestehende Nähebeziehung bleibt in derartigen Fällen ggf. nicht folgenlos im Hinblick auf die Bestimmung des im Teilkonzernabschluss des Erwerbers zu aktivierenden Geschäfts- oder Firmenwertes.[866] Dies basiert im Wesentlichen darauf, dass in diesem Zusammenhang grundsätzlich davon auszugehen ist, dass der zuvor beschriebene **Interessenausgleich** durch etwaige Preisverhandlungen nicht stattfindet.[867] Aufgrund des beherrschenden Einflusses des obersten Mutterunternehmens können übergeordnete Konzerninteressen zulasten anderer Konzernunternehmen durchgesetzt werden.[868] Damit verliert die entrichtete Gegenleistung bei konzerninternen Unternehmenszusammenschlüssen zum einen ihre objektivierenden Eigenschaften, da eine Bestätigung durch den Markt die Unabhängigkeit der Vertragspartner voraussetzt, die bei Transaktionen innerhalb des Konzernverbundes jedoch nicht mehr unterstellt werden kann.[869] Zum anderen ist in diesem Kontext die Grundannahme des IASB, dass im Rahmen eines Unternehmenszusammenschlusses wertgleiche Vermögenswerte getauscht werden, nicht mehr aufrechtzuerhalten.[870] Im Ergebnis führt dies dazu, dass der Fair Value der hingegebenen Gegenleistung nicht mehr ohne Weiteres als *best evidence* für den beizulegenden Zeitwert des erworbenen Unternehmensanteils herangezogen werden kann.[871] Welche (negativen) bilanziellen Konsequenzen damit verbunden sein können, wenn der Transaktionspreis dennoch weiterhin maßgeblich für die Bilanzierung eines Geschäfts- oder Firmenwertes ist und wie diesen zu begegnen ist, wird in den folgenden Abschnitten diskutiert.

544.323. Mögliche Auswirkungen der *related party transaction* auf die Bilanzierung des Geschäfts- oder Firmenwertes

Sofern bei der Goodwillermittlung – unabhängig von den in Abschnitt 544.322. erläuterten Problemen – ungeprüft auf den beizulegenden Zeitwert der hingegebenen Gegenleistung abgestellt wird, kann die Höhe des Geschäfts- oder Firmenwertes durch entsprechende Kaufpreisforderungen seitens des übergeordneten Mutterunternehmens in seinem Interesse gezielt gesteuert

---

864 Vgl. CASSEL, J., Unternehmensbewertung im IFRS-Abschluss, S. 212.

865 Vgl. IFRS 13.B.4, sowie IFRS 13.Appendix A.

866 Vgl. Abschnitt 544.323.

867 Vgl. im Ergebnis auch CASTEDELLO, M./KLINGBEIL, C., Anwendungsfragen zu IFRS 13, S. 483.

868 Vgl. BIANCONE, P. P., BCUCC the Italian Experience, S. 52; LÖCKE, J., Konzernintern erworbene immaterielle Vermögensgegenstände, S. 416.

869 Vgl. MOXTER, A., Bilanzrechtsprechung, S. 27.

870 Vgl. allgemein zur Ausgeglichenheitsvermutung von Leistung und Gegenleistung IFRS 3.BC.331; HAAKER, A./FREIBERG, J., Sofortige Vereinnahmung eines negativen goodwill, S. 325, sowie schon IASC (Hrsg.), G4+1 Position Paper, Rn. 49.

871 Vgl. IASB (Hrsg.), Staff Paper BCUCC Agenda ref. 8 (March 2015), Rn. 31.

werden. Die im Teilkonzernabschluss des Erwerbers zu bilanzierende Residualgröße würde sodann möglicherweise durch etwaige **Über- bzw. Unterzahlungen** beeinflusst. Der Goodwillkonzeption von JOHNSON/PETRONE folgend,[872] welche ebenso dem IFRS 3 zugrunde liegt, erfüllen ebendiese jedoch nicht die Eigenschaften eines Vermögenswertes und sind daher zumindest konzeptionell vom eigentlichen Vermögenswert des *core goodwill* zu trennen.[873] Während bei externen Unternehmenszusammenschlüssen Über- bzw. Unterzahlungen bspw. durch Bieterwettbewerbe, eine schwache Verhandlungsposition sowie unzureichendes Akquisitionsmanagement erklärt werden können,[874] ist ein solches Zahlungsverhalten im Rahmen konzerninterner Unternehmenserwerbe wohl primär durch bilanzpolitische Erwägungen seitens des obersten Mutterunternehmens motiviert.

Auch wenn sich der IASB darüber bewusst zu sein scheint, dass eine undifferenzierte Aktivierung der Goodwillbestandteile einer glaubwürdigen Darstellung möglicherweise entgegensteht, zieht der Standardsetzer diese Vorgehensweise einer alternativen erfolgswirksamen Erfassung der nicht werthaltigen Überzahlungen vor.[875] Dies liegt u. a. darin begründet, dass es unter praktischen Gesichtspunkten oftmals nicht möglich sein dürfte, die Einflussgrößen des Geschäfts- oder Firmenwertes verlässlich zu quantifizieren und damit vom *core goodwill* abzuspalten.[876] Überdies ist der Board der Auffassung, dass der aus einem Kaufpreis abgeleitete **Geschäfts- oder Firmenwert im Wesentlichen** aus dem **Kern-Goodwill** besteht und eine Aufteilung aufgrund der damit verbundenen praktischen Probleme die Glaubwürdigkeit der Berichterstattung eher einschränkt.[877] Damit erschcint eine differenzierte Behandlung von nicht werthaltigen Überzahlungen im Kontext der Vorschiften des IFRS 3 weder gefordert noch zulässig.[878]

Da bei konzerninternen Unternehmenszusammenschlüssen aufgrund der fehlenden Unabhängigkeit der Transaktionsparteien jedoch nicht mehr ohne Weiteres davon ausgegangen werden kann, dass nicht werthaltige Überzahlungen lediglich einen unwesentlichen Bestandteil der Residualgröße ausmachen, sollte versucht werden, diese vom eigentlichen Goodwill zu separieren. Ansonsten würden sich dem Bilanzierenden **bilanzpolitische Gestaltungsmöglichkeiten** bieten, die erhebliche Auswirkungen auf die Vermögens-, Finanz- und Ertragslage des konsolidierten Abschlusses hätten. Zum einen könnten überhöhte Kaufpreisforderungen dazu führen, dass der auf Überzahlungen basierende Goodwill den primären Adressaten des Teilkonzernabschlusses künftige Cashflow-Potenziale suggeriert, die nicht den tatsächlichen Verhältnissen

872 Vgl. hierzu ausführlicher Abschnitt 544.312.

873 Vgl. IFRS 3.BC.315; JOHNSON, T./PETRONE, K., Is Goodwill an Asset, S. 295 f.

874 Vgl. SELLHORN, T., Bilanzielle Behandlung des Goodwill, S. 889.

875 Vgl. IFRS 3.BC.134 (2004): *„Although there might be problems with representational faithfulness in recognising all of the components as an asset labelled goodwill, there are corresponding problems with the alternative of recognising all of the components immediately as an expense."*

876 Vgl. HACHMEISTER, D./KUNATH, O., Bilanzierung des Geschäfts- oder Firmenwerts, S. 65.

877 Vgl. IFRS 3.BC.134 f. (2004), sowie im Ergebnis auch HAAS, C., Goodwill-Bilanzierung nach IFRS, S. 282.

878 Vgl. HAAS, C., Goodwill-Bilanzierung nach IFRS, S. 282; STREIM, H. U. A., Ökonomische Analyse der Goodwill-Bilanzierung, S. 23.

entsprechen.[879] Zum anderen könnte der Geschäfts- oder Firmenwert aber auch durch Unterzahlungen bewusst minimiert werden, um aufwandswirksam zu erfassende außerplanmäßige Abschreibungen im Rahmen des *impairment*-Tests zu umgehen, was gleichermaßen einer glaubwürdigen Darstellung entgegenstünde.

Die angedeuteten bilanzpolitischen Spielräume, die in diesem Zusammenhang mit einer Goodwillermittlung verbunden sind, die auf dem beizulegenden Zeitwert der hingegebenen Gegenleistung basiert, verdeutlichen umso mehr das Erfordernis, die Ermittlung des **Geschäfts- oder Firmenwertes von der entrichteten Gegenleistung zu entkoppeln**. Wie eine derartige Entkopplung regelungskonform i. S. d. IFRS 3 auszulegen ist, wird im Folgenden diskutiert. Wie bereits in Abschnitt 544.311. angedeutet, fordern bzw. gestatten die Vorschriften des IFRS 3 in bestimmten Erwerbskonstellationen auch dann die Aktivierung eines Geschäfts- oder Firmenwertes, wenn dieser nicht aus einem Kaufpreis abgeleitet werden kann wie bspw. bei unentgeltlichen Unternehmenszusammenschlüssen.

544.324. Analogie zu unentgeltlichen Unternehmenszusammenschlüssen

Auch wenn üblicherweise im Zuge eines (externen) Unternehmenszusammenschlusses eine Gegenleistung an die veräußernde Partei übertragen wird, stellt der Standardsetzer klar, dass abweichend von diesem Grundsatz in der Praxis auch Erwerbskonstellationen auftreten können, bei denen ein Erwerber die Beherrschung über einen anderes Unternehmen erlangt, **ohne** dabei eine **Gegenleistung** an die vorherigen Anteilseigner zu übertragen.[880] Während diese Sachverhalte nach IFRS 3 (2004) noch von dem Anwendungsbereich der Erwerbsmethode ausgeschlossen waren, ist diese nunmehr zwingend auch auf unentgeltliche Unternehmenszusammenschlüsse anzuwenden.[881]

In IFRS 3.43 (a) - (c) werden Situationen aufgeführt, in denen die Bedingungen eines Unternehmenszusammenschluss auch ohne Übertragung einer Gegenleistung erfüllt werden.[882] Beispielsweise kann das erworbene Unternehmen durch den Rückkauf eigener Anteile eine Stimmrechtsverschiebung auslösen, infolgedessen ein bisheriger Anteilseigner des den Anteilsrückkauf tätigenden Unternehmens die Beherrschung über selbiges erlangt.[883] Ebenso können etwaige Vetorechte nicht-beherrschender Anteilseigner entfallen, die bislang dazu geführt

879 Vgl. STREIM, H. U. A., Ökonomische Analyse der Goodwill-Bilanzierung, S. 23.

880 Vgl. IFRS 3.43 f.

881 Vgl. IFRS 3.3 (d) (2004); KIRSCH, H.-J./HENDLER, M./FABER, M., in: Baetge/Kirsch/Thiele, § 301 HGB Teil II: Regelungen des IASB, Rn. 627. Zum historischen Hintergrund der diesbezüglichen Vorschriften vgl. FUCHS, M./STIBI, B., Combinations by Contract Alone, S. 1010-1012.

882 Vgl. hier und im Folgenden zu den Vorschriften unentgeltlicher Unternehmenszusammenschlüsse ebenso SENGER, T./BRUNE, J. W., in: Beck'sches IFRS-HB, 5. Aufl., § 34, Rn. 197.

883 Vgl. IFRS 3.43 (a), sowie inkl. Beispiel LÜDENBACH, N., Erlangung von Kontrolle ohne Erwerb (weiterer) Anteile, S. 70.

haben, dass trotz bestehender Mehrheitsbeteiligung einer Beherrschung des neuen Tochterunternehmens entgegenstanden.[884] Während bei den skizzierten Fallkonstellationen der Erwerber schon vor der Beherrschungserlangung eine Unternehmensbeteiligung am neuen Tochterunternehmen besaß, basiert der in IFRS 3.43 (c) umschriebene unentgeltliche Unternehmenszusammenschluss auf keinerlei Kapitalverflechtungen. Vielmehr vereinbaren der Erwerber und das erworbene Unternehmen, ihre Unternehmen bzw. Geschäftsbetriebe auf rein vertraglicher Basis zusammenzuschließen *(contract alone)*.[885]

Je nachdem, ob die neue Muttergesellschaft schon vor der Beherrschungserlangung Anteile am Eigenkapital des neuen Tochterunternehmens gehalten hat oder nicht, unterscheidet sich auch die **Vorgehensweise zur Bestimmung** eines aus dem Zusammenschluss resultierenden **Geschäfts- oder Firmenwertes.**[886] Im Fall einer **bestehenden Beteiligung** hat der Erwerber den zum Erwerbszeitpunkt geltenden beizulegenden Zeitwert seines bisherigen Anteils an dem erworbenen Unternehmen als Referenzpunkt zur Goodwillermittlung zu nutzen.[887] Analog zur Vorgehensweise bei sukzessiven Unternehmenserwerben mit Aufwärtswechsel zum Tochterunternehmen wird somit auf den Fair Value der „alten" Beteiligung abgestellt.[888] Die ursprünglichen Anschaffungskosten der Unternehmensbeteiligung werden somit vollständig ausgeblendet.[889]

Anders verhält es sich bei unentgeltlichen Unternehmenszusammenschlüssen auf Basis **vertraglicher Vereinbarungen**. Hier dient der Saldo der beizulegenden Zeitwerte der erworbenen identifizierbaren Vermögenswerte und Schulden als fiktiver Kaufpreis *(deemed cost)*. Sofern ansonsten keine „weitere" Gegenleistung vorliegt, wird somit prinzipiell kein Geschäfts- oder Firmenwert aktiviert.[890] Aufgrund dessen, dass der Erwerber jedoch nicht am Residualvermögen des Tochterunternehmens beteiligt ist, muss das gesamte Vermögen den nicht-beherrschenden Gesellschaftern zugerechnet und als solches im Eigenkapital des konsolidierten Abschlusses ausgewiesen werden.[891] Der Ausweis des erworbenen Vermögens als Anteil nicht-beherrschender Gesellschafter eröffnet den Bilanzierenden über den Umweg der *Full Goodwill*-Methode die Möglichkeit, die entsprechenden Anteile zu ihrem Fair Value zu bewerten und in

---

884 Vgl. IFRS 3.43 (b).

885 Als Anwendungsbeispiel für Unternehmenszusammenschlüsse *by contract alone* nennt der IASB explizit *dual listed companies* sowie *stapling arrangements*, vgl. hierzu näher FUCHS, M./STIBI, B., Combinations by Contract Alone, S. 1012, sowie KPMG (Hrsg.), Insights into IFRS 2015/16 (Volume 1), Rn. 2.6.305.

886 Vgl. IFRS 3.33, sowie EY (Hrsg.), International GAAP 2016 (Volume 1), S. 616 f.

887 Vgl. IFRS 3.33 i. V. m. IFRS 3.B.46.

888 Vgl. LÜDENBACH, N./HOFFMANN, W.-D./FREIBERG, J., in: Haufe IFRS-Kommentar, 14. Aufl., § 31, Rn. 177, sowie LÜDENBACH, N., Erlangung von Kontrolle ohne Erwerb (weiterer) Anteile, S. 70 f. Vgl. umfassend zur Bewertung der Altanteile im Kontext sukzessiver Unternehmenserwerbe GIMPEL-HENNING, N., Altanteile bei sukzessiven Unternehmenserwerben, S. 37-44.

889 Vgl. IFRS 3.33 i. V. m. IFRS 3.B.46.

890 Vgl. IFRS 3.BC.34 (2004), sowie hier und im Folgenden FUCHS, M./STIBI, B., Combinations by Contract Alone, S. 1011 und S. 1013 f.

891 Vgl. SENGER, T./BRUNE, J. W., in: Beck'sches IFRS-HB, 5. Aufl., § 34, Rn. 197; KPMG (Hrsg.), Insights into IFRS 2015/16 (Volume 1), Rn. 2.6.300.60.

diesem Zuge ggf. einen Geschäfts- oder Firmenwert anzusetzen.[892] Im Ergebnis besteht bei unentgeltlichen Unternehmenszusammenschlüssen in Abhängigkeit davon, ob eine Kapitalbeteiligung am Tochterunternehmen besteht oder nicht, somit die Pflicht bzw. das Wahlrecht, einen Geschäfts- oder Firmenwert zu aktivieren, der vollständig losgelöst vom „sichere[n; Anm. d. Verf.] Boden der Pagatorik"[893] ist.[894]

Wenngleich bei Unternehmenszusammenschlüssen unter gemeinsamer Beherrschung vermutlich oftmals eine Gegenleistung an das übergeordnete Mutterunternehmen übertragen wird, dürfte diese aus den in den vorangegangenen Abschnitten erläuterten Gründen nicht ohne substanzielle Hinweise auf ihre Fremdüblichkeit zur Goodwillermittlung herangezogen werden.[895] Überträgt man nun die Vorschriften zum unentgeltlichen Unternehmenserwerb des IFRS 3 auf konzerninterne Unternehmenszusammenschlüsse, so besteht aufgrund eines fehlenden Marktpreises aus regelungssystematischer Sicht die Pflicht, den zum Erwerbszeitpunkt geltenden beizulegenden Zeitwert der Anteile am konzerninternen Akquisitionsobjekt anstelle des Fair Value der übertragenen Gegenleistung dazu zu verwenden, einen Geschäfts- oder Firmenwert aus der Transaktion abzuleiten.[896] Lediglich bei einem konzerninternen Unternehmenszusammenschluss auf rein vertraglicher Basis wird dem Bilanzierenden über das Wahlrecht der *Full Goodwill*-Methode die Möglichkeit eingeräumt, einen Fair Value-basierten Goodwill im konsolidierten Abschluss zu aktivieren.

544.325. Referenzgröße zur Ermittlung eines Geschäfts- oder Firmenwertes im Rahmen konzerninterner Unternehmenszusammenschlüsse

Die Auslegung der Vorschriften des IFRS 3 hat verdeutlicht, dass im Zuge konzerninterner Unternehmenszusammenschlüsse von der üblichen Form zur Bestimmung des Geschäfts- oder Firmenwertes im Rahmen der Kapitalkonsolidierung grundsätzlich abgewichen werden muss. Während bei externen Unternehmenszusammenschlüssen regelmäßig der Transaktionspreis für

---

892 Vgl. EY (Hrsg.), International GAAP 2016 (Volume 1), S. 616 f.; KPMG (Hrsg.), Insights into IFRS 2015/16 (Volume 1), Rn. 2.6.300.90.

893 PELLENS, B./BASCHE, K./SELLHORN, T., Full Goodwill Method, S. 4.

894 Dies zeigt sich auch in den Vorschriften zu sukzessiven Unternehmenserwerben, bei denen im Falle eines Aufwärtswechsels die zuvor vom Erwerber gehaltenen Eigenkapitalanteile (Altanteile) unabhängig vom Kaufpreis der neuerlich erworbenen Anteilstranche gemäß IFRS 3.42 f. zum beizulegenden Zeitwert zu bewerten und in entsprechender Höhe in die Goodwillermittlung einzubeziehen sind, vgl. kritisch zu diesem Vorgehen GIMPEL-HENNING, N., Sukzessive Anteilserwerbe, S. 98-141; KÜTING, K./WIRTH, J., Sukzessiver Anteilserwerb, S. 371. Ebenso sind im umgekehrten Fall sukzessiver Unternehmensveräußerungen die verbleibenden Anteile des ehemaligen Tochterunternehmens zum Zeitpunkt des Verlustes der Beherrschung gemäß IFRS 10.25 (b) zum Fair Value zu bewerten, um den Übergangskonsolidierungserfolg zu bestimmen, vgl. hierzu kritisch PANZER, A., Statusändernde Anteilsveräußerungen im IFRS-Konzernabschluss, S. 149 f. Zu weiteren Anwendungsfällen vgl. beispielhaft KÜTING, K./CASSEL, J., Anteilige Marktkapitalisierung, S. 2633 f.

895 Vgl. Abschnitt 544.323.

896 Vgl. IFRS 3.33 i. V. m. IFRS 3.B.46, sowie im Ergebnis auch EFRAG U. A. (Hrsg.), Business Combinations under Common Control, S. 49.

die Bestimmung des Goodwill maßgeblich ist, steht in den hier untersuchten Erwerbskonstellationen der **Fair Value der Beteiligung** im Zentrum der Betrachtung. Ein in diesem Wege ermittelter (derivativer) Goodwill (i. w. S.)[897] ergibt sich sodann als Residualgröße zwischen dem anteiligen, zu Zeitwerten bewerteten erworbenen Nettovermögen und dem Fair Value der Beteiligung. Zur Ermittlung des jeweiligen Zeitwertes ist auf die Vorschriften des IFRS 13 zurückzugreifen, die sowohl bei der Bewertung einzelner erworbener Vermögenswerte anzuwenden sind[898] als auch bei der Bewertung einer Gruppe von Vermögenswerten, wie sie durch ein Unternehmen verkörpert werden.[899] In Abbildung 5-7 ist die prinzipiell unterschiedliche Ermittlungssystematik eines Geschäfts- oder Firmenwertes bei internen und externen Unternehmenszusammenschlüssen nochmals grafisch dargestellt.

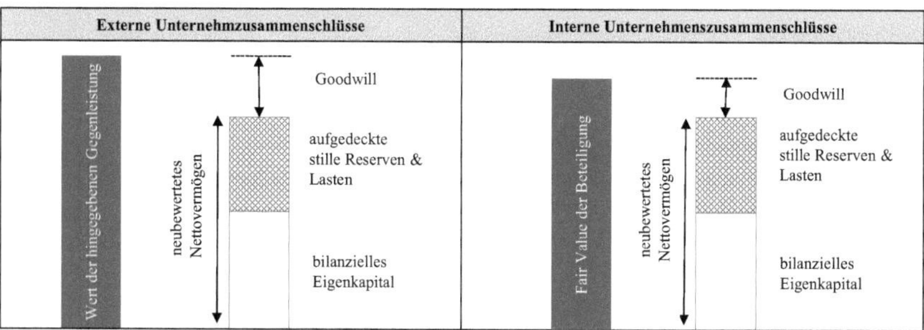

Abbildung 5-7: **Ermittlungssystematik eines Geschäfts- oder Firmenwertes im Rahmen konzerninterner Unternehmenszusammenschlüsse**

Ein zentrales Element bei der Bestimmung des Fair Value ist die zugrunde zu legende Veräußerung der jeweiligen Bewertungseinheit *(unit of measurement)*.[900] Durch die Anwendung der Bewertungsvorschriften des IFRS 13 und der damit verbundenen Entkopplung vom tatsächlichen Transaktionspreis des konzernintern erworbenen Unternehmens wird insofern die Bewertungsperspektive gewechselt, als nunmehr eine streng marktorientierte **Veräußerungsperspektive** einzunehmen ist.[901] Vor dem Hintergrund, dass der hier betrachtete Bilanzierungssachverhalt jedoch auf einem Erwerbs- und nicht auf einem Veräußerungsvorgang basiert, ist die entsprechende Veräußerung zu Bewertungszwecken zu fingieren.[902] Zur Simulation einer hypothetischen Markttransaktion ist auf modellbasierte Bewertungstechniken zurückzugreifen, anhand derer mittels Inputparameter der zweiten und dritten Stufe der beizulegende Zeitwert

[897] Vgl. Abschnitt 544.311.
[898] Vgl. Abschnitt 543.22.
[899] Vgl. IFRS 13.13.
[900] Vgl. IFRS 13.24, sowie WIELAND-BLÖSE, H./ANDRÉ, J., in: Thiele/von Keitz/Brücks, IFRS 13, Rn. 118.
[901] Vgl. IFRS 13.2, sowie GIMPEL-HENNING, N., Altanteile bei sukzessiven Unternehmenserwerben, S. 39, wenn auch in anderem Kontext.
[902] Vgl. HITZ, J.-M./ZACHOW, J., Beizulegender Zeitwert nach IFRS 13, S. 966.

des Bewertungsobjektes zu bestimmen ist.[903] Die in diesem Zusammenhang angestrebte Maximierung beobachtbarer Eingangsparameter und die damit vom Standardsetzer intendierte marktnahe Bewertung der Unternehmensbeteiligung erscheinen zur Wahrung der Neutralität und Objektivität besser geeignet als ein möglicherweise von übergeordneten Konzerninteressen beeinflusster Transaktionspreis.[904] Im Ergebnis ist eine auf den Bewertungsprämissen des IFRS 13 basierende Ermittlung des Geschäfts- oder Firmenwertes somit durch eine **vergleichsweise verbesserte glaubwürdige Darstellung** zu rechtfertigen.

Im Folgenden gilt es, den auf Basis des Fair Value der Beteiligung ermittelten Geschäfts- oder Firmenwert tiefergehend zu beleuchten. In diesem Zusammenhang muss diskutiert werden, welche konzeptionellen Auswirkungen der angedeutete Wechsel der Bewertungsperspektive vom tatsächlichen Transaktionspreis hin zum fiktiven *exit price* auf die Höhe und Art der sich hinter dem Geschäfts- oder Firmenwert verbergenden Wertpotenziale hat (Abschnitt 544.33).[905] Des Weiteren ist in diesem Zusammenhang der konsolidierungstechnische Umgang mit einer im Zuge des Unternehmenszusammenschlusses übertragenen Gegenleistung zu analysieren, die vom Fair Value des erworbenen Unternehmens abweicht (Abschnitt 544.5).

544.33 Einfluss der Fair Value-Konzeption auf den Charakter des Geschäfts- oder Firmenwertes

544.331. Auswirkungen der einzunehmenden Veräußerungsperspektive auf die Bestandteile des Geschäfts- oder Firmenwertes

Die Konzeption des beizulegenden Zeitwertes gemäß IFRS 13 hat zur Folge, dass bei der Bewertung einer konzernintern erworbenen Unternehmensbeteiligung nur solche werttreibenden Eigenschaften zu berücksichtigen sind, die ebenso in das Bewertungskalkül eines typisierten Marktteilnehmers einfließen würden.[906] Aufgrund der mit der Veräußerungsfiktion der Beteiligung verbundenen Orientierung an einem repräsentativen Marktteilnehmer[907] sind die konkreten **Verwendungsabsichten** des Teilkonzernmutterunternehmens daher durch jene **eines hypothetischen Erwerbers** zu substituieren.[908] Die Berücksichtigung erwerberindividueller Wertpotenziale, die lediglich innerhalb der Sphäre des Bilanzierenden entstehen, dürfen daher

903 Vgl. allgemein IFRS 13.3; LÖW, E./ANTONAKOPOULOS, N./WEILAND, T., Fair Value Measurements, S. 732 f.; BEYER, S./ZWIRNER, C., Fair Value-Bewertung, S. 198 f., sowie Abschnitt 543.222.

904 Vgl. hier und im Folgenden allgemein im Kontext des IFRS 13 KIRSCH, H.-J. U. A., in: Rechnungslegung nach IFRS, 2. Aufl., Teil B: IFRS 13, Rn. 16 f. und Rn. 65, sowie PANZER, A., Statusändernde Anteilsveräußerungen im IFRS-Konzernabschluss, S. 135.

905 Vgl. allgemein zur Diskussion bzgl. der Verwendung des *exit* bzw. *entry price* als Inputparameter bei der Fair Value-Bewertung KIRSCH, H.-J. U. A., in: Rechnungslegung nach IFRS, 2. Aufl., Teil B: IFRS 13, Rn. 34.

906 Vgl. IFRS 13.22 f.; LÜDENBACH, N./HOFFMANN, W.-D./FREIBERG, J., in: Haufe IFRS-Kommentar, 14. Aufl., § 8a, Rn. 17; GROßE, J.-V., IFRS 13 Fair Value Measurement, S. 288.

907 Vgl. zu den Anforderungen an einen repräsentativen Marktteilnehmer IFRS 13.22 f. i. V. m. IFRS 13.BC.55-59 f., sowie HITZ, J.-M./ZACHOW, J., Beizulegender Zeitwert nach IFRS 13, S. 967.

908 Vgl. IDW (Hrsg.), IDW RS HFA 47, Rn. 4.

nicht in die Bewertung einfließen.[909] Einerseits wird hierdurch eine ggf. unzutreffende Bewertung des Akquisitionsobjektes, die auf die bei konzerninternen Transaktionen bestehende Nähebeziehung zwischen Erwerber und Veräußerer zurückzuführen ist, zumindest konzeptionell umgangen. Andererseits ist die veränderte Bewertungsperspektive aus Sicht des tatsächlichen Erwerbers jedoch mit einer ggf. **unvollständigen Erfassung** der hinter dem Tochterunternehmen stehenden **Wertpotenziale** verbunden, die sich letztlich in der Höhe des Geschäfts- oder Firmenwertes niederschlägt.[910]

Die evtl. nicht vollumfassende Abbildung der mit der Beteiligung verbundenen Nutzenpotenziale liegt in erster Linie darin begründet, dass der Wert der Beteiligung maßgeblich von der individuellen Integrations- und Wachstumsstrategie des tatsächlichen Erwerbers abhängt.[911] Die aus der konkreten Verwendung des Tochterunternehmens erwachsenden unternehmensspezifischen (echten) Synergieeffekte äußern sich grundsätzlich in der Zahlungsbereitschaft des neuen Mutterunternehmens.[912] Sofern also der Geschäfts- oder Firmenwert aus dem Unternehmenspreis abgeleitet wird, handelt es sich bei der Residualgröße um einen **unternehmensspezifischen Zugangswert**, der die individuellen Wertvorstellungen des Erwerbers widerspiegelt.[913] Ebendiese unternehmensspezifischen Wertvorstellungen müssen bei der Beteiligungsbewertung gemäß IFRS 13 vernachlässigt werden, sodass die streng marktorientierte Bewertung die Komposition des *core goodwill*[914] nicht unberührt lässt.

Konkret betrifft die nunmehr veränderte Bewertungsperspektive vor allem den **Synergien-Goodwill**, dessen Höhe erst durch die individuelle Unternehmensverbindung determiniert wird und damit von Erwerber zu Erwerber unterschiedlich ausfällt.[915] Aus der Perspektive des Teilkonzernmutterunternehmens dürfen nunmehr ausschließlich die Synergieeffekte aktiviert werden, die gleichermaßen vom typisierten Marktteilnehmer realisiert werden können.[916] Aufgrund der unvollständigen Berücksichtigung solcher Wertbestandteile kann der erwerberspezifische Synergien-Goodwill wertmäßig über dem des auf Basis der Vorschriften des IFRS 13 ermittelten Wertes liegen. Dennoch sind auch spezielle Fallkonstellationen denkbar, in denen es aufgrund der zu unterstellenden *highest and best use*-Prämisse im Rahmen der fiktiven Veräußerung zu unternehmensübergreifenden Synergieeffekten kommt, die jene einer internen Nutzung

909 Vgl. IFRS 13.11; LÜDENBACH, N./HOFFMANN, W.-D./FREIBERG, J., in: Haufe IFRS-Kommentar, 14. Aufl., § 8a, Rn. 18; KIRSCH, H.-J. U. A., in: Rechnungslegung nach IFRS, 2. Aufl., Teil B: IFRS 13, Rn. 17-19a; GIMPEL-HENNING, N., Sukzessive Anteilserwerbe, S. 98-100; PANZER, A., Statusändernde Anteilsveräußerungen im IFRS-Konzernabschluss, S. 132 f.

910 Vgl. hier und im Folgenden auch GIMPEL-HENNING, N., Sukzessive Anteilserwerbe, S. 98 f.

911 Vgl. hier und im Folgenden WIRTH, J., Firmenwertbilanzierung nach IFRS, S. 123 und S. 189 f.

912 Vgl. zur unterschiedlichen Zahlungsbereitschaft eines Erwerbers beispielhaft ACHLEITNER, P., Bewertung von Akquisitionen, S. 94.

913 Vgl. GIMPEL-HENNING, N., Sukzessive Anteilserwerbe, S. 100 und S. 120, sowie PANZER, A., Statusändernde Anteilsveräußerungen im IFRS-Konzernabschluss, S. 133.

914 Vgl. hierzu ausführlicher Abschnitt 544.312.

915 Vgl. SELLHORN, T., Bilanzielle Behandlung des Goodwill, S. 889.

916 Vgl. hierzu ähnlich PFAUTH, A., Goodwillbilanzierung nach US-GAAP, S. 123, wenn auch im Kontext der US-GAAP.

übersteigen. Dies wäre bspw. dann der Fall, wenn das Mutterunternehmen die konzernintern umgehängte Beteiligung nur hält, um deren Nutzung durch andere zu verhindern *(defensive use)*.[917] Während der Erwerber in einer solchen Situation möglicherweise nur darauf bedacht ist, seine strategische Wettbewerbssituation zu schützen,[918] würde der durchschnittliche Marktteilnehmer hingegen aktiv versuchen, z. B. durch das Zusammenlegen von Prozessen unternehmensübergreifende Verbundeffekte zu heben.[919]

Bezüglich der zweiten Komponente des *core goodwill*, dem ***Going Concern-Goodwill***, ergeben sich durch die veränderte Bewertungsperspektive keine Auswirkungen auf dessen bilanziell zu erfassende Höhe. Die der Größe zugrunde liegende *stand alone*-Betrachtung führt dazu, dass diese nur solche wertbildenden Eigenschaften umfasst, die der Beteiligung unmittelbar anhaften.[920] Daher ist grundsätzlich zu unterstellen, dass sowohl die im *Going Concern-Goodwill* steckenden Wertpotenziale des nicht-bilanzierungsfähigen Vermögens sowie der Kapitalisierungsmehrwert gleichermaßen vom tatsächlichen Erwerber in Form des Teilkonzernmutterunternehmens und dem durchschnittlichen Marktteilnehmer realisiert werden können. Hinsichtlich der Berücksichtigung eines etwaigen Restrukturierungsmehrwertes der Beteiligung,[921] der mit dem beherrschenden Einfluss des (fiktiven) Erwerbers einhergeht, ist dahingehend zu differenzieren, ob die jeweilige Restrukturierungsmaßnahme im Zuge des Integrationsprozesses eingeleitet wird oder nicht.[922] Sofern der Restrukturierungsmehrwert von der unternehmensspezifischen Integration abhängt, muss dieser konzeptionell dem Synergien-Goodwill zugeordnet werden mit der Konsequenz, dass es zu wertmäßigen Unterschieden im Vergleich zur Bewertung aus Sicht des typisierten Marktteilnehmers kommen kann. Betrifft die Maßnahme jedoch lediglich das isoliert betrachtete Beteiligungsunternehmen, ist der entstehende Mehrwert dem *Going Concern-Goodwill* zuzuordnen.[923]

---

917 Vgl. IFRS 13.30; KIRSCH, H.-J. U. A., in: Rechnungslegung nach IFRS, 2. Aufl., Teil B: IFRS 13, Rn. 113. Eine defensive Nutzung kann nicht nur die Beteiligung als solche betreffen, sondern auch einzelne hinter der Beteiligung stehende Vermögenswerte wie bspw. identifizierte Markenrechte. Der entsprechende Vermögenswert müsste auch hier mit dem aus Marktsicht zu bestimmenden beizulegenden Zeitwert bilanziert werden, vgl. RICHTER, F., Highest and best use, S. 88-90.

918 Vgl. IFRS 13.30 i. V. m. IFRS 13.BC.70.

919 Sofern die unternehmensindividuelle Nutzung von der höchst- und bestmöglichen Nutzung abweicht, hat der Bilanzierende die Tatsache und den entsprechenden Grund dafür offenzulegen, vgl. IFRS 13.93 (i); RICHTER, F., Highest and best use, S. 90; LÜDENBACH, N./HOFFMANN, W.-D./FREIBERG, J., in: Haufe IFRS-Kommentar, 14. Aufl., § 8a, Rn. 65.

920 Vgl. hierzu ausführlicher Abschnitt 544.312.

921 Vgl. hierzu ausführlich GIMPEL-HENNING, N., Sukzessive Anteilserwerbe, S. 85 f. m. w. N.

922 Vgl. HAAKER, A., Goodwill-Bilanzierung nach IFRS, S. 132, sowie implizit wohl auch SELLHORN, T., Bilanzielle Behandlung des Goodwill, S. 890.

923 Vgl. bzgl. der Diskussion zur Zuordnung eines Restrukturierungsmehrwertes zum *Going Concern-Goodwill* und zum Synergien-Goodwill HAAKER, A., Goodwill-Bilanzierung nach IFRS, S. 132. Diesbezüglich wohl a. A. SUCKUT, S., Unternehmensbewertung für internationale Akquisitionen, S. 15; PANZER, A., Statusändernde Anteilsveräußerungen im IFRS-Konzernabschluss, S. 128.

Die vorstehenden Ausführungen verdeutlichen, dass die veränderte Ausgangsbasis zur Ermittlung eines Geschäfts- oder Firmenwertes im Rahmen konzerninterner Unternehmenszusammenschlüsse direkte Auswirkungen auf die zu bilanzierende Residualgröße hat. Da grundsätzlich nicht mehr der tatsächliche Transaktionspreis, sondern ein fiktiver Veräußerungspreis die Höhe des Goodwill determiniert, dürfen ansonsten bilanzierte unternehmensspezifische Wertbestandteile des Synergien-Goodwill nicht mehr aktiviert werden, auch wenn diese zweifelsfrei nachgewiesen werden können.[924] Dementgegen müssten im Rahmen der defensiven Nutzung der konzernintern umgehangenen Unternehmensbeteiligung ggf. Goodwillbestandteile angesetzt werden, die lediglich aus der Perspektive des typisierten Marktteilnehmers zutreffend wären. Da Letzteres sicherlich eine spezifische Ausnahme darstellen dürfte, wird in den überwiegenden Erwerbskonstellationen das mit der Beteiligung verbundene Nutzenpotenzial nicht vollständig ausgewiesen. Obgleich die in Rede stehende Komponente des Geschäfts- oder Firmenwertes nicht vollständig vernachlässigt wird, ist die Relevanz der vermittelten Abschlussinformationen dennoch eingeschränkt.

Die mit der Fair Value-Bewertung gemäß IFRS 13 verbundenen Schwachstellen stehen jedoch dem in Abschnitt 544.325. formulierten scheinbaren Vorteil gegenüber, durch die Entkopplung eines möglicherweise verzerrten Kaufpreises die bilanziellen Ermessensspielräume bei der Ermittlung des Geschäfts- oder Firmenwertes einzugrenzen.[925] Inwieweit das bilanzpolitische Gestaltungspotenzial durch eine (fiktive) Marktbewertung tatsächlich eingeschränkt wird, kann jedoch erst eine genauere Betrachtung der dem Fair Value zugrunde liegenden Bewertungsverfahren zeigen.

544.332. Bewertungsunsicherheiten bei der Bestimmung des Fair Value der Beteiligung

544.332.1 Börsenkursbasierte Bewertung

Sofern es sich bei dem Akquisitionsobjekt um ein börsennotiertes Unternehmen handelt, kann der beizulegende Zeitwert des Beteiligungsunternehmens aus der (anteiligen) Marktkapitalisierung desselben abgeleitet werden.[926] Oberflächlich betrachtet erscheint die Wertfindung des entsprechenden Tochterunternehmens durch eine einfache Multiplikation des Aktienkurses *(price)* mit der jeweiligen Anzahl *(quantity)* der gehaltenen Anteile (sog. ***P x Q*-Bewertung**)[927]

[924] Vgl. hierzu allgemein, wenn auch im Kontext der US-GAAP HOMMEL, M., Neue Goodwillbilanzierung, S. 1946; HITZ, J.-M./KUHNER, C., Derivativer Goodwill nach US-GAAP, S. 280 f.; PFAUTH, A., Goodwillbilanzierung nach US-GAAP, S. 123.

[925] Vgl. allgemein zum Objektivierungsversuch der Bewertungsvorschriften des IFRS 13 KIRSCH, H.-J. U. A., in: Rechnungslegung nach IFRS, 2. Aufl., Teil B: IFRS 13, Rn. 121; WIELAND-BLÖSE, H./ANDRÉ, J., in: Thiele/von Keitz/Brücks, IFRS 13, Rn. 121; GIMPEL-HENNING, N., Sukzessive Anteilserwerbe, S. 103.

[926] Vgl. MATSCHKE, M. J./BRÖSEL, G., Unternehmensbewertung, S. 676.

[927] Vgl. FREIBERG, J., Die fair value-Bewertung, S. 42, sowie umfassend zur Bestimmung des beizulegenden Zeitwertes der Altanteile im Kontext sukzessiver Unternehmenserwerbe GIMPEL-HENNING, N., Sukzessive Anteilserwerbe, S. 109-114.

dazu geeignet, etwaige Ermessensspielräume bei der Ermittlung des beizulegenden Zeitwertes hinreichend einzuschränken.[928]

Eine solche Bewertung vernachlässigt indes, dass der zu Bewertungszwecken verwendete Aktienkurs den Marktpreis eines einzelnen Unternehmensanteils darstellt.[929] Im Unterschied zur Gesamtbeteiligung am Tochterunternehmen sind mit einem einzelnen Anteilsschein zwar gewisse Mitspracherechte verbunden, jedoch eben keine wesentlichen Einflussnahmemöglichkeiten, um die relevanten Aktivitäten des Beteiligungsunternehmens zu kontrollieren.[930] Letztlich repräsentieren die in Rede stehenden Börsenwerte somit **Marktpreise für nicht-beherrschende Unternehmensanteile**.[931] Da es sich bei dem Bewertungsobjekt indes um eine Mehrheitsbeteiligung handelt, kann aus den beobachtbaren Marktpreisen nicht unmittelbar auf den beizulegenden Zeitwert der Beteiligung geschlossen werden, da sodann wesentliche Merkmale des Vermögenswertes ausgeblendet würden.[932] Vielmehr müssen die mit der Beteiligung verbundenen Kontrollrechte in Form von entsprechenden **Paket- bzw. Kontrollzuschlägen** berücksichtigt werden.[933]

Da der aus dem Börsenkurs abgeleitete Wert des Tochterunternehmens nicht ohne Anpassungen als Schätzer für den Fair Value herangezogen werden kann, sind die Eingangsparameter nicht mehr der ersten Stufe, sondern je nach Umfang der notwendigen Adjustierungen lediglich der **zweiten Stufe der Fair Value-Hierarchie** zuzuordnen.[934] Im Ergebnis stellen die an aktiven Märkten notierten Börsenpreise damit Inputparameter für ähnliche, aber nicht identische Vermögenswerte dar.[935] Hinsichtlich der Höhe des Paketzuschlages dürfen, ungeachtet dessen, dass es sich um eine vom jeweiligen Erwerber abhängige Größe handelt, nur diejenigen Wertpotenziale aus der Einflussnahmemöglichkeit berücksichtigt werden, die gleichermaßen vom repräsentativen Marktteilnehmer vergütet worden wären. In diesem Kontext können spezifische

---

928 Vgl. im Ergebnis KÜTING, K./WIRTH, J., Sukzessiver Anteilserwerb, S. 365; KLOSE, N.-C., Kapitalkonsolidierungs- und Bewertungsmethoden, S. 159; HACHMEISTER, D./RUTHARDT, F., Bedeutung von Börsenkursen und Vorerwerbspreisen, S. 1692.

929 Vgl. hier und im Folgenden KUHNER, C./MALTRY, H., Unternehmensbewertung, S. 269; BALLWIESER, W., Unternehmensbewertung in Deutschland, S. 748; EPPINGER, C., Bewertung von Beteiligungen, S. 201.

930 Vgl. PFAUTH, A., Goodwillbilanzierung nach US-GAAP, S. 127; OLBRICH, M., Bedeutung des Börsenkurses, S. 460.

931 Vgl. WIEDMANN, H./ADERS, C./WAGNER, M., Bewertung von Unternehmensanteilen, S. 725; CHERIDITO, Y./HADEWICZ, T., Marktorientierte Unternehmensbewertung, S. 322; KÜTING, K./CASSEL, J., Anteilige Marktkapitalisierung, S. 2636.

932 Vgl. FREIBERG, J., Die fair value-Bewertung, S. 44.

933 Vgl. IFRS 13.69; HACHMEISTER, D./RUTHARDT, F., Bedeutung von Börsenkursen und Vorerwerbspreisen, S. 1692; KÜTING, K./CASSEL, J., Anteilige Marktkapitalisierung, S. 2636; GIMPEL-HENNING, N., Sukzessive Anteilserwerbe, S. 109-119, sowie PANZER, A., Statusändernde Anteilsveräußerungen im IFRS-Konzernabschluss, S. 144.

934 Vgl. GIMPEL-HENNING, N., Sukzessive Anteilserwerbe, S. 109 und S. 116 f.; PANZER, A., Statusändernde Anteilsveräußerungen im IFRS-Konzernabschluss, S. 143.

935 Vgl. zu Eingangsparametern der Stufe zwei IFRS 13.81 f., sowie ausführlich 543.222.

Transaktionen, die in vergleichbaren Branchen getätigt wurden, als Anhaltspunkt für die einzupreisenden Aufschläge dienen.[936] Pauschale Wertaufschläge scheiden hingegen aus.[937] Die konkrete Entscheidung über die jeweils zu erfassende Anpassung sind trotz Marktorientierung subjektiv geprägt, sodass die auf den ersten Blick scheinbar objektivierte börsenpreisgestützte Ermittlung des beizulegenden Zeitwertes doch wiederum ermessensbehaftet ist.[938]

544.332.2 Kapitalwertbasierte Bewertung

Sofern es sich bei dem Akquisitionsobjekt nicht um ein börsennotiertes Unternehmen handelt, muss der Bilanzierende zwangsläufig auf alternative Bewertungstechniken zurückgreifen. Hierbei haben vor allem kapitalwertorientierte Bewertungsverfahren eine besondere Bedeutung.[939] Weitverbreitete und anerkannte Methoden zur Bestimmung des (anteiligen) Unternehmenswertes sind in diesem Kontext sowohl das *Discounted Cashflow*- als auch das Ertragswert-Verfahren.[940]

Charakteristisches Merkmal solcher **barwertorientierter Bewertungstechniken** ist die Diskontierung geschätzter Erfolgsgrößen wie Zahlungsströme oder bilanzielle Gewinne auf den Bewertungsstichtag.[941] Die Anwendung der Methoden ist mit **subjektiven Ermessensentscheidungen verbunden**, die gleichermaßen die Zähler- als auch die Nennergröße betreffen. Augenscheinlich ist die Prognose der Höhe sowie des zeitlichen Anfalls künftiger Erfolgsgrößen schwer zu objektivieren, sodass diese die „Eingangstür“ etwaiger Manipulationsmöglichkeiten darstellen.[942] Ebenso gehen mit der Bestimmung des Diskontierungszinssatzes Unschärfen und Gestaltungsspielräume einher.[943] Diese betreffen neben dem risikolosen Basiszinssatz vor allem den zu berücksichtigenden Risikozuschlag. Da beide Bestandteile des zu verwendenden Zinssatzes rein theoretische Konstrukte sind, können diese über verschiedene real zu beobachtende Größen geschätzt werden.[944] Aufgrund fehlender Detailvorgaben, die die Auswahl

---

936 Vgl. KPMG (Hrsg.), Insights into IFRS 2015/16 (Volume 1), Rn. 2.4.840.20.

937 Vgl. KPMG (Hrsg.), Insights into IFRS 2015/16 (Volume 1), Rn. 2.4.840.30.

938 Vgl. MATSCHKE, M. J./BRÖSEL, G., Unternehmensbewertung, S. 677 f.; PFAUTH, A., Goodwillbilanzierung nach US-GAAP, S. 130; WAWRZINEK, W./LÜBBIG, M., in: Beck'sches IFRS-HB, 5. Aufl., § 2, Rn. 228.

939 Vgl. LÜDENBACH, N./HOFFMANN, W.-D./FREIBERG, J., in: Haufe IFRS-Kommentar, 14. Aufl., § 8a, Rn. 41 f. Neben kapitalwertorientierten Bewertungsverfahren (vgl. IFRS 13.62 i. V. m. IFRS 13.B.10-33) unterscheidet der IASB je nach verwendeten Inputfaktoren zwischen marktpreisbasierten Ansätzen (vgl. IFRS 13.62 i. V. m. IFRS 13.B.5-7) und kostenbasierten Verfahren (vgl. IFRS 13.62 i. V. m. IFRS 13.B.8 f.), vgl. FISCHER, D. T., Fair Value Measurement, S. 237.

940 Vgl. KUHNER, C./MALTRY, H., Unternehmensbewertung, S. 195; BALLWIESER, W., Ertragswert- und Discounted-Cashflow-Verfahren, S. 511; BAETGE, J. U. A., Darstellung der Discounted Cashflow-Verfahren, S. 357, sowie KALAYCI, D./SOMMER, F., Synergien bei Unternehmensakquisitionen, S. 136 m. w. N. Zu den kapitalwertbasierten Bewertungsverfahren zählt der IASB überdies noch Optionspreismodelle (vgl. IFRS 13.B.11 (b)), die vorwiegend bei der Bewertung von Finanzinstrumenten eingesetzt werden, und die Residualwertmethode (vgl. IFRS 13.B.11 (c)), die zur Ermittlung des Fair Value einiger immaterieller Vermögenswerte verwendet wird.

941 Vgl. IFRS 13.B.10; FISCHER, D. T., Fair Value Measurement, S. 237.

942 Vgl. ausführlich BAETGE, J., Verwendung von DCF-Kalkülen, S. 18 f.

943 Vgl. ausführlich BAETGE, J., Verwendung von DCF-Kalkülen, S. 19-22; SCHILDBACH, T., Fair Value, S. 20.

944 Vgl. SCHILDBACH, T., Fair Value, S. 20.

und Verarbeitung der hierbei heranzuziehenden historischen Daten konkretisieren, lassen sich mitunter große Spannweiten möglicher Ausprägungen argumentieren.[945] Auch wenn einzelne Parameter wie der Basiszinssatz oder Betafaktoren direkt am Markt beobachtbar sind, muss dennoch überwiegend auf unternehmensinterne Informationen zurückgegriffen werden, sodass die bei der kapitalwertbasierten Bewertung genutzten Inputparameter in ihrer Gesamtheit grundsätzlich der **dritten Stufe innerhalb der Fair Value-Hierarchie** zuzuordnen sind.[946]

Aufgrund der Zielsetzung des IFRS 13 in Form einer weitestgehend objektivierten Bewertung[947] wird der Marktbezug auch bei der Nutzung nicht beobachtbarer Daten wie bspw. unternehmensinterner Cashflowprognosen gefordert.[948] Daher sind die aus unternehmensinternen Informationen entwickelten, nicht beobachtbaren Inputparameter anzupassen, sobald es Hinweise darauf gibt, dass ein typisierter Marktteilnehmer andere Informationen verwenden würde oder die Inputparameter unternehmensspezifische Wertkomponenten umfassen, die aus Sicht des Marktes nicht realisiert werden können.[949] Einerseits scheint die Orientierung am typischen Marktteilnehmer zunächst dazu geeignet, utopische Bewertungsergebnisse einzuschränken. Andererseits eröffnen sich durch den **rein hypothetischen Referenzmaßstab** neue bilanzpolitische Spielräume.[950] In diesem Zusammenhang ist es dem Bilanzierenden durch den Verweis auf das „Phantom“[951] des typisierten Marktteilnehmers möglich, unternehmensinterne Planungen (in seinem Interesse) standardkonform zu adjustieren.[952] Im Ergebnis führt der Objektivierungsversuch durch die Anpassung interner Daten an eine Marktperspektive zu keiner befriedigenden Einschränkung etwaiger Manipulationsmöglichkeiten.[953]

544.34 Kritische Würdigung der Bilanzierung eines Geschäfts- oder Firmenwertes im Rahmen konzerninterner Unternehmenszusammenschlüsse

Beim Fehlen substanzieller Hinweise darauf, dass die hingegebene Gegenleistung dem Fremdvergleichsgrundsatz standhält, ist der Goodwillermittlung bei konzerninternen Unternehmenszusammenschlüssen bedingt durch die Nähebeziehung zwischen Erwerber und Veräußerer

---

945 Vgl. SCHILDBACH, T., Fair Value, S. 20 f. m. w. N.; BALLWIESER, W./KÜTING, K./SCHILDBACH, T., Fair value – erstrebenswerter Wertansatz. S. 537 f.; KIRSCH, H.-J., Fair Value – quo vadis, S. I.

946 Vgl. MACKENSTEDT, A./FLADUNG, H.-D./HIMMEL, H., Bestimmung beizulegender Zeitwerte nach IFRS 3, S. 1040; KÜTING, K./CASSEL, J., Hierarchie der Unternehmensbewertungsverfahren, S. 327; CASTEDELLO, M./KLINGBEIL, C., Anwendungsfragen zu IFRS 13, S. 486.

947 Vgl. WIELAND-BLÖSE, H./ANDRÉ, J., in: Thiele/von Keitz/Brücks, IFRS 13, Rn. 121.

948 Vgl. IFRS 13.87; KIRSCH, H.-J. U. A., in: Rechnungslegung nach IFRS, 2. Aufl., Teil B: IFRS 13, Rn. 87.

949 Vgl. IFRS 13.87-89; WAWRZINEK, W./LÜBBIG, M., in: Beck'sches IFRS-HB, 5. Aufl., § 2, Rn. 264 f. Der IASB schränkt seine Forderungen dahingehend ein, dass nur die Informationen des Marktes berücksichtigt werden müssen, die in angemessener Weise verfügbar sind. Auf eine vollumfängliche Marktrecherche kann daher verzichtet werden, vgl. IFRS 13.89.

950 Vgl. BALLWIESER, W./KÜTING, K./SCHILDBACH, T., Fair value – erstrebenswerter Wertansatz, S. 536; SCHILDBACH, T., Fair Value, S. 18 f.; FRANKE, F., Synergien in Rechtsprechung und Rechnungslegung S. 195; STREIM, H./BIEKER, M./ESSER, M., Informationsbilanz, S. 241 f.

951 SCHILDBACH, T., Fair Value, S. 19.

952 Vgl. GIMPEL-HENNING, N., Altanteile bei sukzessiven Unternehmenserwerben, S. 43.

953 Vgl. im Ergebnis auch KIRSCH, H.-J. U. A., in: Rechnungslegung nach IFRS, 2. Aufl., Teil B: IFRS 13, Rn. 90.

nicht der tatsächlich entrichtete Transaktionspreis, sondern der Fair Value der erworbenen Beteiligung zugrunde zu legen.[954] Durch die damit verbundene marktorientierte Bewertung der Unternehmensbeteiligung sollen bilanzielle Ermessensspielräume, die mit einer kaufpreisgestützten Ermittlung des Geschäfts- oder Firmenwertes einhergehen, eingeschränkt werden.[955] Die diesbezügliche Analyse hat indes gezeigt, dass sowohl bei einer börsenpreis- als auch bei einer kapitalwertgestützten Ableitung des beizulegenden Zeitwertes der Beteiligung dem bilanzierenden Management weitreichende **Bewertungsfreiräume geboten** werden.[956]

Eine weitere Folge der Abwendung von einer anschaffungskostenbasierten Ermittlung des Geschäfts- oder Firmenwertes ist der potenzielle Ausweis **nicht** (vollständig) **pagatorisch abgesicherter Goodwillbestandteile**. Dies ist immer dann der Fall, wenn der tatsächlich gezahlte Kaufpreis hinter dem auf der Grundlage des IFRS 13 ermittelten Beteiligungswert zurückbleibt.[957] Trotz der scheinbaren Hinwendung des IASB zu einem verstärkten Ansatz nicht pagatorisch abgesicherter Wertbestandteile des Geschäfts- oder Firmenwertes wie bspw. im Kontext statusändernder Anteilserwerbe sowie bei der Anwendung der *Full Goodwill*-Methode wurden die diesbezüglichen Regelungsänderungen in der Literatur vor allem vor dem Hintergrund ihrer mangelnden Objektivierung zurecht stark kritisiert.[958]

Trotz der gezeigten Probleme hinsichtlich der glaubwürdigen Darstellung der Residualgröße werden den Teilkonzernabschlussadressaten durch die Aktivierung dieser Wertgröße Finanzinformationen vermittelt, die auf künftig zu erwartende Einzahlungsüberschüsse schließen lassen, die nicht Bestandteil des neubewerteten Nettovermögens sind.[959] Allerdings werden aufgrund der Fair Value-basierten Ermittlung nur jene Ertragspotenziale ausgewiesen, die vom typisierten Marktteilnehmer realisiert werden können. Erwerberspezifische Wertkomponenten sind bei der Bewertung der konzernintern umgehängten Beteiligung systematisch auszublenden. Da das betreffende Tochterunternehmen jedoch nicht den Teilkonzernverbund verlässt, ist gerade **der unternehmensindividuelle Nutzungsmehrwert** als relevante Größe bei der Evaluierung des Unternehmenserwerbs anzusehen und nicht etwa ein rein fiktiver Veräußerungspreis.[960]

954 Vgl. Abschnitt 544.322. bis Abschnitt 544.325.

955 Vgl. Abschnitt 544.325.

956 Vgl. Abschnitt 544.332.

957 Vgl. zur bilanziellen Behandlung dieser Differenz Abschnitt 544.5.

958 Vgl. stellvertretend PELLENS, B./BASCHE, K./SELLHORN, T., Full Goodwill Method, S. 4; BADER, A./SCHREDER, M., Full goodwill-Methode vs. partial goodwill-Methode, S. 282; KÜTING, K./WIRTH, J., Goodwillbilanzierung Near Final Draft, S. 468; GIMPEL-HENNING, N., Sukzessive Anteilserwerbe, S. 134 f. und S. 140.

959 Vgl. Abschnitt 536.

960 Vgl. allgemein STREIM, H./BIEKER, M./ESSER, M., Fair Value Accounting, S. 100; FRANKE, F., Synergien in Rechtsprechung und Rechnungslegung, S. 200 f. m. w. N.; KIRSCH, H.-J. U. A., in: Rechnungslegung nach IFRS, 2. Aufl., Teil B: IFRS 13, Rn. 17; GIMPEL-HENNING, N., Sukzessive Anteilserwerbe, S. 98 f.

Es wird deutlich, dass ein auf Basis des beizulegenden Zeitwertes der Beteiligung ermittelter Geschäfts- oder Firmenwert zwar grundsätzlich dazu geeignet ist, relevante Finanzinformationen zu vermitteln, dies jedoch aufgrund der maßgebenden Veräußerungsperspektive mit Einschränkungen verbunden ist. Darüber hinaus führt die aus Relevanzgründen zu kritisierende Ausblendung unternehmensspezifischer Nutzenpotenziale zugunsten einer strengen Marktorientierung auch nicht dazu, die Glaubwürdigkeit der Berichterstattung (wesentlich) zu erhöhen. So bietet die Fair Value-Konzeption gemäß IFRS 13 keine wesentlichen Hilfestellungen zur Begrenzung subjektiver Einflüsse bei der Bestimmung des Geschäfts- oder Firmenwertes.[961] Letztlich würde den primären Adressaten des Teilkonzernabschlusses eine objektivierte Marktbewertung suggeriert, die diesem Anspruch bei genauerer Betrachtung indes nicht genügt. Der im Zusammenhang mit der alternativen Ermittlungsweise des Goodwill formulierte (vermeintliche) Vorteil, den aus der *related party transaction* resultierenden Problemen durch die unmittelbare Betrachtung des Fair Value der Unternehmensbeteiligung zu begegnen, wird daher nur sehr eingeschränkt erreicht, da das Vorgehen ebenso wie eine kaufpreisgestützte Goodwillbilanzierung mit schwerwiegenden Glaubwürdigkeitsproblemen behaftet ist.

544.4 Ermittlung und Bilanzierung eines negativen Unterschiedsbetrages aus der Kapitalkonsolidierung im Rahmen konzerninterner Unternehmenszusammenschlüsse

544.41 Allgemeiner Charakter und Behandlung eines *bargain purchase* i. S. d. IFRS 3.34 f.

Wenngleich der aus einem Unternehmenszusammenschluss abgeleitete Unterschiedsbetrag i. d. R. positiv sein dürfte,[962] besteht auch die Möglichkeit, dass der Substanzwert des Akquisitionsobjektes die für den Erwerb der Beteiligung hingegebene Gegenleistung übersteigt und somit im Ergebnis zu einer negativen Saldogröße führt.[963] Ein solcher im Zuge einer Erwerbstransaktion entstandener negativer Unterschiedsbetrag kann auf völlig unterschiedliche **Entstehungsursachen** zurückgeführt werden, weshalb eine eindeutige Charakterisierung dieser Größe und die damit verbundene Zuordnung zu einer bestimmten Bilanzposition nicht problemlos möglich ist.[964] Aus diesem Grund ist es wenig verwunderlich, dass ein negativer Unterschiedsbetrag innerhalb verschiedener Rechnungslegungssysteme unterschiedlich behandelt wird.[965]

---

961 Vgl. allgemein FRANKE, F., Synergien in Rechtsprechung und Rechnungslegung, S. 195 f., sowie im Zusammenhang sukzessiver Unternehmenserwerbe und -veräußerungen GIMPEL-HENNING, N., Altanteile bei sukzessiven Unternehmenserwerben, S. 127; PANZER, A., Statusändernde Anteilsveräußerungen im IFRS-Konzernabschluss, S. 149 f.

962 Vgl. SCHMIDT, I. M., Ansätze für eine umfassende Rechnungslegung, S. 61.

963 Vgl. KÜTING, K./WIRTH, J., Bilanzierung eines negativen Unterschiedsbetrags, S. 143 f.; BACHEM, R. G., Negative Geschäftswerte, S. 967.

964 Vgl. HOFMANN, U./TRILTZSCH, J., Bilanzieller Ausweis negativer Unterschiedsbeträge, S. 729-735.

965 Vgl. BAETGE, J./HAYN, S./STRÖHER, T., in: Rechnungslegung nach IFRS, 2. Aufl., Teil B: IFRS 3, Rn. 268. Zu den unterschiedlichen Vorschriften zur Bilanzierung eines negativen Unterschiedsbetrages innerhalb der

Der IASB interpretiert einen Unternehmenszusammenschluss grundsätzlich als eine Tauschtransaktion, bei der die Ausgeglichenheit von Leistung und Gegenleistung unterstellt wird.[966] Die Existenz eines negativen Unterschiedsbetrages stellt genau diese Ausgeglichenheitsvermutung infrage. Ursächlich hierfür kann gemäß IFRS 3.35 einerseits ein günstiger Gelegenheitskauf unterhalb des Marktwertes ***(bargain purchase)***[967] sein, andererseits aber auch in den Ausnahmevorschriften zur Erfassung und Bewertung besonderer Bilanzposten begründet liegen.[968] Letztere Ursache basiert bspw. auf einer von den Prinzipien des IFRS 3 abweichenden Bewertung von latenten Steuern, die nach IAS 12 *(Income Tax)* nicht abzuzinsen sind und daher zum Zeitpunkt des Unternehmenszusammenschlusses von ihrem beizulegenden Zeitwert abweichen.[969] Durch die zum Teil abweichenden Bewertungsregelungen einzelner erworbener Vermögenswerte und Schulden lassen sich indes i. d. R. nur geringe Teile eines negativen Unterschiedsbetrages erklären.[970] Der negative Unterschiedsbetrag ist explizit nicht Ausdruck etwaiger **künftiger Aufwendungen** (sog. *badwill*[971]).[972] Diese manifestieren sich nach Ansicht des IASB im Rahmen der durchzuführenden Neubewertung sämtlicher identifizierbarer Vermögenswerte und Schulden (inkl. Eventualverbindlichkeiten) in einem entsprechend niedrigeren beizulegenden Zeitwert des neubewerteten Nettovermögens.[973] Da die Vorschriften des IFRS 3.11 jedoch eine Passivierung von nicht gesetzlich verpflichtenden Restrukturierungsrückstellungen untersagen, bleibt in diesem Zusammenhang zumindest konzeptionell offen, wie (erwerberspezifische) antizipierte Verlustkomponenten vollständig innerhalb des Substanzwertes berücksichtigt werden können.[974]

IFRS und des HGB vgl. jeweils stellvertretend QIN, S., Bilanzierung des Excess nach IFRS 3, S. 31-44, sowie BAETGE, J./KIRSCH, H.-J./THIELE, S., Konzernbilanzen, S. 226-228 im handelsrechtlichen Kontext.

966 Vgl. KÜTING, K./WIRTH, J., Bilanzierung eines negativen Unterschiedsbetrags, S. 144.

967 In diesem Kontext wird oftmals auch der Begriff des *lucky buy* verwendet, vgl. stellvertretend BIEKER, M./ESSER, M., Goodwillbilanzierung nach IFRS 3, S. 457; KÜTING, K./WEBER, C.-P., Konzernabschluss, S. 375.

968 Vgl. KASPERZAK, R./LIECK, H., Bedeutung des Reassessment, S. 1016 f.

969 Vgl. IFRS 3.24 f. i. V. m. IAS 12.53, sowie GROS, S., Bilanzierung eines bargain purchase, S. 1957.

970 Vgl. LÜDENBACH, N./VÖLKNER, B., Abgrenzung des Kaufpreises von sonstigen Vergütungen, S. 1440; HAAKER, A./FREIBERG, J., Sofortige Vereinnahmung eines negativen goodwill, S. 325.

971 Vgl. BAETGE, J./KIRSCH, H.-J./THIELE, S., Konzernbilanzen, S. 227 m. w. N.; KÜTING, K./DUSEMOND, M./NARDMANN, B., Ausgewählte Probleme der Kapitalkonsolidierung, S. 15; KÜTING, K./WEBER, C.-P., Konzernabschluss, S. 375; HOMMEL, M., Bilanzierung von Goodwill und Badwill, S. 804.

972 Vgl. IFRS 3.BC.380. Dort heißt es: *„The boards also considered concerns raised by some constituents that a buyer's expectations of future losses and its need to incur future costs to make a business viable might give rise to a negative goodwill result. In other words, a buyer would be willing to pay a seller only an amount that is, according to that view, less than the fair value of the acquiree (or its identifiable net assets) because to make a fair return on the business the buyer would need to make further investments in that business to bring its condition to fair value. The boards disagreed with that view for the reasons noted in paragraphs BC134–BC143 in the context of liabilities associated with restructuring or exit activities of the acquiree, as well as those that follow."*

973 Vgl. SENGER, T./BRUNE, J. W., in: Beck'sches IFRS-HB, 5. Aufl., § 34, Rn. 237; WIRTH, J., Firmenwertbilanzierung nach IFRS, S. 176.

974 Vgl. hierzu auch LÜDENBACH, N./VÖLKNER, B., Abgrenzung des Kaufpreises von sonstigen Vergütungen, S. 1439 f.; LÜDENBACH, N./HOFFMANN, W.-D./FREIBERG, J., in: Haufe IFRS-Kommentar, 14. Aufl., § 31, Rn. 142; KASPERZAK, R./LIECK, H., Bedeutung des Reassessment, S. 1018.

Der den Substanzwert unterschreitende Betrag stellt aus der Perspektive des Erwerbers einen **ökonomischen Vorteil** dar, der zum Erwerbszeitpunkt erfolgswirksam zu vereinnahmen ist.[975] Der Gewinnrealisierung hat indes ein *reassessment* des negativen Unterschiedsbetrages vorauszugehen. Dabei hat der Erwerber sämtliche Ansatz- und Bewertungsvorgänge, die Einfluss auf die Höhe des *bargain purchase* haben, nochmals kritisch zu hinterfragen.[976] Die wiederholte Überprüfung umfasst:

1. die Identifizierung und die Bewertung der erworbenen Vermögenswerte und Schulden,
2. die Bewertung evtl. bestehender nicht-beherrschender Anteile,
3. die Bewertung zuvor gehaltener Anteile bei einem sukzessiven Unternehmenserwerb, sowie
4. die Erfassung und Bewertung der hingegebenen Gegenleistung.

Das durchzuführende *reassessment* ist Ausdruck der bestehenden Skepsis des Standardsetzers gegenüber dem Gewinn aus einem *bargain purchase.* Auch wenn der IASB Situationen aufführt, die einen Erwerb unter Marktwert rechtfertigen, wie bspw. zwangsweise Liquidationen oder Notverkäufe, bei denen aus Zeitgründen nicht mit verschiedenen potenziellen Erwerbern verhandelt werden kann,[977] wertet der Board diese Erwerbskonstellationen grundsätzlich als ***„anomalous transactions“***[978].[979] Ein nach ökonomischen Prinzipien handelnder rationaler Investor würde sein Unternehmen nicht wissentlich unterhalb des Liquidationswertes veräußern, sofern die Einzelveräußerung der Vermögenswerte und Schulden mit höheren Zahlungsströmen verbunden wäre.[980] Daher sieht der IASB das Fehlen von substanziellen Veräußerungsgründen als Hinweis auf etwaige bewusste oder unbewusste **Bewertungsfehler**, die durch eine erneute Überprüfung des Bewertungsmodells minimiert oder gar eliminiert werden sollen.[981] Inwieweit das beschriebene Wesen eines negativen Unterschiedsbetrages als *bargain purchase* samt der daraus resultierenden Bilanzierungskonsequenzen auf Unternehmenszusammenschlüsse unter gemeinsamer Beherrschung übertragen werden kann, wird im Folgenden tiefergehend erörtert.

---

975 Vgl. IFRS 3.34; IFRS 3.BC.372.

976 Vgl. hier und im Folgenden IFRS 3.36, sowie umfassend hierzu auch QIN, S., Bilanzierung des Excess nach IFRS 3, S. 55-98.

977 Vgl. KASPERZAK, R./LIECK, H., Bedeutung des Reassessment, S. 1018; PETERSEN, K./BANSBACH, F./DORNBACH, E., IFRS-Praxishandbuch, S. 557.

978 IFRS 3.BC.371.

979 Eine von der ESMA im Vorfeld des *post implementation review* des IFRS 3 durchgeführte Studie brachte indessen zu Tage, dass es in der Praxis häufiger zu einem *bargain purchase* kommt, als vom IASB bislang angenommen wurde, vgl. ESMA (Hrsg.), ESMA/2014/643, Rn. 70-72. Selbiges wurde auch vonseiten der Kommentierenden angemerkt, vgl. PwC (Hrsg.), Comment Letter (PIR IFRS 3), S. 2 f. Vgl. hierzu auch ZÜLCH, H., Badwill - Eine unterschätzte Größe in der deutschen Bilanzierungspraxis, S. 313 f.

980 Vgl. IFRS 3.BC.371, sowie HAAKER, A., Goodwill-Bilanzierung nach IFRS, S. 67 m. w. N.

981 Vgl. IFRS 3.BC.372-375; EY (Hrsg.), International GAAP 2016 (Volume 1), S. 630; PwC (Hrsg.), Manual of accounting 2015 (Volume 2), Rn. 25.195 f.

544.42 Referenzgröße zur Ermittlung eines negativen Unterschiedsbetrages im Rahmen konzerninterner Unternehmenszusammenschlüsse

Wie in den vorangegangenen Abschnitten herausgearbeitet wurde, ist die entrichtete Gegenleistung bei konzerninternen Unternehmenszusammenschlüssen nicht automatisch als Ausgangspunkt der Kapitalkonsolidierung heranzuziehen. Bedingt durch die *Common Control*-Beziehung zwischen Verkäufer und Käufer und den damit einhergehenden fehlenden Interessengegensätzen der verhandelnden Parteien unterliegt der Kaufpreis keinen hinreichenden Objektivierungsmechanismen.[982] Daher ist ebenso wie bei der Bilanzierung des Geschäfts- oder Firmenwertes zur Bestimmung eines negativen Unterschiedsbetrages prinzipiell direkt auf den **Fair Value des Beteiligungsunternehmens** abzustellen. Sofern der Bilanzierende seiner Beweislast nicht nachkommt, dass der Kaufpreis dem Fremdvergleichsgrundsatz standhält, ergibt sich die Höhe des bilanziell zu erfassenden Unterschiedsbetrages, wie in Abbildung 5-8 dargestellt, somit aus der Differenz zwischen dem Fair Value des erworbenen Nettovermögens und dem beizulegenden Zeitwert der Beteiligung gemäß IFRS 13. Der tatsächlich gezahlte Kaufpreis, der sowohl über als auch unter dem Fair Value der Beteiligung liegen kann, muss wie bei einem positiven Unterschiedsbetrag in einem separaten Geschäftsvorfall konsolidierungstechnisch erfasst werden.[983]

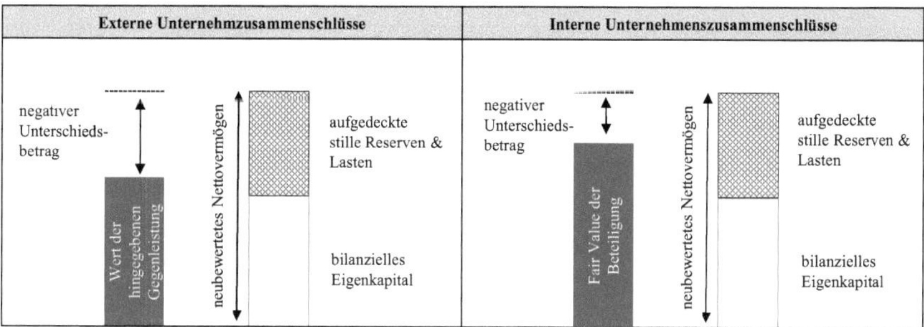

Abbildung 5-8: Ermittlungssystematik eines negativen Unterschiedsbetrages im Rahmen konzerninterner Unternehmenszusammenschlüsse

Auch wenn die Bewertung der konzernintern erworbenen Beteiligung auf der Grundlage der Vorschriften des IFRS 13 ebenfalls mit bilanzpolitischen Gestaltungsspielräumen verbunden ist, die den *true and fair view* einschränken, erscheint die Abwendung von einer kaufpreisgestützten Ableitung des negativen Unterschiedsbetrages dennoch besser dazu geeignet, die primären Teilkonzernabschlussadressaten über die tatsächlichen Vermögensverhältnisse im konsolidierten Abschluss zu informieren. Inwieweit die veränderte Ermittlungssystematik zu einem konträren Vermögensausweis führen kann, sofern ungeprüft auf den entrichteten Kaufpreis zur

982 Vgl. Abschnitt 544.323.
983 Vgl. hierzu ausführlicher Abschnitt 544.5.

Bestimmung eines (negativen) Unterschiedsbetrages abgestellt würde, soll anhand des nachfolgenden Beispiels nochmals verdeutlicht werden.

Anwendungsbeispiel:[984]

Im Zuge einer konzerninternen Reorganisation überträgt das Mutterunternehmen (MU) seine Kapitalanteile an TU_4 vollständig an TU_1. TU_1 stellt einen Teilkonzernabschluss auf, in den das neue Tochterunternehmen einzubeziehen ist. Der auf Basis der Vorschriften des IFRS 13 ermittelte Fair Value des konzernintern umgehängten Tochterunternehmens beträgt 1.000 GE. Das neubewertete Nettovermögen des Akquisitionsobjektes beträgt 600 GE. TU_1 zahlt für die neue Unternehmensbeteiligung 500 GE an das übergeordnete Mutterunternehmen.

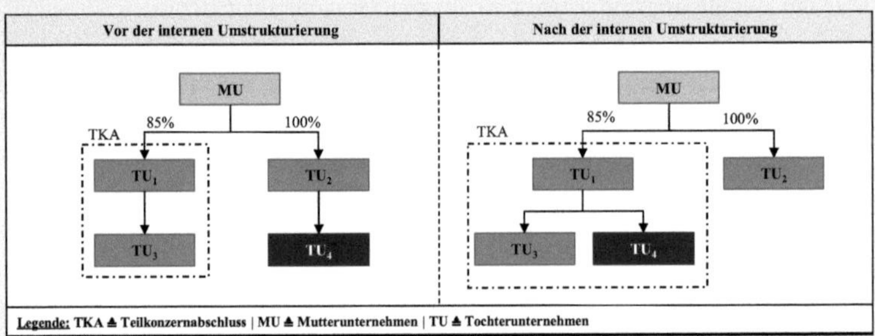

Kaufpreisgestützte Ableitung des Unterschiedsbetrages:

Der den Kaufpreis übersteigende Betrag des neubewerteten Nettovermögens i. H. v. 100 GE (600 GE – 500 GE) wäre gemäß den Vorschriften des IFRS 3 nach einem zuvor durchgeführten *reassessment* als *bargain purchase* unmittelbar erfolgswirksam zu vereinnahmen.[985] Somit würde kein Geschäfts- oder Firmenwert aktiviert. Die aus der Transaktion resultierende Reinvermögensänderung beläuft sich am Ende der Periode unter sonst gleichen Bedingungen auf 100 GE.

Fair Value-gestützte Ableitung des Unterschiedsbetrages:

Aufgrund dessen, dass der Fair Value der Beteiligung das neubewertete Nettovermögen um 400 GE übersteigt, ist in entsprechender Höhe ein Geschäfts- oder Firmenwert anzusetzen.

---

984 Entnommen aus EY (Hrsg.), International GAAP 2016 (Volume 1), S. 685. ERNST & YOUNG hält in diesem Kontext beide dargestellten Varianten für zulässig und fordert lediglich eine konsistente Anwendung seitens der Bilanzierenden. Diese Auffassung offenbar teilend, vgl. CHRISTIAN, D., Transaktionen im Teilkonzernabschluss, S. 169. Theoretisch könnte eine kaufpreisbasierte Ermittlung des Unterschiedsbetrags an dieser Stelle auch mit der Bilanzierung eines Geschäfts- oder Firmenwert bzw. zu keinem Unterschiedsbetrag oder aber einem geringeren negativen Unterschiedsbetrag als bei der Fair Value-basierten Ermittlung verbunden sein. Der tatsächliche Kaufpreis wäre in diesen Situationen höher als der Fair Value des Beteiligungsunternehmens, da unternehmensspezifische Wertkomponenten aufgrund der Veräußerungsperspektive des IFRS 13 nicht im beizulegenden Zeitwert berücksichtigt würden, c. p. aber in den Kaufpreis einfließen. Vgl. hierzu auch Abschnitt 544.43.

985 A. A. KPMG (Hrsg.), Insights into IFRS 2015/16 (Volume 1), Rn. 5.13.70.20, die eine erfolgswirksame Vereinnahmung eines auf diese Weise ermittelten negativen Unterschiedsbetrages ablehnen und sich stattdessen für eine erfolgsneutrale Erfassung des entsprechenden Betrages im Eigenkapital aussprechen.

Die Differenz zwischen dem tatsächlich gezahlten Kaufpreis und dem beizulegenden Zeitwert des Tochterunternehmens ist erfolgsneutral im Eigenkapital zu erfassen.[986] Zum Zeitpunkt der Erstkonsolidierung kommt es im Gegensatz zur kaufpreisgestützten Ermittlung des Unterschiedsbetrages somit zu keinerlei Erfolgswirkungen aus dem Anschaffungsvorgang. Die aus der Transaktion resultierende Reinvermögensänderung beläuft sich am Ende der Periode unter sonst gleichen Bedingungen auf 500 GE.

Das Beispiel zeigt, dass eine unkorrigierte Verwendung der hingegebenen Gegenleistung zur bilanziellen Erfassung eines **nicht gerechtfertigten Ertrages aus einem *bargain purchase*** und somit zu einer von den tatsächlichen Verhältnissen abweichenden Abbildung der Vermögens-, Finanz- und Ertragslage im Teilkonzernabschluss führen kann.[987] Während der Kaufpreis in einer Transaktion zwischen voneinander unabhängigen Parteien vermutlich in etwa dem beizulegenden Zeitwert der Beteiligung entsprochen hätte, kann das Konzernmutterunternehmen die **Ertragslage** des erwerbenden Teilkonzerns unter dem „Deckmantel" eines günstigen Gelegenheitskaufs hier **gezielt beeinflussen**.

Auf den übergeordneten Konzernabschluss hat die Höhe des geforderten Kaufpreises letztlich keinen wesentlichen Einfluss, da es sich dort um eine reine Vermögensverschiebung *„from one pocket to another pocket"*[988] handelt. Anders als bei der kaufpreisgestützten Ermittlung eines Geschäfts- oder Firmenwertes besteht im Kontext eines negativen Unterschiedsbetrages somit evtl. ein **größerer bilanzpolitischer Anreiz** vonseiten des Konzernmutterunternehmens, einen vom Fremdvergleichsgrundsatz abweichenden niedrigen Kaufpreis zu fordern. Dem kann durch eine Fair Value-basierte Ermittlungsweise des (negativen) Unterschiedsbetrages gezielt begegnet werden. Sofern aus einem konzerninternen Unternehmenszusammenschluss trotz der nunmehr veränderten Referenzgröße dennoch ein negativer Unterschiedsbetrag resultieren sollte, bleibt dies – wie im Folgenden zu zeigen sein wird – nicht ohne Auswirkungen auf die ökonomische Interpretation der Residualgröße sowie deren bilanzieller Behandlung.

544.43 Auswirkungen auf die Charakterisierung eines negativen Unterschiedsbetrages als *bargain purchase*

Da im hier betrachteten Fall teilkonzernübergreifender Unternehmenszusammenschlüsse unter gemeinsamer Beherrschung ein negativer Unterschiedsbetrag grundsätzlich nur dann entsteht, wenn das neubewertete Nettovermögen den Fair Value des Beteiligungsunternehmens übersteigt,[989] ist in diesem Kontext die vom IASB angeführte **Interpretation der Residualgröße als *bargain purchase* nicht mehr haltbar**. Die Bewertungsvorschriften des IFRS 13 lassen

[986] Vgl. hierzu ausführlicher Abschnitt 544.5.

[987] Vgl. IDW (Hrsg.), IDW RS HFA 2, Rn. 40. Zwar stellt der negative Unterschiedsbetrag einen ökonomischen Nutzenzufluss dar, der normalerweise in der Gesamtergebnisrechnung des Teilkonzernabschlusses zu erfassen wäre, jedoch handelt es sich an dieser Stelle – wie in Abschnitt 544.5 noch ausführlich erläutert wird – eher um eine erfolgsneutral zu bilanzierende Kapitaltransaktion mit dem übergeordneten Mutterunternehmen, als um einen tatsächlichen Erfolg i. S. d. IFRS.

[988] PAN, X., Choice of accounting method, zitiert nach BIANCONE, P. P., BCUCC the Italian Experience, S. 52.

[989] Vgl. Abschnitt 544.42.

keinen Raum für etwaiges Verhandlungsgeschick des Erwerbers oder mögliche Unterbewertungen der Vermögenswerte aufgrund besonderer Erwerbssituationen, die ansonsten bei einem günstigen Gelegenheitskauf ins Feld geführt werden.[990] Bei der Bewertung muss unabhängig von den tatsächlichen Gegebenheiten eine gewöhnliche Transaktion unterstellt werden, bei der die veräußernde Partei aus keiner Zwangssituation wie bspw. einem Notverkauf heraus agiert.[991] Sofern man von den Ausnahmen bei der Erfassung und Bewertung besonderer Posten gemäß IFRS 3.22-31 absieht, die ohnehin nur geringe Bestandteile eines negativen Unterschiedsbetrages erklären können,[992] basiert die negative Saldogröße daher entweder auf einem vom tatsächlichen Fair Value der Beteiligung abweichenden beizulegenden Zeitwert gemäß IFRS 13 oder aber auf antizipierten Verlustkomponenten.[993]

Die den negativen Unterschiedsbetrag begründende Abweichung zwischen dem tatsächlichen Fair Value der Beteiligung[994] und dem beizulegenden Zeitwert des Tochterunternehmens auf Basis der Regelungen des IFRS 13 kann zum einen auf eine **fehlerhafte Anwendung** der Bewertungsvorschriften des IFRS 13 zurückgeführt werden. Zum anderen kann in diesem Zusammenhang ebenso die systematische Ausblendung erwerberspezifischer Wertkomponenten bei der Ermittlung des beizulegenden Zeitwertes der Beteiligung ursächlich für einen negativen Unterschiedsbetrag sein.[995] Die gemäß den Vorschriften des IFRS 13 zwangsläufig zu vernachlässigenden erwerberindividuellen Synergiepotenziale würden sich unter sonst gleichen Umständen wahrscheinlich in einem entsprechend höheren Beteiligungswert niederschlagen, sodass es bei einem externen Unternehmenszusammenschluss theoretisch zu einem positiven oder aber zumindest zu einem geringeren negativen Unterschiedsbetrag kommen würde. Damit läge der negative Unterschiedsbetrag vielmehr in den **konzeptionellen Schwächen des IFRS 13** begründet als in einem günstigen Kauf unter Marktwert.[996]

Demgegenüber ist dem zweiten Erklärungsansatz vermutlich eine vergleichsweise höhere praktische Relevanz zuzuschreiben. Der hinter dem Substanzwert des Beteiligungsunternehmens zurückbleibende Fair Value ist hier Ausdruck **künftig zu erwartender Aufwendungen**, die mit dem Unternehmenszusammenschluss verbunden sind. Vor allem bei verlustbringenden oder renditeschwachen Unternehmen, die umfassende Restrukturierungsaktivitäten erfordern, jedoch aufgrund des Passivierungsverbots kein Bestandteil des Substanzwertes sind, kann der

990 Vgl. IFRS 3.BC.371, sowie kritisch zu den möglichen Gründen eines *bargain purchase* KASPERZAK, R./LIECK, H., Bedeutung des Reassessment, S. 1017 f.

991 Vgl. IFRS 13.B.43 f.; BÄTHE-GUSKI, M. U. A., Besonderheiten bei der Fair-Value-Ermittlung, S. 742.

992 Vgl. LÜDENBACH, N./VÖLKNER, B., Abgrenzung des Kaufpreises von sonstigen Vergütungen, S. 1339 f., sowie HAAKER, A./FREIBERG, J., Sofortige Vereinnahmung eines negativen goodwill, S. 325.

993 Vgl. ähnlich GIMPEL-HENNING, N., Sukzessive Anteilserwerbe, S. 139; GIMPEL-HENNING, N., Interpretation eines Goodwill aus stufenweisen Unternehmenserwerben, S. 220 f., wenn auch im Kontext sukzessiver Unternehmenserwerbe.

994 Bei externen Unternehmenszusammenschlüssen dient die entrichtete Gegenleistung als Schätzer für den tatsächlichen Fair Value der Beteiligung, vgl. Abschnitt 544.322.

995 Vgl. Abschnitt 544.331.

996 Vgl. insgesamt zu diesem Absatz GIMPEL-HENNING, N., Sukzessive Anteilserwerbe, S. 139.

Ertragswert des Akquisitionsobjektes geringer sein als der beizulegende Zeitwert des neubewerteten Nettovermögens.[997] Die bilanziell zu erfassende Residualgröße in Form eines ***badwill*** verkörpert sodann keinen wirtschaftlichen Vorteil mehr, sondern künftige Aufwendungen, die aus Sicht des typisierten Marktteilnehmers mit in die Bewertung des Beteiligungsunternehmens eingeflossen sind.

544.44 Kritische Würdigung einer unmittelbar erfolgswirksamen Erfassung eines negativen Unterschiedsbetrages

Die Ausführungen im vorherigen Abschnitt haben gezeigt, dass ein hinter dem Substanzwert zurückbleibender beizulegender Zeitwert des Akquisitionsobjektes aus Sicht des erwerbenden Unternehmens **keinen ökonomischen Vorteil** darstellt. Vielmehr ist die negative Residualgröße typischerweise auf künftig zu erwartende Aufwendungen i. V. m. der konzernintern erworbenen Gesellschaft zurückzuführen. Da die bilanzielle Behandlung eines nach einem *reassessment* verbleibenden negativen Unterschiedsbetrages grundsätzlich dessen Entstehungsursache Rechnung tragen soll,[998] hätte eine ertragswirksame Erfassung eines **vermeintlichen *bargain purchase*** zwar den Anschein, jedoch in diesem Zusammenhang nicht die Substanz eines Erwerbs unter Marktwert.

Vor diesem Hintergrund wurde ebenso die unmittelbare Erfolgswirkung eines (vermeintlichen) günstigen Gelegenheitskaufes im Zuge des *post implementation review* von IFRS 3 seitens der Kommentierenden kritisiert.[999] Auch bei externen Unternehmenserwerben treten in der Praxis Erwerbskonstellationen auf, bei denen der negative Unterschiedsbetrag auf künftigen Aufwendungen beruht, obgleich der IASB dies als Erklärungsansatz nicht zulässt.[1000] Basierend auf der in diesem Kontext nunmehr grundsätzlich veränderten Ermittlungssystematik eines (negativen) Unterschiedsbetrages dürfte das Phänomen des *badwill* bei konzerninternen Unternehmenszusammenschlüssen jedoch wesentlich ausgeprägter sein als bei externen Unternehmenstransaktionen. Eine sofortige ertragswirksame Erfassung, wie es die aktuellen Regelungen des IFRS 3 vorsehen, würde insofern die Glaubwürdigkeit der Berichterstattung einschränken, als den Adressaten ein günstiger Gelegenheitskauf signalisiert wird, der sich in Folgeperioden jedoch nicht als solcher bewahrheitet.

---

997 Vgl. PwC (Hrsg.), Manual of accounting 2015 (Volume 2), Rn. 25.196; BACHEM, R. G., Negative Geschäftswerte, S. 1976.

998 Vgl. QIN, S., Bilanzierung des Excess nach IFRS 3, S. 119.

999 Vgl. allgemein IASB (Hrsg.), Staff Paper PIR IFRS 3 Agenda ref. 12F (September 2014), Rn. 48-54, sowie im Speziellen stellvertretend PwC (Hrsg.), Comment Letter (PIR IFRS 3), S. 2 f.; IDW (Hrsg.), Comment Letter (PIR IFRS 3), S. 5; EFRAG (Hrsg.), Comment Letter (PIR IFRS 3), S. 8 und S. 21.

1000 Vgl. LÜDENBACH, N./HOFFMANN, W.-D./FREIBERG, J., in: Haufe IFRS-Kommentar, 14. Aufl., § 31, Rn. 142; BAETGE, J./HAYN, S./STRÖHER, T., in: Rechnungslegung nach IFRS, 2. Aufl., Teil B: IFRS 3, Rn. 276.

In derartigen Fällen wäre eine Wiedereinführung der bilanziellen Behandlung eines *badwill* ähnlich zu den damaligen Vorschriften des IAS 22 zu bevorzugen.[1001] Die Vorgängerregelungen des IFRS 3 weisen diesbezüglich den erheblichen Vorteil auf, dass keine pauschale ertragswirksame Auflösung des negativen Unterschiedsbetrages, sondern eine Differenzierung nach den Ursachen des Postens vorgeschrieben wird.[1002] Sofern die in IAS 22 als *negative goodwill* bezeichnete Residualgröße auf erwarteten künftigen Verlusten und Aufwendungen beruht, die verlässlich bestimmt werden können und zum Erwerbszeitpunkt keine bilanzierungsfähige Schuld darstellen, wäre der „negative Geschäfts- oder Firmenwert" in der Periode erfolgswirksam aufzulösen, in der die erwarteten Aufwendungen eintreten, um diese zu neutralisieren.[1003]

Durch die Gegenüberstellung der aus dem Unternehmenskauf in Folgeperioden resultierenden Erfolgsbeiträge und den ihnen wirtschaftlich zuzuordnenden Aufwendungen käme es sowohl zum Zeitpunkt der Erstkonsolidierung als auch bei der Auflösung des negativen Geschäftswertes zu einem periodengerechten Erfolgsausweis, der ansonsten durch die unmittelbare Erfassung eines vermeintlichen *bargain purchase* verzerrt würde.[1004] Der in die Teilkonzernbilanz aufzunehmende *badwill* würde somit einen Korrekturposten zu dem den Fair Value des Akquisitionsobjektes übersteigenden neubewerteten Nettovermögen darstellen.[1005] Dabei könnte der negative Unterschiedsbetrag, wie es die Vorschriften des IAS 22.64 vorsahen, als Abzug von der Aktivseite offen ausgewiesen werden.[1006] Gleichermaßen wäre auch ein Ausweis auf der Passivseite i. S. e. passiven Unterschiedsbetrages zwischen Eigen- und Fremdkapital, äquivalent zu den handelsrechtlichen Vorschriften des § 301 Abs. 3 HGB i. V. m. § 309 Abs. 2 HGB, vorstellbar.[1007]

1001 Vgl. so auch IDW (Hrsg.), Comment Letter (PIR IFRS 3), S. 5, wenn auch im Kontext externer Unternehmenszusammenschlüsse.

1002 Vgl. HOFMANN, U./TRILTZSCH, J., Bilanzieller Ausweis negativer Unterschiedsbeträge, S. 733. FÖRSCHLE/KRONER/ROLF sprechen in diesem Kontext auch von einem 3-Stufen-Konzept zur Behandlung eines negativen Goodwill, vgl. FÖRSCHLE, G./KRONER, M./ROLF, E., Internationale Rechnungslegung, S. 149.

1003 Vgl. IAS 22.62; QIN, S., Bilanzierung des Excess nach IFRS 3, S. 20 f.; KÜTING, K./HARTH, H.-J., Behandlung einer negativen Aufrechnungsdifferenz, S. 496. Dies entspricht der ersten Stufe des in Fn. 1002 angedeuteten 3-Stufen-Konzepts. Ein hiernach noch verbleibender negativer Unterschiedsbetrag war gemäß IAS 22.63 (a) i. H. d. durchschnittlichen gewichteten Restnutzungsdauer der nicht-monetären abnutzbaren Vermögenswerte erfolgswirksam aufzulösen. Ein nach den zwei vorangegangenen Stufen noch bestehender Unterschiedsbetrag war unmittelbar erfolgswirksam zu erfassen *(bargain purchase)*, vgl. FÖRSCHLE, G./KRONER, M./ROLF, E., Internationale Rechnungslegung, S. 149; KÜTING, K./HARTH, H.-J., Behandlung einer negativen Aufrechnungsdifferenz, S. 496 f.

1004 Vgl. ähnlich QIN, S., Bilanzierung des Excess nach IFRS 3, S. 22 f., sowie im handelsrechtlichen Kontext WINKELJOHANN, N./HOFFMANN, K., in: Beck Bilanzkomm., 10. Aufl., § 309 HGB, Rn. 2; KIRSCH, H.-J./DOLLEREDER, P., in: Baetge/Kirsch/Thiele, § 309 HGB, Rn. 3.

1005 Vgl. im Kontext der Regelungen des IAS 22 HOFMANN, U./TRILTZSCH, J., Bilanzieller Ausweis negativer Unterschiedsbeträge, S. 733; EPSTEIN, B. J./MIRZA, A. A., IAS 2003, S. 439; KÜTING, K./HARTH, H.-J., Behandlung einer negativen Aufrechnungsdifferenz, S. 497.

1006 Vgl. THEILE, C./PAWELZIK, K. U., Bilanzierung eines excess, S. 318. Ein einen positiven Goodwill übersteigender negativer Unterschiedsbetrag wäre weiterhin aktivisch auszuweisen, vgl. hierzu auch MUJKANOVIC, R., Abbildung von Unternehmenserwerben im Konzernabschluss, S. 639.

1007 Vgl. hierzu allgemein WINKELJOHANN, N./DEUBERT, M., in: Beck Bilanzkomm., 10. Aufl., § 301 HGB,

Da der Zeitpunkt, zu dem die erwarteten künftigen Aufwendungen aus der konzerninternen Transaktion tatsächlich anfallen, nur schwer zu objektivieren ist, ergäben sich für den Bilanzierenden Ermessensspielräume, in welcher Periode der negative Unterschiedsbetrag aufzulösen ist.[1008] Diese ließen sich jedoch durch eine umfangreiche Dokumentation der Entstehungsursachen im Erstkonsolidierungszeitpunkt hinreichend einschränken. Daher scheint das Konzept des negativen Geschäft- oder Firmenwertes bzw. des passiven Unterschiedsbetrages vor allem bei Unternehmenszusammenschlüssen unter gemeinsamer Beherrschung besser dazu geeignet, eine periodengerechte Erfolgserfassung zu gewährleisten, als die sofortige Vereinnahmung eines Ertrags zum Zeitpunkt des Erwerbs. Letztere Interpretation des negativen Unterschiedsbetrages i. S. e. *bargain purchase* führt aufgrund der abweichenden Vorgehensweise bei der Kapitalkonsolidierung konzerninterner Unternehmenserwerbe offensichtlich zu einem nicht den tatsächlichen Verhältnissen entsprechenden Ausweis der Vermögens-, Finanz- und Ertragslage.

544.5 Bilanzielle Erfassung der vom Fair Value der Beteiligung abweichenden hingegebenen Gegenleistung

544.51 Abweichungen zwischen der hingegebenen Gegenleistung und dem Fair Value der Beteiligung

Aufgrund seines beherrschenden Einflusses ist es dem obersten Mutterunternehmen bei der Gestaltung eines konzerninternen Unternehmenszusammenschlusses grundsätzlich möglich, übergeordnete Konzerninteressen zulasten des untergeordneten Teilkonzerns durchzusetzen.[1009] Die in IFRS 3 formulierte Ausgeglichenheitsvermutung zwischen Leistung und Gegenleistung ist somit nicht mehr aufrechtzuerhalten.[1010] Vor diesem Hintergrund ist nicht auszuschließen, dass in manchen Erwerbskonstellationen die für die konzernintern transferierte Unternehmensbeteiligung hingegebene Gegenleistung u. U. von einer marktüblichen Gegenleistung bzw. vom Fair Value der Beteiligung abweicht.[1011]

Wie in Abbildung 5-9 ersichtlich muss die Gegenleistung nicht zwangsläufig höher oder niedriger als der beizulegende Zeitwert der Beteiligung sein. Sie können sich auch entsprechen. Sofern dies jedoch nicht der Fall ist, muss der Unterschiedsbetrag im Teilkonzernabschluss bilanziell erfasst werden. Da die Vorschriften des IFRS 3 *Common Control*-Transaktionen explizit aus ihrem Anwendungsbereich ausklammern und diese Form von Unterschiedsbeträgen

---

Rn. 150 sowie Rn. 155 f. Zum möglichen bilanziellen Charakter dieser (Teil-)Konzernabschlussgröße vgl. weiterführend, wenn auch im handelsrechtlichen Kontext SAUTHOFF, J.-P., Charakter negativer Firmenwerte im Konzernabschluß, S. 619-623; HOFMANN, U./TRILTZSCH, J., Bilanzieller Ausweis negativer Unterschiedsbeträge, S. 729-735.

[1008] Vgl. hier und im Folgenden BAETGE, J./KIRSCH, H.-J./THIELE, S., Konzernbilanzen, S. 227 f.; KIRSCH, H.-J./DOLLEREDER, P., in: Baetge/Kirsch/Thiele, § 309 HGB, Rn. 62.

[1009] Vgl. BIANCONE, P. P., BCUCC the Italian Experience, S. 52.

[1010] Vgl. Abschnitt 544.323.

[1011] Vgl. stellvertretend EY (Hrsg.), International GAAP 2016 (Volume 1), S. 684 f.; CHRISTIAN, D., Transaktionen im Teilkonzernabschluss, S. 169; EFRAG U. A. (Hrsg.), Business Combinations under Common Control, S. 49.

bei externen Unternehmenszusammenschlüssen aufgrund der abweichenden Vorgehensweise bei der Kapitalkonsolidierung nicht auftreten, bieten die entsprechenden Vorschriften keine Hilfestellung, wie der Betrag bilanziell abzubilden ist.

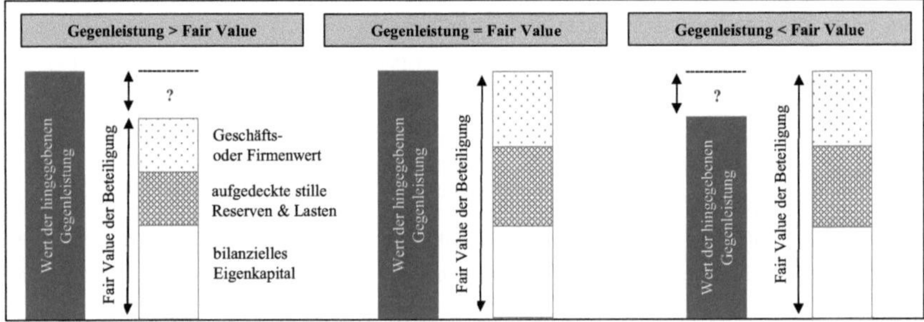

Abbildung 5-9: Unterschiedsbeträge aus der bilanziellen Berücksichtigung der hingegebenen Gegenleistung

In ähnlichem Zusammenhang weisen die Vorschriften des IFRS 13 darauf hin, dass die Differenz zwischen dem erstmaligen Ansatz eines Vermögenswertes zum beizulegenden Zeitwert und dem Transaktionspreis grundsätzlich als Zugangsgewinn bzw. -verlust ***(day one gain or loss)*** erfolgswirksam zu vereinnahmen ist.[1012] Betrachtet man hingegen die Entstehungsursache des nach IFRS 13 vermeintlich erfolgswirksam zu erfassenden Differenzbetrages, so ist zu vermuten, dass dieser im Rahmen von *Common Control*-Transaktionen auf das **Gesellschafterverhältnis** mit dem übergeordneten Mutterunternehmen zurückzuführen ist. Ein fremder Dritter wäre in den hier betrachteten Erwerbskonstellationen prinzipiell nicht dazu gewillt (bzw. in der Lage), einen Kaufpreis festzulegen, der wesentlich unterhalb (bzw. überhalb) des beizulegenden Zeitwertes des Beteiligungsunternehmens liegt. Insofern ist anzunehmen, dass das übergeordnete Mutterunternehmen **in seiner Eigenschaft als Eigentümer handelt**, da es dem Teilkonzern bspw. im Fall eines hinter dem Fair Value der Beteiligung zurückbleibenden Kaufpreises einen Vermögensvorteil gewährt, den ein fremder Dritter nicht einräumen würde.[1013] Dementsprechend ist der Nutzenzufluss bzw. -abfluss bilanziell wie bei einer Kapitaltransaktion mit Anteilseignern zu behandeln.[1014] Dies hat zur Folge, dass der jeweilige Unterschiedsbetrag in Abhängigkeit von seinem Vorzeichen einen in der Kapitalrücklage des Teilkonzerns

---

1012 Vgl. IFRS 13.60 i. V. m. IFRS 13.BC.137. Der Grundsatz wird dahingehend eingeschränkt, dass eine erfolgswirksame Erfassung des Unterschiedsbetrages zwischen Transaktionspreis und Fair Value nur dann gestattet ist, wenn in dem jeweils maßgeblichen Standard nichts abweichendes bestimmt wird, vgl. hierzu auch WAWRZINEK, W./LÜBBIG, M., in: Beck'sches IFRS-HB, 5. Aufl., § 2, Rn. 253; ZWIRNER, C./FROSCHHAMMER, M., Berücksichtigung von Zugangsgewinnen/-verlusten, S. 450 f.; IDW (Hrsg.), IDW RS HFA 47, Rn. 52. Eine Erfassung als *day one gain or loss* im Kontext konzerninterner Unternehmenserwerbe ablehnend vgl. KPMG (Hrsg.), Comment Letter (DP/EFRAG), S. 14.

1013 Vgl. allgemein LÜDENBACH, N./FREIBERG, J., Verdeckte Einlagen nach IFRS, S. 1545.

1014 Vgl. STRÖHER, T., Unternehmenszusammenschlüsse unter Common Control, S. 175, sowie hier und im Folgenden allgemein zur Einordnung einer Transaktion als Kapitaltransaktion mit Anteilseignern BISCHOF, S. U. A., in: Rechnungslegung nach IFRS, 2. Aufl., Teil B: IAS 1, Rn. 172.

erfolgsneutral zu buchenden Einlagen- bzw. Entnahmevorgang seitens des Gesellschafters darstellt.[1015]

Gedanklich wird ein konzerninterner Unternehmenszusammenschluss letztlich in **zwei Transaktionen** aufgespalten, die jeweils unterschiedlich im Teilkonzernabschluss abzubilden sind.[1016] Im Fokus der Betrachtung steht nach wie vor der Unternehmenszusammenschluss als solcher, der hier analog zu den Vorschriften des IFRS 3 bilanziert wird. Eine vom Fair Value der Beteiligung abweichende Gegenleistung ist wirtschaftlich betrachtet kein Bestandteil des eigentlichen Unternehmenszusammenschlusses, sondern verkörpert eine eigenständige Transaktion mit dem Mutterunternehmen,[1017] die dementsprechend als Kapitaleinlage bzw. -entnahme zu bilanzieren ist.[1018]

Eine solche bilanzielle Zweiteilung einer Transaktion in einen fremdüblichen und einen nichtfremdüblichen Teil ist momentan nicht innerhalb des IFRS-Normensystems verankert.[1019] Gegenwärtig sind bei Geschäftsvorfällen zwischen *related parties,* bei denen es aufgrund der Nähebeziehung der Geschäftspartner möglicherweise zu Abweichungen vom Fremdvergleichsgrundsatz kommt, lediglich Angaben gemäß IAS 24 erforderlich, die den Adressaten ein Verständnis potenzieller Auswirkungen der Nähebeziehung auf den Abschluss verdeutlichen sollen. Eine konkrete Bewertung, inwieweit die übertragene Gegenleistung einer *arm's length transaction* entspricht, ist jedoch nicht notwendig.[1020]

Die hier vertretene Aufteilung des Geschäftsvorfalls ermöglicht den primären Adressaten des Teilkonzernabschlusses allerdings eine Beurteilung darüber, welcher Teil der hingegebenen Gegenleistung auf den eigentlichen Unternehmenszusammenschluss entfällt und welcher Teil allein auf das Gesellschafterverhältnis mit dem übergeordneten Mutterunternehmen zurückzuführen ist. Während im Fall einer (verdeckten) Einlage die hingegebene Gegenleistung vollständig auf den Unternehmenserwerb entfällt, werden bei einer (verdeckten) Entnahme über den eigentlichen Wert der erworbenen Beteiligung Zahlungen an das Mutterunternehmen getätigt. Durch die unmittelbare Erfassung der Über- bzw. Unterzahlung im Eigenkapital wird den

---

1015 Vgl. IDW (Hrsg.), IDW RS HFA 2, Rn. 39; FREIBERG, J., Bilanzielle Behandlung von Transaktionen mit Gesellschaftern, S. 221, sowie allgemein zur Bilanzierung von Einlagen LÜDENBACH, N./HOFFMANN, W.-D./FREIBERG, J., in: Haufe IFRS-Kommentar, 14. Aufl., § 20, Rn. 70-72 sowie Rn. 84.

1016 Vgl. ebenso hier und im Folgenden EFRAG U. A. (Hrsg.), Business Combinations under Common Control, S. 50; KPMG (Hrsg.), Comment Letter (DP/EFRAG), S. 13 f.; BDO (Hrsg.), Comment Letter (DP/EFRAG), S. 9; MAZARS (Hrsg.), Comment Letter (DP/EFRAG), S. 11. Ähnlich auch EY (Hrsg.), International GAAP 2016 (Volume 1), S. 685; CHRISTIAN, D., Transaktionen im Teilkonzernabschluss, S. 169.

1017 Vgl. IDW (Hrsg.), IDW RS HFA 2, Rn. 39.

1018 Vgl. im spezifischen Kontext konzerninterner Unternehmenszusammenschlüsse KPMG (Hrsg.), Comment Letter (DP/EFRAG), S. 14; BDO (Hrsg.), Comment Letter (DP/EFRAG), S. 9; MAZARS (Hrsg.), Comment Letter (DP/EFRAG), S. 11, sowie allgemein zur bilanziellen Behandlung von Transaktionen mit Gesellschaftern FREIBERG, J., Bilanzielle Behandlung von Transaktionen mit Gesellschaftern, S. 221; LÜDENBACH, N./HOFFMANN, W.-D./FREIBERG, J., in: Haufe IFRS-Kommentar, 14. Aufl., § 30, Rn. 9.

1019 Vgl. hier und im Folgenden EFRAG U. A. (Hrsg.), Business Combinations under Common Control, S. 50.

1020 Vgl. stellvertretend SENGER, T./PRENGEL, A., in: Beck'sches IFRS-HB, 5. Aufl., § 20, Rn. 41 und Rn. 49, sowie ausführlicher zu den Angabepflichten des IAS 24 Abschnitt 222.

primären Adressaten des Teilkonzernabschlusses überdies deutlich, dass die Zu- oder Abnahme des Nettovermögens nicht aus der originären Geschäftstätigkeit der wirtschaftlichen Einheit resultiert.[1021]

Trotz der dargestellten Vorteile, die mit der bilanziellen Aufspaltung des Geschäftsvorfalls in einen Unternehmenszusammenschluss und eine Eigenkapitaltransaktion verbunden sind, darf nicht ausgeblendet werden, dass die Höhe der zu bilanzierenden Entnahme bzw. Einlage, ebenso wie der Goodwill bzw. (vermeintliche) *bargain purchase*, auf dem Fair Value der Beteiligung basiert. Bedingt durch die rein fiktive Marktbewertung gemäß IFRS 13 und den damit einhergehenden Bewertungsunsicherheiten[1022] bestehen die gleichen Probleme hinsichtlich einer glaubwürdigen Darstellung wie bspw. bei der Bilanzierung des Geschäfts- oder Firmenwertes.[1023] Etwaige Fehlbewertungen der Beteiligung schlagen sich somit sowohl in der Bilanzierung des Unternehmenszusammenschlusses als auch in der Kapitaltransaktion nieder.

544.52 Neubewertung der hingegebenen Gegenleistung bei nicht-monetären Vermögenswerten

Um die Glaubwürdigkeit der ggf. zu bilanzierenden Einlage bzw. Entnahme ungeachtet bestehender Defizite dennoch zu erhöhen, sollte die zur Bestimmung des Unterschiedsbetrages herangezogene **Gegenleistung mit ihrem zum Transaktionszeitpunkt geltenden beizulegenden Zeitwert** bewertetet werden.[1024] Während bei einer Übertragung des Kaufpreises in monetären Vermögenswerten der beizulegende Zeitwert gleichzeitig dem Nominalwert der entrichteten Zahlungsmittel entspricht, ist bei Übertragung von nicht-monetären Vermögenswerten wie bspw. Anteilen oder sonstigen Vermögenswerten möglicherweise eine Wertanpassung an den Fair Value der hingegebenen Gegenleistung vorzunehmen.[1025]

Die Bewertung der hingegebenen Gegenleistung hat keine Auswirkungen auf die Höhe eines etwaig zu bilanzierenden Geschäfts- oder Firmenwertes oder (vermeintlichen) *bargain purchase*, da sie nach hier vertretener Auffassung bei konzerninternen Unternehmenszusammenschlüssen grundsätzlich nicht als Ausgangspunkt der Kapitalkonsolidierung dient.[1026] Sofern der Buchwert und der Zeitwert der Gegenleistung voneinander abweichen, bleibt dies jedoch nicht ohne Folgen für die zu erfassende Einlage bzw. Entnahme. Eine Bestimmung der Höhe der Kapitaltransaktion anhand des historischen Buchwertes der entrichteten Gegenleistung könnte vor allem in Situationen, in denen der hingegebene Vermögenswert wesentliche

1021 Vgl. allgemein zum Ausweis von auf Eigentümer bezogenen Veränderungen des Eigenkapitals und des Gesamtergebnisses IAS 1.IN.13 i. V. m. IAS 1.BC.37 f.

1022 Vgl. Abschnitt 544.332.

1023 Vgl. hierzu ebenfalls kritisch EFRAG U. A. (Hrsg.), Consolidated Feedback Statement European Outreach BCUCC, S. 6.

1024 Vgl. ebenso EFRAG U. A. (Hrsg.), Business Combinations under Common Control, S. 50.

1025 Vgl. SENGER, T./BRUNE, J. W., in: Beck'sches IFRS-HB, 5. Aufl., § 34, Rn. 176.

1026 Vgl. Abschnitt 544.32 und Abschnitt 544.42.

stille Reserven bzw. Lasten enthält, zu einem Bilanzausweis führen, der wirtschaftlich betrachtet nicht den tatsächlichen Verhältnissen entspricht.

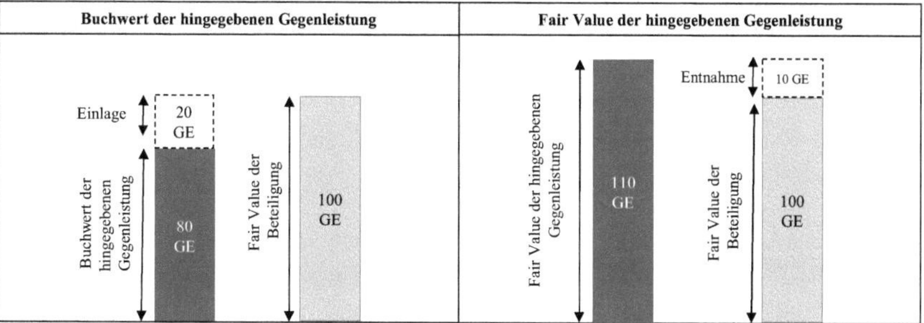

Abbildung 5-10: Auswirkungen der Neubewertung auf die zu bilanzierende Kapitaltransaktion

Abbildung 5-10 verdeutlicht, welche **Auswirkungen die Neubewertung der hingegebenen Gegenleistung** auf die zu bilanzierende Kapitaltransaktion haben kann. Sofern die Höhe des zu erfassenden Unterschiedsbetrages aus dem **Buchwert der übereigneten Gegenleistung** abgeleitet wird, ist im Teilkonzernabschluss eine **Einlage** i. H. v. 20 GE zu erfassen. Dies suggeriert den primären Adressaten des Teilkonzernabschlusses, dass sie weniger für ihre Unternehmensbeteiligung gezahlt haben, als diese tatsächlich wert ist. Hingegen würde bei einer **Neubewertung des hingegebenen Vermögenswertes** in dem hier betrachteten Beispiel eine völlig gegenteilige Information vermittelt. Die nunmehr zu bilanzierende **Entnahme** i. H. v. 10 GE verdeutlicht den primären Adressaten der berichterstattenden Einheit, dass das übergeordnete Mutterunternehmen eine Zahlung veranlasst hat, für die keine entsprechende Gegenleistung erbracht wurde. Auch wenn die diesbezügliche Fair Value-Bewertung wiederum mit Unsicherheiten und Ermessensspielräumen verbunden ist, erscheint die Bewertung der nicht-finanziellen Gegenleistung zum beizulegenden Zeitwert anstatt zum Buchwert dennoch besser dazu geeignet, ein den tatsächlichen Verhältnissen entsprechendes Bild darüber zu vermitteln, inwieweit das übergeordnete Mutterunternehmen den beherrschenden Einfluss im Sinne seiner eigenen Interessen und damit möglicherweise gegen die Belange anderer Gesellschafter nutzt.

Die Neubewertung der Vermögenswerte und Schulden, die als Gegenleistung bzw. Teil der Gegenleistung für den Erhalt der Unternehmensbeteiligung hingegeben werden, ist in IFRS 3 grundsätzlich verpflichtend.[1027] Sofern jedoch die übertragene Gegenleistung nach dem Zusammenschluss in der neu formierten wirtschaftlichen Einheit verbleibt und der Erwerber somit weiterhin die Kontrolle über die entsprechenden Vermögenswerte behält, ist eine Fair Value-Bewertung gemäß IFRS 3.38 ausgeschlossen, sodass die (niedrigeren) Buchwerte die Höhe der

[1027] Vgl. hier und im Folgenden IFRS 3.38; PELLENS, B. U. A., Internationale Rechnungslegung, S. 763; KRIMPMANN, A., Konsolidierung nach IFRS/HGB, S. 71.

entrichteten Zahlungen determinieren. Überträgt man diese für externe Unternehmenszusammenschlüsse konzipierte Regelung auf teilkonzernübergreifende Unternehmenszusammenschlüsse unter gemeinsamer Beherrschung, so ist eine **Neubewertung** in Anlehnung an die Vorschriften des IFRS 3 regelungssystematisch nur dann **ausgeschlossen**, wenn die jeweiligen Vermögenswerte und Schulden im Teilkonzernabschluss verbleiben und die maßgebende berichterstattende Einheit insofern nicht verlassen. Zwar behält das übergeordnete Mutterunternehmen *ex definitione* die Beherrschung über die hingegebene Gegenleistung unabhängig davon, ob diese den Teilkonzernabschluss verlässt oder nicht, dennoch ist hier der Beherrschungsverlust aus der Perspektive des *accounting acquirer*[1028] zu beurteilen. Die aus der Neubewertung entstehenden Gewinne- und Verluste sind sodann ertrags- bzw. aufwandswirksam in der Gewinn- und Verlustrechnung zu vereinnahmen.[1029]

Konzeptionell stände eine solche Bilanzierungsweise ebenfalls im Einklang mit den ansonsten in den IFRS verankerten Vorschriften zur Bewertung von Vermögenswerten, die Bestandteil einer Transaktion zwischen Gesellschaftern und ihrer Gesellschaft sind.[1030] Bei den in Rede stehenden Vorschriften handelt es sich zum einen um die Regelungen des **IFRIC 17** *(Distributions of Non-cash Assets to Owners)*, welche die Bilanzierung von Sachdividenden an die Anteilseigner einer Gesellschaft vorgeben[1031] und zum anderen um die Vorschriften des **IFRS 2** *(Share-based Payment)*, welche die Erfassung anteilsbasierter Vergütungen bestimmen.[1032] Erstgenannte Regelungen des IFRIC 17 verpflichten den Bilanzierenden, Auszahlungen von Dividenden an seine Eigentümer in Form von nicht-monetären Vermögenswerten zum beizulegenden Zeitwert des zu übertragenen Vermögenswertes zu bewerten.[1033] Ebenso verhält es sich bei Transaktionen, bei denen das bilanzierende Unternehmen erhaltene Güter oder Dienstleistungen in eigenen Anteilen begleicht.[1034] Gemäß IFRS 2 bestimmt auch hier der beizulegende Zeitwert der erhaltenen Leistungen die Höhe der korrespondierenden Haben-Buchung im Eigenkapital.[1035] Unabhängig davon, dass sowohl die Vorschriften des IFRIC 17 als auch diejenigen des IFRS 2 ebenso wie die des IFRS 3 *Common Control*-Transaktionen aus ihrem Anwendungsbereich ausschließen,[1036] wäre eine Erfassung der Eigenkapitaltransaktion zum

---

1028 Vgl. hierzu Abschnitt 542.

1029 Vgl. IFRS 3.38; PELLENS, B. U. A., Internationale Rechnungslegung, S. 763.

1030 Vgl. im Ergebnis EFRAG U. A. (Hrsg.), Business Combinations under Common Control, S. 50.

1031 Vgl. BISCHOF, S./OSER, P./BELLERT, S., in: Rechnungslegung nach IFRS, 2. Aufl., Teil B: IFRIC 17, Rn. 2.

1032 Vgl. CASSEL, J., Unternehmensbewertung im IFRS-Abschluss, S. 145-152, sowie S. 165-168.

1033 Vgl. IFRIC 17.11; KLEINMANNS, H., Spin-offs IFRS, S. 329.

1034 Vgl. IFRS 2.10; CASSEL, J., Unternehmensbewertung im IFRS-Abschluss, S. 146.

1035 Vgl. LÜDENBACH, N./FREIBERG, J., Verdeckte Einlagen nach IFRS, S. 1546.

1036 Vgl. IFRS 2.5 sowie IFRIC 17.5-7. Die EFRAG hält in diesem Zusammenhang eine Analogisierung der Prinzipien des IFRIC 17, obwohl diese nicht auf *Common Control*-Transaktionen anzuwenden sind, über die Vorschriften des IAS 8 für sachgerecht, vgl. EFRAG U. A. (Hrsg.), Business Combinations under Common Control, S. 21.

beizulegenden Zeitwert somit im Einklang mit dem ansonsten in den IFRS in diesem Zusammenhang vorgeschriebenen Vorgehen.[1037]

545. Zwischenfazit

In den vorangegangenen Abschnitten wurde die analoge Anwendung der in IFRS 3 normierten Erwerbsmethode zur bilanziellen Abbildung teilkonzernübergreifender Unternehmenszusammenschlüsse kritisch diskutiert. Im Kern der Betrachtung stand vor allem die Fragestellung, ob eine Übertragung der für externe Unternehmenszusammenschlüsse konzipierten Vorschriften trotz der spezifischen Besonderheiten konzerninterner Transaktionen zur Vermittlung entscheidungsnützlicher Informationen führt. Vor diesem Hintergrund wurden die jeweiligen Anwendungsschritte der Erwerbsmethode[1038] zum einen hinsichtlich notwendiger Konkretisierungen und zum anderen auf etwaige Objektivierungsprobleme, die über jene bei der Anwendung der Bilanzierungsmethode auf externe Unternehmenszusammenschlüsse hinausgehen, untersucht. Sofern sich der IASB in seinem *research project* für die Erwerbsmethode als maßgebende Bilanzierungsmethode zur Erfassung von konzerninternen Unternehmenszusammenschlüssen entscheidet, sollte diese nach der hier vertretenen Auffassung entsprechend der folgenden inhaltlichen Aspekte spezifiziert werden, um eine möglichst sachgerechte Abbildung solcher Transaktionen zu gewährleisten, die gleichzeitig in Einklang mit den aktuellen Vorschriften des IFRS 3 steht:

- Unabhängig von übergeordneten Konzernstrukturen ist das für die Identifizierung des **Erwerbers** in erster Linie maßgebende Kriterium der Beherrschungsmöglichkeit aus der Perspektive des Teilkonzernmutterunternehmens zu beurteilen. Da die Konzernobergesellschaft den Erwerber letztlich in ihrem Ermessen auswählen kann, ist das Teilkonzernmutterunternehmen mithin „nur" als *„accounting acquirer"*[1039] zu betrachten.[1040]

- Während die Ansatz- und Bewertungsmechanismen des IFRS 3 hinsichtlich des erworbenen (immateriellen) Vermögens unverändert angewendet werden sollten, trifft dies auf die Ermittlung eines Geschäfts- oder Firmenwertes grundsätzlich nicht mehr zu. Sofern der Bilanzierende nicht nachweisen kann, dass die hingegebene Gegenleistung dem Fair Value der Beteiligung entspricht,[1041] ist der Goodwill bzw. (vermeintliche) Erfolg aus einem *bargain purchase* aus dem beizulegenden Zeitwert der Beteiligung abzuleiten.[1042] Die veränderte Systematik zur Ermittlung eines **positiven wie negativen Unterschieds-**

[1037] Vgl. EFRAG U. A. (Hrsg.), Business Combinations under Common Control, S. 50.
[1038] Vgl. zum schematischen Ablauf der Erwerbsmethode gemäß IFRS 3 Abschnitt 541.
[1039] Vgl. EY (Hrsg.), Comment Letter (DP/EFRAG), S. 8.
[1040] Vgl. Abschnitt 542.2.
[1041] Vgl. IFRS 13.Appendix A; IFRS 13.BC.57, sowie CASSEL, J., Unternehmensbewertung im IFRS-Abschluss, S. 212.
[1042] Vgl. Abschnitt 544.32 sowie Abschnitt 544.42.

betrages ist als wesentlichste Konkretisierung des IFRS 3 zu betrachten, die neben konsolidierungstechnischen Auswirkungen vor allem die inhaltliche Interpretation der jeweiligen Residualgröße betrifft.

- Eine weitere Konsequenz aus der nunmehr im Vergleich zu externen Unternehmenszusammenschlüssen grundsätzlich abweichenden Ermittlung eines Geschäfts- oder Firmenwertes bzw. eines (vermeintlichen) Gewinns aus einem vorteilhaften Erwerb ist die separate Erfassung einer Differenz zwischen der hinter dem Fair Value der Beteiligung zurückbleibenden bzw. übersteigenden hingegebenen Gegenleistung als **Kapitaltransaktion.**[1043] Die damit verbundene gedankliche und bilanzielle Aufteilung der *Common Control*-Transaktion in den Unternehmenszusammenschluss als solchen und eine Kapitaltransaktion mit Eigentümern sowie die daraus folgende bilanzielle Behandlung der jeweiligen Differenz stellt keine unmittelbare Konkretisierung der Regelungen des IFRS 3 dar, sondern leitet sich vielmehr aus den allgemeinen Vorschriften der IFRS zum bilanziellen Umgang mit Eigentümertransaktionen ab.

Wie die herausgearbeiteten Konkretisierungen in den schematischen Ablauf der Erwerbsmethode gemäß IFRS 3 einzuordnen sind, zeigt die folgende Abbildung 5-11:

	Anwendungsschritt	Probleme im Rahmen von BCUCC	Konkretisierung der Vorschriften des IFRS 3
1.	Identifizierung des Erwerbers	Keine Beherrschungserlangung durch das oberste Mutterunternehmen	• Beurteilung der Beherrschungserlangung aus der Perspektive des erwerbenden Konzernunternehmens • Identifizierung des *„accounting acquirer"*
2.	Bestimmung des Erwerbszeitpunktes	Keine spezifischen Probleme	• Keine Konkretisierung erforderlich
3.	Ansatz und Bewertung des erworbenen Vermögens	Keine spezifischen Probleme	• Keine Konkretisierung erforderlich
4.	Ansatz und Bewertung eines Geschäfts- oder Firmenwertes bzw. Gewinns aus einem vorteilhaften Erwerb	Unterschiedsbetrag könnte durch eine nicht fremdübliche Gegenleistung verzerrt sein	• Ermittlung des Unterschiedsbetrages wird von der hingegebenen Gegenleistung entkoppelt • Ableitung des Unterschiedsbetrags aus dem Fair Value der Beteiligung gemäß IFRS 13 • Eine vom Fair Value der Beteiligung abweichende Gegenleistung ist als Kapitaltransaktion erfolgsneutral im Teilkonzerneigenkapital des Erwerbers zu erfassen.

Abbildung 5-11: Einordnung der Konkretisierung der Vorschriften des IFRS 3 in den schematischen Ablauf der Erwerbsmethode

[1043] Vgl. Abschnitt 544.5.

546. Abschließende Würdigung der Bilanzierung teilkonzernübergreifender Unternehmenszusammenschlüsse unter gemeinsamer Beherrschung mittels Erwerbsmethode gemäß IFRS 3

Im Hinblick auf den **Ansatz** der erworbenen Vermögenswerte und der übernommenen Schulden hat sich zunächst gezeigt, dass die *related party transaction* **keine wesentlichen Auswirkungen** auf die Glaubwürdigkeit des im Teilkonzernabschluss auszuweisenden Vermögens hat. Die bilanzpolitischen Spielräume, die sich im Rahmen der in IFRS 3 vorgeschriebenen „Kaufpreisallokation" ergeben, sind sowohl bei externen als auch bei internen Unternehmenszusammenschlüssen ähnlich zu bewerten.[1044] Bei beiden Formen von Unternehmenstransaktionen werden die erworbenen Vermögenswerte und Schulden unabhängig von einem möglicherweise verzerrten Kaufpreis angesetzt. Auch wenn der Wertansatz des neubewerteten Nettovermögens in der überwiegenden Zahl der externen Unternehmenszusammenschlüsse durch einen Marktpreis pagatorisch abgesichert sein dürfte,[1045] dient dieser allenfalls als eine Art Plausibilisierungsmaßstab. Dies ist dadurch begründet, dass sich die hingegebene Gegenleistung auf das Akquisitionsobjekt als Ganzes bezieht und nicht etwa auf die einzelnen Vermögenswerte. Im Ergebnis ist der **Kaufpreis** sowohl bei internen als auch bei externen Unternehmenszusammenschlüssen **nicht als wesentliches Objektivierungsinstrument** zu betrachten.[1046]

Bei der konkreten **Bewertung** des erworbenen Nettovermögens ist analog zu externen Unternehmenszusammenschlüssen auf die Vorschriften des IFRS 13 zurückzugreifen.[1047] Die bestehende Nähebeziehung zwischen Veräußerer und Erwerber ist dabei explizit auszublenden, da der auf den Vorschriften des IFRS 13 ermittelte Fair Value einen Wertmaßstab verkörpert, der das Ergebnis einer Transaktion voneinander unabhängiger Geschäftspartner ist.[1048] Die mit der Bewertung verbundenen **Ermessensspielräume** treten gleichermaßen bei internen und externen Akquisitionen auf. Die im Kontext des *post implementation review* des IFRS 3 von einzelnen Kommentierenden geäußerte Kritik, dass gerade die Identifizierung und Bewertung immaterieller Vermögenswerte sehr aufwendig und komplex ist,[1049] kann bei konzerninternen Unternehmenszusammenschlüssen insofern relativiert werden, als wertrelevante Informationen des zu bewertenden Vermögenswertes aufgrund der konzerninternen Nutzung regelmäßig bekannt

1044 Vgl. im Ergebnis auch KPMG (Hrsg.), Comment Letter (DP/EFRAG), S. 14; BDO (Hrsg.), Comment Letter (DP/EFRAG), S. 8; MAZARS (Hrsg.), Comment Letter (DP/EFRAG), S. 10.

1045 Dies ist immer dann der Fall, wenn der Kaufpreis den Wert des neubewerteten Nettovermögens übersteigt und es somit zur Aktivierung eines derivativen Geschäfts- oder Firmenwertes kommt.

1046 Vgl. insgesamt zu diesem Absatz Abschnitt 543.3.

1047 Vgl. allgemein IFRS 13.5; BEYER, S./ZWIRNER, C., Fair Value-Bewertung, S. 189.

1048 Vgl. IFRS 13.Appendix A, sowie stellvertretend KIRSCH, H.-J. U. A., in: Rechnungslegung nach IFRS, 2. Aufl., Teil B: IFRS 13, Rn. 31.

1049 Vgl. stellvertretend DRSC (Hrsg.), Comment Letter (PIR IFRS 3), S. 2; KPMG (Hrsg.), Comment Letter (PIR IFRS 3), S. 3. In diesem Kontext wurde vor allem kritisiert, dass neu identifizierbare immaterielle Vermögenswerte wie bspw. Marken oder Kundenbeziehungen separat vom Geschäfts- oder Firmenwert anzusetzen sind. Nichtsdestotrotz wurde die gegenwärtige Vorgehensweise seitens der Investoren auch befürwortet, vgl. hierzu IASB (Hrsg.), PIR IFRS 3 Summary of findings, S. 5.

sein müssten. Daher liefern sowohl der Ausweis als auch der in den Folgeperioden zu erfassende Werteverzehr der identifizierten Vermögenswerte und Schulden den primären Adressaten des Teilkonzernabschlusses **entscheidungsnützliche Informationen** zur Beurteilung ihrer konzerninternen Kapitalinvestition.

Anders als beim Ansatz und der Bewertung des erworbenen Reinvermögens ist die glaubwürdige Darstellung eines **positiven bzw. negativen Unterschiedsbetrages** aus der Kapitalkonsolidierung mit besonderen Herausforderungen verbunden.[1050] Um der fundamentalen Anforderungen an eine entscheidungsnützliche Rechnungslegung dennoch zu genügen, wurden die im vorangegangenen Abschnitt 545. dargestellten Konkretisierungen der Erwerbsmethode herausgearbeitet. Durch die hier vorgeschlagene alternative Ermittlungsweise eines Geschäfts- oder Firmenwertes bzw. (vermeintlichen) Erfolgs aus einem *bargain purchase* wurde der Versuch unternommen, die konzerninterne Perspektive zugunsten einer marktorientierten Bewertung auf Basis der Vorschriften des IFRS 13 auszublenden, um so die aus der Nähebeziehung resultierenden potenziellen Verzerrungen zu begrenzen. Die diesbezügliche Analyse hat indes gezeigt, dass die alternative Vorgehensweise nicht nur Auswirkungen auf die Glaubwürdigkeit der vermittelten Finanzinformationen hat, sondern auch die Relevanz derselben beeinflusst.

Während bei externen Unternehmenszusammenschlüssen der **Goodwill** grundsätzlich derivativ aus dem Kaufpreis abgeleitet wird, käme es im Kontext konzerninterner Unternehmenserwerbe nunmehr regelmäßig zum Ausweis nicht entgeltlich erworbener Goodwillbestandteile. Zunächst ist die veränderte Vorgehensweise zur Bestimmung der Residualgröße jedoch mit dem Vorteil verbunden, dass diese nicht auf etwaigen Überzahlungen basiert, welche nicht die Eigenschaft eines Vermögenswertes erfüllen und daher kein Bestandteil des eigentlichen *core goodwill* sind.[1051] Die hierdurch einerseits gesteigerte Entscheidungsnützlichkeit wird auf der anderen Seite durch die **strenge Veräußerungsperspektive** und der damit verbundenen Orientierung am repräsentativen Marktteilnehmer wiederum eingeschränkt. Aus der Konzeption der Bewertungsvorschriften des IFRS 13 folgt, dass die aus der konkreten Verwendung des Akquisitionsobjektes erwachsenden erwerberspezifischen Wertkomponenten nur insoweit in den Fair Value des Beteiligungsunternehmens respektive in den Geschäfts- oder Firmenwert einfließen, als sie ebenso vom typisierten Marktteilnehmer realisiert werden könnten.[1052] Dies führt letztlich zu einem unvollständigen Ausweis der hinter der Beteiligung stehenden Wertpo-

[1050] Vgl. stellvertretend IASB (Hrsg.), Staff Paper BCUCC Agenda ref. 8 (March 2015), Rn. 31; EY (Hrsg.), Comment Letter (DP/EFRAG), S. 9.

[1051] Vgl. IFRS 3.BC.315; JOHNSON, T./PETRONE, K., Is Goodwill an Asset, S. 295 f.; STREIM, H. U. A., Ökonomische Analyse der Goodwill-Bilanzierung, S. 27, sowie ausführlicher Abschnitt 544.323.

[1052] Vgl. hierzu ausführlicher Abschnitt 544.331.

tenziale, die vor allem durch die erwerberindividuelle Integrationsstrategie in den Teilkonzernverbund geprägt sind.[1053] In der Gesamtschau zieht die Fair Value-basierte Ermittlung des Geschäfts- oder Firmenwertes somit eine **bilanzielle Wesensänderung** der auszuweisenden Residualgröße nach sich.

Trotz der bei der Bewertung einzunehmenden Marktperspektive bieten sich dem Bilanzierenden sowohl bei einer börsenpreisgestützten als auch bei der kapitalwertgestützten Ableitung des Fair Value weitreichende **Möglichkeiten subjektiver Anpassungen**, die die Objektivität der ermittelten Wertansätze infrage stellen.[1054] Die Fair Value-Konzeption des IFRS 13 suggeriert dem Adressaten in diesem Zusammenhang eine fiktive Marktobjektivierung originärer Goodwillbestandteile, hinter der sich „[...] Manipulationsabsichten besonders wirkungsvoll verbergen [lassen; Anm. d. Verf.]“[1055]. Die Ermessensspielräume, die bei der kaufpreisbasierten Ermittlung des Geschäfts- oder Firmenwertes bestehen, werden daher durch das Konstrukt des hypothetischen Marktpreises nicht wesentlich eingeschränkt.[1056]

Gleichermaßen treffen die geäußerten Bedenken auf die bilanzielle Erfassung eines ***bargain purchase*** zu. Überdies wird die glaubwürdige Berichterstattung durch die in IFRS 3.34 explizit vorgeschriebene sofortige erfolgswirksame Vereinnahmung des negativen Unterschiedsbetrages zusätzlich konterkariert. Die Abwendung von einer anschaffungskostenbasierten Ermittlung des negativen Unterschiedsbetrages lässt keinen Spielraum mehr für die Interpretation dieser Größe als Erfolg aus einem Gelegenheitskauf unterhalb des Marktwertes.[1057] Der hinter dem neubewerteten Nettovermögen zurückbleibende Fair Value der Beteiligung ist hier stattdessen regelmäßig das Ergebnis **künftiger** mit dem Unternehmenszusammenschluss verbundener **Aufwendungen**, die aufgrund eines Passivierungsverbots den Substanzwert des Tochterunternehmens nicht tangieren. Die unmittelbar zum Erwerbszeitpunkt erfolgswirksame Erfassung wäre somit vollkommen losgelöst von dem sich hinter dem Bilanzierungsergebnis verbergenden ökonomischen Sachverhalt und erfüllt aus diesem Grund die Anforderungen an eine glaubwürdige Darstellung nicht. Die Wiedereinführung der diesbezüglichen Vorschriften des IAS 22 zum negativen Geschäfts- oder Firmenwert könnte die Entscheidungsnützlichkeit wesentlich verbessern.[1058] Die sodann für den Adressaten als ***badwill*** erkennbare Residualgröße würde zum einen den teilkonzernbilanziellen Vermögensausweis korrigieren und zum anderen durch

---

[1053] Vgl. allgemein zu den aus der Integration des Akquisitionsobjektes in die Wertschöpfungskette des Erwerbers erwarteten Synergieeffekten WIRTH, J., Firmenwertbilanzierung nach IFRS, S. 189 f.

[1054] Vgl. GIMPEL-HENNING, N., Altanteile bei sukzessiven Unternehmenserwerben, S. 43 f., sowie ausführlich Abschnitt 544.332.

[1055] SCHILDBACH, T., Fair Value, S. 18. Vgl. hierzu ebenso STREIM, H./BIEKER, M./ESSER, M., Fair Value Accounting, S. 103 f., sowie hier und im Folgenden allgemein FRANKE, F., Synergien in Rechtsprechung und Rechnungslegung, S. 195 f.

[1056] Vgl. hierzu ausführlicher Abschnitt 544.34.

[1057] Vgl. ausführlicher Abschnitt 544.43.

[1058] Vgl. IAS 22.60-65, sowie IDW (Hrsg.), Comment Letter (PIR IFRS 3), S. 5, wenn auch im allgemeinem Kontext des IFRS 3.

die verursachungsgerechte Auflösung der Größe einen periodengerechten Erfolgsausweis ermöglichen.[1059]

Da die zur Bestimmung des Unterschiedsbetrages herangezogenen Anschaffungskosten mit dem beizulegenden Zeitwert der konzernintern erworbenen Beteiligung bewertet werden, ist eine hiervon abweichende Gegenleistung separat zu bilanzieren. Die Aufspaltung des Geschäftsvorfalls in eine **Kapitaltransaktion mit dem übergeordneten Mutterunternehmen** einerseits und den im Zentrum der Betrachtung stehenden Unternehmenszusammenschluss andererseits liefert den Adressaten des Teilkonzernabschlusses zwar keine neuerlichen Informationen über den Wert der konzernintern erworbenen Unternehmensbeteiligung, gleichwohl über die Fremdüblichkeit der für die Anteile geforderten Gegenleistung. Diese Art der Information ist für die primären Adressaten des Teilkonzernabschlusses zum einen Grundvoraussetzung für die Wahrung etwaiger Schutzrechte, die ihre Wirkung nur entfalten können, wenn entsprechende Kenntnis über potenziellen Missbrauch vorliegt.[1060] Zum anderen spielt sowohl das Vorzeichen als auch die Höhe der Kapitaltransaktion vermutlich eine gewichtige Rolle bei der Entscheidung, ob die bestehenden Anteile am Teilkonzernmutterunternehmen veräußert werden sollten oder nicht.[1061] Im Ergebnis ermöglicht die **bilanzielle Zweiteilung der Transaktion** eine Beurteilung darüber, inwieweit der Geschäftsvorfall tatsächlich auf einem „fairen" Tausch von Vermögenswerten und Schulden beruht bzw. welcher Bestandteil der hingegebenen Gegenleistung allein durch das Gesellschafterverhältnis und damit durch den Tatbestand der gemeinsamen Beherrschung veranlasst ist. Einschränkend ist allerdings hinzuzufügen, dass die Glaubwürdigkeit der zu bilanzierenden Kapitaltransaktion wiederum kritisch zu betrachten ist, da sie auf Basis des Fair Value der Beteiligung ermittelt werden muss.[1062]

Die vorstehenden Ausführungen haben gezeigt, dass sowohl die bilanzielle Aufspaltung der *Common Control*-Transaktion als auch die eigentliche Bilanzierung des Unternehmenszusammenschlusses gemäß den Vorschriften des IFRS 3 den primären Adressaten des Teilkonzernabschlusses trotz gewisser Einschränkungen relevante Finanzinformationen bereitstellen. Allerdings ist die Anwendung der Regelungen des IFRS 3 auf konzerninterne Unternehmenserwerbe vor dem Hintergrund einer glaubwürdigen Berichterstattung mit deutlichen Nachteilen verbunden, die auch durch eine fingierte Marktbewertung nicht wesentlich behoben werden können. Vor allem die Aktivierung unentgeltlich erworbener Goodwillbestandteile potenziert die bereits bei externen Unternehmenszusammenschlüssen bestehenden Bilanzierungsspielräume um ein Vielfaches.[1063]

[1059] Vgl. ausführlicher Abschnitt 544.44.

[1060] Vgl. LIECK, H., Bilanzierung von Umwandlungen nach IFRS, S. 51, wenn auch in anderem Zusammenhang.

[1061] Vgl. hierzu allgemein KOELEN, P., Bewertungskalküle in der IFRS-Rechnungslegung, S. 11 f. und S. 28, sowie Abschnitt 11.

[1062] Vgl. Abschnitt 544.5.

[1063] Vgl. in enger Anlehnung an DEHMEL, I., Definitions- und Ansatzkriterien, S. 1774, wenn auch im allgemeinen Kontext des *Conceptual Framework*-Projekts des IASB.

55 Vergleichende Würdigung der zuvor diskutierten Bilanzierungsmethoden

Die kritische Analyse der Methode der Buchwertfortführung sowie der Vorschriften des IFRS 3 in Abschnitt 53 und Abschnitt 54 diente in erster Linie zur Beantwortung der Frage, wie der infolge eines teilkonzernübergreifenden Unternehmenszusammenschlusses unter gemeinsamer Beherrschung veränderte Konsolidierungskreis bilanziell nachgezeichnet werden sollte, um den primären Adressaten des Teilkonzernabschlusses eine bestmögliche Beurteilung ihres passiven Investments zu ermöglichen.[1064] Da die Durchführung sowie die konkrete Gestaltung der Unternehmensakquisition weitestgehend von der übergeordneten Kontrollinstanz abhängig ist, benötigen die Anteilseigner des Teilkonzernmutterunternehmens, die nicht gleichzeitig Kapitalgeber der Konzernobergesellschaft sind,[1065] zum einen rechenschaftsfördernde Informationen über die Angemessenheit der hingegebenen Gegenleistung. Zum anderen sind gleichermaßen bewertungsnützliche Informationen erforderlich, um die Höhe, das Risiko sowie den zeitlichen Anfall künftiger aus der neuen Unternehmensbeteiligung resultierender Zahlungsströme zu prognostizieren. Inwieweit die Anforderungen durch die bisher analysierten Bilanzierungsmethoden erfüllt werden, ist Gegenstand der folgenden Diskussion. Dem vorgeschaltet werden die Bilanzierungsmethoden jedoch anhand ihrer zentralen Anwendungsschritte gegenübergestellt.

Ausgangspunkt der bilanziellen Abbildung eines (konzerninternen) Unternehmenszusammenschlusses innerhalb der IFRS-Rechnungslegung ist die **Bewertung** des erworbenen **Reinvermögens** und damit verbunden des bei der Kapitalkonsolidierung heranzuziehenden (anteiligen) Eigenkapitals.[1066] Während das mit der Beteiligung zu verrechnende (anteilige) Eigenkapital bei der Methode der Buchwertfortführung i. H. d. auf das Tochterunternehmen entfallenden konzernbilanziellen Buchwerte bewertet wird, muss das Eigenkapital im Rahmen der Erwerbsmethode gemäß IFRS 3 vollständig neubewertet werden.[1067] Aufgrund dessen, dass nach hier vertretener Auffassung bei der Buchwertfortführung die Wertansätze aus dem konsolidierten Abschluss des obersten Mutterunternehmens in den Teilkonzernabschluss des Erwerbers übernommen werden sollten, basiert die Bewertung des Eigenkapitals sowohl bei der Methode der Buchwertfortführung als auch bei der Erwerbsmethode grundsätzlich auf den Prinzipien des IFRS 13.[1068] Da die Bewertungsmechanismen des IFRS 13 dem Bilanzierenden bei konzernin-

---

[1064] Vgl. Abschnitt 51.

[1065] Vgl. IASB (Hrsg.), Staff Paper BCUCC Agenda ref. 23A (April 2016), Rn. 27.

[1066] Die Schritte der Kapitalkonsolidierung innerhalb der IFRS-Rechnungslegung sind implizit durch die Struktur des IFRS 3 vorgegeben. Seit den überarbeiteten Regelungen des IFRS 3 (*rev.* 2008) ist nicht mehr die Bestimmung der Anschaffungskosten sondern die Bewertung des erworbenen Reinvermögens Ausgangspunkt der Kapitalkonsolidierung. Die Bestimmung der Anschaffungskosten ist in diesem Kontext somit nicht mehr als ein eigenständiger Schritt der Kapitalkonsolidierung zu werten. Vgl. hierzu auch KÜTING, K./WEBER, C.-P./WIRTH, J., Goodwillbilanzierung, S. 141; BAETGE, J./HAYN, S./STRÖHER, T., in: Rechnungslegung nach IFRS, 2. Aufl., Teil B: IFRS 3, Rn. 130; GIMPEL-HENNING, N., Sukzessive Anteilserwerbe, S. 72 f., sowie Abschnitt 543.1.

[1067] Vgl. Abschnitt 531. und Abschnitt 541.

[1068] Dies ist immer dann der Fall, wenn das oberste Mutterunternehmen die konzernintern umgehangene Beteiligung im Vorfeld der Transaktion von einer konzernfremden Partei erworben hat und insofern im Zuge

ternen wie externen Unternehmenszusammenschlüssen prinzipiell die gleichen bilanziellen Ermessensspielräume bieten, ist die Glaubwürdigkeit der jeweiligen Wertansätze letztlich ähnlich zu beurteilen.[1069] Der wesentliche Vorteil der Erwerbsmethode besteht indes darin, dass durch die Anwendung der Vorschriften des IFRS 3 der **Wert des Reinvermögens zum Zeitpunkt der konzerninternen Transaktion** und nicht etwa zum historischen Erstkonsolidierungszeitpunkt des Tochterunternehmens widergespiegelt wird. Insofern werden den primären Adressaten des Teilkonzernabschlusses aktuellere Finanzinformationen bereitgestellt, um ihre (neue) Unternehmensbeteiligung zu beurteilen.

Basierend auf der Ermittlung des Reinvermögens ist im nächsten Schritt der aus der Kapitalaufrechnung resultierende Unterschiedsbetrag zu bestimmen. Dieser hängt bei beiden Bilanzierungsmethoden von den für die Kapitalkonsolidierung **maßgebenden Anschaffungskosten** der Beteiligung ab. Während bei der Buchwertfortführung die Anschaffungskosten vollständig in die Bestimmung des Unterschiedsbetrages einbezogen werden, hat die Konkretisierung der Vorschriften des IFRS 3 gezeigt, dass die zur Aufrechnung heranzuziehende (fiktive) Gegenleistung i. H. d. Fair Value der konzernintern erworbenen Beteiligung zu bewerten ist. Insofern wird die Höhe der Anschaffungskosten bei der bilanziellen Erfassung von konzerninternen Unternehmenszusammenschlüssen mittels Erwerbsmethode regelmäßig durch den Fair Value der Beteiligung determiniert, während dieser Mechanismus bei externen Zusammenschlüssen grundsätzlich umgekehrt ist.[1070] Durch diese Vorgehensweise können Zahlungen, die nicht auf dem Unternehmenszusammenschluss als solchem, sondern auf die Nähebeziehung zwischen Erwerber und Veräußerer zurückzuführen sind, vom zu bilanzierenden Unterschiedsbetrag getrennt werden, was bei der Methode der Buchwertfortführung in der Form nicht vorgesehen ist.[1071]

Der bei dieser Methode aus dem Vergleich des zu konzernbilanziellen Buchwerten bewerteten (anteiligen) Reinvermögens mit den tatsächlich gezahlten Anschaffungskosten resultierende **Unterschiedsbetrag** umfasst verschiedenste Bestandteile. Neben stillen Reserven und Lasten der erworbenen Vermögenswerte und übernommenen Schulden sowie geschäftswertbildenden Faktoren könnte die Residualgröße ebenso durch Einlagen- bzw. Entnahmevorgänge des übergeordneten Mutterunternehmens beeinflusst sein. Ob eine solche Größe aus Sicht der primären Adressaten des Teilkonzernabschlusses tatsächlich ökonomisch interpretierbar ist, muss bezweifelt werden.[1072] Im Gegensatz dazu sind die Bestandteile eines aus der Anwendung der

der Erstkonsolidierung zur Anwendung der Vorschriften des IFRS 3 verpflichtet war. Vgl. Abschnitt 532.1 und Abschnitt 532.3.

1069 Aufgrund der bei konzerninternen Transaktionen vermutlich geringeren Informationsasymmetrien zwischen Erwerber und Veräußerer dürfte die Glaubwürdigkeit der aus der Erwerbsmethode resultierenden Wertansätze womöglich sogar höher einzuschätzen sein als das im Zuge der Erstkonsolidierung in den Konzernabschluss ausgewiesene Reinvermögen. Vgl. hierzu insgesamt Abschnitt 543.3

1070 Vgl. Abschnitt 544.322.

1071 Vgl. Abschnitt 533.2.

1072 Vgl. Abschnitt 533.1.

Erwerbsmethode resultierenden positiven Unterschiedsbetrages eindeutiger. Durch die (anteilige) Aufrechnung des zum Transaktionszeitpunkt neubewerteten Eigenkapitals mit dem Fair Value der Beteiligung umfasst dieser im Wesentlichen geschäftswertbildende Faktoren und ist somit als eigenständiger Vermögenswert auf der Aktivseite des konsolidierten Abschlusses auszuweisen.[1073] Auch wenn sich die Zusammensetzung des *core goodwill* im Vergleich zu externen Unternehmenszusammenschlüssen aufgrund der Fair Value-basierten Ermittlungsweise verändert,[1074] liefert der Geschäfts- oder Firmenwert relevantere Finanzinformationen als der erfolgsneutral im Teilkonzerneigenkapital zu verrechnende Unterschiedsbetrag im Rahmen der Buchwertfortführung. Dennoch ist der Ausweis des Geschäfts- oder Firmenwertes an dieser Stelle zu kritisieren. Die Fair Value-basierte Ermittlungsweise eröffnet dem Bilanzierenden weitreichende bilanzpolitische Spielräume, die die Glaubwürdigkeit der Residualgröße stark beeinträchtigen können. Ebenso ist in diesem Zusammenhang ein aus dem beizulegenden Zeitwert der Beteiligung abgeleiteter negativer Unterschiedsbetrag zu kritisieren, der konzeptionell keinen Gewinn aus einem *bargain purchase* mehr darstellt. Da die Vorschriften des IFRS 3 jedoch keinen Raum für die Passivierung des entsprechenden Betrages lassen, wird die Entscheidungsnützlichkeit der Bilanzierung durch die ertragswirksame Erfassung weiter eingeschränkt.[1075]

In der Gesamtschau werden die eingangs dieses Abschnitts **formulierten Anforderungen** sowohl von der Methode der Buchwertfortführung als auch von der analogen Anwendung der Erwerbsmethode nur unzureichend erfüllt. Zwar ist die Buchwertfortführung robuster gegenüber Verzerrungen, die die Höhe eines Geschäfts- oder Firmenwertes betreffen, jedoch kann die Bilanzierungsmethode vor allem dann, wenn der Zeitraum zwischen dem Konzerneintritt des Tochterunternehmens und der konzerninternen Unternehmenstransaktion vergleichsweise groß ist, allenfalls sehr eingeschränkt relevante Finanzinformationen vermitteln.

Eine oberflächliche Betrachtung der mit der Anwendung der Erwerbsmethode vermittelten Finanzinformationen scheint die mit der Buchwertfortführung verbundenen Kritikpunkte zunächst zu entkräften. Vor allem durch den aktuelleren und vollständigeren Vermögensausweis wird unmittelbar ersichtlich, welche Vermögenswerte für die Hingabe der Gegenleistung tatsächlich erworben wurden, sodass die **Angemessenheit der hingegebenen Gegenleistung** besser beurteilt werden kann.[1076]

Hinsichtlich der Ertragslage werden die aus dem Ansatz der (neu) identifizierbaren immateriellen Vermögenswerte und sämtlicher stiller Reserven und Lasten sowie eines ggf. zu bilanzierenden Geschäfts- oder Firmenwertes resultierenden Abschreibungen den (zusätzlich) aus dem

[1073] Vgl. IFRS 3.32 f. i. V. m. IFRS 3.BC.313.
[1074] Vgl. Abschnitt 544.34, sowie 546.
[1075] Vgl. Abschnitt 544.44, sowie 546.
[1076] Vgl. IASB (Hrsg.), Staff Paper BCUCC Agenda ref. 8 (March 2015), Rn. 30.

Unternehmenszusammenschluss entstehenden Erträgen gegenübergestellt. Dies führt neben einem **periodengerechten Erfolgsausweis** vor allem dazu,[1077] dass eine **zu positive Darstellung der Ertragslage** und der in diesem Kontext im Rahmen der Anwendung der Buchwertfortführung kritisierte „doppelte Renditeeffekt“ **ausbleibt.**[1078] Die auf Grundlage des IFRS 3 vermittelten Informationen dienen in diesem Zusammenhang offenbar ebenso als geeignetere Beurteilungsbasis, um die Effizienz und Effektivität der Leistung des Teilkonzernmanagements sowohl zum Zeitpunkt der Erstkonsolidierung als auch in Folgeperioden zu evaluieren.

Bei genauerer Betrachtung wird jedoch deutlich, dass die Auswirkungen der *related party transaction* die Glaubwürdigkeit der vermittelten Informationen derart einschränken, dass eine Anwendung der Vorschriften des IFRS 3 nach hier vertretener Auffassung zwar entscheidungsnützlichere Finanzinformationen vermittelt als die Methode der Buchwertfortführung, dennoch in der Gesamtbeurteilung nicht vollständig überzeugen kann. Dies liegt vorwiegend in der Bilanzierung eines Geschäfts- oder Firmenwertes bzw. vermeintlichen Erfolgs aus einem *bargain purchase* begründet. Die grundsätzlich Fair Value-basierte Ermittlungssystematik eines Unterschiedsbetrages ist zum einen mit weitreichenden bilanziellen Ermessensspielräumen verbunden, und zum anderen ist hierdurch auch das Wesen der jeweiligen Residualgröße nur noch sehr eingeschränkt mit den jeweiligen Größen im Rahmen eines externen Unternehmenszusammenschlusses vergleichbar. Daher wird in den folgenden Abschnitten diskutiert, wie den Problemen hinsichtlich der Bilanzierung eines aus der Kapitalkonsolidierung resultierenden Geschäfts- oder Firmenwertes bzw. *bargain purchase* begegnet werden könnte. Vor diesem Hintergrund werden in Abschnitt 56 zunächst die Vorschläge der EFRAG, die **Anwendungsmechanismen des IFRS 3 zu modifizieren**, um die Glaubwürdigkeit der Berichterstattung zu erhöhen, untersucht.

56 Weitere Diskussionsvorschläge im Rahmen des EFRAG *discussion paper* 21/10/2011

561. Überblick über das EFRAG *discussion paper* 21/10/2011

Die Schwachstellen der Erwerbsmethode wurden auch vonseiten der EFRAG im Rahmen ihres proaktiven Projekts zu *business combinations under common control* erkannt. Ursprüngliches Ziel des Projekts war es, die diesbezügliche Diskussion beim IASB zu stimulieren und somit

1077 Hingegen sind sowohl RAMMERT als auch VATER in diesem Zusammenhang der Auffassung, dass die zusätzlichen Abschreibungen aus den aktivierten Vermögenswerten zu einer Verzerrung der Ertragslage führen, vgl. RAMMERT, S., Pooling of Interests, S. 623 f.; VATER, H., Abschaffung des Pooling of Interests, S. 1843. Die offenbar vor dem Hintergrund der Vergleichbarkeit angeführte Kritik wird hier jedoch nicht geteilt.

1078 Vgl. hierzu allgemein PELLENS, B./SELLHORN, T., Kapitalkonsolidierung nach der Fresh-Start-Methode, S. 2129 f.; BÖCKING, H.-J./KLEIN, G./LOPATTA, K., Abschaffung der Pooling of Interests-Methode, S. 21; HAIL, L., Pooling of Interests als Alternative, S. 707, sowie Abschnitt 536.

zur Schaffung künftiger Regelungen zur bilanziellen Abbildung von Unternehmenszusammenschlüssen unter gemeinsamer Beherrschung beizutragen.[1079] Das daraufhin im Oktober 2011 veröffentlichte Diskussionspapier, welches in enger Zusammenarbeit mit dem italienischen Standardsetzer *Organismo Italiano di Contabilità* (OIC) erarbeitet wurde, umfasst ebenso wie die vorliegende Untersuchung inhaltliche Fragestellungen bzgl. des Erstansatzes und der Erstbewertung im konsolidierten Abschluss der erwerbenden Gesellschaft.[1080] Der Schwerpunkt des Diskussionspapiers liegt vor allem auf der Fragestellung, ob die Regelungen des IFRS 3 auf Unternehmenszusammenschlüsse unter gemeinsamer Beherrschung übertragen werden können oder ob dies aufgrund der unterschiedlichen Charakteristika von internen und externen Unternehmenserwerben nicht zweckgerecht ist.[1081] Vor diesem Hintergrund hat die EFRAG Vor- und Nachteile **drei verschiedener Sichtweisen** diskutiert, die mit unterschiedlichen Bilanzierungsmethoden verbunden sind.

Im Rahmen der ersten Sichtweise ***(view one)*** wird der Standpunkt vertreten, dass die Prinzipien des IFRS 3 auch auf Transaktionen unter gemeinsamer Beherrschung übertragen werden können.[1082] Mit dem Ziel, die Glaubwürdigkeit der Finanzinformationen zu erhöhen, wird die Übertragung der Erwerbsmethode in diesem Zusammenhang in drei abgestuften Varianten diskutiert.[1083] Neben der analogen Anwendung der Erwerbsmethode *(variant one)* handelt es sich hierbei zum einen um eine modifizierte Anwendung in Form eines Ansatzverbots des aus dem Fair Value der Beteiligung abgeleiteten (originären) Geschäfts- oder Firmenwertes *(variant two)* und zum anderen um ein Ansatzverbot eines Geschäfts- oder Firmenwertes sowie neu identifizierbarer immaterieller Vermögenswerte *(variant three)*.

Im Gegensatz zur ersten Sichtweise wird bei der zweiten Sichtweise ***(view two)*** unterstellt, dass keine Analogie zu den Vorschriften des IFRS 3 möglich ist. *View two* basiert im Wesentlichen darauf, dass der Erwerber entweder nicht eindeutig identifizierbar ist oder durch das Konzernmutterunternehmen aus rein bilanzpolitischen Gründen gezielt festgelegt wird. Daher wird in diesem Zusammenhang diskutiert, ob den aus dem gemeinsamen Kontrollverhältnis erwachsenden Problemen nicht besser durch die Anwendung alternativer Bilanzierungsmethoden wie der Buchwertfortführung oder der *Fresh Start*-Methode begegnet werden könnte.[1084]

[1079] Vgl. EFRAG U. A. (Hrsg.), Business Combinations under Common Control, S. 1, sowie hier und im Folgenden übersichtlich DRSC (Hrsg.), EFRAG Diskussionspapier Projektbeschreibung, o. S.

[1080] Inhaltlich unberücksichtigt bleiben hingegen Aspekte zur Folgebewertung sowie Fragestellungen zur bilanziellen Abbildung im Einzelabschluss des Erwerbers. Ebenfalls ausgeblendet wird die Bilanzierung bei der veräußernden Gesellschaft, sowie potenzielle Anhangangaben, vgl. EFRAG U. A. (Hrsg.), Business Combinations under Common Control, S. 10-14.

[1081] Vgl. EFRAG U. A. (Hrsg.), Business Combinations under Common Control, S. V; ONESTI, T./ROMANO, M./TALIENTIO, M., BCUCC Concerns, Criticisms and Strides, S. 122.

[1082] Vgl. EFRAG U. A. (Hrsg.), Business Combinations under Common Control, S. V f. und S. 48-55

[1083] Vgl. EFRAG U. A. (Hrsg.), Business Combinations under Common Control, S. 48; ONESTI, T./ROMANO, M./TALIENTIO, M., BCUCC Concerns, Criticisms and Strides, S. 123.

[1084] Vgl. EFRAG U. A. (Hrsg.), Business Combinations under Common Control, S. VI und S. 56-59.

Im Zuge der dritten Sichtweise ***(view three)*** werden konzerninterne Unternehmenszusammenschlüsse als heterogene Transaktionen verstanden, deren bilanzielle Abbildung von den Fakten und Umständen des jeweiligen Zusammenschlusses abhängt, anstatt für sämtliche Transaktionen dieselbe Bilanzierungsmethode zu nutzen. Bei dieser Sichtweise wäre die Erwerbsmethode nur dann anzuwenden, wenn durch den konzerninternen Unternehmenszusammenschluss die Fähigkeit der berichterstattenden Einheit verändert würde, die Ansprüche ihrer Kapitalgeber zu erfüllen *(change in ability model)*. Sofern die Fähigkeit, etwaige Kapitalansprüche zu bedienen, unverändert bleibt, wäre der konzerninterne Unternehmenserwerb wie in *view two* entweder mittels Buchwertfortführung oder mittels *Fresh Start*-Methode zu bilanzieren.[1085]

Insgesamt wird keine der Sichtweisen vonseiten der EFRAG präferiert, vielmehr sollen den Kommentierenden verschiedene Argumentationen hinsichtlich der zu schließenden Regelungslücke nähergebracht werden.[1086] Während die jeweiligen Diskussionen zur analogen Anwendung der Erwerbsmethode *(view one)* sowie zur Methode der Buchwertfortführung *(view two)* im Rahmen dieser Arbeit bereits in den Abschnitten 53 und 54 berücksichtigt wurden, findet *view three* implizit durch die differenzierte Betrachtung teilkonzernübergreifender und -interner Unternehmenszusammenschlüsse in abgewandelter Form Eingang in die vorliegende Untersuchung. Noch nicht aufgegriffen wurden bisher die von der EFRAG angeregten Varianten zwei und drei zur modifizierten Anwendung der Erwerbsmethode. Die Diskussion wurde von Teilen der Kommentierenden begrüßt und gleichzeitig eine tiefergehende Analyse der Modifikationen gefordert.[1087]

Da ermessensbeschränkende Objektivierungen mit dem Ziel, die glaubwürdige Darstellung zu erhöhen, oftmals die Relevanz der vermittelten Informationen einschränken,[1088] erfordert eine entscheidungsnützliche Rechnungslegung grundsätzlich ein ausgewogenes Verhältnis zwischen den beiden fundamentalen Anforderungen.[1089] Aus diesem Grund wird im Folgenden kritisch analysiert, inwieweit die vom EFRAG diskutierten Varianten dazu geeignet sind, die Entscheidungsnützlichkeit der durch die Anwendung der Erwerbsmethode bereitgestellten Informationen zu erhöhen (Abschnitt 564.). Dem vorgeschaltet werden die im Diskussionspapier

---

1085 Vgl. EFRAG U. A. (Hrsg.), Business Combinations under Common Control, S. VI und S. 60-63.

1086 Vgl. EFRAG U. A. (Hrsg.), Business Combinations under Common Control, S. V.

1087 Vgl. EFRAG U. A. (Hrsg.), Consolidated Feedback Statement European Outreach BCUCC, S. 6; EFRAG U. A. (Hrsg.), Feedback Statement Outreach Event London (2012), S. 8; EFRAG U. A. (Hrsg.), Feedback Statement Outreach Event Warsaw (2012), S. 10 f.

1088 Eine glaubwürdige Berichterstattung, die oftmals eng mit objektivierenden Merkmalen i. S. e. intersubjektiven Nachprüfbarkeit verbunden ist, obgleich diese als solche nicht (mehr) explizit als Gütekriterium der fundamentalen Anforderung gilt, ist nicht widerspruchsfrei zur eher zukunftsorientierten fundamentalen Anforderung der Relevanz, vgl. zu diesem Spannungsverhältnis BAETGE, J./KIRSCH, H.-J./THIELE, S., Bilanzen, S. 154; KAMPMANN, H./SCHWEDLER, K., Gemeinsames Rahmenkonzept des FASB und IASB, S. 529 f.; BALLWIESER, W., IFRS-Rechnungslegung, S. 17-19; KOELEN, P., Bewertungskalküle in der IFRS-Rechnungslegung, S. 16-25.

1089 Vgl. ED.CF.2.20; BAETGE, J./KIRSCH, H.-J./THIELE, S., Bilanzen, S. 154, ebenso SCHOO, L., Umsatzrealisierung nach IFRS, S. 11.

skizzierten Modifikationen zunächst kurz erläutert und, sofern notwendig, konkretisiert (Abschnitt 562. sowie Abschnitt 563.).

562. Ansatzverbot eines Geschäfts- oder Firmenwertes

Die erste vom EFRAG diskutierte Variante, die Vorschriften des IFRS 3 zu modifizieren, betrifft den Ansatz und die Bewertung **eines Geschäfts- oder Firmenwertes.**[1090] Der Goodwill verkörpert einen Bilanzposten, bei dem das in Abschnitt 561. angedeutete **Spannungsverhältnis** zwischen Relevanz und den objektivierenden Elementen einer glaubwürdigen Darstellung besonders deutlich wird.[1091] Einerseits weist die Residualgröße als Konglomerat verschiedenster immaterieller Werte eine hohe Relevanz auf,[1092] die aufgrund ihrer in diesem Kontext nunmehr Fair Value-basierten Ermittlung die Kluft zwischen bilanzieller Einzelbewertung und dem Ertragswert des Akquisitionsobjektes schließt.[1093] Andererseits ist sie aufgrund ihres starken Zukunftsbezugs nur sehr schwer objektivierbar.[1094]

Die fehlende Marktobjektivierung im Rahmen konzerninterner Unternehmenszusammenschlüsse erschwert eine glaubwürdige Berichterstattung über den *„goodwill as residual"*[1095] in diesem Zusammenhang nochmals. Vor diesem Hintergrund diskutierte die EFRAG ein mögliches **Ansatzverbot** eines im konsolidierten Abschluss des Erwerbers ansonsten gemäß der Erwerbsmethode auszuweisenden **Geschäfts- oder Firmenwertes.**[1096] Als Konsequenz dessen müsste ein etwaiger den neubewerteten Substanzwert übersteigender Kaufpreis unmittelbar eigenkapitalmindernd erfasst werden, anstatt diesen auf der Aktivseite auszuweisen. Zur Übernahme eines auf das Erwerbsobjekt entfallenden im übergeordneten Konzernabschluss bilanzierten Geschäfts- oder Firmenwertes, wie bei der Anwendung der Buchwertfortführung, äußert sich die EFRAG nicht, sodass an dieser Stelle davon ausgegangen werden muss, dass sich das Ansatzverbot auch auf einen Geschäfts- oder Firmenwert aus der konzernbilanziellen Erstkonsolidierung des nunmehr konzernintern umgehangenen Tochterunternehmens bezieht.[1097] Auch

---

[1090] Vgl. zu dieser Bilanzierungsvariante hier und im Folgenden insgesamt EFRAG U. A. (Hrsg.), Business Combinations under Common Control, S. 48 und S. 51.

[1091] Vgl. hier und im Folgenden HAAKER, A., Goodwill-Bilanzierung nach IFRS, S. 38, wenn auch in Bezug auf die im *Conceptual Framework* (1989) noch geltende fundamentale Anforderung der Verlässlichkeit, die im Rahmen des gemeinsamen *Conceptual Framework*-Projekts des IASB und FASB in 2010 durch die Anforderung der glaubwürdigen Darstellung ersetzt wurde, vgl. hierzu umfassend KIRSCH, H.-J. U. A., Bedeutung der Verlässlichkeit, S. 762-771.

[1092] Vgl. KÜTING, K., Geschäfts- oder Firmenwert bei der Analyse von Bilanzen, S. 161. A. A. wohl ROGLER, S./SCHMIDT, M./TETTENBORN, M., Ansatz immaterieller Vermögenswerte bei Unternehmenszusammenschlüssen, S. 585.

[1093] Vgl. allgemein im Kontext eines originären Geschäfts- oder Firmenwertes KÜTING, K./KAISER, T., Fair Value Accounting und Kapitalmarkt, S. 381 m. w. N., sowie BALLWIESER, W., Geschäftswert, S. 304 f.

[1094] Vgl. hierzu insgesamt HAAKER, A., Goodwill-Bilanzierung nach IFRS, S. 38 m. w. N.

[1095] EFRAG U. A. (Hrsg.), Business Combinations under Common Control, S. 51.

[1096] Vgl. hierzu auch ONESTI, T./ROMANO, M./TALIENTIO, M., BCUCC Concerns, Criticisms and Strides, S. 123.

[1097] In diesem Zusammenhang schreibt die EFRAG: *„When applying the recognition criterion, it would result in the recognition of identifiable assets and liabilities assumed and any non-controlling interest in the acquiree."* (EFRAG U. A. (Hrsg.), Business Combinations under Common Control, S. 51). Die ausschließliche Aktivierung von identifizierbaren Vermögenswerten schließt den Ansatz eines Geschäfts-

wenn – soweit ersichtlich – die Konstellation eines *bargain purchase* respektive *badwill* in diesem Szenario ebenfalls nicht explizit angesprochen wird, ist zur konsistenten Betrachtung der vorgeschlagenen Bilanzierungsweise gleichermaßen mit einem negativen Unterschiedsbetrag zu verfahren. In den vermutlich eher selten auftretenden Fallkonstellationen wäre daher analog zum Umgang mit einem Geschäfts- oder Firmenwert eine direkte Eigenkapitalbuchung vorzunehmen, ohne den Betrag vorher in der Gesamtergebnisrechnung zu erfassen.

Hinsichtlich des **Ansatzes und der Bewertung** der **erworbenen identifizierbaren Vermögenswerte und übernommenen Schulden** inkl. etwaiger Anteile nicht-beherrschender Gesellschafter des Akquisitionsobjektes sind die Vorschriften des IFRS 3.10 und 18 einschließlich der jeweiligen Ausnahmeregelungen von den Ansatz- und Bewertungsgrundsätzen gemäß IFRS 3.21-33 so anzuwenden, wie dies bei externen Unternehmenszusammenschlüssen geboten ist. Somit müssen auch neu identifizierbare immaterielle Vermögenswerte angesetzt werden, die das erworbene Unternehmen vor dem Erwerbsvorgang noch nicht in seinem Abschluss bilanziert hat.[1098]

Während sich der Ansatz der in Rede stehenden Vermögenswerte und Schulden bei einer Aktivierungspflicht des Geschäfts- oder Firmenwertes lediglich in einer entsprechend geringeren Residualgröße niederschlägt (Aktivtausch), wäre der Ansatz immaterieller Vermögenswerte im Kontext dieses Vorschlags nunmehr unmittelbar eigenkapitalwirksam. Die mit der Aktivierung unter sonst gleichen Umständen verbundene Eigenkapitalerhöhung könnte mit gewissen **Anreizwirkungen** seitens der Bilanzierenden verbunden sein, immaterielle Vermögenswerte möglichst umfassend zu identifizieren. Im Rahmen der geltenden Regelungen des IFRS 3 liegt die Vermutung nahe, dass dieser Anreizmechanismus genau umgekehrt greift.[1099] Zum einen treten dort normalerweise keine positiven Eigenkapitaleffekte bei der Aktivierung etwaiger immaterieller Vermögenswerte auf.[1100] Zum anderen bringt die Folgebilanzierung eines bei geringerer Aktivierung von immateriellen Vermögenswerten c. p. höheren Geschäfts- oder Firmenwertes überdies den Vorteil mit sich, dass das Jahresergebnis aufgrund des *impairment only approach*[1101] nicht regelmäßig durch „lästige[...]“[1102] planmäßige Abschreibungen belastet wird.[1103]

oder Firmenwertes vollumfänglich aus.

1098 Vgl. IFRS 3.13 sowie ausführlicher Abschnitt 543.21.

1099 Vgl. hier und im Folgenden auch HACHMEISTER, D., Auswirkungen der Goodwill-Bilanzierung, S. 426 f.

1100 Es kommt nur dann zu einer direkten Eigenkapitalwirkung, wenn durch die Aktivierung ein negativer Unterschiedsbetrag *(bargain purchase)* entsteht bzw. vergrößert wird.

1101 Vgl. allgemein KIRSCH, H.-J./KOELEN, P./TINZ, O., DAX-30 und impairment only approach (Teil 1), S. 87-89; WÖHRMANN, A., Intangible Impairment, S. 63-90; BIEKER, M./ESSER, M., Goodwillbilanzierung nach IFRS 3, S. 449-458.

1102 HACHMEISTER, D., Auswirkungen der Goodwill-Bilanzierung, S. 427.

1103 Der Vorteil wird hingegen nur schlagend, sofern es sich bei dem ansonsten auszuweisenden Vermögenswerten um immaterielle Vermögenswerte mit einer begrenzten Nutzungsdauer *(finite useful life)* handelt, die tatsächlich planmäßig abgeschrieben werden müssen. Ein immaterieller Vermögenswert mit einer unbestimmten Nutzungsdauer *(indefinite useful life)* darf hingegen nicht planmäßig abgeschrieben

563. Ansatzverbot neu identifizierbarer immaterieller Vermögenswerte sowie eines Geschäfts- oder Firmenwertes

Der zweite im Diskussionspapier der EFRAG diskutierte Vorschlag zur Modifizierung der aktuellen Regelungen des IFRS 3 im Hinblick auf deren Anwendung auf konzerninterne Unternehmenszusammenschlüsse trägt den spezifischen Eigenschaften einer *Common Control*-Transaktion noch umfassender Rechnung als die im vorherigen Abschnitt dargestellte Variante.[1104] Im Rahmen dieser Bilanzierungsalternative unterliegen sowohl der Geschäfts- oder Firmenwert als auch neu identifizierte immaterielle Vermögenswerte einem Aktivierungsverbot.

In diesem Kontext verpasst es die EFRAG jedoch, – soweit ersichtlich – eindeutig herauszustellen, ob es sich an dieser Stelle um ein allgemeines Ansatzverbot für immaterielle Vermögenswerte handeln soll[1105] oder ob sich dieses lediglich auf neu identifizierte und nicht auf bereits vor dem internen Unternehmenszusammenschluss ausgewiesene immaterielle Vermögenswerte bezieht. Wie auch offenbar von Teilen der Kommentierenden[1106] wird die Modifizierung hier im Folgenden so interpretiert, dass sich das **Ansatzverbot** lediglich auf **neu identifizierte immaterielle Vermögenswerte** bezieht. Ebenfalls ist bei diesem Vorschlag nicht eindeutig, ob die bereits beim Akquisitionsunternehmen ausgewiesenen immateriellen Vermögenswerte neu zu bewerten wären oder die fortgeschriebenen historischen Wertansätze in den konsolidierten Abschluss des Erwerbers übernommen werden sollten. Da die EFRAG das Ansatzverbot neu identifizierter immaterieller Vermögenswerte u. a. damit begründet, dass diese nicht verlässlich bewertbar sind,[1107] wird die Bilanzierungsvariante hier so verstanden, dass bereits im Vorfeld der Transaktion bilanzierte immaterielle Vermögenswerte zu ihren fortgeführten Buchwerten übernommen werden sollten, um etwaige Bewertungsprobleme zu vermeiden.

Im Ergebnis wird die dem IFRS 3 konzeptionell zugrunde liegende Einzelerwerbsfiktion[1108] bei dieser Bilanzierungsoption somit allein auf (identifizierbare) **materielle Vermögenswerte** angewendet, mit der Folge, dass diese zum Transaktionszeitpunkt neu zu bewerten sind. Nach

---

werden, sondern ist analog zum Geschäfts- oder Firmenwert im Rahmen des *impairment*-Test auf Wertminderung zu überprüfen, vgl. allgemein IAS 38.88-110, sowie BUSCH, J./ZWIRNER, C., Planmäßige Abschreibung materieller und immaterieller Vermögenswerte, S. 416 f.

1104 Vgl. hier und im Folgenden EFRAG U. A. (Hrsg.), Business Combinations under Common Control, S. 49 und S. 51 f.; ONESTI, T./ROMANO, M./TALIENTIO, M., BCUCC Concerns, Criticisms and Strides, S. 123.

1105 In den diesbezüglichen Ausführungen im Diskussionspapier heißt es „*Goodwill and intangible assets should not be recognised in the balance sheet of the acquirer*" (EFRAG U. A. (Hrsg.), Business Combinations under Common Control, S. 49 sowie S. 51.) sowie „*When applying the recognition principle in IFRS 3, the acquirer would only recognise the identifiable tangible assets acquired and liabilities assumed and any non-controlling interest in the acquiree.*" (EFRAG U. A. (Hrsg.), Business Combinations under Common Control, S. 52.)

1106 Vgl. EFRAG U. A. (Hrsg.), Feedback Statement Outreach Event Warsaw (2012), S. 10.

1107 Vgl. EFRAG U. A. (Hrsg.), Business Combinations under Common Control, S. 52.

1108 Vgl. Abschnitt 541.

Auffassung der EFRAG sind materielle Vermögenswerte aufgrund ihres i. d. R. nicht so spezifischen Wesens vergleichsweise verlässlich bewertbar.[1109]

564. Kritische Würdigung der Vorschläge zur modifizierten Anwendung des IFRS 3

Da die in den vorherigen Abschnitten erläuterten und konkretisierten Diskussionsvorschläge der EFRAG jene Anwendungsschritte der Erwerbsmethode betreffen, die den Bilanzierenden vergleichsweise große bilanzpolitische Ermessensspielräume bieten, scheinen die zwei Modifikationen grundsätzlich dazu geeignet, die Glaubwürdigkeit der Berichterstattung über teilkonzernübergreifende Unternehmenszusammenschlüsse unter gemeinsamer Beherrschung zu erhöhen. Fraglich ist in diesem Zusammenhang jedoch, inwieweit die objektivierenden Eingriffe in die Vorschriften des IFRS 3 tatsächlich gerechtfertigt sind, da hierdurch potenziell relevante Informationen verloren gehen.

Dies betrifft zunächst den vergleichsweise konservativen Vorschlag eines Aktivierungsverbots für sämtliche neu **identifizierbaren immateriellen Vermögenswerte**. Zwar ist die Identifizierung und Bewertung einiger immaterieller Vermögenswerte wie Marken oder Kundenlisten mit nicht zu vernachlässigenden Schwierigkeiten verbunden, da aufgrund ihres spezifischen Charakters oftmals kein aktiver Markt existiert, der zu Bewertungszwecken herangezogen werde könnte.[1110] Wie bei der diesbezüglichen Analyse der analogen Anwendung der Vorschriften des IFRS 3 indes herausgearbeitet werden konnte, bestehen bei der Identifizierung und Bewertung der in Rede stehenden Vermögenswerte bei internen und externen Unternehmenszusammenschlüssen **jedoch ähnlich zu gewichtende Ermessensspielräume**, die bei beiden Zusammenschlussformen auf den Unwägbarkeiten der Fair Value-Bewertung basieren.[1111] Daher ist das von der EFRAG angeführte Argument für das entsprechende Ansatzverbot, „*[...][that;* Anm. d. Verf.*] the BCUCC is never subject to market forces [...]*“[1112], nach der hier vertretenen Auffassung nicht überzeugend.[1113] Konsequent zu Ende geführt müsste eine solche Argumentation auch bei externen Unternehmenszusammenschlüssen ein Ansatz- sowie Neubewertungsverbot für (neu) identifizierte immaterielle Vermögenswerte nach sich ziehen. Aber genau dies scheint nicht im Interesse des IASB zu sein, der die Aktivierungsvoraussetzungen immaterieller Vermögenswerte im Zuge der Einführung der Vorschriften des IFRS 3 (2008) nochmals gelokkert hat.[1114]

[1109] Vgl. EFRAG u. a. (Hrsg.), Business Combinations under Common Control, S. 52.

[1110] Vgl. Siegrist, L./Stucker, J., Bewertung von immateriellen Vermögenswerten, S. 243 f. Sowie zur diesbezüglich geäußerten Kritik im Rahmen des *post implementation review* des IFRS 3 vgl. stellvertretend IASB (Hrsg.), PIR IFRS 3 Summary of findings, S. 5.

[1111] Vgl. hierzu ausführlicher Abschnitt 543.3 sowie Abschnitt 546.

[1112] EFRAG u. a. (Hrsg.), Business Combinations under Common Control, S. 52.

[1113] Vgl. im Ergebnis ebenso stellvertretend KPMG (Hrsg.), Comment Letter (DP/EFRAG), S. 14.

[1114] Die im Zuge der Einführung des IFRS 3 (2008) angepassten Vorschriften des IAS 38 zum Ansatz immaterieller Vermögenswerte im Rahmen von Unternehmenszusammenschlüssen fordern weder eine

Das ursprünglich mit dem extensiven Ansatz verbundene Ziel des Standardsetzers, den Geschäfts- oder Firmenwert möglichst zu minimieren, geht soweit,[1115] dass die in Rede stehenden Vermögenswerte auch dann zu aktivieren sind, wenn sie nicht durch einen Kaufpreis pagatorisch abgesichert sind. Dies kann als klares Indiz dafür gewertet werden, dass der IASB die Glaubwürdigkeit der ausgewiesenen Vermögenswerte auch dann als hinreichend erfüllt ansieht, falls diese nicht durch einen Marktpreis objektiviert sind. Ein allgemeines Ansatz- bzw. Neubewertungsverbot (neu) identifizierbarer immaterieller Vermögenswerte erscheint an dieser Stelle aus regelungssystematischer Perspektive demnach weder geboten noch empfehlenswert. Stattdessen hätte dieser Modifizierungsvorschlag eine nur schwer zu begründende bilanzielle Ungleichbehandlung von internen und externen Unternehmenstransaktionen zur Folge, die die Entscheidungsnützlichkeit der im Teilkonzernabschluss ausgewiesenen Vermögensverhältnisse erheblich beeinträchtigen kann.

Während das von der EFRAG diskutierte Aktivierungsverbot für neu identifizierte immaterielle Vermögenswerte daher abzulehnen ist, könnte das **alleinige Ansatzverbot eines Goodwill** möglicherweise die Entscheidungsnützlichkeit des Teilkonzernabschlusses erhöhen. Die gemäß IFRS 3 verpflichtend auszuweisende Residualgröße wurde bei der Analyse der Vorschriften trotz oder gerade wegen ihrer nunmehr Fair Value-basierten Ermittlungsweise als kritischer Bilanzposten identifiziert.[1116] Obgleich die Relevanz der vermittelten Informationen bedingt durch die Bewertungsvorschriften des IFRS 13 zum Teil eingeschränkt wird, ist vor allem die Glaubwürdigkeit der ausgewiesenen Größe höchst zweifelhaft.[1117]

Trotz der bei einer Aktivierung offenbar nur unzureichend erfüllten fundamentalen Anforderung lässt sich ein Ansatzverbot des Geschäfts- oder Firmenwertes aus **regelungssystematischer Sicht** zunächst nur schwer begründen. Die aktuellen Vorschriften des IFRS 3 sehen in besonderen Erwerbskonstellationen wie unentgeltlichen oder sukzessiven Unternehmenszusammenschlüssen ebenso die Aktivierung Fair Value-basierter, nicht pagatorisch abgesicherter Goodwillbestandteile vor. Das deutet darauf hin, dass der IASB dem auf diese Weise ermittelten Bilanzposten die Glaubwürdigkeit nicht vollständig abspricht. Gleichzeitig wird jedoch auch die **Skepsis** gegenüber einer solchen Vorgehensweise alleine dadurch sichtbar, dass das grundsätzliche Vorgehen zur Bestimmung eines Unterschiedsbetrages aus der Kapitalkonsolidierung auf pagatorischen Größen und nicht etwa auf dem beizulegenden Zeitwert der Beteiligung beruht. Genau diese Skepsis wird im Rahmen des Aktivierungsverbotes des Geschäfts-

verlässliche Bewertbarkeit der jeweiligen Vermögenswerte noch den Nachweis eines wahrscheinlichen Nutzenzuflusses (vgl. Abschnitt 543.21, sowie die dort zitierte Literatur). Die diesbezüglichen Vorschriften des IFRS 3 (2004) i. V. m. IAS 38 (*rev.* 2004) forderten hingegen noch eine verlässliche Bewertbarkeit der erworbenen immateriellen Vermögenswerte, vgl. hierzu HOMMEL, M./BENKEL, M./WICH, S., IFRS 3 Business Combinations, S. 1269.

[1115] Vgl. statt vieler VELTE, P., Intangible Assets und Goodwill im Spannungsfeld, S. 158 f.

[1116] Vgl. Abschnitt 544.34 sowie Abschnitt 546.

[1117] Vgl. Abschnitt 544.34.

oder Firmenwertes aufgegriffen, um die zweifelsohne bestehenden Schwachstellen hinsichtlich einer glaubwürdigen Darstellung zu beseitigen.

Ein aus dem Fair Value der Beteiligung abgeleiteter (derivativer) Goodwill (i. w. S.) spiegelt die erwarteten Erfolgsaussichten des Akquisitionsobjektes aus der Perspektive fiktiver Marktteilnehmer wider, die sich bislang nicht im bilanzierungsfähigen Vermögen manifestiert haben.[1118] Mit dem Ansatzverbot würde daher die wohl **bedeutendste Unternehmenswertkomponente** nicht mehr berücksichtigt.[1119] Durch die aus Relevanzgründen zu kritisierende erfolgsneutrale Verrechnung des Geschäfts- oder Firmenwertes mit dem Eigenkapital würde überdies Abschreibungspotenzial im Rahmen der Anwendung des *impairment only approach* vermieden, sodass die **Ertragslage** des Teilkonzerns in Folgeperioden möglicherweise **verzerrt** dargestellt wird. Genau vor diesem Hintergrund wurde die erfolgsneutrale Verrechnung eines Geschäfts- oder Firmenwertes bei externen Unternehmenszusammenschlüssen, wie dies bspw. noch vor der Umsetzung des Bilanzrechtsmodernisierungsgesetzes im Jahr 2009 im Handelsrecht wahlweise gestattet war,[1120] vonseiten des Schrifttums gleichermaßen stark kritisiert.[1121] Dennoch ist der durch die beabsichtigte Objektivierung ggf. nicht den tatsächlichen Verhältnissen entsprechende Vermögens- sowie Erfolgsausweis an dieser Stelle nicht so sehr zu kritisieren wie bei dem alternativen Vorschlag eines vollständigen Ansatzverbots neu identifizierter Vermögenswerte inkl. eines Geschäfts- oder Firmenwertes.

Ordnet man die modifizierte Anwendung der Erwerbsmethode zur bilanziellen Abbildung konzerninterner Unternehmenszusammenschlüsse in das Spektrum der zuvor in den Abschnitten 53 und 54 diskutierten Bilanzierungsmethoden ein, so könnte man zunächst geneigt sein, den Vorschlag als eine Art **nachvollziehbaren Kompromiss** zwischen den (fortgeführten) historischen Wertansätzen der Methode der Buchwertfortführung und der streng Fair Value-orientierten analogen Anwendung der Erwerbsmethode zu klassifizieren. Dies basiert in erster Linie auf dem scheinbar vollständigeren und aktuelleren Vermögensausweis im Vergleich zur Methode der Buchwertfortführung. Der Ausweis sämtlicher neu identifizierter Vermögenswerte zu ihrem zum Transaktionszeitpunkt geltenden beizulegenden Zeitwerten suggeriert, dass die mit der Buchwertfortführung verbundenen Kritikpunkte hinsichtlich des unvollständigen Vermögensausweises zum Teil entkräftet werden können.

1118 Vgl. im Kontext des derivativen Goodwill MUJKANOVIC, R., Der Geschäftswert nach IFRS, S. 814 f.

1119 Vgl. im Kontext der Aktivierung originärer Goodwillkomponenten HAAKER, A., Goodwill-Bilanzierung nach IFRS, S. 3 m. w. N.

1120 Die damaligen Vorschriften des § 309 HGB a. F. ließen mehrere Möglichkeiten zur bilanziellen Behandlungen eines aus der Kapitalkonsolidierung entstehenden Geschäfts- oder Firmenwertes zu. Neben einer erfolgswirksamen Abschreibung i. H. v. mindestens 25 % in den (maximal) vier Folgejahren nach der Erstkonsolidierung sowie der planmäßigen Abschreibung über die voraussichtliche Nutzungsdauer konnte ebenso eine offene Verrechnung mit den Rücklagen in Anspruch genommen werden, vgl. hierzu BAETGE, J./KIRSCH, H.-J./THIELE, S., Konzernbilanzen (7. Aufl.), S. 241.

1121 Vgl. hierzu stellvertretend SAUTHOFF, J.-P., Probleme bei der Bilanzierung und Aussagefähigkeit des Firmenwertes, S. 204; KÜTING, K., Geschäfts- oder Firmenwert als Schlüsselgröße, S. 2762 m. w. N.

Bei genauerer Betrachtung ist der (vermeintliche) Vorteil der modifizierten Erwerbsmethode jedoch wieder zu relativieren. Dies ist im Wesentlichen auf das Ansatzverbot eines Geschäfts- oder Firmenwertes zurückzuführen, welches offenbar ebenso für einen Goodwill gilt, der aus der Erstkonsolidierung des nunmehr konzernintern erworbenen Beteiligungsunternehmens in den Konzernabschluss stammt.[1122] Aufgrund dessen, dass dieser im Rahmen der Buchwertfortführung ebenfalls in den konsolidieren Abschluss des Erwerbers zu übernehmen ist, dürfte es in den überwiegenden Erwerbskonstellationen bei der Anwendung der modifizierten Erwerbsmethode zu einem vergleichsweise **konservativeren Wertansatz** kommen als bei der einfachen Fortführung der konzernbilanziellen Wertansätze. Vor allem bei der Existenz eines aus dem Ersterwerb des Akquisitionsobjektes resultierenden, betragsmäßig hohen derivativen Geschäfts- oder Firmenwertes innerhalb des übergeordneten Konzernabschlusses dürfte das auf das Tochterunternehmen entfallende Reinvermögen im Teilkonzernabschluss bei einer Buchwertfortführung regelmäßig höher ausfallen als bei dem von der EFRAG unterbreiteten Bilanzierungsvorschlag.[1123] Das bei der modifizierten Erwerbsmethode scheinbar uneingeschränkte Ansatzverbot eines Geschäfts- oder Firmenwertes hätte in der dargelegten Situation letztlich eine **ungerechtfertigte Ungleichbehandlung** ein und desselben Sachverhalts zur Folge. Dies basiert darauf, dass ein Goodwill auf Teilkonzernebene vor dem Hintergrund einer mangelnden Glaubwürdigkeit nicht mehr ausgewiesen werden darf, obwohl dieser in einer anderen berichterstattenden Einheit als werthaltig eingestuft wird und zudem regelmäßig das Ergebnis einer Markttransaktion mit fremden Dritten ist.

Letztlich schlägt die formulierte These, dass die Nachteile der Methode der Buchwertfortführung hinsichtlich des unvollständigen Vermögensausweises bei der modifizierten Anwendung der Vorschriften des IFRS 3 nur abgeschwächt gelten, in den skizzierten Erwerbskonstellationen sogar ins Gegenteil um. In diesem Kontext dürfte es den primären Adressaten des Teilkonzernabschlusses nur schwer möglich sein, ihr passives Investment hinsichtlich der Angemessenheit der dafür entrichteten Gegenleistung sowie der mit der neuen Beteiligung künftig verbundenen Zahlungsströme zu beurteilen.

565. Zwischenfazit

Die von der EFRAG in ihrem Diskussionspapier erläuterten Vorschläge zur Modifizierung der Vorschriften des IFRS 3 sind insofern zu begrüßen, als versucht wird, die aus der Anwendung der Erwerbsmethode resultierenden Probleme hinsichtlich einer glaubwürdigen Darstellung abzumildern. Beide Vorschläge entfremden die Erwerbsmethode indes so sehr, dass auch die

[1122] Die nunmehr (modifizierte) Einzelerwerbsfiktion ist in diesem Kontext auf (neu) identifizierbare materielle und immaterielle Vermögenswerte beschränkt, die getrennt vom Geschäfts- oder Firmenwert angesetzt werden.

[1123] Dieser Effekt wird durch den im Eigenkapital zu verrechnenden, vergleichsweise höheren positiven bzw. vergleichbaren geringeren negativen Unterschiedsbetrag zwischen dem tatsächlichen Kaufpreis und dem jeweiligen neubewerteten Substanzwert bzw. dem fortgeführten Nettovermögen (inkl. eines ggf. bestehenden derivativen Geschäfts- oder Firmenwertes) nochmals entsprechend verstärkt.

grundsätzlich mit dieser Bilanzierung verbundenen Vorteile weitestgehend eliminiert werden. Ein totaler Verzicht auf den Bilanzansatz immaterieller Vermögenswerte sowie eines Geschäfts- oder Firmenwertes würde – trotz aller gebotenen Objektivierung – die Relevanz der vermittelten Informationen derart einschränken, dass das übergeordnete Ziel der IFRS-Rechnungslegung offenbar nicht hinreichend erfüllt wird. Dies liegt u. a. auch darin begründet, dass mit den objektivierenden Maßnahmen wiederum ein nicht den tatsächlichen Verhältnissen entsprechender Vermögens- und Erfolgsausweis verbunden ist, der die Glaubwürdigkeit des Bilanzierungsergebnisses relativiert. Insgesamt scheint weder ein Ansatzverbot für neu identifizierte immaterielle Vermögenswerte noch für einen Geschäfts- oder Firmenwert dazu geeignet, ein ausgewogenes Verhältnis zwischen den fundamentalen Anforderungen der Relevanz und der glaubwürdigen Darstellung zu schaffen. Vor allem der Umstand, dass es bei den diskutierten Modifizierungen zu einem konservativeren Vermögensausweis kommen kann, als es im Rahmen der Methode der Buchwertfortführung der Fall ist, macht deutlich, dass die Vorschläge keine sinnvolle Alternative zu den zuvor diskutierten Bilanzierungsformen darstellen.

Deshalb besteht nach wie vor die in Abschnitt 55 erläuterte Problematik, dass die Anwendung der Erwerbsmethode zur bilanziellen Abbildung konzerninterner Unternehmenszusammenschlüsse zwar grundsätzlich entscheidungsnützlichere Information bereitstellt, als es bei einer Buchwertfortführung üblicherweise der Fall sein wird. Die Zweckmäßigkeit der für externe Unternehmenserwerbe konzipierten Vorschriften des IFRS 3 ist ihrerseits allerdings vor allem bei der Bestimmung eines Geschäfts- oder Firmenwertes bzw. (vermeintlichen) Erfolgs aus einem *bargain purchase* durchaus kritisch zu sehen, sodass ihre Anwendung auf *Common Control*-Transaktionen nicht uneingeschränkt empfohlen werden kann. Vor diesem Hintergrund wird in den folgenden Abschnitten ein weiteres Bilanzierungskonzept erarbeitet, welches die Vorteile der Erwerbsmethode mit den objektivierenden Elementen der Methode der Buchwertfortführung vereint.

57 Vorschlag eines alternativen Bilanzierungskonzepts zur Erfassung von teilkonzernübergreifenden Unternehmenszusammenschlüssen unter gemeinsamer Beherrschung im IFRS-Teilkonzernabschluss

571. Zentrale Anforderungen an das Bilanzierungskonzept

Bevor in den nachfolgenden Abschnitten ein alternatives Konzept zur Bilanzierung von teilkonzernübergreifenden Unternehmenszusammenschlüssen unter gemeinsamer Beherrschung entwickelt und vorgestellt wird, werden zunächst zentrale Anforderungen an die hier vorgeschlagene Bilanzierungsmethode vorangestellt. Das formulierte **Anforderungsprofil** leitet sich aus den Erkenntnissen ab, die im Rahmen der Analyse der zuvor betrachteten Bilanzierungsmöglichkeiten inkl. deren Modifikation gewonnen wurden,[1124] und sollte daher dazu geeignet sein, deren Nachteilen weitestgehend zu begegnen.

Die vorangegangene Analyse hat u. a. gezeigt, dass teilkonzernübergreifende *business combinations under common control* und Unternehmenszusammenschlüsse, die in den Anwendungsbereich des IFRS 3 fallen, **vergleichbare Informationsbedürfnisse** bei den jeweils beteiligten Parteien auslösen.[1125] Dies liegt primär in der Ähnlichkeit des bilanziell zu erfassenden ökonomischen Sachverhaltes begründet.[1126] Genau wie bei externen Unternehmenszusammenschlüssen erhält das erwerbende Teilkonzernmutterunternehmen im Rahmen der *Common Control*-Transaktion die Verfügungsmacht über die erworbenen Vermögenswerte und Schulden, für deren Erhalt üblicherweise eine entsprechende Gegenleistung an die veräußernde Partei zu übereignen ist. Wesentlicher Unterschied zwischen den Zusammenschlussformen ist jedoch, dass das Teilkonzernmutterunternehmen als beherrschtes Unternehmen regelmäßig nur geringfügigen Einfluss auf die relevanten Parameter der Unternehmenstransaktion hat. Aus der Perspektive des Erwerbers handelt es sich damit um eine passive Investition, die maßgeblich von der veräußernden Partei beeinflusst werden kann. Dieses charakteristische Merkmal eines konzerninternen Unternehmenszusammenschlusses lässt es umso wichtiger erscheinen, dass die angewendete Bilanzierungsmethode detaillierte Informationen darüber bereitstellt, was im Zuge der Transaktion getauscht wurde und ob der Tauschvorgang – Kaufpreis gegen Unternehmensbeteiligung – evtl. durch die Beherrschungsmacht der veräußernden Partei negativ oder positiv beeinflusst wurde.

In diesem Zusammenhang ist ein möglichst **vollständiger und differenzierter Ausweis** der mit der Beteiligung verbundenen **Wertpotenziale** zunächst als Grundanforderung an eine zweckmäßige Bilanzierungsmethode zu werten. Ein weitestgehend umfassender Vermögensausweis ist zum einen notwendig, damit die primären Adressaten des Teilkonzernabschlusses in der Lage sind, die Höhe, das Risiko sowie den zeitlichen Anfall künftiger aus der neuen Unternehmensbeteiligung resultierender Zahlungsströme zu prognostizieren. Zum anderen ist dies gleichermaßen die Voraussetzung dafür, die **Angemessenheit der hingegebenen Gegenleistung** sowie die **Effektivität und Effizienz** des geschäftsführenden Managements zu beurteilen. Genau diese Art der Informationen über die Auswirkungen der Transaktion auf die Vermögens-, Finanz- und Ertragslage werden bei der Methode der Buchwertfortführung sowie bei der modifizierten Erwerbsmethode, sowohl zum Erstkonsolidierungszeitpunkt als auch im Rahmen der Folgekonsolidierung, nur sehr eingeschränkt vermittelt.

Auch wenn die Vorschriften des IFRS 3 die formulierte Grundanforderung besser erfüllen, hat die vorherige Analyse gezeigt, dass ein vollständiger Vermögensausweis auf Basis der Regeln

[1124] Vgl. grundlegend Abschnitt 53; Abschnitt 54, sowie Abschnitt 56.
[1125] Vgl. hierzu auch IASB (Hrsg.), Staff Paper BCUCC Agenda ref. 23A (April 2016), Rn. 35.
[1126] Vgl. ausführlicher hierzu Abschnitt 541.

des IFRS 3 i. V. m. denen des IFRS 13 mit großen Schwierigkeiten verbunden ist. Diese resultieren vor allem aus den bilanzpolitischen Spielräumen, die sich dem Bilanzierenden in diesem Rahmen bieten und entsprechend den Vorstellungen des übergeordneten Mutterunternehmens ausgeübt werden können. Hieraus lässt sich die **zweite zentrale Anforderung** an eine möglichst zweckmäßige Bilanzierungsmethode zur Abbildung teilkonzernübergreifender Unternehmenszusammenschlüsse unter gemeinsamer Beherrschung ableiten. Aufgrund des beherrschenden Einflusses des übergeordneten Mutterunternehmens muss die Bilanzierungsmethode möglichst **robust gegenüber** (bewussten oder unbewussten) **Verzerrungen** desselben sein. Die vermittelten Finanzinformationen sollten daher weitestgehend objektiviert und damit intersubjektiv nachprüfbar sein, um Ermessensspielräume, wie sie durch eine analoge Anwendung der Regelungen des IFRS 3 geboten werden, zu begrenzen.

Um darüber hinaus bilanzpolitisches Gestaltungspotenzial seitens des obersten Mutterunternehmens einzuschränken, ist es zudem zwingend erforderlich, dass aus der Erstkonsolidierung des konzernintern erworbenen Tochterunternehmens keine in der Gewinn- und Verlustrechnung zu erfassenden Erfolgsbeiträge resultieren. Nur durch einen **erfolgsneutralen Anschaffungsvorgang** kann gewährleistet werden, dass die Ertragslage des aufnehmenden Teilkonzerns nicht durch einen konzerninternen Unternehmenszusammenschluss bilanzpolitisch beeinflusst wird.

572. Ansatz und Bewertung der (neu) identifizierbaren Vermögenswerte und Schulden

Analog zu den Vorschriften des IFRS 3 hat der Erwerber in dem hier vertretenen Bilanzierungsvorschlag zum Transaktionszeitpunkt sämtliche identifizierbaren Vermögenswerte, übernommenen Schulden inkl. ggf. bestehender nicht-beherrschender Anteile an dem erworbenen Unternehmen getrennt vom Geschäfts- oder Firmenwert zu ihrem beizulegenden Zeitwert anzusetzen.[1127] Hinsichtlich der Bestimmung des Erwerbers sind die Leitlinien des IFRS 10 maßgeblich,[1128] mit dem Unterschied, dass die Beherrschungserlangung nunmehr aus der Perspektive der jeweiligen berichterstattenden Einheit zu beurteilen ist und übergeordnete Konzernstrukturen in diesem Kontext daher auszublenden sind. Somit wird das Teilkonzernmutterunternehmen regelmäßig als *accounting acquirer* zu identifizieren sein, aus dessen Blickwinkel die Bilanzierung zu erfolgen hat.[1129] Die innerhalb des Teilkonzernabschlusses zu aktivierenden erworbenen Vermögenswerte sowie zu passivierenden übernommenen Schulden müssen analog zu den Vorschriften des IFRS 3 im Einklang mit dem *Conceptual Framework* stehen und Bestandteil dessen sein, was im Zuge des Unternehmenszusammenschlusses getauscht wurde.[1130]

1127 Vgl. analog IFRS 3.10.
1128 Vgl. analog IFRS 3.6 f.
1129 Vgl. hierzu ausführlicher Abschnitt 542.2.
1130 Vgl. analog IFRS 3.10-12.

Um die Glaubwürdigkeit der ausgewiesenen Vermögenswerte zu erhöhen, könnten jedoch die allgemeinen **Ansatzbedingungen** für konzernintern erworbene immaterielle Vermögenswerte **verschärft** werden. Während bei externen Unternehmenszusammenschlüssen das in IAS 38.21 (a) formulierte Ansatzkriterium des wahrscheinlichen Nutzenzuflusses sowie das Kriterium der verlässlichen Bewertbarkeit gemäß IAS 38.21 (b) automatisch als erfüllt betrachtet werden, konnte in Abschnitt 543.3 herausgearbeitet werden, dass diese Annahme nicht ohne Weiteres auf konzerninterne Unternehmenszusammenschlüsse übertragbar ist. Die diese Annahme ansonsten rechtfertigende Argumentation, dass die immateriellen Vermögenswerte grundsätzlich in die Kaufpreisüberlegungen des Erwerbers eingeflossen sind und dies als hinreichender Nachweis eines wahrscheinlichen Nutzenzuflusses ausreicht,[1131] kann bei einer *Common Control*-Transaktion nicht mehr ins Feld geführt werden. Bei dieser Form von Unternehmenszusammenschlüssen wird die hinzugebende Gegenleistung von der veräußernden Partei in einem gewissen Rahmen möglicherweise selbst bestimmt und kann daher nicht als Indiz dafür gewertet werden, dass die erwerbende Partei einen künftigen Nutzenzufluss mit dem erworbenen immateriellen Vermögenswert verbindet oder über ausreichende Informationen bzgl. dessen verlässlicher Bewertung verfügt.

Auch wenn der Wegfall der allgemeinen Ansatzkriterien des IAS 38 konzeptionell mit der jüngsten Überarbeitung des *Conceptual Framework* übereinstimmt und sich die Wahrscheinlichkeit des künftig zu erwartenden Nutzenzuflusses zumindest theoretisch in einer entsprechend niedrigeren bzw. höheren Bewertung des jeweiligen Vermögenswertes manifestieren müsste, haben die diesbezüglichen Ausführungen in den vorangegangenen Abschnitten gezeigt,[1132] dass gerade die Bewertung immaterieller Vermögenswerte von hoher Subjektivität und Ermessensspielräumen geprägt ist.[1133] Zwar hat der IASB die ursprüngliche Abschaffung der Ansatzkriterien und den damit verbundenen extensiveren Ansatz immaterieller Vermögenswerte vor dem Hintergrund konzipiert, die Entscheidungsnützlichkeit der Abschlüsse zu verbessern, indem die jeweiligen Aktiva getrennt voneinander ausgewiesen werden und nicht in der Sammelgröße Goodwill untergehen.[1134] Allerdings wurde die Zweckmäßigkeit dieses Vorgehens im Rahmen des *post implementation review* des IFRS 3 u. a. auch aufgrund etwaiger Probleme hinsichtlich einer **verlässlichen Bewertbarkeit** der anzusetzenden immateriellen Vermögenswerte vonseiten der Kommentierenden zum Teil kritisiert.[1135]

1131 Vgl. im Kontext des IFRS 3 BAETGE, J./HAYN, S./STRÖHER, T., in: Rechnungslegung nach IFRS, 2. Aufl., Teil B: IFRS 3, Rn. 166.

1132 Vgl. Abschnitt 543.3.

1133 Vgl. im Kontext des IFRS 3 HOMMEL, M./BENKEL, M./WICH, S., IFRS 3 Business Combinations, S. 1269 f.; BAETGE, J./HAYN, S./STRÖHER, T., in: Rechnungslegung nach IFRS, 2. Aufl., Teil B: IFRS 3, Rn. 166; IASB (Hrsg.), PIR IFRS 3 Summary of findings, S. 5.

1134 Vgl. IFRS 3.BC.158, sowie stellvertretend VELTE, P., Intangible Assets und Goodwill im Spannungsfeld, S. 158 f. m. w. N.

1135 Vgl. stellvertretend IDW (Hrsg.), Comment Letter (PIR IFRS 3), S. 4 f.; KPMG (Hrsg.), Comment Letter (PIR IFRS 3), S. 3; NESTLÉ (Hrsg.), Comment Letter (PIR IFRS 3), S. 3.

Der im Ergebnis offenbar auch bei externen Erwerbsvorgängen geforderte restriktivere Ansatz erworbener immaterieller Vermögenswerte[1136] scheint gerade bei konzerninternen Transaktionen als gangbarer Weg, die Glaubwürdigkeit der Berichterstattung und damit auch deren Entscheidungsnützlichkeit zu verbessern als ein vergleichsweise detaillierterer Vermögensausweis. Schlussendlich sollte die **Nachweisschwelle** für den Ansatz (neu) identifizierbarer immaterieller Vermögenswerte insofern erhöht werden, als bei teilkonzernübergreifenden Unternehmenszusammenschlüssen unter gemeinsamer Beherrschung die allgemeinen Ansatzbedingungen für immaterielle Vermögenswerte gemäß IAS 38.21 gleichermaßen gelten und keine Ausnahmeregelungen geschaffen werden, wie es momentan (noch) bei externen Erwerbsvorgängen der Fall ist.

573. Bilanzierung eines Geschäfts- oder Firmenwertes aus der Kapitalkonsolidierung

573.1 Konzernbilanzielle Wertverhältnisse als konzeptioneller Ausgangspunkt zur Bestimmung des Geschäfts- oder Firmenwertes

Die vorherigen Diskussionen in den Abschnitten 544.34 und 564. haben gezeigt, dass sowohl die Fair Value-basierte Aktivierung eines Geschäfts- oder Firmenwertes gemäß den konkretisierten Vorschriften des IFRS 3 als auch ein Ansatzverbot dieser ermessensbehafteten Bilanzposition, wie es von der EFRAG diskutiert wurde, zu einem unbefriedigenden Bilanzierungsergebnis führen. Um den aus der jeweiligen Bilanzierungsmethode erwachsenden Problemen eines entweder ggf. verzerrten oder aber unvollständigen Vermögensausweises zu begegnen, könnten der Goodwillbilanzierung die **konzernbilanziellen Wertverhältnisse** des obersten Mutterunternehmens zugrunde gelegt werden.[1137] In diesem Zusammenhang sind grundsätzlich zwei Möglichkeiten denkbar, um den im Teilkonzernabschluss des Erwerbers auszuweisenden Geschäfts- oder Firmenwert zu bestimmen. Hierzu zählen:

1. die Fortführung des Wertansatzes des im übergeordneten Konzernabschluss ausgewiesenen Geschäfts- oder Firmenwertes, der aus der Erstkonsolidierung des nunmehr konzernintern umgehangenen Beteiligungsunternehmens in den Konzernabschluss stammt, sowie

2. den auf das Tochterunternehmen entfallenden fortgeschriebenen konzernbilanziellen Wertansatz des Reinvermögens als fiktive Anschaffungskosten zu nutzen, aus denen sodann ein ggf. auf Teilkonzernebene auszuweisender Geschäfts- oder Firmenwert abgeleitet werden könnte.

[1136] Vgl. IASB (Hrsg.), PIR IFRS 3 Summary of findings, S. 5; MEYER, M., Business Combinations auf dem Prüfstand, S. 392.

[1137] Vgl. zu einem ähnlichen Gedanken im Kontext der Goodwillbilanzierung bei sukzessiven Unternehmenszusammenschlüssen GIMPEL-HENNING, N., Sukzessive Anteilserwerbe, S. 230-233.

Die Orientierung an den fortgeführten Konzernbuchwerten hätte, unabhängig davon, welche der zwei skizzierten Gestaltungsmöglichkeiten letztlich angewendet wird, den wesentlichen Vorteil, dass ein auf diese Weise ermittelter Geschäfts- oder Firmenwert i. d. R. auf einen pagatorischen Anschaffungsvorgang mit fremden Dritten zurückzuführen ist. Insofern basiert die (partiell) in den Teilkonzernabschluss zu übernehmende Bilanzposition auf einer ***arm's length transaction***, die durch etwaige (historische) Kaufpreisverhandlungen entsprechend objektiviert ist und nicht allein durch die ermessensbehafteten Vorschriften des IFRS 13 begründet wird. Ebenso wenig wird der so ermittelte Geschäfts- oder Firmenwert von der Höhe der hingegebenen Gegenleistung beeinflusst, die möglicherweise aufgrund des beherrschenden Einflusses des obersten Mutterunternehmens verzerrt ist.

Neben den offenbar vergleichsweise eingeschränkten bilanzpolitischen Einflussnahmemöglichkeiten, die mit dem hier vorgeschlagenen Vorgehen verbunden sind, würde der auf Teilkonzernebene ausgewiesene Goodwill **unternehmensspezifische Wertpotenziale** ausweisen, die ansonsten bei der Anwendung der Vorschriften des IFRS 13 nicht berücksichtigt werden dürften.[1138] Auch wenn der auf das jeweilige Tochterunternehmen entfallende (anteilig) fortzuführende Geschäfts- oder Firmenwert die hinter der Beteiligung stehenden Nutzenpotenziale aus der Perspektive des übergeordneten Mutterunternehmens widerspiegelt und nicht jene, die aus der konkreten Integration in den Teilkonzernverbund zum Zeitpunkt der Transaktion erwachsen, ist dies dennoch insbesondere dann ein aus Relevanzgesichtspunkten zu begrüßender Aspekt, sofern der Ersterwerb des Beteiligungsunternehmens und jener der konzerninternen Umstrukturierung zeitlich nahe beieinander liegen. In diesen Fallkonstellationen käme es bei analoger Anwendung der Regelungen des IFRS 3, obgleich des aktuelleren Vermögensausweis, ggf. zu einer vergleichsweise unvollständigeren Berücksichtigung der mit der Beteiligung verbundenen Nutzenpotenziale.

Die aus der Orientierung an den konzernbilanziellen Buchwerten des übergeordneten Konzernabschlusses resultierenden Vorteile sind jedoch untrennbar mit dem Nachteil verbunden, dass im Teilkonzernabschluss des Erwerbers **zeitlich inkonsistente Bilanzgrößen** ausgewiesen werden.[1139] Während bei der Anwendung der Erwerbsmethode sämtliche Vermögenswerte inkl. eines Goodwill die Wertverhältnisse zum Transaktionszeitpunkt widerspiegeln, werden bei diesem Vorschlag, bedingt durch die geforderte Neubewertung sämtlicher (neu) identifizierbarer Vermögenswerte und Schulden,[1140] aktuelle und historische Wertverhältnisse aus dem Konzernabschluss miteinander vermengt. Zwar schränkt das Nebeneinander historischer und aktueller Wertansätze den Informationsgehalt der Bilanzierungsmethode zum Teil ein, dies wird allerdings durch die Übernahme des fortgeführten (anteiligen) Geschäfts- oder Firmenwertes

[1138] Vgl. Abschnitt 544.331.

[1139] Vgl. ähnlich GIMPEL-HENNING, N., Sukzessive Anteilserwerbe, S. 231 m. w. N., wenn auch in anderem Kontext.

[1140] Vgl. Abschnitt 572.

und nicht etwa der auf den historischen Erstkonsolidierungszeitpunkt bezogenen Wertverhältnisse wiederum abgemildert. Zudem ist die Relevanz der vermittelten Informationen immer noch höher einzuschätzen als bei einem vollständigen Ansatzverbot der Residualgröße.

Des Weiteren darf bei dieser Vorgehensweise nicht ausgeblendet werden, dass es sich bei dem ggf. in den Teilkonzernabschluss (anteilig) zu übernehmenden Vermögenswert um eine fortgeschriebene Wertgröße handelt, deren **Folgebewertung** mit bilanzpolitischen Spielräumen verbunden ist, die Gegenstand häufiger Kritik sind.[1141] Trotz aller berechtigten **Kritik** am ***impairment only approach*** ist dies nach der hier vertretenen Auffassung ebenfalls kein maßgebliches Argument gegen die Übernahme eines (anteiligen) Goodwill, der in der übergeordneten berichterstattenden Einheit als werthaltiger Bilanzposten ausgewiesen wird. Ein weiterer Nachteil, der unmittelbarer Ausfluss der Vorschriften des IAS 36 ist, ist, dass der anfänglich pagatorisch abgesicherte derivative Geschäfts- oder Firmenwert mit zunehmender zeitlicher Distanz zum ursprünglichen Aktivierungszeitpunkt möglicherweise durch originäre Firmenwertbestandteile substituiert wird (sog. ***backdoor capitalisation***).[1142] Aufgrund der Berücksichtigung immaterieller nicht-bilanzierungsfähiger selbst geschaffener Werttreiber im Rahmen der Ermittlung des erzielbaren Betrages wird ein tatsächlicher Abschreibungsbedarf des derivativen Geschäfts- oder Firmenwertes ggf. vermieden.[1143] Trotz der damit verbundenen möglicherweise auftretenden Verwässerungseffekte basiert der zu übernehmende „derivative" Goodwill immer noch auf einer Markttransaktion, sodass der Glaubwürdigkeitsverlust durch die Vermengung originärer und derivativer Unternehmenswertbestandteile letztlich nicht so hoch zu gewichten ist, wie es bei einer vollständigen Aktivierung eines originären Geschäfts- oder Firmenwertes im Kontext der Vorschriften des IFRS 3 der Fall wäre.

Wenngleich die zwei Vorschläge zur Goodwillbilanzierung bei teilkonzernübergreifenden Unternehmenszusammenschlüssen unter gemeinsamer Beherrschung mit teilweise zu kritisierenden Auswirkungen verbunden sind, handelt es sich hierbei überwiegend um Nachteile, die gleichermaßen bei externen Unternehmenszusammenschlüssen auftreten. Wesentlicher Vorteil dieser Form der Goodwillbestimmung gegenüber den anderen Bilanzierungsvarianten ist der damit einhergehende Ansatz eines vergleichsweise objektivierten Geschäfts- oder Firmenwertes, der vollständig frei von verzerrenden Einflüssen ist, die auf die *Common Control*-Beziehung zum Konzernmutterunternehmen zurückzuführen sind, ohne dass auf den Ausweis der mit dieser Größe verbundenen Wertpotenziale vollständig verzichtet wird. Welche der zwei

1141 Vgl. statt vieler SCHEREN, M./SCHEREN, T., Plädoyer für eine typisierte planmäßige Abschreibung des Geschäfts- oder Firmenwertes, S. 86-93; GUNDEL, T./MÖHLMANN-MAHLAU, T./SÜNDERMANN, F., Wider dem Impairment-Only-Approach, S. 132 f. Sowie zur diesbezüglichen Kritik im Rahmen des *post implementation review* vgl. stellvertretend MEYER, M., Business Combinations auf dem Prüfstand, S. 389-391.

1142 Vgl. allgemein IAS 36.BC.131.E; SAELZLE, R./KRONNER, M., Die Informationsfunktion des Jahresabschlusses, S. 161; POTTGIESSER, G., Einflüsse internationaler Standards, S. 393; POTTGIEßER, G./VELTE, P./WEBER, S. C., Ermessensspielräume des Impairment-Only-Approach, S. 1750 f.; HOMMEL, M., Neue Goodwillbilanzierung, S. 1948.

1143 Vgl. BAETGE, J./DITTMAR, P./KLÖNNE, H., Impairment only approach vor den Grundsätzen der IFRS, S. 16.

angedeuteten Bilanzierungsmöglichkeiten im Hinblick auf ihre Entscheidungsnützlichkeit zu bevorzugen ist, wird in den nachfolgenden zwei Abschnitten erörtert.

573.2 Fortführung des Geschäfts- oder Firmenwertes aus dem Konzernabschluss

Eine Möglichkeit der zuvor skizzierten Varianten der Goodwillbilanzierung besteht darin, den zum Transaktionszeitpunkt auf das Tochterunternehmen entfallenden fortgeschriebenen Geschäfts- oder Firmenwert in voller Höhe aus dem Konzernabschluss des obersten Mutterunternehmens zu übernehmen und im Teilkonzernabschluss des Erwerbers auszuweisen. Eine solche Goodwillermittlung entspräche der Vorgehensweise, wie sie im Rahmen der Methode der Buchwertfortführung vorgeschlagen wurde und gleichermaßen in den US-GAAP angewendet wird,[1144] da der Geschäfts- oder Firmenwert der übergeordneten berichterstattenden Einheit dort ebenfalls unverändert im Teilkonzernabschluss fortzuschreiben ist.[1145] Die folgende (vereinfachte) Gegenüberstellung soll die erläuterte Vorgehensweise nochmals verdeutlichen, indem die Unterschiede und Gemeinsamkeiten zu den anderen Bilanzierungsmethoden gezeigt werden.[1146]

<u>Ausgangsdaten der Gegenüberstellung:</u>

Vor der internen Umstrukturierung	Nach der internen Umstrukturierung
MU 100% → TU_1 80% → TU_2	MU 80% → TU_2 (TKA) 100% → TU_1
Legende: MU ≙ Mutterunternehmen | TKA ≙ Teilkonzernabschluss | TU ≙ Tochterunternehmen	

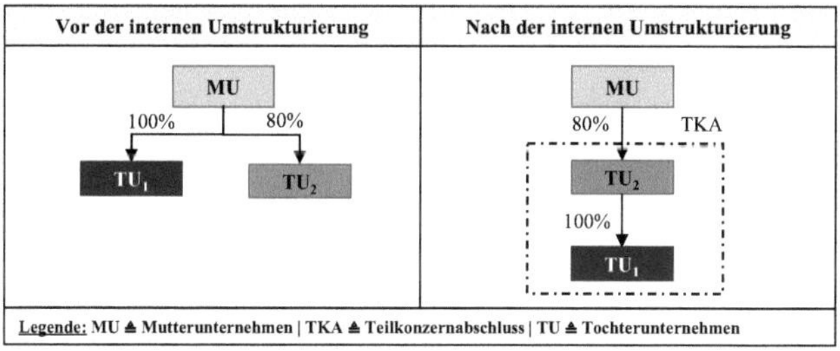

Das Konzernmutterunternehmen (MU) erwirbt in Periode t = 0 das Tochterunternehmen TU_1. Im Zuge der Erstkonsolidierung aktiviert das MU einen Geschäfts- oder Firmenwert i. H. v. 300 GE innerhalb seines konsolidierten Abschlusses. Nach drei Jahren wird das TU_1 infolge einer konzerninternen Reorganisation an TU_2 veräußert, welches sodann einen Teilkonzernabschluss aufstellt. Zum Transaktionszeitpunkt schätzt das MU den Fair Value der Beteiligung auf 1.150 GE. Des Weiteren identifiziert die konzernweite Accounting-Abteilung stille Reserven inkl. noch nicht bilanzierter immaterieller Vermögenswerte i. H. v. 200 GE, die auf das Akquisitionsobjekt entfallen. In der nachfolgenden Tabelle sind die im Konzernabschluss sowie Teilkonzernabschluss auf das Tochterunternehmen TU_1 entfallenden Wertverhältnisse

---

1144 Vgl. stellvertretend BUSCHHÜTER, M./SENGER, T., Common Control Transactions, S. 26; KÜTING, P., Konzerninterne Umstrukturierungen, S. 138, sowie ASC 805-50-30-5.

1145 Vgl. Abschnitt 532.3, sowie Abschnitt 536.

1146 Aus didaktischen Gründen wird bei der Gegenüberstellung auf die Verrechnung eines das (neubewertete) Nettovermögen übersteigenden bzw. niedrigeren Kaufpreises verzichtet, da der Geschäfts- oder Firmenwert unabhängig von den jeweiligen Zahlungen ermittelt wird. Ein daraus entstehender Unterschiedsbetrag wäre je nach Vorzeichen eigenkapitalerhöhend bzw. -mindernd zu verrechnen. Zudem würde die Kaufpreiszahlung das bilanzierte Nettovermögen des Teilkonzernabschlusses in entsprechender Höhe mindern. Vgl. hierzu ausführlicher Abschnitt 575.

zum Transaktionszeitpunkt t = 3 dargestellt. Innerhalb des Teilkonzernabschlusses kommt es in Abhängigkeit der angewandten Bilanzierungsmethode zu einem divergierenden Vermögensausweis.

Auf TU_1 entfallendes Vermögen	Konzernabschluss (MU)	Teilkonzernabschluss (TU_2)		
	Fortgeschriebene Wertansätze (t = 3)	Methode der Buchwertfortführung	Alternatives Bilanzierungskonzept (Variante I)	Erwerbsmethode gemäß IFRS 3
Goodwill	300 GE	300 GE	300 GE	450 GE
Vermögenswerte & Schulden	500 GE	500 GE	500 + 200 = 700 GE	700 GE
Reinvermögen	800 GE	800 GE	1.000 GE	1.150 GE

Abbildung 5-12: Gegenüberstellung der unterschiedlichen Möglichkeiten zur Goodwillbilanzierung (Variante I)

Während die Goodwillbilanzierung bei der Methode der Buchwertfortführung und dem hier vorgeschlagenen Bilanzierungskonzept wie angedeutet übereinstimmen, wird im Kontext der Fair Value-basierten Ermittlung gemäß IFRS 3 ein höherer Geschäfts- oder Firmenwert ausgewiesen (450 GE = 1.150 GE – 700 GE). Die Neubewertung des erworbenen identifizierbaren Nettovermögens beeinflusst die Höhe des zu bilanzierenden Geschäfts- oder Firmenwertes bei der hier vorgeschlagenen Ermittlungsvariante nicht. Damit sich im Rahmen der Erstkonsolidierung innerhalb des Teilkonzernabschlusses ein Geschäfts- oder Firmenwert i. H. v. 300 GE ergibt, muss aus konsolidierungstechnischer Perspektive die konzernintern erworbene Beteiligung i. H. d. Zeitwerte der erworbenen Vermögenswerte und übernommenen Schulden (hier 700 GE) zuzüglich des im Konzernabschluss ausgewiesenen historischen Goodwill (hier 300 GE) bewertet werden.

Bildlich interpretiert wird der fortgeführte Geschäfts- oder Firmenwert von dem übergeordneten Konzernabschluss in den untergeordneten Teilkonzernabschluss „heruntergedrückt“. Da es sich bei der aufnehmenden berichterstattenden Einheit nicht um den Einzelabschluss des Akquisitionsobjektes, sondern um den konsolidierten Abschluss des formalrechtlichen Erwerbers handelt, ist diese Vorgehensweise als ***push-down-accounting* i. w. S.** zu klassifizieren und steht daher grundsätzlich nicht im Konflikt zu anderen IFRS.[1147] Konzeptionell liegt dieser Bilanzierungsweise der Gedanke zugrunde, dass es sich bei dem fortzuführenden Geschäfts- oder Firmenwert um einen „richtigen“ Vermögenswert handelt und nicht etwa um eine konsolidierungstechnische Residualgröße. Dies stimmt mit der bilanziellen Interpretation seitens des

1147 Vgl. zu dieser Diskussion ausführlicher Abschnitt 532.4, sowie allgemein BAETGE, J./HAYN, S./STRÖHER, T., in: Rechnungslegung nach IFRS, 2. Aufl., Teil B: IFRS 3, Rn. 227; DUHR, A., Grundsätze ordnungsmäßiger Geschäftswertbilanzierung, S. 34 f.

IASB überein, der die *de facto* Residualgröße als nicht abnutzbaren immateriellen Vermögenswert klassifiziert.[1148] In diesem Zusammenhang darf jedoch nicht ausgeblendet werden, dass der Vermögenswert zum Erstkonsolidierungszeitpunkt verschiedenste immaterielle Werttreiber verkörpert, die sich bis dato (!) nicht im bilanzierungsfähigen Nettovermögen manifestiert haben. Die einfache Fortschreibung des Geschäfts- oder Firmenwertes innerhalb des Teilkonzernabschlusses birgt daher das Risiko einer zu kritisierenden **Doppelerfassung von Nutzenpotenzialen**, die sich einerseits hinter dem (historischen) Geschäfts- oder Firmenwert verbergen und die andererseits nunmehr möglicherweise ebenfalls im Rahmen der durchzuführenden Neubewertung der erworbenen (neu) identifizierbaren Vermögenswerte im Substanzwert ausgewiesen werden müssen. Beispielsweise könnten im (historischen) Goodwill nicht-identifizierbare immaterielle Vermögenswerte inkludiert sein, die sich im Zeitraum zwischen der Erstkonsolidierung und dem konzerninternen Unternehmenszusammenschluss so weit konkretisieren, dass sie bei der Erstkonsolidierung auf Ebene des Teilkonzernabschlusses pflichtmäßig anzusetzen sind.

Neben der potenziellen Gefahr einer bilanziellen Doppelerfassung von Vermögenswerten können sich des Weiteren Schwierigkeiten bei der **konkreten Bestimmung der Höhe des fortzuführenden Geschäfts- oder Firmenwertes** ergeben. Da dem Geschäfts- oder Firmenwert keine Mittelzuflüsse zugeordnet werden können, die unabhängig von denen anderer Vermögenswerte sind, ist der Goodwill zu Folgebewertungszwecken auf eine oder mehrere sog. zahlungsmittelgenerierende Einheiten[1149] (ZMGE) zu verteilen.[1150] Die ZMGE, auf die der entsprechende Geschäfts- oder Firmenwert zu allokieren ist, ist dabei nicht zwangsläufig an die konzernintern erworbene Beteiligung gekoppelt, sondern kann auch vollständig losgelöst davon, bspw. auf übergeordneter Geschäftssegmentebene, gebildet werden.[1151] Sofern sich die firmenwerttragende ZMGE und die konzernintern umgehangene Beteiligung nicht entsprechen, kann der ursprünglich aus der Erstkonsolidierung des Tochterunternehmens resultierende Goodwill nicht ohne Weiteres übernommen werden. Vielmehr muss der auf die Beteiligung entfallende Geschäfts- oder Firmenwert aus der ZMGE (rechnerisch) herausgelöst werden. Dabei besteht das Problem, dass sich der im Teilkonzernabschluss fortzuführende Goodwill evtl. mit schon bestehenden Geschäfts- oder Firmenwerten aus anderweitigen Transaktionen, die

1148 Vgl. IFRS 3.Appendix A; IFRS 3.BC.313; IFRS 3.BC.318; WIRTH, J., Firmenwertbilanzierung nach IFRS, S. 181; SCHEREN, M./SCHEREN, T., Plädoyer für eine typisierte planmäßige Abschreibung des Geschäfts- oder Firmenwertes, S. 87; BEYER, B., Die Bilanzierung des Goodwills nach IFRS, S. 112 f.

1149 Gemäß IAS 36.36 handelt es sich bei einer zahlungsmittelgenerierenden Einheit *(cash generating unit)* um die kleinste identifizierbare Gruppe von Vermögenswerten, die Zahlungsströme erzeugt, die weitestgehend unabhängig von den Zahlungsströmen anderer Vermögenswerte oder anderer Gruppen von Vermögenswerten sind. Vgl. hierzu auch ERB, T. U. A., in: Beck'sches IFRS-HB, 5. Aufl., § 27, Rn. 86.

1150 Vgl. IAS 36.80 f.

1151 Vgl. HERMENS, A.-S./KLEIN, C., Goodwill bei internen Restrukturierungen, S. 6. Eine firmenwerttragende ZMGE muss die niedrigste Ebene innerhalb des Unternehmens darstellen, auf der der Goodwill für interne Managementzwecke überwacht wird und darf maximal bis auf Geschäftssegmentebene aggregiert werden, vgl. IAS 36.80.

derselben ZMGE zugeordnet worden sind, vermengt hat.[1152] Äquivalente Schwierigkeiten treten gleichermaßen bei der Bestimmung des im Abgangswert einer Beteiligung zu berücksichtigenden Goodwill auf, sofern nur ein Teil der firmenwerttragenden ZMGE veräußert wird.[1153] Auch hier muss die Höhe des anteilig abgehenden bzw. auszubuchenden Geschäfts- oder Firmenwertes ermittelt werden.[1154] Im Rahmen der Endkonsolidierung verweist der IASB zur Lösung dieses Problems auf das Konzept des relativen Unternehmenswertvergleichs ***(relative value approach)*** und lässt gleichzeitig Raum für die Anwendung alternativer, nicht näher konkretisierter Methoden, sofern diese eine willkürfreiere Reallokation bzw. Ausbuchung des Geschäfts- oder Firmenwertes ermöglichen.[1155]

Da die Erläuterungen des IASB hinsichtlich der konkreten Anwendung des Konzepts des relativen Unternehmenswertvergleichs sehr allgemein gehalten sind, haben sich innerhalb des Schrifttums unterschiedliche Interpretationen dieses Ansatzes herausgebildet.[1156] Dem Verständnis von WIRTH folgend, ergibt sich der aus der ZMGE herauszulösende Geschäfts- oder Firmenwert aus dem Produkt des fortgeschriebenen Goodwill, der auf die gesamte ZMGE entfällt, und der Wertrelation der konzernintern erworbenen Beteiligung zum Gesamtwert der firmenwerttragenden ZMGE, aus der der Goodwill „herausgeschält" werden soll.[1157]

Zwar versucht der IASB durch die Vorgabe festgelegter Schlüssel eine willkürliche Reallokation des Geschäfts- oder Firmenwertes auf einzelne Geschäftsbereiche bzw. Beteiligungen zu verhindern,[1158] inwieweit ein im Teilkonzernabschluss fortzuführender Geschäfts- oder Firmenwert hierdurch tatsächlich objektiviert wird, ist indes fraglich. Dies basiert zum einen auf der mangelhaften Konkretisierung dieses Konzepts seitens des IASB, da der Beteiligungswert

---

1152 Vgl. im Kontext der Endkonsolidierung WIRTH, J., Firmenwertbilanzierung nach IFRS, S. 299 f.

1153 Vgl. hierzu umfassend WIRTH, J., Firmenwertbilanzierung nach IFRS, S. 299-312; WATRIN, C./HOEHNE, F., Endkonsolidierung von Tochterunternehmen, S. 701-704.

1154 Vgl. BAETGE, J. U. A., in: Rechnungslegung nach IFRS, 2. Aufl., Teil B: IAS 36; Rn. 97b; PANZER, A., Statusändernde Anteilsveräußerungen im IFRS-Konzernabschluss, S. 93 f.

1155 Vgl. hierzu allgemein IAS 36.86 f. i. V. m. IFRS 36.BC.157 f.; KÜTING, P., Konzerninterne Umstrukturierungen, S. 220 f.; HOEHNE, F., Veräußerung von Anteilen an Tochterunternehmen im IFRS-Konzernabschluss, S. 113-120; KÜTING, K./WEBER, C.-P./WIRTH, J., Goodwillbilanzierung, S. 148-151; ERB, T. U. A., in: Beck'sches IFRS-HB, 5. Aufl., § 27, Rn. 116.

1156 Vgl. HERMENS, A.-S./KLEIN, C., Goodwill bei internen Restrukturierungen, S. 6 und S. 12, sowie SCHEREN, M./SCHEREN, T., Plädoyer für eine typisierte planmäßige Abschreibung des Geschäfts- oder Firmenwertes, S. 89. Hilfreich hierzu ist auch die von KÜTING durchgeführte gegenüberstellende Analyse verschiedener Auslegungsformen des relativen Unternehmenswertvergleichs, vgl. KÜTING, P., Konzerninterne Umstrukturierungen, S. 223-226.

1157 Vgl. allgemein WIRTH, J., Firmenwertbilanzierung nach IFRS, S. 301; KÜTING, K./WEBER, C.-P./WIRTH, J., Goodwillbilanzierung, S. 149; HOEHNE, F., Veräußerung von Anteilen an Tochterunternehmen im IFRS-Konzernabschluss, S. 115 f.; WATRIN, C./HOEHNE, F., Endkonsolidierung von Tochterunternehmen, S. 701 f. Auf Ebene des Konzernabschlusses bleibt der Geschäfts- oder Firmenwert unverändert. Es kann auf Konzernebene lediglich zu einer Reorganisation der Berichtsstruktur kommen, aufgrund dessen die Zusammensetzung der ZMGE, der ein Goodwill zugeordnet ist, verändert wird und der Goodwill daraufhin neu zu allokieren ist, vgl. hierzu überblicksartig Abschnitt 23.

1158 Vgl. HERMENS, A.-S./KLEIN, C., Goodwill bei internen Restrukturierungen, S. 10; BÖCKEM, H./SCHLÖGEL, G., Goodwillbewertung, S. 185.

sowohl Fair Value-gestützt gemäß den Vorschriften des IFRS 13 als auch auf unternehmensspezifischen Nutzungswerten *(value in use)* gemäß den Vorgaben des IAS 36.30-57 ermittelt werden kann.[1159] Zum anderen werden dem Bilanzierenden, unabhängig davon, auf welche Vorschriften er sich bei der Bewertung der Beteiligung bzw. des ZMGE stützt, allein dadurch bilanzpolitische Ermessensspielräume eröffnet, da es sich bei beiden Bewertungskonzeptionen um zukunftsorientierte Barwertmodelle handelt.[1160]

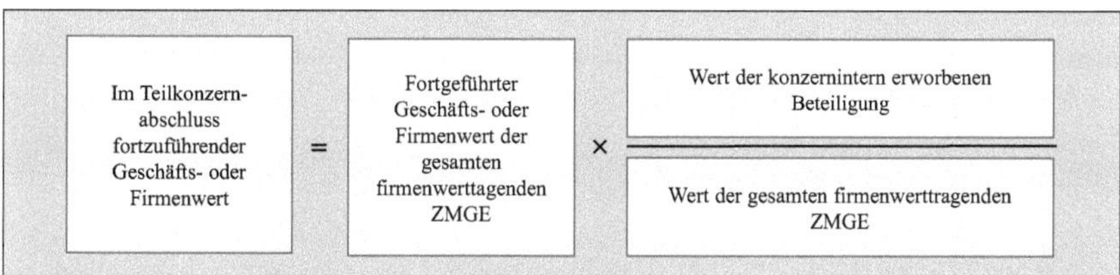

Abbildung 5-13: Berechnung des im Teilkonzernabschluss fortzuführenden Geschäfts- oder Firmenwertes[1161]

Die beschriebene an der Unternehmenswertrelation orientierte Bestimmung des fortzuführenden Geschäfts- oder Firmenwertes kann dazu führen, dass in dem übernehmenden Teilkonzernabschluss sowohl ein niedrigerer als auch ein höherer Goodwill ausgewiesen wird als zum historischen Zugangszeitpunkt.[1162] Allerdings kann es weiterhin nur zum Ansatz eines ursprünglich vergüteten Geschäfts- oder Firmenwertes kommen, der lediglich auf die Beteiligung umverteilt wird. Daher sind die Ermessensspielräume, die mit diesem Vorgehen verbunden sind, nicht so stark zu gewichten, wie es bei einer analogen Anwendung des IFRS 3 der Fall ist. Dort würde innerhalb der Rahmenbedingungen des IFRS 13 ein unentgeltlich erworbener Goodwill aktiviert, der vollständig **losgelöst von jedweden historischen Anschaffungsvorgängen** ist. Zudem dient die Höhe der bei Ersterwerb der Beteiligung aktivierten Residualgröße als Beurteilungsmaßstab, anhand dessen die primären Adressaten des Teilkonzernabschlusses die Höhe des aus der ZMGE herausgelösten Goodwill plausibilisieren können.

Überdies darf bei dem hier gemachten Bilanzierungsvorschlag nicht ausgeblendet werden, dass die zuvor erläuterten Schwierigkeiten lediglich dann auftreten, wenn der Geschäfts- oder Firmenwert einer ZMGE zugeordnet werden muss, die von der betroffenen Unternehmensbeteiligung abweicht. Sofern der beim historischen Ersterwerb aktivierte Geschäfts- oder Firmenwert allein auf die Beteiligung allokiert wird und kein weiterer Firmenwert auf eine übergeordnete

[1159] Vgl. WIRTH, J., Firmenwertbilanzierung nach IFRS, S. 301 f.; BÖCKEM, H./SCHLÖGEL, G., Goodwillbewertung, S. 185; EY (Hrsg.), International GAAP 2016 (Volume 1), S. 1470.

[1160] Vgl. hierzu kritisch PANZER, A., Statusändernde Anteilsveräußerungen im IFRS-Konzernabschluss, S. 96-98, sowie die dort zitierte Literatur.

[1161] In Anlehnung an WIRTH, J., Firmenwertbilanzierung nach IFRS, S. 301.

[1162] Vgl. WIRTH, J., Firmenwertbilanzierung nach IFRS, S. 310 f.; HOEHNE, F., Veräußerung von Anteilen an Tochterunternehmen im IFRS-Konzernabschluss, S. 115 m. w. N.

ZMGE entfällt, ist eine Aufteilung auf Basis der Unternehmenswertrelationen nicht mehr erforderlich.[1163] Der zum Transaktionszeitpunkt ausgewiesene Goodwill wird der konzernintern umgehangenen Beteiligung in diesen Konstellationen vollständig „mitgegeben". Der im Teilkonzernabschluss aktivierte Geschäfts- oder Firmenwert unterliegt sodann **keinen neuerlichen Ermessensspielräumen**, die auf den hier unterbreiteten Bilanzierungsvorschlag zurückzuführen sind. In der Gesamtschau erfüllt die ausgewiesene Wertgröße grundsätzlich die gleichen Anforderungen, die der IASB offenbar an einen im Rahmen von externen Unternehmenszusammenschlüssen (fortgeführten) Geschäfts- oder Firmenwert stellt. Inwieweit die mit dieser Art der Goodwillbilanzierung gleichwohl verbundenen Nachteile, vor allem hinsichtlich der Doppelerfassung etwaiger Wertpotenziale, abgemildert werden können, wenn die Goodwillermittlung am konzernbilanziellen Reinvermögen ausgerichtet würde, soll im folgenden Abschnitt diskutiert werden.

573.3 Fortgeführter Buchwert des anteiligen Reinvermögens im Konzernabschluss als Referenzpunkt für die Kapitalkonsolidierung

Die zweite Möglichkeit, der Goodwillbilanzierung die objektivierten Wertansätze des Gesamtkonzernabschlusses zugrunde zu legen, besteht darin, das im übergeordneten konsolidierten Abschluss auf das konzernintern erworbene Tochterunternehmen entfallende fortgeführte Reinvermögen inkl. eines darin enthaltenen derivativen Geschäfts- oder Firmenwertes als eine **Art fiktive Anschaffungskosten** heranzuziehen. Analog zum Vorgehen bei externen Unternehmenszusammenschlüssen wird der im Teilkonzernabschluss zu bilanzierende Goodwill sodann aus den (wenn auch fingierten) Anschaffungskosten abgeleitet. Während bei dem vorherigen Bilanzierungsvorschlag der Geschäfts- oder Firmenwert als vollwertiger, nicht teilbarer Vermögenswert prinzipiell unverändert fortgeführt werden würde,[1164] verkörpert ein auf diese Weise ermittelter Goodwill eine **konsolidierungstechnische Residualgröße**. Das darf jedoch nicht insofern fehlinterpretiert werden, als der aus den konzernbilanziellen Wertverhältnissen abgeleiteten Wertgröße der Status eines Vermögenswertes i. S. d. *Conceptual Framework* abzuerkennen ist.[1165]

Wie im vorangegangenen Abschnitt wird die soeben beschriebene Bilanzierungsvariante in der folgenden Abbildung 5-14 in das Spektrum der bisher diskutierten Goodwillbilanzierungsmöglichkeiten eingeordnet. Die Ausgangsdaten der (vereinfachten) Gegenüberstellung entsprechen denen in Abschnitt 573.2.

1163 Vgl. allgemein hier und im Folgenden MICHEL, C./SCHIBLER, C., Behandlung des Goodwill bei Reorganisationen, S. 394.

1164 Vgl. Abschnitt 573.2.

1165 Die Vermögenswertdefinition ist im Rahmen des überarbeiteten *Conceptual Framework* derart ausgeweitet worden, dass sogar einem originären Geschäfts- oder Firmenwert die Vermögenswerteigenschaft i. S. d. *Conceptual Framework* zuzusprechen ist, vgl. DEHMEL, I., Definitions- und Ansatzkriterien, S. 1774.

Auf TU_1 entfallendes Vermögen	Konzernabschluss (MU)	Teilkonzernabschluss (TU_2)			
	Fortgeschriebene Wertansätze (t = 3)	Methode der Buchwert-fortführung	Alternatives Bilanzierungskonzept (Variante II)	Alternatives Bilanzierungskonzept (Variante I)	Erwerbsmethode gemäß IFRS 3
Goodwill	300 GE	300 GE	100 GE	300 GE	450 GE
Vermögenswerte & Schulden	500 GE	500 GE	700 GE	700 GE	700 GE
Reinvermögen	800 GE	800 GE	800 GE	1.000 GE	1.150 GE

Abbildung 5-14: Gegenüberstellung der unterschiedlichen Möglichkeiten zur Goodwillbilanzierung (Variante II)

Der im Teilkonzernabschluss zu bilanzierende Goodwill ergibt sich bei dieser Variante als Differenz zwischen dem Saldo der zum Transaktionszeitpunkt neubewerteten erworbenen Vermögenswerte sowie übernommenen Schulden einerseits (700 GE = 500 GE + 200 GE) und dem auf fortgeführten konzernbilanziellen Buchwerten basierenden Reinvermögen, welches auf das Tochterunternehmen entfällt, andererseits. Letzteres spiegelt den „Vermögensstatus" des Tochterunterunternehmens zum Zeitpunkt der Transaktion wider, wie er im Konzernabschluss ausgewiesen wird, und ergibt sich im vorliegenden Beispiel aus dem Saldo der fortgeschriebenen Vermögenswerte und Schulden einschließlich des fortgeführten Goodwill aus dem Ersterwerb des Tochterunternehmens (800 GE = 300 GE + 500 GE). Die Höhe der bei der Erstkonsolidierung heranzuziehenden fiktiven Anschaffungskosten ergibt sich bei dieser Form der Goodwillbilanzierung somit, anders als bei Variante I, aus dem zu Konzernbuchwerten bewerteten Reinvermögen, das zum Transaktionszeitpunkt auf das Akquisitionsobjekt entfällt.

Im Gegensatz zur unveränderten Fortschreibung des Geschäfts- oder Firmenwertes hat die Neubewertung des erworbenen Vermögens nunmehr direkten Einfluss auf die Höhe der ausgewiesenen Residualgröße. Wie in dem aufgeführten Beispiel dürfte es regelmäßig zu einer **Kürzung des im ursprünglichen** Erwerbsvorgang entgeltlich erworbenen **Geschäfts- oder Firmenwertes** kommen, da die im Zeitraum zwischen der ursprünglichen Akquisition und der konzerninternen Transaktion entstandenen stillen Reserven zuzüglich der zu aktivierenden neu identifizierbaren immateriellen Vermögenswerte wie bspw. selbsterstellte Marken die stillen Lasten betragsmäßig übersteigen.[1166] Ökonomisch ließe sich die Kürzung der Residualgröße bspw. derart interpretieren, dass sich die implizit im Goodwill enthaltenen Wertpotenziale bzw. nichtidentifizierbaren immateriellen Vermögenswerte, die im Zuge der ursprünglichen Akquisition seitens des Konzernmutterunternehmens erworben wurden, nunmehr in Form von aktivierungsfähigen stillen Reserven sowie neu identifizierbaren immateriellen Vermögenswerten im neubewerteten **Substanzwert des Akquisitionsobjektes niederschlagen.**[1167] Vergleicht man die im Konzernabschluss ausgewiesenen Wertansätze, die auf das Tochterunternehmen entfallen,

[1166] Vgl. so auch GIMPEL-HENNING, N., Sukzessive Anteilserwerbe, S. 231 f. m. w. N., wenn auch in anderem Kontext.

[1167] Vgl. hier und im Folgenden auch GIMPEL-HENNING, N., Sukzessive Anteilserwerbe, S. 232, wenn auch in anderem Kontext.

mit denen nunmehr im Teilkonzernabschluss zu bilanzierenden Vermögenswerten, so fällt auf, dass mit dieser Form der Goodwillbilanzierung ein detaillierterer und aktuellerer Ausweis der hinter der Beteiligung stehenden Nutzenpotenziale einhergeht als bei einer reinen Fortführung der Wertverhältnisse i. S. d. Methode der Buchwertfortführung.

Der **Substitutionseffekt** des ursprünglich vergüteten Geschäfts- oder Firmenwertes bringt den wesentlichen Vorteil mit sich, dass die im vorangegangenen Bilanzierungsvorschlag kritisierte Gefahr[1168] einer bilanziellen **Doppelerfassung** etwaiger Wertpotenziale **eingeschränkt** wird. Der Ausweis von Wertpotenzialen, die sowohl im ursprünglichen Goodwill manifestiert sind und nun im Zuge der Neubewertung des erworbenen Nettovermögens nochmals erfasst werden, würde die Glaubwürdigkeit der Finanzberichterstattung stark beeinträchtigen. Aus diesem Grund erscheint die Ableitung eines Geschäfts- oder Firmenwertes aus dem fortgeführten auf das Tochterunternehmen entfallende Reinvermögen des Konzernabschlusses einer unveränderten Fortführung des im Konzernabschluss ausgewiesenen Goodwill konzeptionell überlegen. Auch wenn die hier präferierte Vorgehensweise prinzipiell mit den gleichen Problemen behaftet ist, was die Bestimmung eines Goodwill betrifft, der auf eine von der konzernintern umgehangenen Beteiligung abweichende ZMGE entfällt, ist die Ermittlungsweise des Geschäfts- oder Firmenwertes an dieser Stelle dennoch zu bevorzugen. Hinsichtlich der Folgebewertung des auf diese Weise ermittelten Geschäfts- oder Firmenwertes sei auf die einschlägigen Vorschriften des IAS 36 verwiesen, die sodann analog zur Werthaltigkeitsprüfung eines bei externen Unternehmenszusammenschlüssen zu bilanzierenden Goodwill anzuwenden sind. Nachdem die Ermittlung des im Teilkonzernabschluss zu erfassenden Geschäfts- oder Firmenwertes im Kontext des hier unterbreiteten Bilanzierungskonzepts erläutert wurde, gilt es im Folgenden zu klären, wie ein in diesem Zusammenhang entstehender negativer Unterschiedsbetrag zu bilanzieren ist.

574. Bilanzierung eines negativen Unterschiedsbetrages aus der Kapitalkonsolidierung

574.1 Charakter und Erfassung eines negativen Unterschiedsbetrages

Im Rahmen des hier unterbreiteten Bilanzierungskonzepts entsteht immer dann ein negativer Unterschiedsbetrag, wenn der in die fiktiven Anschaffungskosten einzubeziehende Geschäfts- oder Firmenwert aus der Erstkonsolidierung des Tochterunternehmens in den Konzernabschluss durch das neubewertete identifizierbare Vermögen des konzerninternen Akquisitionsobjektes überkompensiert wird. Der ursprünglich positive Unterschiedsbetrag im Konzernabschluss schlägt somit auf der Ebene des Teilkonzerns in einen negativen Unterschiedsbetrag um. Dass der Saldo der aufgedeckten stillen Reserven und Lasten sowie der neu identifizierbaren immateriellen Vermögenswerte den fortgeführten Geschäfts- oder Firmenwert betragsmä-

[1168] Vgl. Abschnitt 573.2.

ßig übersteigt, könnte vor allen in solchen Erwerbskonstellationen auftreten, in denen der Erstkonsolidierungszeitpunkt des Tochterunternehmens eine große zeitliche Distanz zum konzerninternen Erwerbsvorgang aufweist. Weiterhin dürfte regelmäßig ein solcher negativer Unterschiedsbetrag entstehen, wenn im Zuge der Erstkonsolidierung in den Konzernabschluss des nunmehr konzernintern umgehangenen Tochterunternehmens kein Goodwill bzw. ein Gewinn aus einem *bargain purchase* bilanziert wurde.

Die Regelungen des IFRS 3.34 sehen im Fall eines negativen Unterschiedsbetrages aus der Kapitalkonsolidierung, im Anschluss an ein durchgeführtes *reassessment*, eine unmittelbare ertragswirksame Erfassung des jeweiligen Betrages in der Gewinn- und Verlustrechnung vor.[1169] Dies wird vonseiten des IASB damit begründet, dass der zu bilanzierende Unterschiedsbetrag einen ökonomischen Vorteil verkörpert, der allein darauf basiert, dass für die erhaltene Beteiligung weniger gezahlt wird, als sie wert zu sein scheint.[1170] Da die hingegebene Gegenleistung bei konzerninternen Unternehmenszusammenschlüssen grundsätzlich keine Auswirkungen auf die Höhe des hier betrachteten negativen Unterschiedsbetrages hat und lediglich die zu erfassende Eigenkapitaltransaktion beeinflusst,[1171] würde eine GuV-wirksame Erfassung den primären Adressaten des Teilkonzernabschlusses an dieser Stelle eine Realisierung der mit dem Beteiligungserwerb verbundenen Nutzenpotenziale suggerieren, die in dieser Form allerdings noch nicht eingetreten ist.[1172] Vielmehr handelt es sich in diesem Kontext ausschließlich um einen **konzerninternen (Neu-)Bewertungserfolg**, der am Absatzmarkt noch nicht realisiert wurde. Vor diesem Hintergrund ist eine Erfassung des den fortgeführten anteiligen Geschäfts- oder Firmenwert übersteigenden Betrages als Erfolg aus einem *bargain purchase* aus konzeptionellen Gesichtspunkten an dieser Stelle nicht zu befürworten.[1173]

Um den Neubewertungserfolg auch als solchen aus Sicht der Adressaten kenntlich zu machen, sollte bei dessen Bilanzierung gleichermaßen vorgegangen werden, wie es die Vorschriften des IAS 16 bzw. IAS 38 in ähnlichem Zusammenhang bei der Anwendung des dort kodifizierten

---

1169 Vgl. zur bilanziellen Behandlung eines negativen Unterschiedsbetrages i. S. e. *bargain purchase* Abschnitt 544.41.

1170 In IFRS.3.BC.372 heißt es diesbezüglich: „*The boards observed that an economic gain is inherent in a bargain purchase. At the acquisition date, the acquirer is better off by the amount by which the fair value of what is acquired exceeds the fair value of the consideration transferred (paid) for it. The boards concluded that, in concept, the acquirer should recognise that gain at the acquisition date.*“

1171 Die Anschaffungskosten sollten bei der Ermittlung eines positiven bzw. negativen Unterschiedsbetrages aus der Kapitalkonsolidierung nicht herangezogen werden, da diese möglicherweise durch das *Common Control*-Verhältnis beeinflusst sind und das Bilanzierungsergebnis somit gleichermaßen verzerrt wäre, vgl. Abschnitt 544.32 sowie Abschnitt 544.42. Daher können bei der hier befürworteten Ermittlungssystematik durchaus Erwerbskonstellationen auftreten, bei denen eine Art negativer Unterschiedsbetrag zu bilanzieren ist, obwohl der beizulegende Zeitwert der hingegebenen Gegenleistung das erworbene neubewertete Nettovermögen übersteigt.

1172 Vgl. hier und im Folgenden GIMPEL-HENNING, N., Sukzessive Anteilserwerbe, S. 234, wenn auch in anderem Kontext.

1173 Vgl. ähnlich GIMPEL-HENNING, N., Sukzessive Anteilserwerbe, S. 232 f. m. w. N., wenn auch in anderem Kontext.

Neubewertungsmodells ***(revaluation model)*** vorsehen.[1174] Liegt bei diesem Bewertungsmodell der Fair Value einer Gruppe von Vermögenswerten zum Bewertungszeitpunkt oberhalb der (fortgeführten) Anschaffungs- bzw. Herstellungskosten, ist der den ursprünglichen Buchwert übersteigende Differenzbetrag über das sonstige Ergebnis *(other comprehensive income)* und damit GuV-neutral in die Neubewertungsrücklage *(revaluation surplus)* zu buchen.[1175] Eine analoge Anwendung auf einen etwaigen negativen Unterschiedsbetrag würde den Abschlussadressaten eine unmittelbare Beurteilung des noch unrealisierten (Neu-)Bewertungserfolgs ermöglichen. In den Folgeperioden stellt sich jedoch sodann die Frage, wie mit dem in die Neubewertungsrücklage eingestellten negativen Unterschiedsbetrag umgegangen werden sollte.

574.2 Auflösung der Neubewertungsrücklage in Folgeperioden

Hinsichtlich der Auflösung der Neubewertungsrücklage geben die Vorschriften des IAS 16.41 bzw. IAS 38.87 **zwei alternative Behandlungsmöglichkeiten** vor.[1176] Zum einen kann die Neubewertungsrücklage **ratierlich** entsprechend der voraussichtlichen Nutzungsdauer der jeweiligen Vermögenswerte erfolgsneutral in die Gewinnrücklagen umgebucht werden. Zum anderen ist es ebenfalls möglich, die erfolgsneutrale Eigenkapitalbuchung erst zum **Zeitpunkt der tatsächlichen Veräußerung** des Vermögenswertes respektive der Beteiligung zu erfassen.[1177]

Da es in diesem Zusammenhang grundsätzlich möglich ist, den die Höhe der Neubewertungsrücklage determinierenden negativen Unterschiedsbetrag einzelnen neubewerteten (immateriellen) Vermögenswerten direkt zuzuordnen, sollte sich der Auflösungsmechanismus in erster Linie an den künftigen Abschreibungen der den negativen Unterschiedsbetrag verursachenden Vermögenswerte orientieren. Bei diesem Vorgehen würde der realisierte Rücklagenbetrag eher mit dem **tatsächlichen Werteverzehr** der den Betrag begründenden Vermögenswerte übereinstimmen als bei einer pauschalen Umbuchung zum Veräußerungszeitpunkt.[1178]

1174 Vgl. IAS 16.29-42, sowie IAS 38.75-87.

1175 Vgl. BAETGE, J./KIRSCH, H.-J./THIELE, S., Bilanzen, S. 239; PELLENS, B. U. A., Internationale Rechnungslegung, S. 366; KÜTING, K./REUTER, M., Neubewertungsrücklagen bei der Fair Value-Bewertung, S. 172 f.

1176 Vgl. hier und im Folgenden allgemein MÜLLER, S./REINKE, J., Folgebewertung im Rahmen der Neubewertungsmethode, S. 18.

1177 Vgl. BALLWIESER, W., in: Rechnungslegung nach IFRS, 2. Aufl., Teil B: IAS 16, Rn. 38; PELLENS, B. U. A., Internationale Rechnungslegung, S. 368; wohl a. A. zum (vermeintlichen) Wahlrecht SCHARFENBERG, A., in: Beck'sches IFRS-HB, 5. Aufl., § 5, Rn. 139 f.; THEILE, S./ECKERT, T., in: Thiele/von Keitz/Brücks, IAS 16, Rn. 241.

1178 Vgl. im Ergebnis auch THEILE, S./ECKERT, T., in: Thiele/von Keitz/Brücks, IAS 16, Rn. 241; MÜLLER, S./REINKE, J., Folgebewertung im Rahmen der Neubewertungsmethode, S. 18; THEILE, S./KÜHLE, U., in: Thiele/von Keitz/Brücks, IAS 38, Rn. 352; SCHARFENBERG, A., in: Beck'sches IFRS-HB, 5. Aufl., § 5, Rn. 139.

Im Ergebnis entspricht diese Vorgehensweise derjenigen zum Umgang eines negativen Unterschiedsbetrages gemäß den damaligen Vorschriften des IAS 22.[1179] Dort durfte ein etwaiger negativer Unterschiedsbetrag nicht pauschal als *bargain purchase* unmittelbar vereinnahmt werden, sondern musste **planmäßig über die gewichtete durchschnittliche Nutzungsdauer** der den negativen Saldo begründenden abnutzbaren Vermögenswerte aufgelöst werden, sofern der negative Unterschiedsbetrag aus der Fair Value-Bewertung der erworbenen Vermögenswerte und Schulden resultierte.[1180] Da der hier betrachtete Unterschiedsbetrag ebenfalls auf der (Neu-)Bewertung von Vermögenswerten basiert, deren voraussichtliche Nutzungsdauer grundsätzlich nicht übereinstimmen dürfte, sollte bei der ratierlichen Auflösung der Neubewertungsrücklage ebenso auf die gewichtete durchschnittliche Restnutzungsdauer der abnutzbaren Vermögenswerte abgestellt werden. Eine verursachungsgerechte, an der Nutzungsdauer einzelner Vermögenswerte orientierte Auflösung ist aus praktischen Gesichtspunkten an diese Stelle abzulehnen. Eine von der durchschnittlichen Restnutzungsdauer abweichende Umbuchung in die Gewinnrücklagen sollte nur bei wesentlichen Abgängen der die Neubewertungsrücklage begründenden abnutzbaren Vermögenswerte vorgenommen werden.[1181]

An dem vorgeschlagenen Auflösungsmechanismus ist lediglich zu kritisieren, dass der negative Unterschiedsbetrag respektive die Neubewertungsrücklage vermutlich regelmäßig auch auf die Neubewertung von Vermögenswerten zurückzuführen sein wird, die nicht planmäßig abzuschreiben sind, wie bspw. Grund und Boden.[1182] Die Realisierung der Neubewertungsrücklage müsste sich in solchen Fällen dennoch ausschließlich nach der durchschnittlichen Nutzungsdauer der planmäßig abzuschreibenden Vermögenswerte richten. Das schon damals vom IASB erkannte Problem im Kontext eines negativen Unterschiedsbetrages wurde jedoch aus praktischen Gesichtspunkten hingenommen, um Schwierigkeiten bei der Bestimmung der durchschnittlichen Nutzungsdauer nicht abnutzbarer Vermögenswerte zu umgehen.[1183] Trotz des zwangsläufig verzerrten Auflösungsmechanismus wird den Abschlussadressaten durch diese Vorgehensweise auch in den Folgeperioden eine Beurteilung des Neubewertungserfolgs ermöglicht, die auf der Grundlage der Vorschriften des IFRS 3 und der damit verbundenen direkten GuV-wirksamen Erfassung eines *bargain purchase* nicht möglich wäre.

[1179] Vgl. IAS 22.60-64.

[1180] Vgl. IAS 22.60-64; QIN, S., Bilanzierung des Excess nach IFRS 3, S. 20 f.; THEILE, C./PAWELZIK, K. U., Bilanzierung eines excess, S. 316 f.; KÜTING, K./HARTH, H.-J., Behandlung einer negativen Aufrechnungsdifferenz, S. 496 f.

[1181] Vgl. ebenso DRS 23.145, wenn auch im handelsrechtlichen Kontext zur Behandlung eines passiven Unterschiedsbetrages.

[1182] Vgl. allgemein im Kontext des IAS 22 THEILE, C./PAWELZIK, K. U., Bilanzierung eines excess, S. 318 m. w. N.

[1183] Vgl. THEILE, C./PAWELZIK, K. U., Bilanzierung eines excess, S. 318.

575. Bilanzielle Erfassung der vom Wert der Beteiligung abweichenden hingegebenen Gegenleistung

Da im Rahmen des hier unterbreiteten Bilanzierungsvorschlags sowohl der Ansatz als auch die Bewertung des erworbenen identifizierbaren Vermögens inkl. eines Geschäfts- oder Firmenwertes vollständig losgelöst von der Höhe der tatsächlich hingegebenen Gegenleistung ist, können die entrichteten Anschaffungskosten durchaus vom Saldo der zu bilanzierenden Vermögenswerte und Schulden abweichen.[1184] In den Situationen, in denen sich Leistung und Gegenleistung nicht in gleicher Höhe gegenüberstehen, ist der konzerninterne Unternehmenszusammenschluss gedanklich in zwei Transaktionen aufzuspalten, die getrennt im Teilkonzernabschluss zu erfassen sind.[1185] Analog zu dem in Abschnitt 544.51 erläuterten Vorgehen handelt es sich hierbei einerseits um den eigentlichen Unternehmenszusammenschluss und anderseits um die vom Wert der Beteiligung abweichenden Kaufpreiszahlungen an das oberste Konzernmutterunternehmen. Letztere sind im Wesentlichen auf das Gesellschafterverhältnis i. V. m. dem beherrschenden Einfluss des obersten Mutterunternehmens zurückzuführen und nicht als Bestandteil der im Zentrum der Bilanzierung stehenden Tauschtransaktion (Kaufpreis gegen Beteiligung) zu werten. Daher ist ein vom Wert der Beteiligung abweichender Fair Value der hingegebenen Gegenleistung, ebenso wie es bei der Anwendung der Erwerbsmethode vorgeschlagen wurde, im konsolidierten Abschluss des Erwerbers als ein in der Kapitalrücklage zu buchender Einlagen- bzw. Entnahmevorgang seitens der Gesellschafter zu erfassen.[1186]

576. Abschließende Würdigung des Bilanzierungskonzepts

Die in den vorangegangenen Unterabschnitten vorgestellte Erwerbsbilanzierung teilkonzernübergreifender Unternehmenszusammenschlüsse unter gemeinsamer Beherrschung umfasst im Kern **zwei zentrale Bilanzierungsschritte**, bei denen konzeptionelle Elemente der Erwerbsmethode gemäß IFRS 3[1187] mit denen der Methode der Buchwertfortführung[1188] kombiniert werden. Welche Auswirkungen dies auf die Zweckmäßigkeit der damit verbundenen Finanzberichterstattung hat, wird im Folgenden nochmals übergeordnet gewürdigt.

Bei der Bilanzierung der **erworbenen (neu) identifizierbaren Vermögenswerte** sowie der übernommenen Schulden wird ebenso wie in IFRS 3 ein Einzelerwerb der jeweiligen übernommenen Vermögenswerte und Schulden fingiert.[1189] Infolgedessen hat der Erwerber[1190] in Form des Teilkonzernmutterunternehmens diese zum Transaktionszeitpunkt[1191] zu ihrem Fair Value

---

[1184] Vgl. hier und im Folgenden Abschnitt 544.5, sowie die dort zitierte Literatur.

[1185] Vgl. Abschnitt 544.51.

[1186] Vgl. stellvertretend IDW (Hrsg.), IDW RS HFA 2, Rn. 39, sowie EFRAG U. A. (Hrsg.), Business Combinations under Common Control, S. 50, wenn auch im Kontext der Vorschriften des IFRS 3.

[1187] Vgl. umfassend Abschnitt 54.

[1188] Vgl. umfassend Abschnitt 53.

[1189] Vgl. Abschnitt 541.

[1190] Zur Identifizierung des Erwerbers sei an dieser Stelle auf die Ausführungen in Abschnitt 542. verwiesen.

[1191] Zur Bestimmung des Erwerbszeitpunktes vgl. die Ausführungen in Abschnitt 542.1.

gemäß IFRS 13 anzusetzen. Die mit der Bewertung zum beizulegenden Zeitwert verbundenen Ermessensspielräume bestehen hier in gleichem Ausmaß wie bei externen Unternehmenszusammenschlüssen. Da ein künftiger Nutzenzufluss sowie die verlässliche Bewertbarkeit der in Rede stehenden Vermögenswerte nicht per se unterstellt werden kann, sollten die allgemeinen Ansatzregelungen auf Ebene der Einzelstandards auch für konzerninterne Unternehmenserwerbe gelten.[1192]

Während bei externen Unternehmenszusammenschlüssen die Höhe des **Geschäfts- oder Firmenwertes** bzw. Gewinns aus einem ***bargain purchase*** anhand der Aufrechnung des neubewerteten Eigenkapitals mit der hingegebenen Gegenleistung bestimmt würde, wird bei der hier unterbreiteten Bilanzierungssystematik auf die objektivierten Wertverhältnisse aus dem übergeordneten Konzernabschluss zurückgegriffen.[1193] Durch diese Vorgehensweise wird vermieden, dass ein möglicherweise aufgrund der *Common Control*-Beziehung zum obersten Mutterunternehmen verzerrter Kaufpreis die Höhe des zu bilanzierenden Unterschiedsbetrags beeinflusst. Entsprechend der konzeptionellen Ausrichtung der Methode der Buchwertfortführung wird im zweiten zentralen Anwendungsschritt des hier vorgeschlagenen Bilanzierungskonzeptes daher der im übergeordneten Konzernabschluss auf das Akquisitionsobjekt entfallende Geschäfts- oder Firmenwert aus der Erstkonsolidierung (anteilig) im Teilkonzernabschluss des Erwerbers fortgeführt. Dabei wird der Goodwill indes nicht unverändert fortgeschrieben, sondern regelmäßig in Höhe des Saldos der aufgedeckten stillen Reserven und Lasten sowie der neu identifizierten Vermögenswerte gekürzt.

Unabhängig davon, dass dem Bilanzierenden bei dieser Vorgehensweise ebenfalls gewisse Freiheitsgrade geboten werden, die bspw. aus der Folgebewertung der Wertgröße resultieren, sind diese längst nicht so hoch zu gewichten wie bei einer Anschaffungskosten- bzw. Fair Value-basierten Bestimmung der Residualgröße. Der bei dieser Ermittlungssystematik im Teilkonzernabschluss ausgewiesene Goodwill ist stets an die ursprünglichen Anschaffungskosten der Beteiligung(en) gekoppelt und fußt daher zu jedem Zeitpunkt auf dem **objektivierenden Boden der Pagatorik**,[1194] sodass die hier unterbreitete Vorgehensweise am ehesten die zentrale Anforderung an eine glaubwürdige Darstellung des in Rede stehenden Vermögenswertes erfüllt. Auch wenn der anteilig fortzuführende Geschäfts- oder Firmenwert nicht vollends die aktuellen Wertverhältnisse zum Transaktionszeitpunkt widerspiegelt, ist der Ausweis der Residualgröße einem Aktivierungsverbot vor allem aus **Rechenschaftsgründen** vorzuziehen, um die Angemessenheit der für das Investment entrichteten Gegenleistung zu beurteilen.

[1192] Vgl. Abschnitt 572.
[1193] Vgl. Abschnitt 573.
[1194] Vgl. hierzu auch PELLENS, B./BASCHE, K./SELLHORN, T., Full Goodwill Method, S. 4, wenn auch in etwas anderem Kontext.

Sofern der ursprüngliche Geschäfts- oder Firmenwert durch die neubewerteten erworbenen Vermögenswerte und übernommenen Schulden inkl. der neu identifizierten, bislang nicht aktivierten immateriellen Vermögenswerte überkompensiert wird, ist der entsprechende Betrag über das sonstige Ergebnis erfolgsneutral in die **Neubewertungsrücklage** einzustellen.[1195] Hierdurch wird der Neubewertungserfolg für den Adressaten unmittelbar als solcher ersichtlich, sodass der bilanzielle Umgang mit dem auf diese Weise entstehenden negativen Unterschiedsbetrag aus Glaubwürdigkeitsaspekten zu begrüßen ist. Die Realisierung des Bewertungserfolgs im Rahmen der Folgekonsolidierung wird durch die ratierliche Umbuchung der Neubewertungsrücklage in die Gewinnrücklage entsprechend der gewichteten durchschnittlichen Restnutzungsdauer der die Neubewertungsrücklage begründenden abnutzbaren Vermögenswerte erkenntlich.

Durch die vollständige Entkopplung der zu bilanzierenden Vermögenswerte und Schulden vom beizulegenden Zeitwert der hingegebenen Gegenleistung wird gleichzeitig gewährleistet, dass die Ertragslage nicht durch einen vermeintlichen günstigen Gelegenheitskauf bilanzpolitisch beeinflusst wird. Jegliche Abweichungen der Anschaffungskosten vom Wert der Beteiligung, der sich nun aus dem neubewerteten Eigenkapital des Tochterunternehmens zuzüglich eines ggf. anteilig zu berücksichtigenden Geschäfts- oder Firmenwertes aus dem Konzernabschluss ergibt, ist als Kapitaltransaktion mit dem übergeordneten Mutterunternehmen zu bilanzieren.[1196] Zum einen wird hierdurch die Erfolgsneutralität des Anschaffungsvorgangs gewahrt und zum anderen wird den primären Adressaten des Teilkonzernabschlusses deutlich, welcher Anteil der Anschaffungskosten auf den eigentlichen Unternehmenszusammenschluss entfällt und welcher auf das Gesellschafterverhältnis zum obersten Mutterunternehmen zurückzuführen ist.

Wenngleich das hier vorgeschlagene Bilanzierungskonzept zum Teil zu kritisierende Aspekte aufweist wie bspw. den Ausweis zeitlich inkonsistenter Wertansätze, erfüllt es dennoch am ehesten die in Abschnitt 571. formulierten spezifischen Anforderungen an die Bilanzierung teilkonzernübergreifender *Common Control*-Transaktionen. Die Vereinigung der Vorteile der Erwerbsmethode mit denen der Methode der Buchwertfortführung ermöglicht einen weitestgehend vollständigen Ansatz der erworbenen Vermögenswerte, deren Ausweis zudem vergleichsweise robust gegenüber verzerrenden Einflüssen des beherrschenden Konzernmutterunternehmens ist. In der Gesamtschau würde eine Umsetzung dieses Konzepts die **Entscheidungsnützlichkeit** der Berichterstattung vor allem für die primären Adressaten des Teilkonzernabschlusses wesentlich erhöhen.

Dies gilt unbeschadet dessen, dass vermutlich weitaus höhere (originäre) Wertpotenziale mit der Integration der Unternehmensbeteiligung in den Teilkonzern verbunden sein dürften, als

---

1195 Vgl. Abschnitt 574.

1196 Vgl. hierzu ausführlicher Abschnitt 544.5, sowie Abschnitt 575.

bei diesem Vorschlag tatsächlich ausgewiesen werden würden. Die in den Folgeperioden daraufhin zwangsläufig verzerrte Ertragslage wird zugunsten einer weitestgehend objektivierten Ermittlungsweise des Geschäfts- oder Firmenwertes bewusst in Kauf genommen. Das basiert vor allem darauf, dass die intersubjektive Nachprüfbarkeit der bilanzierten Residualgröße aus der Perspektive der primären Adressaten ein wesentlicher Baustein für die Bereitstellung rechenschaftsfördernder Informationen ist, die im Kontext konzerninterner Unternehmenszusammenschlüsse eine zentrale Rolle einnehmen.

577. Das dem Bilanzierungsvorschlag zugrunde liegende Teilkonzernverständnis

Die konzeptionelle Ausrichtung des IFRS-Teilkonzernabschlusses wird in der bisherigen wissenschaftlichen Diskussion sowie der praktischen Anwendung als zentrale Weichenstellung zur Schließung der Regelungslücke des IFRS 3.2 (c) gesehen.[1197] Während in diesem Zusammenhang eine konsequente Umsetzung des Teilkonzernverständnisses als separate berichterstattende Einheit grundsätzlich mit der Anwendung der Vorschriften des IFRS 3 einhergehen würde, wird der Teilkonzernabschluss bei der Anwendung der Methode der Buchwertfortführung konzeptionell eher als Ausschnitt des übergeordneten Konzernabschlusses betrachtet.[1198] Nachdem im fünften Kapitel unabhängig vom jeweiligen Verständnis, allein vor dem Hintergrund der übergeordneten Zielsetzung der IFRS ein von den bisherigen Vorschlägen in der Literatur losgelöstes Bilanzierungskonzept für teilkonzernübergreifende Unternehmenszusammenschlüsse unter gemeinsamer Beherrschung entwickelt wurde, wird nunmehr versucht, den hier gemachten Vorschlag in die sich diametral gegenüberstehenden Interpretationen des IFRS-Teilkonzernabschlusses einzuordnen.

Einerseits haben die vorherigen Ausführungen gezeigt, dass die *Common Control*-Beziehung zwischen der erwerbenden und veräußernden Partei mit erhöhten Anforderungen an die Glaubwürdigkeit des Bilanzierungsergebnisses verbunden ist, sodass eine dem *separate reporting entity approach* entsprechende bilanzielle Behandlung i. S. e. fiktiven Erwerbsvorganges zwischen fremden Dritten zu keinem zweckmäßigen Bilanzierungsergebnis führt. Dies äußert sich vor allem in den identifizierten Problemen bei der Goodwillbilanzierung.[1199] Andererseits konnte ebenso herausgearbeitet werden, dass die im hier konzipierten Bilanzierungsvorschlag unterstellte Einzelerwerbsfiktion des erworbenen identifizierbaren Nettovermögens und die daraus folgende Fair Value-Bewertung desselben die Entscheidungsnützlichkeit der Berichterstattung erhöhen.[1200] Dieses Vorgehen ist indes wiederum nur schwer mit dem konzeptionellen

---

[1197] Vgl. stellvertretend KÜTING, P., Teilkonzern-(miss-)verständnis nach IFRS, S. 151 f.; GATTUNG, A., Berichterstattung zu nahe stehenden Unternehmen, S. 315-319; IDW (Hrsg.), IDW RS HFA 2, Rn. 36, sowie ausführlicher hierzu Abschnitt 45.

[1198] Vgl. IDW (Hrsg.), IDW RS HFA 2, Rn. 36-42; BUSCHHÜTER, M./SENGER, T., Common Control Transactions, S. 24-26.

[1199] Vgl. Abschnitt 45, sowie Abschnitt 544.34.

[1200] Vgl. Abschnitt 576.

Verständnis der rechnungslegenden Einheit als Ausschnitt aus dem Konzernabschluss vereinbar, mit dem prinzipiell die Fortführung historischer Wertansätze verbunden wäre.

Insofern muss die in Abschnitt 453. formulierte These, ob der Teilkonzernabschluss verstanden als Ausschnitt aus übergeordneten Konzernstrukturen oder als eigenständige berichterstattende Einheit entscheidungsnützlichere Informationen vermittelt, an dieser Stelle relativiert werden. Eine eindeutige Zuordnung des in dieser Untersuchung vorgeschlagenen Bilanzierungskonzepts zu einem der beiden Teilkonzernverständnisse ist für die hier betrachtete Erwerbskonstellation nicht möglich. Dies verdeutlicht nochmals, dass ein zwar wünschenswertes, in diesem Kontext allerdings nicht konsequent umsetzbares Verständnis des IFRS-Teilkonzernabschlusses keine wesentliche Hilfestellung zur Schließung der bestehenden Regelungslücke sein kann. Eine diesbezügliche Rechtsfortbildung ist hier wie gleichermaßen auch bei anderweitiger, im IFRS-Regelungskanon existierender Regelungslücken nur nach Maßgabe des *Conceptual Framework* und der darin manifestierten zentralen Anforderung der Entscheidungsnützlichkeit möglich.

6 Kritische Analyse der Bilanzierung teilkonzerninterner Unternehmenszusammenschlüsse unter gemeinsamer Beherrschung im IFRS-Teilkonzernabschluss

61 Vorbemerkungen

Zur vollumfänglichen Betrachtung der bilanziellen Abbildung konzerninterner Unternehmenszusammenschlüsse im IFRS-Teilkonzernabschluss müssen neben teilkonzernübergreifenden ebenso **teilkonzerninterne Transaktionen** thematisiert werden. Im Unterschied zu der im fünften Kapitel diskutierten Erwerbskonstellation steht im Folgenden nicht mehr ein aus dem *Common Control*-Zusammenschluss veränderter Konsolidierungskreis im Zentrum der Betrachtung, sondern lediglich die bilanzielle Abbildung der nunmehr veränderten Beteiligungsanordnung und der damit verbundenen Neuordnung der Kontrollstrukturen innerhalb der berichterstattenden Einheit.[1201]

Als Ausgangspunkt der folgenden kritischen Analyse teilkonzerninterner Unternehmenszusammenschlüsse unter gemeinsamer Beherrschung dient zunächst die bilanzielle Abbildung dieser Vorgänge im **IFRS-Konzernabschluss** (Abschnitt 62). Auch wenn es dort, genau wie auf Teilkonzernebene, an im IFRS-Normensystem verankerten Vorschriften fehlt, besteht innerhalb des Schrifttums eine herrschende Meinung, wie ein solcher Unternehmenszusammenschluss im Konzernabschluss zu erfassen ist. Da der der Bilanzierung zugrunde liegende Geschäftsvorfall eine hohe sachliche Ähnlichkeit zu teilkonzerninternen Unternehmensakquisitionen aufweist, erscheint die Bilanzierung im Konzernabschluss als geeignete Deduktionsbasis zur Ableitung zweckgerechter Rechnungslegungsvorschriften auf Ebene des Teilkonzernabschlusses (Abschnitt 63). Neben der Zuhilfenahme der bilanziellen Vorgehensweise im Konzernabschluss wird an den entsprechenden Stellen auf die Erkenntnisse des fünften Kapitels zurückgegriffen, die sowohl die konstituierenden Merkmale der potenziellen Bilanzierungsmethoden als auch die mit deren jeweiliger Anwendung verbundenen Vor- und Nachteile betreffen.

62 Bilanzierung konzerninterner Unternehmenszusammenschlüsse im Konzernabschluss als konzeptioneller Ausgangspunkt

Wie im vorherigen Abschnitt in Bezug auf teilkonzerninterne Unternehmenszusammenschlüsse schon angedeutet, wird die berichterstattende Einheit Gesamtkonzern durch die interne Unternehmenstransaktion nicht wesentlich verändert.[1202] Einerseits bleibt das bilanzielle Mengengerüst der wirtschaftlichen Einheit unverändert, da keine neuen Vermögenswerte in den Verfügungsbereich des Konzernmutterunternehmens gelangen. Andererseits verbleibt die hingege-

[1201] Vgl. hierzu ausführlicher Abschnitt 25.

[1202] Vgl. hier und im Folgenden stellvertretend STRÖHER, T., Unternehmenszusammenschlüsse unter Common Control, S. 184 f.

bene Gegenleistung in der rechnungslegenden Einheit. Insofern wird lediglich eine Art **rechtliche Umgestaltung** vorgenommen. Vor diesem Hintergrund wird überwiegend die Auffassung vertreten, dass die unveränderte Vermögensstruktur des Konzernverbunds am besten durch die **Fortführung der konzernbilanziellen Wertansätze** widergespiegelt wird.[1203] Aus der Perspektive der wirtschaftlichen Einheit findet keine *business combination* statt, die eine Neubeurteilung der Vermögenslage rechtfertigen würde.[1204] Dem Einheitsgrundsatz folgend müssen also sämtliche aus dem Erwerbsvorgang resultierenden Ergebniseffekte gemäß den in IFRS 10 kodifizierten Vorschriften zur Zwischenergebniseliminierung sowie Aufwands- und Ertragskonsolidierung rückgängig gemacht werden.[1205]

Trotz der Tatsache, dass keine neuen Vermögenswerte und Schulden in den Konzernverbund aufgenommen werden und keine finanziellen Mittel denselben verlassen, kann die Transaktion **Auswirkungen auf das zu bilanzierende Eigenkapital** haben.[1206] Sofern bei dem innerkonzernlichen Transfervorgang ein Tochterunternehmen an ein anderes, nicht im 100 %igen Anteilsbesitz der Konzernobergesellschaft befindliches Tochterunternehmen veräußert wird, ist konzernbilanziell eine **Abstockung der Mehrheitsbeteiligung** zu erfassen.[1207] Ferner ist eine **Beteiligungsaufstockung** bspw. im Falle einer konzerninternen Verschmelzung eines nicht im vollständigen Anteilsbesitz befindlichen Tochterunternehmens auf ein anderes Tochterunternehmen denkbar.[1208] Während die Mehrheitsgesellschafter bei einer Aufstockung ihrer Beteiligung weitere Anteile am Tochterunternehmen von den nicht-beherrschenden Gesellschaftern des Konzerns erwerben, werden bei einer Abstockung der Beteiligung Anteile an die nicht-beherrschenden Gesellschafter veräußert.[1209] Der IASB qualifiziert diesen Vorgang als Kapitaltransaktion zwischen Eigentümern in ihrer Funktion als Eigentümer.[1210] Dementsprechend

---

1203 Vgl. IDW (Hrsg.), IDW RS HFA 2, Rn. 43 f.; KÜTING, P., Konzerninterne Umstrukturierungen, S. 248; STRÖHER, T., Unternehmenszusammenschlüsse unter Common Control, S. 183-188; LÜDENBACH, N./HOFFMANN, W.-D./FREIBERG, J., in: Haufe IFRS-Kommentar, 14. Aufl., § 31, Rn. 190 i. V. m. Rn. 194, sowie im handelsrechtlichen Kontext WIRTH, J. U. A., Praxis der handelsrechtlichen Kapitalkonsolidierung, S. 1121; OSER, P., Gründung einer neuen Konzernholding, S. 1387-1390; ROß, N., BilRUG Referentenentwurf, S. I, sowie wohl auch NAUMANN, K.-P., Anpassung des deutschen Bilanzrechts, S. I. ERNST & YOUNG fordert bspw. die Neubewertung der erworbenen Vermögenswerte und Schulden vom wirtschaftlichen Gehalt der Transaktion abhängig zu machen, vgl. EY (Hrsg.), International GAAP 2016 (Volume 1), S. 681.

1204 Vgl. SENGER, T./BRUNE, J. W., in: Beck'sches IFRS-HB, 5. Aufl., § 34, Rn. 20; LÜDENBACH, N./HOFFMANN, W.-D./FREIBERG, J., in: Haufe IFRS-Kommentar, 14. Aufl., § 31, Rn. 194.

1205 Vgl. IFRS 10.B.86 (c); KÜTING, P., Konzerninterne Umstrukturierungen, S. 248; LÜDENBACH, N./HOFFMANN, W.-D./FREIBERG, J., in: Haufe IFRS-Kommentar, 14. Aufl., § 31, Rn. 194; STRÖHER, T., Unternehmenszusammenschlüsse unter Common Control, S. 193.

1206 Vgl. LÜDENBACH, N./HOFFMANN, W.-D./FREIBERG, J., in: Haufe IFRS-Kommentar, 14. Aufl., § 31, Rn. 191.

1207 Vgl. hierzu auch KÜTING, P., Konzerninterne Umstrukturierungen, S. 64 f.

1208 Vgl. hier und im Folgenden IDW (Hrsg.), IDW RS HFA 2, Rn. 43 f.

1209 Vgl. SENGER, T./EWELT-KNAUER, C./HOEHNE, F., Statuswahrende Aufstockung und Abstockung, S. 83.

1210 Vgl. IFRS 10.23 i. V. m. IFRS 10.B.96; BAETGE, J./KIRSCH, H.-J./THIELE, S., Konzernbilanzen, S. 439 f.; WOLLMERT, P./OSER, P., Sukzessive Unternehmenszusammenschlüsse, S. 349; HAYN, B., in: Beck'sches IFRS-HB, 5. Aufl., § 37, Rn. 39 und Rn. 84; HACHMEISTER, D./HERMENS, A.-S., Möglichkeiten und Grenzen der Bilanzpolitik durch veränderte Einflussnahme, S. 41 f.

ist die statuswahrende Auf- und Abstockung der Kapitalanteile **erfolgsneutral im Eigenkapital** abzubilden. Das auf die Gesellschafterstämme entfallende Konzerneigenkapital ist insofern anzupassen, als es die Änderungen der Anteilsquoten entsprechend widerspiegelt.[1211] Eine anteilige Aufdeckung stiller Reserven und Lasten sowie eines Geschäfts- oder Firmenwertes, wie es vor der expliziten Regelungen innerhalb des IAS 27 (2008) noch möglich war, ist nunmehr unzulässig.[1212]

Insgesamt wird deutlich, dass sich die Vermögens-, Finanz- und Ertragslage der übergeordneten berichterstattenden Einheit weder durch einen innerkonzernlichen Unternehmenszusammenschluss mit gleichbleibenden Kapitalanteilen noch bei einer damit verbundenen Auf- bzw. Abstockung der Kapitalanteile unmittelbar verändert. Im Folgenden wird analysiert, inwieweit die im Konzernabschluss vorherrschende Bilanzierungsweise auf teilkonzerninterne Unternehmenszusammenschlüsse übertragbar ist.

63 Übertragung der konzernbilanziellen Erfassung auf teilkonzerninterne Unternehmenszusammenschlüsse

631. Buchwertfortführung als maßgebliche Bilanzierungsmethode

Aus der Perspektive des Teilkonzernmutterunternehmens haben teilkonzerninterne Unternehmenszusammenschlüsse unter gemeinsamer Beherrschung dieselben wirtschaftlichen Auswirkungen auf den Teilkonzernabschluss wie auf den übergeordneten Konzernabschluss. Da das den Teilkonzernabschluss aufstellende Mutterunternehmen schon vor dem innerkonzernlichen Beteiligungstransfer an dem Akquisitionsobjekt beteiligt war, liegt der Transaktion bei wirtschaftlicher Betrachtungsweise **kein Anschaffungsvorgang** zugrunde, der sowohl bei teilkonzernübergreifenden *Common Control*-Transaktionen als auch bei externen Unternehmenszusammenschlüssen als zentrales Argument für die dortige Neubeurteilung des Wert- und Mengengerüstes zu werten ist.

Aus der Sicht des Teilkonzernmutterunternehmens findet somit kein Leistungsaustausch im eigentlichen Sinne statt. In derartigen Erwerbskonstellationen gelangen zum einen keine neuen Vermögenswerte und Schulden in den Verfügungsbereich des Teilkonzernmutterunternehmens, die etwaige Informationen über deren Werthaltigkeit erfordern würden. Zum anderen verbleibt die hingegebene Gegenleistung innerhalb der wirtschaftlichen Einheit, sodass an dieser Stelle auch keine rechenschaftsfördernden Informationen hinsichtlich der Angemessenheit

---

1211 Vgl. IDW (Hrsg.), IDW RS HFA 2, Rn. 44; KÜTING, K./WEBER, C.-P., Konzernabschluss, S. 408.

1212 Vgl. im Ergebnis LÜDENBACH, N./HOFFMANN, W.-D./FREIBERG, J., in: Haufe IFRS-Kommentar, 14. Aufl., § 31, Rn. 159; LÜDENBACH, N./HOFFMANN, W.-D., in: Haufe IFRS-Kommentar, 7. Aufl., § 31, Rn. 148; HACHMEISTER, D./HERMENS, A.-S., Möglichkeiten und Grenzen der Bilanzpolitik durch veränderte Einflussnahme, S. 41. Ein etwaiger Unterschiedsbetrag zwischen der erhaltenen bzw. hingegebenen Gegenleistung und dem Betrag, um den der Ausgleichsposten der nicht-beherrschenden Gesellschafter infolge der statuswahrenden Auf- bzw. Abstockung anzupassen ist, muss mit dem Eigenkapital verrechnet werden, vgl. IDW (Hrsg.), IDW RS HFA 2, Rn. 44; BAETGE, J./HAYN, S./STRÖHER, T., in: Rechnungslegung nach IFRS, 2. Aufl., Teil B: IAS 27, Rn. 324.

des Kaufpreises vonnöten sind.[1213] Aufgrund der nach wie vor **unveränderten Vermögenslage** werden daher keine Informationsbedürfnisse aufseiten der primären Adressaten des Teilkonzernabschlusses ausgelöst, denen durch eine Neubewertung des entsprechenden Vermögens begegnet werden müsste. Die Auswirkungen des teilkonzerninternen Unternehmenszusammenschlusses spiegeln sich somit einzig in einer ggf. künftig **veränderten Ertragslage** wider.

Zum Teil wird vonseiten des Schrifttums die Auffassung vertreten, den Ansatz und die Bewertung des hinter der (teil-)konzernintern erworbenen Beteiligung stehenden Vermögens vom **wirtschaftlichen Gehalt** der Transaktion abhängig zu machen.[1214] Wie in Abschnitt 253. herausgearbeitet wurde, können auch innerkonzernliche Reorganisationen ökonomische Substanz i. S. d. IFRS aufweisen,[1215] obgleich sich der Konsolidierungskreis der berichterstattenden Einheit nicht verändert. Daher käme in derartigen Erwerbskonstellationen ebenso eine Neubeurteilung des Wert- und Mengengerüstes des teilkonzernintern erworbenen Tochterunternehmens in Betracht, wenn die Transkation aus Sicht der berichterstattenden Einheit wirtschaftlichen Gehalt hat.

Würde nun die bilanzielle Neubeurteilung des konzernintern umgehangenen Tochterunternehmens an das Kriterium des wirtschaftlichen Gehalts der Transaktion gekoppelt, so hätte der Bilanzierende die Möglichkeit, die hier für teilkonzernübergreifende Unternehmenszusammenschlüsse unter gemeinsamer Beherrschung konzipierte Bilanzierungsmethode auch auf teilkonzerninterne Transaktionen anzuwenden.[1216] Die in der Folge durchzuführende Neubewertung des identifizierbaren Nettovermögens sowie die ggf. anteilige Aktivierung des im Konzernabschluss ausgewiesenen Geschäfts- oder Firmenwertes würden die **Vergleichbarkeit der Finanzinformationen** jedoch möglicherweise derart einschränken, dass konkrete Auswirkungen der Transaktion auf die Ertragslage des Akquisitionsobjektes nicht mehr direkt beurteilt werden

---

1213 Vgl. zu den Auswirkungen teilkonzerninterner Unternehmenszusammenschlüsse auf den Teilkonzernabschluss ausführlicher Abschnitt 253.

1214 Vgl. STRÖHER, T., Unternehmenszusammenschlüsse unter Common Control, S. 278. Während BAETGE/HAYN/STRÖHER diese Forderung offenbar nur auf den Teilkonzernabschluss beziehen, vertreten ERNST & YOUNG sowie HAYN dies anscheinend auch auf Ebene des Konzernabschlusses, vgl. BAETGE, J./HAYN, S./STRÖHER, T., in: Rechnungslegung nach IFRS, 2. Aufl., Teil B: IFRS 3, Rn. 47 f.; EY (Hrsg.), International GAAP 2016 (Volume 1), S. 681; HAYN, S., Ausgewählte Konsolidierungsfragen, S. 427-429. Siehe hierzu ebenso ONESTI, T./ROMANO, M./TALIENTIO, M., BCUCC Concerns, Criticisms and Strides, S. 118 f.

1215 ERNST & YOUNG orientiert sich zur Beurteilung der wirtschaftlichen Substanz eines konzerninternen Unternehmenszusammenschlusses offenbar an von IAS 16.25 abweichenden Kriterien, ohne dies jedoch näher zu begründen. Hierzu zählen der Zweck der Transaktion, die Beteiligung von fremden Dritten wie bspw. nicht-beherrschenden Gesellschaftern, ob die hingegebene Gegenleistung dem Fair Value der erworbenen Beteiligung entspricht oder nicht, die Entstehung einer neuen berichterstattenden Einheit, oder aber ob eine Mantelgesellschaft *(NewCo)* an der Transaktion beteiligt ist. BAETGE/HAYN/STRÖHER werten diese Faktoren als weitere Faktoren neben denen des IAS 16, die für den wirtschaftlichen Gehalt eines Unternehmenszusammenschlusses *under common control* sprechen. Vgl. hierzu insgesamt EY (Hrsg.), International GAAP 2016 (Volume 1), S. 681, sowie BAETGE, J./HAYN, S./STRÖHER, T., in: Rechnungslegung nach IFRS, 2. Aufl., Teil B: IFRS 3, Rn. 48.

1216 Vgl. zum diesbezüglichen Lösungsvorschlag Abschnitt 57.

könnten.[1217] Aber gerade diese Informationen sind für die primären Adressaten des Teilkonzernabschlusses in derartigen Erwerbskonstellationen von besonderer Relevanz.[1218] Um beurteilen zu können, wie sich die Ertragslage der wirtschaftlichen Einheit infolge der neu formierten Teilkonzernstruktur verändert, müssen die Finanzinformationen vor und nach dem Unternehmenszusammenschluss miteinander vergleichbar sein. Im Gegensatz zur Fair Value-Bilanzierung des teilkonzernintern erworbenen Vermögens, würde durch die Fortführung bisheriger Wertansätze die **Kontinuität der Rechnungslegungsinformationen** insofern gewahrt, als sowohl der Bilanz als auch der Gesamtergebnisrechnung die gleichen Ausgangsgrößen zugrunde liegen wie vor dem innerkonzernlichen Unternehmenstransfer.[1219] Die mit der Buchwertfortführung verbundene intertemporale Vergleichbarkeit der Finanzinformationen ermöglicht es den primären Adressaten somit, die konkreten Auswirkungen des teilkonzerninternen Unternehmenszusammenschlusses auf die Ertragslage zu evaluieren.

In der Gesamtschau sollten sowohl vor dem Hintergrund des fehlenden Anschaffungsvorgangs sowie der verbesserten zeitlichen Vergleichbarkeit der Abschlussinformationen, analog zur herrschenden Meinung bzgl. der bilanziellen Erfassung des Beteiligungstransfers im Konzernabschluss, die **historischen Wertansätze** des verbundenen Unternehmens im Teilkonzernabschluss fortgeführt werden, ohne die teilkonzernintern verschobenen Vermögenswerte und Schulden neu zu bewerten oder einen (anteiligen) Geschäfts- oder Firmenwert zu aktivieren.

Die Buchwerfortführung sollte immer dann angewendet werden, wenn sich der Konsolidierungskreis der berichterstattenden Einheit nicht verändert. Die Wahl der Bilanzierungsmethode vom wirtschaftlichen Gehalt des innerkonzernlichen Unternehmenszusammenschlusses abhängig zu machen, ist abzulehnen. Eine Orientierung an dem in hohem Maße auslegungsbedürftigen Begriff[1220] würde dem Bilanzierenden zum einen ein faktisches Wahlrecht eröffnen, immer dann von einer Neubewertung Gebrauch zu machen, wenn dies in seinem Interesse ist. Zum anderen würde die daraus folgende Neubeurteilung des bilanziellen Wert- und Mengengerüstes bei teilkonzerninternen Unternehmenszusammenschlüssen aufgrund der mangelnden Bilanzkontinuität die Entscheidungsnützlichkeit der vermittelten Finanzinformationen offenbar einschränken.

1217 Vgl. RAMMERT, S., Pooling of Interests, S. 623 f.; sowie VATER, H., Abschaffung des Pooling of Interests, S. 1844.

1218 Vgl. hierzu auch EFRAG U. A. (Hrsg.), Business Combinations under Common Control, S. 29 f.

1219 Vgl. RAMMERT, S., Pooling of Interests, S. 623 f., sowie VATER, H., Abschaffung des Pooling of Interests, S. 1844, sowie im Ergebnis wohl auch STRÖHER, T., Unternehmenszusammenschlüsse unter Common Control, S. 187.

1220 Vgl. KÜTING, P., Konzerninterne Umstrukturierungen, S. 133, sowie ausführlich Abschnitt 253. Die Kommentierenden des in Abschnitt 56 diskutierten EFRAG *discussion paper* sprechen in diesem Kontext von einer nicht identifizierbaren *bright line*, vgl. EFRAG U. A. (Hrsg.), Consolidated Feedback Statement European Outreach BCUCC, S. 8 f.

632. Im Teilkonzernabschluss fortzuführende Buchwerte

Auch wenn teilkonzerninterne Unternehmenszusammenschlüsse aufgrund des unveränderten Konsolidierungskreises des Teilkonzernmutterunternehmens sehr ähnlich zu den im Konzernabschluss zu erfassenden *Common Control*-Transaktionen sind, ergeben sich bilanzierungstechnische Unterschiede hinsichtlich der Frage, welche Buchwerte des Akquisitionsobjektes in den Teilkonzernabschluss übernommen werden sollten. Während im übergeordneten Konzernabschluss einzig die Fortführung der dort ausgewiesenen Wertansätze sachgerecht erscheint, ist die Fragestellung auf Ebene des Teilkonzernabschlusses nicht eindeutig.[1221] Wie schon in Abschnitt 532.1 gezeigt, könnten aufgrund der mehrstufigen Beteiligungsstruktur sowohl die Buchwerte aus dem Konzern- oder Teilkonzernabschluss als auch jene aus dem Einzelabschluss des Beteiligungsunternehmens im Teilkonzernabschluss fortgeführt werden.[1222]

Unabhängig davon, dass bei der diesbezüglichen Diskussion im Kontext teilkonzernübergreifender Unternehmenszusammenschlüsse unter gemeinsamer Beherrschung grundsätzlich für die **Übernahme der Buchwerte** aus dem Gesamtkonzernabschluss plädiert wurde, konnten auch dort Erwerbskonstellationen identifiziert werden, bei denen eine Abweichung von dieser Vorgehensweise zweckmäßiger erscheint.[1223] Die dort als Sonderfall deklarierten Transaktionen, bei denen die Buchwerte derjenigen berichterstattenden Einheit übernommen werden sollten, welche die primären Adressaten sowohl vor als auch nach der Transaktion zur Beurteilung der wirtschaftlichen Lage ihrer Beteiligung hauptsächlich nutzen,[1224] sind hier nunmehr als Standardfall zu betrachten.

Dies basiert darauf, dass die Finanzinformationen des Teilkonzernabschlusses prinzipiell auch schon vor dem innerkonzernlichen Beteiligungstransfer als primäres Instrument zur Beurteilung des nunmehr umgehangenen Tochterunternehmens herangezogen wurden.[1225] Würden dennoch die möglicherweise aktuelleren und vollständigeren Wertansätze des Konzernabschlusses in den Teilkonzernabschluss übernommen und nicht etwa die ggf. abweichenden[1226]

1221 Vgl. im Ergebnis auch IASB (Hrsg.), Staff Paper BCUCC Agenda ref. 23B (April 2016), Rn. 4.

1222 Für die Fragestellung, in welchen Erwerbskonstellationen sich die fortgeführten Wertansätze in den verschiedenen berichterstattenden Einheiten unterscheiden können und worauf dies zurückzuführen ist, sei an dieser Stelle auf die Diskussion in Abschnitt 532.1 verwiesen.

1223 Vgl. Abschnitt 532.2.

1224 ERNST & YOUNG schreibt in diesem Kontext: „*If the majority of the users of the financial statements of the reporting entity after the transaction are parties that previously relied upon the financial statements of the entity over which the reporting entity now has control, e. g. if there are significant non-controlling interests, using the amounts […] [reported at the level of the financial statements of the combining entities;* Einschub von S. 687*] […] might provide more relevant information*“ (EY (Hrsg.), International GAAP 2016 (Volume 1), S. 688.)

1225 Im Fall teilkonzernübergreifender Unternehmenszusammenschlüsse unter gemeinsamer Beherrschung diente der aufnehmende Teilkonzernabschluss vor dem Zusammenschluss nicht als Informationsinstrument des betreffenden Tochterunternehmens, da dies noch nicht Bestandteil der wirtschaftlichen Einheit war.

1226 Es kommt vermutlich immer dann zu Abweichungen zwischen den im betreffenden Teilkonzernabschluss ausgewiesenen Wertansätzen und denen im Konzernabschluss ausgewiesenen fortgeführten Buchwerten, wenn die Erstkonsolidierungszeitpunkte des nunmehr teilkonzernintern umgehangenen Beteiligungsunternehmens im Teilkonzern- und im Konzernabschluss voneinander abweichen. Vgl. hierzu auch

Buchwerte des Teilkonzernabschlusses fortgeschrieben, könnte dies aus der Perspektive der primären Adressaten irreführend sein, da sich die Verfügungsmacht des Teilkonzerns über etwaiges Vermögen nicht verändert hat.[1227] Die nicht-beherrschenden Gesellschafter des Teilkonzerns müssten sodann ihr originäres Investment anhand von Finanzinformationen evaluieren, die bislang eher eine untergeordnete Rolle innerhalb ihres Meinungsbildungsprozesses gespielt haben. Insofern wären die Informationen aus dem Konzernabschluss nur bedingt dazu geeignet, vergangene Einschätzungen bzgl. der Wertentwicklung des Beteiligungsunternehmens zu bestätigen oder vorherige Prognosen anzupassen.[1228] Stattdessen dient der Konzernabschluss den nicht-beherrschenden Gesellschaftern vorwiegend dazu, die wirtschaftliche Lage des gesamten (Teil-)Konzernverbundes zu beurteilen, um etwaige finanzielle Schieflagen frühzeitig zu identifizieren, die gleichzeitig Rückwirkungen auf ihre Unternehmensbeteiligung haben dürften. Zur konkreten Beurteilung der Performance des innerhalb des Teilkonzerns verschobenen Tochterunternehmens wird an erster Stelle nach wie vor auf den Teilkonzernabschluss zurückgegriffen.[1229] Aus diesem Grund sollten die Buchwerte der berichterstattenden Einheit unverändert fortgeführt werden.

64 Abschließende Würdigung

In den vorangegangenen Unterabschnitten des sechsten Kapitels wurde die bilanzielle Abbildung teilkonzerninterner Unternehmenszusammenschlüsse diskutiert. Anders als bei teilkonzernübergreifenden Transaktionen sollten unabhängig von der wirtschaftlichen Substanz der Unternehmensakquisition die teilkonzernbilanziellen Wertansätze des jeweiligen Tochterunternehmens unverändert innerhalb des konsolidierten Abschlusses fortgeführt werden. Ein wesentliches Charakteristikum dieser Erwerbskonstellation im Gegensatz zu den im fünften Kapitel betrachteten innerkonzernlichen Unternehmenszusammenschlüssen ist, dass die primären Adressaten des Teilkonzernabschlusses schon vor der Transaktion am Akquisitionsobjekt beteiligt sind.[1230]

Aus diesem Wesensmerkmal resultiert letztlich auch eine Verschiebung hinsichtlich der Art der benötigten Finanzinformationen, da nicht mehr die Beurteilung einer neuen Unternehmensverbindung im Zentrum der Betrachtung steht, sondern lediglich die konkreten Auswirkungen der angepassten Teilkonzernstruktur auf die Ertragslage ihrer originären Unternehmensbeteiligung. Während im Fall teilkonzernübergreifender Erwerbsvorgänge die mit dem hinzuerworbenen Vermögen verbundenen künftigen Zahlungsströme sowie die Beurteilung der Angemessenheit

Abschnitt 532.1.

1227 Vgl. EY (Hrsg.), International GAAP 2016 (Volume 1), S. 687.

1228 Vgl. allgemein zum Bestätigungswert einer Information ED.CF.2.8; EWELT-KNAUER, C., Konzernabschluss als Berichtsinstrument der wirtschaftlichen Einheit, S. 17, sowie GALLASCH, F., Bilanzierung von Versicherungsverträgen, S. 37.

1229 Vgl. hierzu ausführlich Abschnitt 43.

1230 Wie bei der in Abschnitt 532.2 dargestellten Erwerbskonstellation ist dies prinzipiell auch bei teilkonzernübergreifenden Unternehmenszusammenschlüssen unter gemeinsamer Beherrschung möglich, dort jedoch eher als eine Art Spezialfall zu klassifizieren.

der für die Anteile hingegebenen Gegenleistung im Vordergrund stehen, liegt das Hauptaugenmerk hier vor allem darauf, inwieweit sich die wirtschaftliche Situation der ursprünglichen Beteiligung infolge der *business combination under common control* verändert. Aus diesem Grund wird die Relevanz einer Finanzinformation an dieser Stelle neben prognostischen vor allem durch bestätigende Elemente erhöht, die vergangene Vorhersagen entweder bestätigen oder korrigieren.[1231] Um Rückschlüsse über die Güte vergangener Einschätzungen zu gewinnen, ist es essenziell, dass die Bilanzierungsmethode Informationen bereitstellt, die es den primären Adressaten des Teilkonzernabschlusses ermöglicht, die wirtschaftliche Entwicklung ihrer originären Beteiligung im Zeitverlauf zu beurteilen.[1232]

Die nunmehr verschobenen Anforderungen an die Relevanz der vermittelten Information werden nach hier vertretener Auffassung am ehesten durch eine einfache **Fortführung der bisherigen,** im Teilkonzernabschluss ausgewiesenen **Wertverhältnisse** erreicht.[1233] Eine Neubewertung des transferierten Vermögens, wie sie im Rahmen teilkonzernübergreifender Unternehmenserwerbe vorgeschlagen wurde, würde die intertemporale Vergleichbarkeit der Finanzinformationen ggf. derart einschränken, dass eine konkrete Beurteilung der teilkonzerninternen *Common Control*-Transaktion, insbesondere die wirtschaftlichen Auswirkungen in Folgeperioden betreffend, nur bedingt möglich wäre. Die diesbezüglichen Überlegungen äußern sich gleichermaßen auch in der Gestaltung der Methode der Buchwertfortführung. Auch hier wird die tendenziell geringe Prognosekraft, die mit den ggf. vergleichsweise älteren sowie unvollständigeren Finanzinformationen verbunden ist, zugunsten einer besseren Vergleichbarkeit in Kauf genommen.

Neben der bei teilkonzerninternen Unternehmenszusammenschlüssen offenbar höher einzuordnenden Relevanz der durch die Fortführung historischer Buchwerte vermittelten Finanzinformationen sind diese gleichzeitig auch hinsichtlich ihrer glaubwürdigen Darstellung zu bevorzugen. Die ausgewiesenen Wertansätze basieren auf einer **Transaktion mit fremden Dritten** und unterliegen keinerlei neuerlichen Ermessensspielräumen, wie es bei einer etwaigen Neubewertung der hinter der Beteiligung stehenden identifizierbaren Vermögenswerte und Schulden der Fall wäre.[1234] Überdies würden bei einer Fortschreibung der Wertansätze des Teilkon-

1231 Zur Unterscheidung einer prognostischen und einer bestätigenden Information vgl. ED.CF.2.8-10 sowie Abschnitt 332.1.

1232 Vgl. im Ergebnis ebenso EFRAG U. A. (Hrsg.), Business Combinations under Common Control, S. 29 f.

1233 Ähnlich äußert sich in diesem Zusammenhang auch die EFRAG: *„Some would argue that existing equity investors may be more interested in a 'continuity of existing values' that allows for an assessment of the historical performance against the 'original' investment made"* (EFRAG U. A. (Hrsg.), Business Combinations under Common Control, S. 30).

1234 Vgl. hierzu ausführlicher Abschnitt 543.

zernabschlusses mögliche bilanzpolitische Spielräume entfallen, die sich ggf. bei der Ermittlung der Höhe eines aus dem Konzernabschluss zu übernehmenden Geschäfts- oder Firmenwertes ergäben.[1235]

1235 Vgl. hierzu ausführlicher Abschnitt 576.

7 Zusammenfassung und Ausblick

Die bilanzielle Abbildung von in den (Teil-)Konzernabschluss einzubeziehenden Tochterunternehmen nach internationalen Rechnungslegungsstandards ist in IFRS 3 geregelt. Explizit nicht im Anwendungsbereich dieser Vorschriften enthalten sind Unternehmenszusammenschlüsse, die unter einem gemeinsamen Kontrollverhältnis stattfinden. Die von einem konzerninternen Unternehmenserwerb primär betroffene berichterstattende Einheit ist der IFRS-Teilkonzern. Im Unterschied zum Gesamtkonzern kann sich dessen Konsolidierungskreis infolge einer solchen Umstrukturierung verändern. Bedingt durch die (noch immer) bestehende Regelungslücke bzgl. der Bilanzierung solcher Unternehmenszusammenschlüsse haben sich in der Praxis verschiedene Bilanzierungsmethoden herausgebildet, die sich hinsichtlich ihrer Auswirkungen auf die Vermögens-, Finanz- und Ertragslage des Teilkonzernabschlusses stark voneinander unterscheiden können.

Vor diesem Hintergrund bestand das übergeordnete Ziel dieser Untersuchung darin, einen Vorschlag für die teilkonzernbilanzielle Abbildung konzerninterner Beteiligungstransfers zu erarbeiten, auf dessen Basis der Zweck der IFRS-Finanzberichterstattung bestmöglich erfüllt wird. Hierzu war es zunächst erforderlich, die **primären Adressaten des IFRS-Teilkonzernabschlusses** herauszuarbeiten, um einen Bezugspunkt für eine entscheidungsnützliche Bilanzierung zu schaffen. Die diesbezüglichen Ausführungen im vierten Kapitel haben gezeigt, dass die Kapitalgeber des Teilkonzernmutterunternehmens, die nicht gleichzeitig Anteilseigner der Konzernobergesellschaft sind, im Vordergrund der Berichterstattung des IFRS-Teilkonzernabschlusses stehen. Die Ableitung fußt einerseits auf der Wertungsentscheidung des IASB, die unmittelbaren Gesellschafter des den konsolidierten Abschluss aufstellenden Mutterunternehmens als Adressaten der jeweiligen berichterstattenden Einheit zu betrachten. Während dies in Bezug auf den Konzernabschluss nur die Mehrheitsgesellschafter des Konzerns umfasst, schließt dies auf Ebene des Teilkonzerns ebenso die nicht-beherrschenden Gesellschafter aus Sicht des Gesamtkonzerns mit ein. Darüber hinaus lassen die Aufstellungspflichten eines Teilkonzernabschlusses, der national und international nur dann zu veröffentlichen ist, wenn nicht-beherrschende Gesellschafter oder Gläubiger des Teilkonzerns dies fordern, vermuten, dass diese Gruppe der Kapitalgeber als Hauptadressat des Teilkonzernabschlusses zu werten ist. Andererseits dürften die Mehrheitsgesellschafter des Gesamtkonzernabschlusses grundsätzlich nur ein untergeordnetes Informationsinteresse an der berichterstattenden Einheit haben. Zum einen wird aus deren Perspektive nur ein Teil der wirtschaftlichen Einheit abgebildet, an der sie (mittelbar) beteiligt sind. Zum anderen werden die durch die wirtschaftliche Abhängigkeit zu anderen Konzernunternehmen bedingten Mängel nicht vollständig kompensiert. Im Ergebnis wird durch die hier vorgenommene Konkretisierung der primären Adressaten des Teilkonzernabschlusses den Informationsinteressen sämtlicher Kapitalgeber möglichst umfassend Rechnung getragen, ohne die Informationsberechtigung einzelner Gesellschaftergruppen herabzustufen.

Des Weiteren konnte gezeigt werden, dass die Klärung des **IFRS-Teilkonzernverständnisses**, welches bislang eine zentrale Rolle in der wissenschaftlichen Diskussion bzgl. der bilanziellen Erfassung eines konzerninternen Unternehmenszusammenschlusses eingenommen hat, keine notwendige Voraussetzung zur normenkonformen Schließung dieser Regelungslücke darstellt. Vielmehr haben sich die maßgebenden Bilanzierungsvorschriften allein an den konkreten Anforderungen an eine entscheidungsnützliche Bilanzierung zu orientieren. Auch wenn der Teilkonzern eindeutig als eine eigenständige berichterstattende Einheit i. S. e. *reporting entity* gemäß ED.CF.3.11 zu klassifizieren ist, würde eine vollständige Ausblendung übergeordneter Konzernstrukturen die Glaubwürdigkeit der Finanzberichterstattung, vor allem bei ermessensbehafteten Transaktionen wie Unternehmenszusammenschlüssen, deutlich einschränken. Letztlich kann eine konzeptionelle Einordnung des Teilkonzernverständnisses allenfalls einzelfallspezifisch vorgenommen werden und damit keine übergeordnete Hilfestellung zur Ableitung etwaiger Bilanzierungsvorschriften leisten.

Bei der unmittelbar an die Adressatenfrage anknüpfenden kritischen Analyse konzerninterner Unternehmenstransaktionen im fünften und sechsten Kapitel schien es geboten, die inhaltlich voneinander abzugrenzenden Erwerbskonstellationen eines teilkonzernübergreifenden und eines teilkonzerninternen Unternehmenszusammenschlusses unter gemeinsamer Beherrschung differenziert zu betrachten. Während bei erstgenannter Konstellation die Bilanzierung des veränderten Konsolidierungskreises im Zentrum der Analyse stand, musste bei letzterer vielmehr die Bilanzierung der angepassten Teilkonzernstruktur betrachtet werden. Die Auslegung der Vorschriften des IAS 8 hat gezeigt, dass derzeit zwei Bilanzierungsmethoden zur Erfassung derartiger Beteiligungstransfers mit dem IFRS-Normensystem vereinbar sind. Hierbei handelt es sich einerseits um die analoge Anwendung der Erwerbsmethode, wie sie in IFRS 3 geregelt ist, sowie andererseits um die Methode der Buchwertfortführung. Im fünften Kapitel wurden die beiden Methoden daher zunächst dargestellt und analysiert, bevor im Rahmen einer vergleichenden Würdigung diskutiert wurde, welche dieser zwei Bilanzierungsmethoden besser dazu geeignet ist, den veränderten Konsolidierungskreis der berichterstattenden Einheit bilanziell nachzuzeichnen. Die diesbezüglichen Ergebnisse werden im Folgenden in aggregierter Form wiedergegeben:

- Da es sich bei der **Buchwertfortführung** um eine nicht (mehr) in der IFRS-Rechnungslegung normierte Bilanzierungsmethode handelt, musste deren Gestaltung in einem ersten Schritt konkretisiert werden. Vor dem Hintergrund der Entscheidungsnützlichkeit der vermittelten Informationen wurde empfohlen, die konzernbilanziellen Buchwerte des Akquisitionsobjektes im Teilkonzernabschluss des Erwerbers fortzuschreiben. Vom bilanzierten Nettovermögen abweichende Zahlungen an das an der Konzernspitze stehende Mutterunternehmen sollten in einem separaten Eigenkapitalposten verrechnet werden.

Eine Anpassung der Vorjahreswerte, wie es bei der Interessenzusammenführungsmethode gemäß IAS 22 vormals noch geboten war, sollte in diesem Kontext nicht vorgenommen werden.

- Durch die Fortführung der historischen Wertansätze werden den primären Adressaten des Teilkonzernabschlusses nur unvollständige Informationen über das konzernintern erworbene Vermögen bereitgestellt. Die in den Folgeperioden c. p. damit einhergehenden geringeren Abschreibungen führen gleichzeitig dazu, dass die Ertragslage des neu formierten Teilkonzerns verzerrt dargestellt wird. Die damit verbundene, möglicherweise zu positive Beurteilung der wirtschaftlichen Lage des Teilkonzerns wird ggf. nochmals durch eine eigenkapitalmindernde Verrechnung eines positiven Unterschiedsbetrages verstärkt, die sich in vergleichsweise vorteilhaften Rentabilitätskennzahlen niederschlägt. Sowohl der unvollständige Vermögensausweis als auch die tendenziell zu positive Beurteilung der Ertragslage ermöglichen es den primären Adressaten nur sehr eingeschränkt, die Angemessenheit der für die Unternehmenstransaktion hingegebenen Gegenleistung zu beurteilen.

- Die Anwendung der in IFRS 3 normierten **Erwerbsmethode** scheint den Nachteilen der Buchwertfortführung zunächst zu begegnen. Ursächlich hierfür ist in erster Linie der aus der Einzelerwerbsfiktion resultierende aktuellere und vollständigere Vermögensausweis. Hierdurch wird einerseits die Ertragslage des Teilkonzerns sachgerecht dargestellt. Andererseits kann die Angemessenheit der hingegebenen Gegenleistung besser beurteilt werden, da nunmehr unmittelbar ersichtlich ist, welche Vermögenswerte und Schulden tatsächlich erworben bzw. übernommen wurden. Allerdings konnte gleichzeitig gezeigt werden, dass die analoge Anwendung der Erwerbsmethode auf innerkonzernliche Unternehmenszusammenschlüsse mit neuerlichen Problemen behaftet ist.

- Der beherrschende Einfluss des obersten Mutterunternehmens ermöglicht es diesem prinzipiell, den Transaktionspreis in einem gewissen Ausmaß eigenständig festzulegen. Aufgrund dessen, dass die hingegebene Gegenleistung in diesem Kontext nicht mehr das Ergebnis eines Verhandlungsprozesses zwischen fremden Dritten ist, kann diese grundsätzlich nicht mehr als bestmöglicher Nachweis für den beizulegenden Zeitwert des Akquisitionsobjektes herangezogen werden. In diesem Zusammenhang konnte herausgearbeitet werden, dass der Kapitalkonsolidierung in derartigen Konstellationen nicht mehr – wie sonst üblich – der tatsächliche Kaufpreis, sondern der beizulegende Zeitwert der konzernintern erworbenen Beteiligung zugrunde zu legen ist. Mit der Auslegung der Vorschriften des IFRS 3 für den spezifischen Erwerbsfall konzerninterner Unternehmenszusammenschlüsse wurde der Versuch unternommen, die mit der *related party transaction* verbundenen bilanziellen Ermessensspielräume durch eine marktorientierte Bewertung i. S. d. Vorschriften des IFRS 13 einzuschränken. Aufgrund dessen, dass die für die Kapitalaufrechnung maßgeblichen Anschaffungskosten nunmehr grundsätzlich dem Fair Value der erworbenen Beteiligung entsprechen, sollten hiervon abweichende Zahlungen als erfolgsneutraler Einlage- bzw. Entnahmevorgang gebucht werden, da die jeweiligen Abweichungen auf das Gesellschafterverhältnis zwischen Veräußerer und Erwerber zurückzuführen sind.

- Im Hinblick auf den Ansatz und die Bewertung (neu) identifizierbarer Vermögenswerte und Schulden konnte gezeigt werden, dass die regelungskonforme Auslegung des IFRS 3 und die grundsätzlich daraus folgende veränderte Systematik der Kapitalkonsolidierung keine (wesentlichen) Auswirkungen auf die Bilanzierung des erworbenen Vermögens hat. Sowohl bei internen als auch bei externen Unternehmenszusammenschlüssen werden die erworbenen Vermögenswerte und übernommenen Schulden unabhängig von der (ggf. verzerrten) hingegebenen Gegenleistung bilanziert. Vielmehr hat die in diesem Kontext veränderte Vorgehensweise bei der Kapitalkonsolidierung Auswirkungen auf die Bilanzierung eines positiven wie negativen Unterschiedsbetrages, der nunmehr die Differenz zwischen dem Fair Value der Beteiligung und dem neubewerteten (anteiligen) Nettovermögen des Akquisitionsobjektes darstellt.

- Die Fair Value-basierte Ermittlung eines Unterschiedsbetrages löst gleichzeitig eine Wesensänderung der jeweiligen Residualgröße aus. Im Hinblick auf die Bilanzierung eines positiven Unterschiedsbetrages ist hiermit zum einen die Aktivierung nicht pagatorisch abgesicherter (originärer) Goodwillbestandteile verbunden. Zum anderen führt der in IFRS 13 vorgeschriebene Wechsel der Bewertungsperspektive zu einer unvollständigen Erfassung der an die Beteiligung gekoppelten Wertpotenziale, die sich konzeptionell in einem vergleichsweise geringen Synergien-Goodwill widerspiegeln dürfte. Hinsichtlich der Bilanzierung eines negativen Unterschiedsbetrages konnte gezeigt werden, dass eine Interpretation dieser Residualgröße als Erfolg aus einem *bargain purchase* in diesem Kontext nicht mehr haltbar ist.

- Insgesamt konnte in diesem Zusammenhang herausgearbeitet werden, dass die bei der kaufpreisgestützten Ermittlung eines Unterschiedsbetrages bestehenden Probleme hinsichtlich der Glaubwürdigkeit der vermittelten Finanzinformationen nicht wesentlich durch das Konstrukt einer hypothetischen Marktbewertung eingeschränkt werden. Sowohl eine börsenpreis- als auch eine kapitalwertgestützte Ableitung des beizulegenden Zeitwertes der Beteiligung eröffnen dem Bilanzierenden weitreichende Ermessensspielräume. Da die Fair Value-Konzeption offenbar keine hinreichende Hilfestellung zur Einschränkung subjektiver Einflüsse bei der Bestimmung eines Unterschiedsbetrages bietet, ist eine analoge Anwendung der Mechanismen des IFRS 3 abzulehnen.

Aufbauend auf den Erkenntnissen der Analyse des IFRS 3 wurden die Diskussionsvorschläge der **EFRAG** in Bezug auf eine **modifizierte Anwendung der Erwerbsmethode** tiefergehend beleuchtet. Die jeweiligen Modifikationen sind grundsätzlich dazu geeignet, die Glaubwürdigkeit der Finanzberichterstattung zu verbessern. Jedoch konnte gezeigt werden, dass ein vollständiges Bilanzierungsverbot neu identifizierter Vermögenswerte sowie eines Fair Value-basierten Geschäfts- oder Firmenwertes – trotz aller gebotenen Objektivierung – die Relevanz der vermittelten Finanzinformationen derart einschränkt, dass kein ausgewogenes Verhältnis zwischen den fundamentalen Anforderungen an eine entscheidungsnützliche Rechnungslegung mehr besteht. Die Vorteile der Erwerbsmethode hinsichtlich eines aktuellen und vollständigen Vermögensausweises werden weitestgehend eliminiert, sodass es letztlich sogar zu einem konservativeren Wertansatz als bei der hier empfohlenen Gestaltung der Buchwertfortführung kommen kann.

Vor dem Hintergrund der gewonnenen Erkenntnisse wurde ein **eigenes Bilanzierungskonzept** erarbeitet, welches die Vorteile der Erwerbsmethode mit den objektivierenden Elementen der Methode der Buchwertfortführung vereint. Die Grundzüge dieses Bilanzierungsvorschlages für teilkonzernübergreifende Unternehmenszusammenschlüsse unter gemeinsamer Beherrschung werden im Folgenden zusammengefasst wiedergegeben:

- Ausgangspunkt dieses Vorschlages ist die Bilanzierung des erworbenen Nettovermögens. Ähnlich zu dem Vorgehen im Rahmen der in IFRS 3 kodifizierten Erwerbsmethode sollten sämtliche identifizierbaren Vermögenswerte sowie übernommenen Schulden unabhängig vom entrichteten Kaufpreis getrennt vom Geschäfts- oder Firmenwert zu ihrem beizulegenden Zeitwert angesetzt werden. Da ein wahrscheinlicher Nutzenzufluss sowie die verlässliche Bewertbarkeit der in Rede stehenden Vermögenswerte, anders als bei externen Unternehmenszusammenschlüssen, nicht mehr per se unterstellt werden kann, wurde vorgeschlagen, die Ansatzbedingungen des IAS 38 auch auf konzernintern erworbene immaterielle Vermögenswerte anzuwenden.

- Um der Problematik eines nicht glaubwürdigen Geschäfts- oder Firmenwertes zu begegnen, wurde vorgeschlagen, der Goodwillbilanzierung die objektivierten konzernbilanziellen Wertverhältnisse des obersten Mutterunternehmens zugrunde zu legen. Das im übergeordneten Konzernabschluss auf das konzernintern erworbene Tochterunternehmen entfallende fortgeführte Nettovermögen inkl. eines darin enthaltenen derivativen Geschäfts- oder Firmenwertes wäre sodann als eine Art fiktive Anschaffungskosten der Beteiligung heranzuziehen, aus denen der im Teilkonzernabschluss zu bilanzierende Goodwill abgeleitet wird. Der wesentliche Vorteil dieser Vorgehensweise im Vergleich zu einer Fair Value-basierten Ermittlung des Geschäfts- oder Firmenwertes besteht darin, dass die Residualgröße grundsätzlich auf einem pagatorischen Anschaffungsvorgang mit fremden Dritten beruht und die Höhe des zu übernehmenden Geschäfts- oder Firmenwertes auf die im Konzernabschluss ausgewiesenen Wertpotenziale begrenzt ist. Letztlich dürfte es in Kombination mit der durchzuführenden Neubewertung des identifizierbaren Vermögens regelmäßig zu einer Kürzung des fortgeführten Goodwill der Konzernebene kommen, die den primären Adressaten des Teilkonzernabschlusses Auskunft darüber gibt, welche immateriellen Wertbestandteile des Geschäfts- oder Firmenwertes sich seit der ursprünglichen Akquisition durch das Konzernmutterunternehmen im bilanzierungsfähigen Vermögen des Tochterunternehmens manifestiert haben.

- Sofern der im Konzernabschluss auf das Beteiligungsunternehmen entfallende Geschäfts- oder Firmenwert durch die aufgedeckten stillen Reserven bzw. neu identifizierten immateriellen Vermögenswerte vollständig substituiert wird, sollte der die fingierten Anschaffungskosten übersteigende Betrag nicht als ein Erfolg aus einem günstigen Gelegenheitskauf vereinnahmt werden. Wirtschaftlich betrachtet handelt es sich um einen reinen (Neu-)Bewertungserfolg, der durch eine GuV-neutrale Vereinnahmung sowie Einstellung in die Neubewertungsrücklage als solcher zu kennzeichnen ist.

Im letzten Kapitel dieser Arbeit wurde die bilanzielle Abbildung **teilkonzerninterner Unternehmenszusammenschlüsse** betrachtet. Die Ausführungen haben gezeigt, dass die Entscheidungsnützlichkeit der vermittelten Informationen in diesem Kontext eher durch eine Buchwertfortführung gewährleistet ist als durch eine etwaige Neubeurteilung des bilanziellen Wert- und Mengengerüstes, wie es bei teilkonzernübergreifenden Unternehmenszusammenschlüssen unter gemeinsamer Beherrschung vorgeschlagen wurde. Aus der Perspektive der berichterstattenden Einheit Teilkonzern liegt kein Leistungsaustausch in dem Sinne vor, dass neue Vermögenswerte in den Verfügungsbereich der wirtschaftlichen (Teil-)Einheit gelangen. Die einfache Fortführung der im Teilkonzernabschluss ausgewiesenen Wertansätze ermöglicht den primären Adressaten des Teilkonzernabschlusses, die aus ihrer Sicht auch schon vor dem innerkonzernlichen Unternehmenszusammenschluss bestehende Beteiligung im Zeitverlauf zu evaluieren. Des Weiteren konnte in diesem Zusammenhang gezeigt werden, dass eine Kopplung der Bilanzierungsmethode an den wirtschaftlichen Gehalt der Transaktion in derartigen Erwerbskonstellationen dazu führen könnte, von der hier empfohlenen Bilanzierungsweise abzuweichen.

In der Gesamtschau könnte durch die Umsetzung der hier unterbreiteten Bilanzierungsvorschläge die Entscheidungsnützlichkeit der vermittelten Finanzinformationen im Vergleich zu den bisher in der Literatur diskutierten Bilanzierungsmöglichkeiten erhöht werden. Zumindest in Bezug auf teilkonzernübergreifende Unternehmenszusammenschlüsse unter gemeinsamer Beherrschung weisen sowohl die Erwerbsmethode als auch die Methode der Buchwertfortführung erhebliche Schwachstellen auf, denen durch den hier unterbreiteten Bilanzierungsvorschlag gezielt begegnet werden könnte. Die Umsetzung des Forschungsprojekts zu *business combinations under common control* wird zeigen, wie offen der IASB Bilanzierungskonzepten gegenübersteht, die von den „üblichen" Lösungsvorschlägen abweichen. In diesem Zusammenhang ist dem Standardsetzer gleichzeitig zu wünschen, auch weiterführende Fragen zu innerkonzernlichen Erwerbsvorgängen unter gemeinsamer Beherrschung, wie bspw. dem konzerninternen Erwerb eines assoziierten Unternehmens gemäß IAS 28 *(Investments in Associates and Joint Ventures)*, zu klären.

Quellenverzeichnis

Verzeichnis der Kommentare und Handbücher zur Bilanzierung

ADLER, HANS/DÜRING, WALTHER/SCHMALTZ, KURT, Rechnungslegung und Prüfung der Unternehmen. Kommentar zum HGB, AktG, GmbHG, PublG nach den Vorschriften des Bilanzrichtlinien-Gesetzes, 6. Aufl., Stuttgart 1994/2001 (in: ADS).

ADLER, HANS/DÜRING, WALTHER/SCHMALTZ, KURT, Rechnungslegung nach internationalen Standards. Kommentar, Stuttgart 2002 ff. (Stand: August 2011) (in: ADS International).

BAETGE, JÖRG/KIRSCH, HANS-JÜRGEN/THIELE, STEFAN (Hrsg.), Bilanzrecht. Handelsrecht mit Steuerrecht und den Regelungen des IASB, Loseblatt, Bonn/Berlin 2002 ff. (Stand: Mai 2016) (zitiert: BEARBEITER, in: Baetge/Kirsch/Thiele).

BAETGE, JÖRG/WOLLMERT, PETER/KIRSCH, HANS-JÜRGEN/OSER, PETER/BISCHOF, STEFAN (Hrsg.), Rechnungslegung nach IFRS. Kommentar auf der Grundlage des deutschen Bilanzrechts, Loseblatt, 2. Aufl., Stuttgart 2003 ff. (Stand: Mai 2016) (zitiert: BEARBEITER, in: Rechnungslegung nach IFRS, 2. Aufl.).

BAYER, WALTER/LUTTER, MARCUS (Hrsg.), Umwandlungsgesetz. Kommentar mit systematischer Darstellung des Umwandlungssteuerrechts, 5. Aufl., Köln 2014 (zitiert: BEARBEITER, in: Lutter, 5. Aufl.).

BÖCKING, HANS-JOACHIM/CASTAN, EDGAR/HEYMANN, GERD/PFITZER, NORBERT/SCHEFFLER, EBERHARD (Hrsg.), Beck'sches Handbuch der Rechnungslegung. HGB und IFRS, Loseblatt, München 1986 ff. (Stand Mai 2016) (zitiert: BEARBEITER, in: Beck HdR).

BUSCHHÜTER, MICHAEL/STRIEGEL, ANDREAS (Hrsg.), Internationale Rechnungslegung - IFRS. Kommentar, Wiesbaden 2010 (zitiert: BEARBEITER, in: Internationale Rechnungslegung).

DELOITTE (Hrsg.), iGAAP 2015. A guide to IFRS reporting, Volume A, Part 2, London 2015 (iGAAP 2015).

DRIESCH, DIRK/RIESE, JOACHIM/SCHLÜTER, JÖRG/SENGER, THOMAS (Hrsg.), Beck'sches IFRS-Handbuch, 5. Aufl., München 2016 (zitiert: BEARBEITER, in: Beck'sches IFRS-HB, 5. Aufl.).

EBENROTH, CARSTEN THOMAS/BOUJONG, KARLHEINZ/JOOST, DETLEV/STROHN, LUTZ (Hrsg.), Handelsgesetzbuch. Band 1. §§ 1-342e, 3. Aufl., München 2014 (zitiert: BEARBEITER, in: Ebenroth/Boujong/Joost/Strohn, 3. Aufl.).

EMMERICH, VOLKER/HABERSACK, MATHIAS, Konzernrecht, 10. Aufl., München 2013 (Konzernrecht).

EPSTEIN, BARRY JAY/MIRZA, ABBAS ALI, IAS 2003. Interpretation and application of international accounting standards, New York 2003 (IAS 2003).

EY (Hrsg.), International GAAP 2016. Generally accepted accounting practice under international financial reporting standards (Volume 1), Chichester 2016 (International GAAP 2016 (Volume 1)).

FÖRSCHLE, GERHART/GROTTEL, BERND/SCHMIDT, STEFAN/SCHUBERT, WOLFGANG/WINKELJOHANN, NORBERT (Hrsg.), Beck'scher Bilanzkommentar, 10. Aufl., München 2016 (zitiert: BEARBEITER, in: Beck Bilanzkomm., 10. Aufl.).

HARITZ, DETLEF/MENNER, STEFAN (Hrsg.), Umwandlungssteuergesetz, 4. Aufl., München 2014 (zitiert: BEARBEITER, in: Haritz/Menner, 4. Aufl.).

HENNRICHS, JOACHIM/KLEINDIEK, DETLEF/WATRIN, CHRISTOPH (Hrsg.), Münchener Kommentar zum Bilanzrecht. Band 1 IFRS, Loseblatt, München 2008 ff. (Stand: Sptember 2014) (zitiert: BEARBEITER, in: MüKo Bilanzrecht (Bd. 1)).

HENNRICHS, JOACHIM/KLEINDIEK, DETLEF/WATRIN, CHRISTOPH (Hrsg.), Münchener Kommentar zum Bilanzrecht. Band 2, HGB, München 2013 (zitiert: BEARBEITER, in: MüKo Bilanzrecht (Bd. 2)).

HESSLER, MARTIN/STROHN, LUTZ (Hrsg.), Gesellschaftsrecht. BGB, HGB, PartGG, GmbHG, AktG, UmwG, GenG, IntGesR, 2. Aufl., München 2013 (zitiert: BEARBEITER, in: Hessler/Strohn GesellschaftsR Komm., 2. Aufl.).

HEUSER, PAUL J./THEILE, CARSTEN (Hrsg.), IFRS-Handbuch. Einzel- und Konzernabschluss, 5. Aufl., Köln 2012 (zitiert: BEARBEITER, in: IFRS-Handbuch, 5. Aufl.).

KESSLER, WOLFGANG/KRÖNER, MICHAEL/KÖHLER, STEFAN (Hrsg.), Konzernsteuerrecht. National - International, 2. Aufl., München 2014 (zitiert: BEARBEITER, in: Komm. Konzernsteuerrecht, 2. Aufl.).

KPMG (Hrsg.), Insights into IFRS. KPMG's practical guide to International Financial Reporting Standards, Volume 1, 11. Aufl., London 2015 (Insights into IFRS 2015/16 (Volume 1)).

KÜTING, KARLHEINZ/WEBER, CLAUS-PETER (Hrsg.), Handbuch der Konzernrechnungslegung. Kommentar zur Bilanzierung und Prüfung, Band II, 2. Aufl., Stuttgart 1998 (zitiert: BEARBEITER, in: Küting/Weber, HdK, 2. Aufl.).

KÜTING, KARLHEINZ/WEBER, CLAUS-PETER (Hrsg.), Handbuch der Konzernrechnungslegung. Kommentar zur Bilanzierung und Prüfung, Band II, 1. Aufl., Stuttgart 1989 (zitiert: BEARBEITER, in: Küting/Weber, HdK, 1. Aufl.).

LÜDENBACH, NORBERT/HOFFMANN, WOLF-DIETER/FREIBERG, JENS (Hrsg.), Haufe IFRS-Kommentar, 14. Aufl., Freiburg 2016 (zitiert: BEARBEITER, in: Haufe IFRS-Kommentar, 14. Aufl.).

LÜDENBACH, NORBERT/HOFFMANN, WOLF-DIETER (Hrsg.), Haufe IFRS-Kommentar, 7. Aufl., Freiburg 2009 (zitiert: BEARBEITER, in: Haufe IFRS-Kommentar, 7. Aufl.).

PWC (Hrsg.), Manual of accounting - IFRS 2015, Haywards Heath 2015 (Manual of accounting 2015 (Volume 2)).

RUSS, WOLFGANG/JANßEN, CHRISTIAN/GÖTZE, THOMAS (Hrsg.), BilRUG - Auswirkungen auf das deutsche Bilanzrecht. Kommentar zum Bilanzrichtlinien-Umsetzungsgesetz, Düsseldorf 2015 (zitiert: BEARBEITER, in: Komm. zum BilRUG).

SAGASSER, BERND/BULA, THOMAS/BRÜNGER, THOMAS R. (Hrsg.), Umwandlungen. Verschmelzung, Spaltung, Formwechsel, Vermögensübertragung, 4. Aufl., München 2011 (zitiert: BEARBEITER, in: Sagasser/Bula/Brünger Komm. UmwG, 4. Aufl.).

SCHMIDT, KARSTEN/EBKE, WERNER F. (Hrsg.), Münchener Kommentar zum Handelsgesetzbuch. Band 4: Drittes Buch, Handelsbücher. §§ 238-342e HGB, 3. Aufl., München 2013 (zitiert: BEARBEITER, in: Münchener Komm. HGB, 3. Aufl.).

SCHMITT, JOACHIM/HÖRTNAGL, ROBERT/STRATZ, ROLF-CHRISTIAN (Hrsg.), Umwandlungsgesetz, Umwandlungssteuergesetz, 6. Aufl., München 2013 (zitiert: BEARBEITER, in: Schmitt/Hörtnagl/Stratz, 6. Aufl.).

SCHULZE-OSTERLOH, JOACHIM/HENNRICHS, JOACHIM/WÜSTEMANN, JENS (Hrsg.), HdJ. Handbuch des Jahresabschlusses – Bilanzrecht nach HGB, EStG, IFRS, Köln 1984 ff. (Stand Mai 2016) (zitiert: BEARBEITER, in: HdJ).

SEMLER, JOHANNES/STENGEL, ARNDT (Hrsg.), Umwandlungsgesetz. Mit Spruchverfahrensgesetz, 3. Aufl., München 2012 (zitiert: BEARBEITER, in: Semler/Stengel, 3. Aufl.).

THIELE, STEFAN/VON KEITZ, ISABELL/BRÜCKS, MICHAEL (Hrsg.), Internationales Bilanzrecht. Rechnungslegung nach IFRS, Loseblatt, Berlin/Bonn 2008 ff. (Stand: Februar 2015) (zitiert: BEARBEITER, in: Thiele/von Keitz/Brücks).

ZÖLLNER, WOLFGANG/NOACK, ULRICH (Hrsg.), Kölner Kommentar zum Aktiengesetz. Band 1: §§ 1-75 AktG, 3. Aufl., Köln 2011 (zitiert: BEARBEITER, in: Kölner Kommentar zum AktG, 3. Aufl.).

Verzeichnis der Aufsätze, Monographien und sonstigen Fachbeiträge

ACHLEITNER, ANN-KRISTIN, Die Normierung der Rechnungslegung. Eine vergleichende Untersuchung unterschiedlicher institutioneller Ausgestaltungen des nationalen und internationalen Standardsetzungsprozesses, Zürich 1995 (Normierung der Rechnungslegung).

ACHLEITNER, PAUL, Bewertung von Akquisitionen, in: Management von Akquisitionen. Akquisitionsplanung und Integrationsmanagement: Kongress-Dokumentation, 53. Deutscher Betriebswirtschafter - Tag 1999, hrsg. v. Picot, Arnold/Nordmeyer, Andreas/Pribilla, Peter, Stuttgart 2000, S. 93-104 (Bewertung von Akquisitionen).

ACHLEITNER, ANN-KRISTIN/WAHL, SIMON, Corporate Restructuring in Deutschland. Eine Analyse der Möglichkeiten und Grenzen der Übertragbarkeit US-amerikanischer Konzepte wertsteigernder Unternehmensrestrukturierungen auf Deutschland, Sternenfels 2003 (Corporate Restructuring in Deutschland).

ALBRECHT, HELLMUT K., Die Organisationsstruktur multinationaler Unternehmungen, in: DB 1970, S. 2085-2089 (Organisationsstruktur multinationaler Unternehmungen).

ALPARSLAN, ADEM, Strukturalistische Prinzipal-Agent-Theorie. Eine Reformulierung der Hidden-Action-Modelle aus der Perspektive des Strukturalismus, Wiesbaden 2006 (Prinzipal-Agent-Theorie).

ALVAREZ, MANUEL/BIBERACHER, JOHANNES, Goodwill-Bilanzierung nach US-GAAP - Anforderungen an Unternehmenssteuerung und -berichterstattung, in: BB 2002, S. 346-353 (Goodwill-Bilanzierung).

ANDERS, GEORG, Strittige Fragen der Konsolidierung. Regelungslücken in der IFRS-Konzernrechnungslegung, in: PiR 2011, S. 39-42 (Strittige Fragen der Konsolidierung).

ANDREJEWSKI, KAI C., Bilanzierung der Zusammenschlüsse von Unternehmen unter gemeinsamer Beherrschung als rein rechtliche Umgestaltung, in: BB 2005, S. 1436-1438 (Unternehmenszusammenschlüsse unter gemeinsamer Beherrschung).

ANDREJEWSKI, KAI C./BÖCKEM, HANNE, Die Bedeutung natürlicher Personen im Kontext des IAS 24, in: KoR 2005, S. 170-176 (Natürliche Personen im Kontext des IAS 24).

APPEL, HOLGER, Der DaimlerChrysler-Deal, 2. Aufl., Stuttgart 1998 (Der DaimlerChrysler-Deal).

ARBEITSKREIS „EXTERNE UNTERNEHMENSRECHNUNG“ DER SCHMALENBACH-GESELLSCHAFT (Hrsg.), Aufstellung von Konzernabschlüssen, in: zfbf Sonderheft 1987, S. 66-84 (Aufstellung von Konzernabschlüssen).

BACHEM, ROLF GEORG, Berücksichtigung negativer Geschäftswerte in Handels-, Steuer- und Ergänzungsbilanz, in: BB 1993, S. 967-973 (Negative Geschäftswerte).

BADER, AXEL/SCHREDER, MAX, Full goodwill-Methode vs. partial goodwill-Methode nach IFRS 3. Bilanzpolitische Spielräume und Akzeptanz in der Bilanzierungspraxis, in: PiR 2012, S. 276-282 (Full goodwill-Methode vs. partial goodwill-Methode).

BAETGE, JÖRG, Möglichkeiten der Objektivierung des Jahreserfolges, Düsseldorf 1970 (Objektivierung des Jahreserfolges).

BAETGE, JÖRG, Rechnungslegungszwecke des aktienrechtlichen Jahresabschlusses, in: Bilanzfragen. Festschrift zum 65. Geburtstag von Prof. Dr. Ulrich Leffson, hrsg. v. Baetge, Jörg/Moxter, Adolf/Schneider, Dieter, Düsseldorf 1976, S. 12-30 (Rechnungslegungszwecke).

BAETGE, JÖRG, Kapitalkonsolidierung nach der Erwerbsmethode im mehrstufigen Konzern, in: Rechenschaftslegung im Wandel. Festschrift für Wolfgang Dieter Budde, hrsg. v. Förschle, Gerhart/Kaiser, Klaus/Moxter, Adolf, München 1995, S. 19-42 (Kapitalkonsolidierung nach der Erwerbsmethode im mehrstufigen Konzern).

BAETGE, JÖRG, Verwendung von DCF-Kalkülen bei der Bilanzierung nach IFRS, in: WPg 2009, S. 13-23 (Verwendung von DCF-Kalkülen).

BAETGE, JÖRG/DITTMAR, PETER/KLÖNNE, HENNER, Der impairment only approach vor den Grundsätzen der internationalen Rechnungslegung, in: Rechnungslegung, Prüfung und Unternehmensbewertung. Festschrift zum 65. Geburtstag von Professor Dr. Dr. h.c. Wolfgang Ballwieser, hrsg. v. Dobler, Michael u. a., Stuttgart 2014, S. 1-22 (Impairment only approach vor den Grundsätzen der IFRS).

BAETGE, JÖRG/KIRSCH, HANS-JÜRGEN/THIELE, STEFAN, Konzernbilanzen, 7. Aufl., Düsseldorf 2004 (Konzernbilanzen (7. Aufl.)).

BAETGE, JÖRG/KIRSCH, HANS-JÜRGEN/THIELE, STEFAN, Bilanzen, 13. Aufl., Düsseldorf 2014 (Bilanzen).

BAETGE, JÖRG/KIRSCH, HANS-JÜRGEN/THIELE, STEFAN, Konzernbilanzen, 11. Aufl., Düsseldorf 2015 (Konzernbilanzen).

BAETGE, JÖRG/NIEMEYER, KAI/KÜMMEL, JENS/SCHULZ, ROLAND, Darstellung der Discounted Cashflow-Verfahren (DCF-Verfahren) mit Beispiel, in: Praxishandbuch der Unternehmensbewertung, hrsg. v. Peemöller, Volker H., 6. Aufl., Herne 2015, S. 353-508 (Darstellung der Discounted Cashflow-Verfahren).

BAETGE, JÖRG/THIELE, STEFAN, Gesellschafterschutz versus Gläubigerschutz. Rechenschaft versus Kapitalerhaltung, in: Handelsbilanzen und Steuerbilanzen, hrsg. v. Budde, Wolfgang Dieter/Moxter, Adolf/Offerhaus, Klaus, Düsseldorf 1997, S. 11-24 (Gesellschafterschutz versus Gläubigerschutz).

BALLWIESER, WOLFGANG, Geschäftswert, in: Lexikon des Rechnungswesens. Handbuch der Bilanzierung und Prüfung, der Erlös-, Finanz-, Investitions- und Kostenrechnung, hrsg. v. Busse von Colbe, Walther/Crasselt, Nils/Bernhard, Pellens, 5. Aufl., München 2011, S. 304-307 (Geschäftswert).

BALLWIESER, WOLFGANG, Aktuelle Fragen der Unternehmensbewertung in Deutschland. DCF-Bewertungsverfahren, persönliche Steuern und Börsenkurse im Zentrum, in: ST 2002, S. 745-750 (Unternehmensbewertung in Deutschland).

BALLWIESER, WOLFGANG, Informations-GoB - auch im Lichte von IAS und US-GAAP, in: KoR 2002, S. 115-121 (Informations-GoB).

BALLWIESER, WOLFGANG, IFRS-Rechnungslegung. Konzept, Regeln und Wirkungen, 3. Aufl., München 2013 (IFRS-Rechnungslegung).

BALLWIESER, WOLFGANG, Ansätze und Ergebnisse einer ökonomischen Analyse des Rahmenkonzepts zur Rechnungslegung, in: zfbf 2014, S. 451-476 (Ökonomische Analyse des Rahmenkonzepts).

BALLWIESER, WOLFGANG, Verbindung von Ertragswert- und Discounted-Cashflow-Verfahren, in: Praxishandbuch der Unternehmensbewertung, hrsg. v. Peemöller, Volker H., 6. Aufl., Herne 2015, S. 509-520 (Ertragswert- und Discounted-Cashflow-Verfahren).

BALLWIESER, WOLFGANG/KÜTING, KARLHEINZ/SCHILDBACH, THOMAS, Fair value – erstrebenswerter Wertansatz im Rahmen einer Reform der handelsrechtlichen Rechnungslegung?, in: BFuP 2004, S. 529-549 (Fair value – erstrebenswerter Wertansatz).

BALZER, ANDRÉ, Auswirkungen eines Unternehmenszusammenschlusses auf den IFRS-Abschluss, in: KoR 2013, S. 129-135 (Auswirkungen eines Unternehmenszusammenschlusses).

BÄTHE-GUSKI, MARTINA/DEBUS, CHRISTIAN/EBERHARDT, KERSTIN/KUHN, STEFFEN, Besonderheiten bei der Fair-Value-Ermittlung von Derivaten nach IFRS 13 - unter besonderer Berücksichtigung von IDW ERS HFA 47, in: WPg 2013, S. 741-752 (Besonderheiten bei der Fair-Value-Ermittlung).

BECK, RALF/KLAR, MICHAEL, Asset Deal versus Share Deal. Eine Gesamtbetrachtung unter expliziter Berücksichtigung des Risikokapitals, in: DB 1997, S. 2819-2826 (Asset Deal versus Share Deal).

BEINSEN, BIRGIT/WAGENHOFER, ALFRED, Das ambivalente Verhältnis des IASB zum Vorsichtsprinzip, in: IRZ 2013, S. 413-419 (Verhältnis des IASB zum Vorsichtsprinzip).

BERENS, WOLFGANG/MERTES, MARTIN/STRAUCH, JOACHIM, Unternehmensakquisitionen, in: Due Diligence bei Unternehmensakquisitionen, hrsg. v. Berens, Wolfgang u. a., 7. Aufl., Stuttgart 2013, S. 21-62 (Unternehmensakquisitionen).

BEYER, BETTINA, Die Bilanzierung des Goodwills nach IFRS. Eine konzeptionelle Betrachtung von Ansatz, Erst- und Folgebewertung, Wiesbaden 2015 (Die Bilanzierung des Goodwills nach IFRS).

BEYER, SVEN/MACKENSTEDT, ANDREAS, Grundsätze zur Bewertung immaterieller Vermögenswerte (IDW S 5), in: WPg 2008, S. 338-349 (Bewertung immaterieller Vermögenswerte).

BEYER, SVEN/ZWIRNER, CHRISTIAN, Fair Value-Bewertung von Vermögenswerten und Schulden, in: Unternehmenskauf nach IFRS und HGB. Purchase Price Allocation, Goodwill und Impairment-Test, hrsg. v. Ballwieser, Wolfgang/Beyer, Sven/Zelger, Hansjörg, 3. Aufl., Stuttgart 2014, S. 187-249 (Fair Value-Bewertung).

BEYHS, OLIVER/WAGNER, BERNADETTE, Die neuen Vorschriften des IASB zur Abbildung von Unternehmenszusammenschlüssen, in: DB 2008, S. 73-83 (Neue Vorschriften des IASB zur Abbildung von Unternehmenszusammenschlüssen).

BIANCONE, PAOLO PIETRO, Business Combinations Under Common Control (BCUCC): the Italian Experience, in: GSTF Journal on Business Review 2013, S. 51-60 (BCUCC the Italian Experience).

BIEKER, MARCUS/ESSER, MAIK, Der Impairment-Only-Ansatz des IASB: Goodwillbilanzierung nach IFRS 3 "Business Combinations", in: StuB 2004, S. 449-458 (Goodwillbilanzierung nach IFRS 3).

BIENER, HERBERT, Die Konzernrechnungslegung nach der Siebenten Richtlinie des Rates der Europäischen Gemeinschaften über den Konzernabschluß, in: DB 1983, Beilage Nr. 19 zu Heft 35, S. 1-16 (Konzernrechnungslegung nach der Siebenten Richtlinie).

BIENER, HERBERT/BERNEKE, WILHELM, Bilanzrichtlinien-Gesetz. Textausgabe des Bilanzrichtlinien-Gesetzes vom 19.12.1985 (Bundesgesetzbl. I S. 2355); mit Bericht des Rechtsausschusses des Dt. Bundestages, Regierungsentwürfe mit Begründung, EG-Richtlinien mit Begründung, Entstehung und Erl. des Gesetzes, Düsseldorf 1986 (Bilanzrichtlinien-Gesetz).

BILITEWSKI, ANDREA/ROß, NORBERT/WEISER, M. FELIX, Bilanzierung bei Verschmelzungen im handelsrechtlichen Jahresabschluss nach IDW RS HFA 42 - Überblick und ergänzende Hinweise (Teil 2), in: WPg 2014, S. 73-85 (Bilanzierung nach IDW RS HFA 42 (Teil 2)).

BLÖINK, THOMAS/KNOLL-BIERMANN, THOMAS, Bilanzrichtlinie-Umsetzungsgesetz (BilRUG). Hintergrund und Kernelemente des Regierungsentwurfs vom 07.01.2015, in: Der Konzern 2015, S. 65-79 (Bilanzrichtlinie-Umsetzungsgesetz).

BÖCKEM, HANNE, Die Reform von IAS 24-Angaben über Beziehungen zu nahe stehenden Unternehmen und Personen (Related Party Disclosures), in: WPg 2009, S. 644-649 (Reform von IAS 24-Angaben).

BÖCKEM, HANNE/SCHLÖGEL, GORDON, Goodwillbewertung: Erstmalige Allokation des Goodwill und Konsequenzen konzerninterner Reorganisation, in: KoR 2011, S. 182-186 (Goodwillbewertung).

BÖCKEM, HANNE/STIBI, BERND/ZOEGER, OLIVER, IFRS 10 "Consolidated Financial Statements". Droht eine grundlegende Revision des Konsolidierungskreises?, in: KoR 2011, S. 399-409 (Konsolidierungskreis nach IFRS 10).

BÖCKING, HANS-JOACHIM/KLEIN, GABRIELE/LOPATTA, KERSTIN, Internationale Entwicklungen bei der Bilanzierung von Unternehmenszusammenschlüssen. Die Abschaffung der Pooling of Interests-Methode als Hinwendung zu einer kapitalmarktorientierten Rechnungslegung?, in: KoR 2001, S. 17-25 (Abschaffung der Pooling of Interests-Methode).

BOEMLE, MAX, Konsolidierungspflicht in Teilkonzernen. Lehren aus dem Fall Scintilla AG, in: ST 1999, S. 283-290 (Konsolidierungspflicht in Teilkonzernen).

BORES, WILHELM, Konsolidierte Erfolgsbilanzen und andere Bilanzierungsmethoden für Konzerne und Kontrollgesellschaften, Leipzig 1935 (Konsolidierte Erfolgsbilanzen).

BRÄHLER, GERNOT, Umwandlungssteuerrecht. Grundlagen für Studium und Steuerberaterprüfung, 8. Aufl., Wiesbaden 2014 (Umwandlungssteuerrecht).

BROWN, JOAN, Fixing the asset and liability definitions - but only the bits that are broken, in: IRZ 2014, S. 423-426 (Asset and liability definitions).

BRÜCKS, MICHAEL/WIEDERHOLD, PHILIPP, IFRS 3 Business Combinations. Darstellung der neuen Regelungen des IASB und Vergleich mit SFAS 141 und SFAS 142, in: KoR 2004, S. 177-185 (IFRS Business Combinations).

BRUNS, HANS-GEORG, »Pooling of Interests« – der Zusammenschluß der Daimler-Benz AG und der Chrysler Corporation, in: DBW 1999, S. 831-840 (Zusammenschluß der Daimler-Benz AG und der Chrysler Corporation).

BUDDE, THOMAS, Wertminderungstests nach IAS 36: komplexe Rechenwerke nicht nur für die Bewertung des Goodwill, in: BB 2005, S. 2567-2573 (Wertminderungstests nach IAS 36).

BUDDE, THOMAS, Bilanzierung von Common-Control-Transaktionen bei erstmaliger Anwendung der IFRS, in: KoR 2007, S. 29-34 (Bilanzierung von Common-Control-Transaktionen).

BUSCH, JULIA/BOECKER, CORINNA, ED/2015/3: Conceptual Framework for Financial Reporting. Ein erster Überblick zur vorgeschlagenen Neufassung, in: IRZ 2015, S. 270-272 (Conceptual Framework for Financial Reporting).

BUSCH, JULIA/ZWIRNER, CHRISTIAN, Planmäßige Abschreibung materieller und immaterieller Vermögenswerte. Änderungen von IAS 16 und IAS 38, in: IRZ 2014, S. 415-418 (Planmäßige Abschreibung materieller und immaterieller Vermögenswerte).

BUSCHHÜTER, MICHAEL/SENGER, THOMAS, Common Control Transactions. Aktuelle Bestandsaufnahme und Ausblick, in: IRZ 2009, S. 23-28 (Common Control Transactions).

BUSSE VON COLBE, WALTHER/ORDELHEIDE, DIETER/GEBHARDT, GÜNTHER/PELLENS, BERNHARD, Konzernabschlüsse, 9. Aufl., Wiesbaden 2010 (Konzernabschlüsse).

BYSIKIEWICZ, MARCUS, Unternehmensbewertung bei der Spaltung. Entscheidung, Argumentation, Vermittlung, Wiesbaden 2009 (Unternehmensbewertung bei Spaltungen).

CANARIS, CLAUS-WILHELM, Die Feststellung von Lücken im Gesetz. Eine methodologische Studie über Voraussetzungen und Grenzen der richterlichen Rechtsfortbildung praeter legem, 2. Aufl., Berlin 1983 (Lücken im Gesetz).

CASSEL, JOCHEN, Unternehmensbewertung im IFRS-Abschluss. Fair Value-Bewertung von Unternehmen und Sachgesamtheiten, Berlin 2012 (Unternehmensbewertung im IFRS-Abschluss).

CASTEDELLO, MARC/KLINGBEIL, CHRISTIAN, IFRS 13: Anwendungsfragen bei nicht-finanziellen Vermögenswerten in der Praxis, in: WPg 2012, S. 482-488 (Anwendungsfragen zu IFRS 13).

CHANDLER, ALFRED DUPONT, Strategy and Structure. Chapters in the History of the Amercian Industrial Enterprise, 4. Aufl., Cambridge, Massachusetts, London 1973 (Strategy and Structure).

CHARIFZADEH, MICHEL, Corporate Restructuring. Ein wertorientiertes Entscheidungsmodell, Lohmar 2002 (Corporate Restructuring).

CHERIDITO, YVES/HADEWICZ, TOMMY, Marktorientierte Unternehmensbewertung. Die wichtigsten Aspekte der immer stärker verbreiteten Bewertungsmethode mittels Market Multiples, in: ST 2001, S. 321-330 (Marktorientierte Unternehmensbewertung).

CHRISTIAN, DIETER, Transaktion unter gemeinsamer Beherrschung (common control) im Teilkonzernabschluss. Betrachtung der faktischen Wahlrechte, in: PiR 2012, S. 167-173 (Transaktionen im Teilkonzernabschluss).

COENENBERG, ADOLF G./HALLER, AXEL/SCHULTZE, WOLFGANG, Jahresabschluss und Jahresabschlussanalyse. Betriebswirtschaftliche, handelsrechtliche, steuerrechtliche und internationale Grundlagen - HGB, IAS/IFRS, US-GAAP, DRS, 23. Aufl., Stuttgart 2014 (Jahresabschluss und Jahresabschlussanalyse).

COENENBERG, ADOLF G./STRAUB, BARBARA, Rechenschaft versus Entscheidungsunterstützung: Harmonie oder Disharmonie der Rechnungszwecke?, in: KoR 2008, S. 17-26 (Rechenschaft versus Entscheidungsunterstützung).

DEBUS, CHRISTIAN, Haftungsregelungen im Konzernrecht. Eine ökonomische Analyse, Frankfurt am Main 1990 (Haftungsregelungen im Konzernrecht).

DEHMEL, INGA, Aktuelle Entwicklungen bei den Definitions- und Ansatzkriterien für Vermögenswerte im Conceptual-Framework-Projekt des IASB, in: BB 2015, S. 1770-1775 (Definitions- und Ansatzkriterien).

DEMPFLE, URS, Charakterisierung, Analyse und Beeinflussung der Konzernsteuerquote, Wiesbaden 2006 (Beeinflussung der Konzernsteuerquote).

DETTENRIEDER, DOMINIK, Hedge Accounting in Industrieunternehmen nach IFRS 9, Lohmar 2014 (Hedge Accounting).

DEUBERT, MICHAEL/LEWE, STEFAN, Auswirkungen von Aufwärtsabspaltungen in den handelsrechtlichen Jahresabschlüssen der beteiligten Rechtsträger, in: BB 2015, S. 2347-2351 (Auswirkungen von Aufwärtsabspaltungen).

DITTMAR, PETER/GRAUPE, FABIAN, Analyse der Neuregelungen nach IFRS 11 für den deutschen Rechtsraum unter besonderer Berücksichtigung der Übergangsvorschriften, in: KoR 2012, S. 404-410 (Analyse der Neuregelung nach IFRS 11).

DOBLER, MICHAEL/HETTICH, SILVIA, Geplante Änderungen der Rahmenkonzepte von IASB und FASB. Konzeption, Vergleich, Würdigung, in: IRZ 2007, S. 29-36 (Geplante Änderungen der Rahmenkonzepte).

DUHR, ANDREAS, Grundsätze ordnungsmäßiger Geschäftswertbilanzierung. Objektivierungskonzeptionen des Geschäftswertes nach HGB, IFRS und U.S. GAAP, Düsseldorf 2006 (Grundsätze ordnungsmäßiger Geschäftswertbilanzierung).

DUTZI, ANDREAS/LEUVELD, HOLGER CHRISTOPH/RAUSCH, BASTIAN, Zweifelsfragen bei der Bilanzierung von Upstream Mergers nach HGB und IFRS, in: BB 2015, S. 2219-2223 (Bilanzierung von Upstream Mergers).

EBELING, RALF MICHAEL, Die Einheitsfiktion als Grundlage der Konzernrechnungslegung. Aussagegehalt und Ansätze zur Weiterentwicklung des Konzernabschlusses nach deutschem HGB unter Berücksichtigung konsolidierungstechnischer Fragen, Stuttgart 1995 (Einheitsfiktion).

EPPINGER, CHRISTOPH, Die Bewertung von Beteiligungen in der Handelsbilanz. Konzeption informationsorientierter Bewertungsgrundsätze de lege lata und de lege ferenda, Hamburg 2008 (Bewertung von Beteiligungen).

ERB, CARSTEN/PELGER, CHRISTOPH, Auf dem Weg zum neuen Rahmenkonzept der IFRS-Rechnungslegung. Darstellung und Würdigung des Diskussionspapiers DP/2013/1 des IASB, in: KoR 2013, S. 517-524 (Neues Rahmenkonzept der IFRS-Rechnungslegung).

ERB, CARSTEN/PELGER, CHRISTOPH, Potentielle Praxisimplikationen des Diskussionspapier zum künftigen IFRS-Rahmenkonzept, in: IRZ 2014, S. 21-25 (Praxisimplikationen zum künftigen IFRS-Rahmenkonzept).

ERB, CARSTEN/PELGER, CHRISTOPH, Potenzielle Praxisimplikationen des Entwurfs zum künftigen IFRS-Rahmenkonzept, in: IRZ 2015, S. 337-341 (ED-Rahmenkonzept).

ERB, CARSTEN/PELGER, CHRISTOPH, Welche Vorstellungen hat der IASB vom neuen Rahmenkonzept?, in: WPg 2015, S. 1058-1064 (Vorstellungen vom neuen Rahmenkonzept).

ERCHINGER, HOLGER/MELCHER, WINFRIED, IFRS-Konzernrechnungslegung Neuerungen nach IFRS 10, in: DB 2011, S. 1229-1238 (Neuerungen nach IFRS 10).

ERHARDT, MARTIN, Push-down accounting - eine kritische Würdigung, in: BBK 2003, S. 757-762 (Push-down accounting).

EWELT-KNAUER, CORINNA, Der Konzernabschluss als Berichtsinstrument der wirtschaftlichen Einheit. Zur Abgrenzung des Vollkonsolidierungskreises sowie zur bilanziellen Abbildung von Transaktionen mit Dritten, Lohmar 2010 (Konzernabschluss als Berichtsinstrument der wirtschaftlichen Einheit).

EY (Hrsg.), To the Point. FASB - final guidance. FASB makes pushdown accounting optional, verfügbar unter: http://www.ey.com/Publication/vwLUAssets/TothePoint_BB2882_Pushdown_19November2014/$FILE/TothePoint_BB2882_Pushdown_19November2014.pdf (Stand: 07.01.2016) (FASB makes pushdown accounting optional).

EY (Hrsg.), Business combinations. Financial reporting developments. A comprehensive guide, verfügbar unter: http://www.ey.com/UL/en/AccountingLink/Publications-library-Financial-Reporting-Developments (Stand: 30.12.2015) (Developments Business Combinations).

EY (Hrsg.), US GAAP/IFRS accounting differences identifier tool, verfügbar unter: http://www.ey.com/Publication/vwLUAssetsAL/USGAAPIFRSAccountingDifferencesIdentifierTool_BB3120_22December2015/$FILE/USGAAPIFRSAccountingDifferencesIdentifierTool_BB3120_22December2015.pdf (Stand: 08.01.2016) (US GAAP/IFRS accounting differences).

FINK, CHRISTIAN, Bilanzierung von Unternehmenszusammenschlüssen nach der Überarbeitung von IFRS 3, in: PiR 2008, S. 114-119 (Unternehmenszusammenschlüsse).

FISCHER, DANIEL T., IFRS 13 - Fair Value Measurement, in: PiR 2011, S. 235-238 (Fair Value Measurement).

FISCHER, DANIEL T., Entwurf eines neugefassten Rahmenkonzepts (ED/2015/3), in: PiR 2015, S. 224-226 (Neues Rahmenkonzept).

FLICK, PETER/GEHRER, JUDITH/MEYER, SVEN, Neue Vorschriften für die Fair Value-Ermittlung von Finanzinstrumenten durch IFRS 13, in: IRZ 2011, S. 387-393 (Neue Vorschriften für die Fair Value-Ermittlung).

FOCKEN, ELKE/LENZ, HANSRUDI, Spielräume der Kapitalkonsolidierung nach der Erwerbsmethode bei Beteiligungserwerb durch Anteilstausch, in: DB 2000, S. 2437-2442 (Spielräume der Kapitalkonsolidierung).

FÖRSCHLE, GERHART/KRONER, MATTHIAS/ROLF, ELLEN, Internationale Rechnungslegung: US-GAAP, HGB und IAS, 3. Aufl., Bonn 1999 (Internationale Rechnungslegung).

FÖRSTER, GUIDO, Umstrukturierung deutscher Tochtergesellschaften im Ertragsteuerrecht, Düsseldorf 1991 (Umstrukturierung deutscher Tochtergesellschaften).

FRANKE, FLORIAN, Synergien in Rechtsprechung und Rechnungslegung. Behandlung von Synergiepotenzialen im Gesellschafts- und Handelsrecht, Wiesbaden 2009 (Synergien in Rechtsprechung und Rechnungslegung).

FREIBERG, JENS, Gewinnrealisation bei Tauschgeschäften nach IFRS, in: PiR 2007, S. 171-173 (Gewinnrealisation bei Tauschgeschäften).

FREIBERG, JENS, Was ist ein business i. S. von IFRS 3?, in: PiR 2010, S. 114-116 (Was ist ein business).

FREIBERG, JENS, Identifizierung des Erwerbers bei (umgekehrtem) Erwerb, in: PiR 2011, S. 116-117 (Identifizierung des Erwerbers).

FREIBERG, JENS, Zeitpunkt des ersten goodwill impairment-Tests nach Erwerb, in: PiR 2011, S. 359-360 (Zeitpunkt des ersten goodwill impairment-Tests).

FREIBERG, JENS, Bilanzielle Behandlung von Transaktionen mit Gesellschaftern, in: PiR 2014, S. 221-224 (Bilanzielle Behandlung von Transaktionen mit Gesellschaftern).

FREIBERG, JENS, Die fair value-Bewertung im Spannungsverhältnis von relevance und reliability. Bewertung der Beteiligung als Ganzes oder über Preis x Anzahl, in: PiR 2015, S. 42-47 (Die fair value-Bewertung).

FUCHS, MARKUS/STIBI, BERND, Combinations by Contract Alone or Involving Mutual Entities. Exposure Draft einer Änderung des IFRS 3, in: WPg 2004, S. 1010-1015 (Combinations by Contract Alone).

FUCHS, MARKUS/STIBI, BERND, IFRS 11 „Joint Arrangements" - lange erwartet und doch noch mit (kleinen) Überraschungen?, in: BB 2011, S. 1451-1455 (IFRS 11 Joint Arrangements).

FÜLBIER, ROLF UWE/GASSEN, JOACHIM, Bilanzrechtsregulierung: Auf der ewigen Suche nach der eierlegenden Wollmichsau, in: Private und öffentliche Rechnungslegung. Festschrift für Hannes Streim zum 65. Geburtstag, hrsg. v. Wagner, Franz W./Schildbach, Thomas/Schneider, Dieter, Wiesbaden 2009, S. 135-156 (Bilanzrechtsregulierung).

GALLASCH, FLORIAN, Die Bilanzierung von Versicherungsverträgen nach IFRS 4 Phase II. Das Bewertungsmodell für Erst- und passive Rückversicherungsverträge im Schaden- und Unfallbereich, Lohmar 2014 (Bilanzierung von Versicherungsverträgen).

GASSEN, JOACHIM/EISENSCHINK, TIMO/WEIL, MATTHIAS, Das Konzept der rechnungslegenden Einheit nach ED/2010/2, in: WPg 2010, S. 805-809 (Konzept der rechnungslegenden Einheit).

GASSEN, JOACHIM/FISCHKIN, MICHAEL/HILL, VERENA, Das Rahmenkonzept-Projekt des IASB und des FASB: Eine normendeskriptive Analyse des aktuellen Stands, in: WPg 2008, S. 874-882 (Rahmenkonzept-Projekt des IASB und des FASB).

GATTUNG, ANDREAS, Berichterstattung über Beziehungen zu nahe stehenden Unternehmen und Personen. Implikationen für eine "faithful representation" nach IFRS, Saarbrücken 2007 (Berichterstattung zu nahe stehenden Unternehmen).

GEBHARDT, GÜNTHER/MORA, ARACELI/WAGENHOFER, ALFRED, Revisiting the Fundamental Concepts of IFRS, in: Abacus 2014, S. 107-116 (Fundamental Concepts of IFRS).

GIMPEL-HENNING, NILS, Sukzessive Anteilserwerbe im IFRS-Konzernabschluss. Bilanzielle Auswirkungen des Statuswechsels von Unternehmensbeteiligungen, Lohmar 2015 (Sukzessive Anteilserwerbe).

GIMPEL-HENNING, NILS, Bilanzierung der Altanteile bei sukzessiven Unternehmenserwerben. Implikationen aus der Anwendung der Bewertungsleitlinien des IFRS 13, in: PiR 2016, S. 37-44 (Altanteile bei sukzessiven Unternehmenserwerben).

GIMPEL-HENNING, NILS, Die Interpretation eines Goodwill aus stufenweisen Unternehmenserwerben nach IFRS 3. Eine zu Unrecht vernachlässigte Thematik, in: KoR 2016, S. 20 (Interpretation eines Goodwill aus stufenweisen Unternehmenserwerben).

GLAUM, MARTIN/VOGEL, SILVIA, Bilanzierung von Unternehmenszusammenschlüssen nach IFRS 3, in: ZfCM 2004, S. 43-53 (Bilanzierung von Unternehmenszusammenschlüssen).

GLINKEMANN, STEFAN, Konsolidierung nach der "Pooling-of-Interests"-Methode, in: BB 1991, S. 2477-2489 (Pooling-of-Interests-Methode).

GÖRLING, HELMUT, Die Verbreitung zwei- und mehrstufiger Unternehmensverbindungen. Ergebnisse einer empirischen Untersuchung, in: AG 1993, S. 538-547 (Verbreitung zwei- und mehrstufiger Unternehmensverbindungen).

GÖTH, PETER, Das Eigenkapital im Konzernabschluß. Bilanzielle Darstellung, Ergebnisverwendungsrechnung, Konsolidierungstechnik, Stuttgart 1997 (Eigenkapital im Konzernabschluß).

GRÄFER, HORST/SCHELD, GUIDO A., Grundzüge der Konzernrechnungslegung, 12. Aufl., Berlin 2012 (Konzernrechnungslegung).

GRAUMANN, MATHIAS, Bilanzierung der Sachanlagen nach IAS. Ansatz und Zugangsbewertung, in: StuB 2004, S. 709-717 (Bilanzierung der Sachanlagen nach IAS).

GROCH, CLAUDIUS, Buchwertfortführung bei Umstrukturierungen im IFRS-Teilkonzernabschluss. Ist ein negatives Eigenkapital im deutschen Teilkonzernabschluss zulässig und verständlich vermittelbar?, in: PiR 2011, S. 342-345 (Buchwertfortführung bei Umstrukturierungen).

GROS, STEFAN, Bilanzierung eines „bargain purchase“ nach IFRS 3. Sofortige erfolgswirksame Erfassung eines negativen Unterschiedsbetrages aus der Kapitalkonsolidierung im Konzernabschluss, in: DStR 2005, S. 1954-1960 (Bilanzierung eines bargain purchase).

GROSS, GERHARD, Teilkonzernabschlüsse als Mittel des Minderheitenschutzes? Ein Diskussionsbeitrag zur internationalen Entwicklung unter Berücksichtigungder deutschen Verhältnisse, in: WPg 1976, S. 214-220 (Teilkonzernabschlüsse und Minderheitenschutz).

GROßE, JAN-VELTEN, IFRS 13 „Fair Value Measurement“ – Was sich (nicht) ändert, in: KoR 2011, S. 286-296 (IFRS 13 Fair Value Measurement).

GROTHERR, SIEGFRIED, Grunderwerbsteuerliche Probleme bei der Umstrukturierung von Unternehmen und Konzernen, in: BB 1994, S. 1970-1982 (Umstrukturierung von Unternehmen und Konzernen).

GUNDEL, TOBIAS/MÖHLMANN-MAHLAU, THOMAS/SÜNDERMANN, FRANK, Wider dem Impairment-Only-Approach oder die Goodwillblase wächst, in: KoR 2014, S. 130-137 (Wider dem Impairment-Only-Approach).

GUTSCHE, ROBERT, Intangibles, quo vadis? - Eine kritische Analyse von IFRS 13 und IFRS 3, in: IRZ 2015, S. 193-198 (Intangibles, quo vadis).

HAAKER, ANDREAS, Die Zuordnung des Goodwill auf Cash Generating Units zum Zweck des Impairment-Tests nach IFRS. Zur Notwendigkeit der Berücksichtigung eines "negativen Goodwill" auf Ebene der Cash Generating Units, in: KoR 2005, S. 426-434 (Zuordnung des Goodwill auf Cash Generating Units).

HAAKER, ANDREAS, Potential der Goodwill-Bilanzierung nach IFRS für eine Konvergenz im wertorientierten Rechnungswesen. Eine messtheoretische Analyse, Wiesbaden 2008 (Goodwill-Bilanzierung nach IFRS).

HAAKER, ANDREAS, Zur Ausübung des Full-Goodwill-Wahlrechts nach IFRS 3 (2008). Beteiligungsproportionale oder Full-Goodwill-Bilanzierung?, in: CFO aktuell 2008, S. 238-241 (Full-Goodwill-Wahlrecht nach IFRS 3).

HAAKER, ANDREAS/FREIBERG, JENS, Sofortige Vereinnahmung eines negativen goodwill als Ertrag?, in: PiR 2011, S. 324-325 (Sofortige Vereinnahmung eines negativen goodwill).

HAAKER, ANDREAS/FREIBERG, JENS, Endorsement des IFRS-Rahmenkonzepts, in: PiR 2013, S. 259-260 (Endorsement IFRS-Rahmenkonzept).

HAAKER, ANDREAS/PAARZ, MICHAEL, Einfluss der Vodafone-Diskussion sowie der IFRS auf die steuerrechtliche Behandlung von Akquisitionen, in: StuB 2004, S. 686-691 (Steuerrechtliche Behandlung von Akquisitionen).

HAAS, CORNELIA, Goodwill-Bilanzierung nach IFRS und Implikationen für das Controlling, Lohmar 2009 (Goodwill-Bilanzierung nach IFRS).

HACHMEISTER, DIRK, Auswirkungen der Goodwill-Bilanzierung auf das Controlling, in: Controlling 2006, S. 425-432 (Auswirkungen der Goodwill-Bilanzierung).

HACHMEISTER, DIRK, Neuregelung der Bilanzierung von Unternehmenszusammenschlüssen nach IFRS 3 (2008), in: IRZ 2008, S. 115-122 (Unternehmenszusammenschlüsse nach IFRS 3).

HACHMEISTER, DIRK/HERMENS, ANN-SOPHIE, Möglichkeiten und Grenzen der Bilanzpolitik durch veränderte Einflussnahme und Goodwillbilanzierung, in: BFuP 2011, S. 37-52 (Möglichkeiten und Grenzen der Bilanzpolitik durch veränderte Einflussnahme).

HACHMEISTER, DIRK/KUNATH, OLIVER, Die Bilanzierung des Geschäfts- oder Firmenwerts im Übergang auf IFRS 3, in: KoR 2005, S. 62-75 (Bilanzierung des Geschäfts- oder Firmenwerts).

HACHMEISTER, DIRK/RUTHARDT, FREDERIK, Die Bedeutung von Börsenkursen und Vorerwerbspreisen im Rahmen von Unternehmensbewertungen, in: DB 2014, S. 1689-1695 (Bedeutung von Börsenkursen und Vorerwerbspreisen).

HAIL, LUZI, Pooling of Interests als Alternative zum Purchase Accounting? Neu entfachte Debatte um die Verbuchung von Unternehmenszusammenschlüssen, in: ST 1999, S. 701-712 (Pooling of Interests als Alternative).

HARTMANN, BEATE, Die Spaltung von Kapitalgesellschaften nach neuem UmwStG in ertragsteuerrechtlicher und betriebswirtschaftlicher Sicht, Frankfurt am Main 1997 (Spaltung von Kapitalgesellschaften).

HAYN, BENITA, Konsolidierungstechnik bei Erwerb und Veräußerung von Anteilen. Ein Leitfaden zur praktischen Umsetzung der Erst-, Übergangs- und Endkonsolidierung, Herne 1999 (Konsolidierungstechnik).

HAYN, SVEN, Entwicklungstendenzen im Rahmen der Anwendung von IFRS in der Konzernrechnungslegung, in: BFuP 2005, S. 424-439 (Entwicklungstendenzen in der Konzernrechnungslegung).

HAYN, SVEN, Ausgewählte Konsolidierungsfragen zu konzerninternen Reorganisationen und Anteilserwerben, in: Globale Finanzberichterstattung. Entwicklung, Anwendung und Durchsetzung von IFRS - Festschrift für Liesel Knorr, hrsg. v. Bruns, Hans-Georg u. a., Stuttgart 2008, S. 423-443 (Ausgewählte Konsolidierungsfragen).

HAYN, SVEN, Bilanzierung komplexer Konsolidierungskreisänderungen, in: Bilanz als Informations- und Kontrollinstrument. Kapitalmarktorientierte Rechnungslegung und integrierte Unternehmenssteuerung, hrsg. v. Küting, Karlheinz, Stuttgart 2008, S. 255-275 (Komplexe Konsolidierungskreisänderungen).

HAYN, SVEN/GRÜNE, MICHAEL, Konzernabschluss nach IFRS. Konsolidierung und Bilanzierung, München 2006 (Konzernabschluss nach IFRS).

HEIDEMANN, CHRISTIAN, Die Kaufpreisallokation bei einem Unternehmenszusammenschluss nach IFRS 3, Düsseldorf 2005 (Kaufpreisallokation nach IFRS 3).

HENDLER, MATTHIAS/ZÜLCH, HENNING, Anteile anderer Gesellschafter im IFRS-Konzernabschluss, in: WPg 2005, S. 1155-1166 (Anteile anderer Gesellschafter).

HENDLER, MATTHIAS/ZÜLCH, HENNING, Unternehmenszusammenschlüsse und Änderung von Beteiligungsverhältnissen bei Tochterunternehmen - die neuen Regelungen des IFRS 3 und IAS 27, in: WPg 2008, S. 484-493 (Beteiligungsverhältnisse bei Tochterunternehmen).

HENSE, BURKHARD, Die Rechnungslegung im Umwandlungsfall, in: Reform des Umwandlungsrechts. Wirtschafts- und gesellschaftsrechtliche, arbeitsrechtlich und steuerrechtliche Aspekte unter besonderer Berücksichtigung von Fragen der Bewertung, Rechnungslegung und Prüfung, hrsg. v. IDW, Düsseldorf 1993, S. 171-196 (Rechnungslegung im Umwandlungsfall).

HERMENS, ANN-SOPHIE/KLEIN, CHRISTIAN, Berücksichtigung des Goodwill bei internen Restrukturierungen. Eine kritische Würdigung des relative value approach, in: KoR 2010, S. 6-12 (Goodwill bei internen Restrukturierungen).

HERZIG, NORBERT, Verbesserung der steuerneutralen Umstrukturierungsmöglichkeiten, insbesondere durch das neue Umwandlungsgesetz, in: Steuerorientierte Umstrukturierung von Unternehmen, hrsg. v. Herzig, Norbert, Stuttgart 1997, S. 1-50 (Steuerneutrale Umstrukturierungsmöglichkeiten).

HERZIG, NORBERT, Veränderung von Beteiligungsstrukturen im Konzern durch Umwandlung, Einbringung und Veräußerung, in: Kölner Konzernrechtstage: Steuerrecht und steuerorientierte Gestaltungen im Konzern, hrsg. v. Schaumburg, Harald, Köln 1998, S. 85-111 (Veränderung von Beteiligungsstrukturen im Konzern).

HERZIG, NORBERT, Gestaltung steuerorientierter Umstrukturierungen im Konzern, in: DB 2000, S. 2236-2245 (Umstrukturierungen im Konzern).

HERZIG, NORBERT, Gestaltung der Konzernsteuerquote - eine neue Herausforderung für die Steuerberatung?, in: WPg-Sonderheft 2003, S. 80-92 (Gestaltung der Konzernsteuerquote).

HERZIG, NORBERT/FÖRSTER, GUIDO, Steuerneutrale Umstrukturierung von Konzernen, in: StuW 1998, S. 99-113 (Steuerneutrale Umstrukturierung von Konzernen).

HESSE, TIMO, Debt Restructuring. Eine Untersuchung der Abbildung finanzieller Sanierungsmaßnahmen nach HGB unter Berücksichtigung der IFRS, Lohmar 2014 (Debt Restructuring).

HETTICH, SILVIA, Zweckadäquate Gewinnermittlungsregeln, Frankfurt am Main 2006 (Zweckadäquate Gewinnermittlung).

HEURUNG, RAINER, Kapitalkonsolidierungsmethoden für verbundene Unternehmen im Vergleich zwischen IAS und US-GAAP, in: DB 2000, S. 1773-1781 (Kapitalkonsolidierungsmethoden im Vergleich).

HINZ, MICHAEL, Der Konzernabschluss als Instrument zur Informationsvermittlung und Ausschüttungsbemessung, Wiesbaden 2002 (Konzernabschluss als Instrument zur Informationsvermittlung).

HINZ, MICHAEL, Goodwillbilanzierung, in: IFRS-Rechnungslegung. Grundlagen - Aufgaben - Fallstudien, hrsg. v. Brösel, Gerrit/Zwirner, Christian, 2. Aufl., München 2009, S. 349-366 (Goodwillbilanzierung).

HITZ, JÖRG-MARKUS, Das Diskussionspapier "Fair Value Measurements" des IASB - Inhalt und Bedeutung, in: WPg 2007, S. 361-367 (Diskussionspapier Fair Value Measurements).

HITZ, JÖRG-MARKUS/KUHNER, CHRISTOPH, Die Neuregelung zur Bilanzierung des derivativen Goodwill nach SFAS 141 und 142 auf dem Prüfstand, in: WPg 2002, S. 273-287 (Derivativer Goodwill nach US-GAAP).

HITZ, JÖRG-MARKUS/ZACHOW, JANNIS, Vereinheitlichung des Wertmaßstabs „beizulegender Zeitwert" durch IFRS 13 „Fair Value Measurement", in: WPg 2011, S. 964-972 (Beizulegender Zeitwert nach IFRS 13).

HOEHNE, FELIX, Veräußerung von Anteilen an Tochterunternehmen im IFRS-Konzernabschluss. End- und Übergangskonsolidierung, Wiesbaden 2009 (Veräußerung von Anteilen an Tochterunternehmen im IFRS-Konzernabschluss).

HOFFMANN, IRA, Die Kapitalkonsolidierung bei Interessenzusammenführung gemäß § 302 HGB. Darstellung und Analyse der Interessenzusammenführungs-Methode im Vergleich zur Kapitalkonsolidierung nach der Buchwertmethode und zur aktienrechtlichen Verschmelzung durch Aufnahme, Bergisch Gladbach 1992 (Kapitalkonsolidierung bei Interessenzusammenführung).

HOFFMANN, WOLF-DIETER, Immaterielle Vermögenswerte beim Unternehmenserwerb, in: PiR 2012, S. 67-68 (Immaterielle Vermögenswerte beim Unternehmenserwerb).

HOFFMANN, WOLF-DIETER, Tauschgeschäfte, in: PiR 2013, S. 33-34 (Tauschgeschäfte).

HOFFMANN, SEBASTIAN/DETZEN, DOMINIC, Das Joint Conceptual Framework von IASB und FASB - Praktische Implikationen aus dem Abschluss der Phase A für kapitalmarktorientierte Unternehmen, in: KoR 2012, S. 53-55 (Das Joint Conceptual Framework).

HOFMANN, ERIK, Realisierung von Synergien und Vermeidung von Dyssynergien. Eine zentrale Herausforderung für das Pre und Post Merger Controlling, in: Controlling 2005, S. 483-489 (Realisierung von Synergien und Vermeidung von Dyssynergien).

HOFMANN, UWE/TRILTZSCH, JANA, Bilanzieller Ausweis negativer Unterschiedsbeträge aus der Kapitalkonsolidierung nach HGB und IFRS, in: StuB 2003, S. 729-735 (Bilanzieller Ausweis negativer Unterschiedsbeträge).

HÖLLERSCHMID, CHRISTIAN/KERSCHBAUMER, HELMUT/SCHLÖGEL, GORDON, Unternehmenszusammenschlüsse und Konsolidierung. Praxisleitfaden zur internationalen Rechnungslegung (IFRS) spezial, Wien 2014 (Unternehmenszusammenschlüsse und Konsolidierung).

HOMFELDT, NIKLAS BENEDICT, Interessengeleitete Rechnungslegung. Internationale Angleichung und politische Ökonomie am Beispiel des "fair value", Wiesbaden 2013 (Interessengeleitete Rechnungslegung).

HOMMEL, MICHAEL, Bilanzierung von Goodwill und Badwill im internationalen Vergleich, in: RIW 2001, S. 801-809 (Bilanzierung von Goodwill und Badwill).

HOMMEL, MICHAEL, Neue Goodwillbilanzierung - das FASB auf dem Weg zur entobjektivierten Bilanz?, in: BB 2001, S. 1943-1949 (Neue Goodwillbilanzierung).

HOMMEL, MICHAEL/BENKEL, MURIEL/WICH, STEFAN, IFRS 3 Business Combinations: Neue Unwägbarkeiten im Jahresabschluss, in: BB 2004, S. 1267-1273 (IFRS 3 Business Combinations).

HOOGERVORST, HANS, Zur künftigen Ausrichtung der IFRS, in: WPg 2011, S. 1 (Künftige Ausrichtung der IFRS).

JASKOLSKI, TORSTEN, Akquisitionsmethode und Bewertung immaterieller Vermögenswerte. Eine interdisziplinäre und gesamtheitliche Betrachtung des Tax Amortization Benefit, Wiesbaden 2013 (Akquisitionsmethode).

JENSEN, MICHAEL/MECKLING, WILLIAM H., Theory of the Firm. Managerial Behavior, Agency Costs and Ownership Structure, in: Journal of Financial Economics 1976, S. 305-360 (Theory of the Firm).

JOHNSON, TODD/PETRONE, KIMBERLEY, Is Goodwill an Asset?, in: Accounting Horizons 1998, S. 293-303 (Is Goodwill an Asset).

KAHLING, DIETER, Bilanzierung bei konzerninternen Verschmelzungen, Düsseldorf 1999 (Bilanzierung konzerninterner Verschmelzungen).

KALANTARY, ASHKAN, Fair Value-Bewertung immaterieller Vermögenswerte nach IFRS. Objektivierungsmöglichkeiten und -grenzen, Frankfurt am Main 2012 (Fair Value-Bewertung immaterieller Vermögenswerte).

KALAYCI, DENIZ/SOMMER, FRIEDRICH, Bewertung von Synergien bei Unternehmensakquisitionen, in: WiSt 2012, S. 134-142 (Synergien bei Unternehmensakquisitionen).

KAMPMANN, HELGA/SCHWEDLER, KRISTINA, Zum Entwurf eines gemeinsamen Rahmenkonzepts von FASB und IASB, in: KoR 2006, S. 521-530 (Gemeinsames Rahmenkonzept des FASB und IASB).

KAPLAN, ROBERT S./NORTON, DAVID P., Grünes Licht für Ihre Strategie, in: Harvard Business Manager 2004, S. 18-33 (Grünes Licht für Ihre Strategie).

KASPERZAK, RAINER, Wertminderungstest nach IAS 36 - Ein Plädoyer für die Abschaffung des Konzepts des erzielbaren Betrages, in: BFuP 2011, S. 1-17 (Plädoyer für die Abschaffung des Konzepts des erzielbaren Betrages).

KASPERZAK, RAINER/LIECK, HANS, Die Darstellung von Unternehmenszusammenschlüssen unter gemeinsamer Beherrschung im IFRS-Teilkonzernabschluss einer börsennotierten AG. Predecessor Accounting oder Separate Reporting Entity Approach zum Schutz der Minderheitsgesellschafter?, in: DB 2008, S. 769-777 (Unternehmenszusammenschlüsse unter gemeinsamer Beherrschung).

KASPERZAK, RAINER/LIECK, HANS, Nicht jeder vermeintlich günstige Kauf (bargain purchase) ist auch ein sofortiger Gewinn für das Unternehmen. Die Bedeutung des Reassessment bei einem negativen Unterschiedsbetrag nach IFRS 3 (rev. 2008), in: WPg 2009, S. 1015-1021 (Bedeutung des Reassessment).

KIRCHNER, CHRISTIAN, Teilkonzernrechnungslegung - eine Regelung mit Funktionsmängeln, in: BB 1975, S. 1611-1617 (Teilkonzernrechnungslegung).

KIRCHNER, CHRISTIAN, Konzernrechnungslegung in Europa. Rechnungslegungspraxis und die Probleme der Neuregelung durch die 7. gesellschaftsrechtliche Richtlinie der EG, in: AG 1981, S. 325-341 (Konzernrechnungslegung in Europa).

KIRSCH, HANS-JÜRGEN, Zur Frage der Umsetzung der Mitgliedstaatenwahlrechte der EU-Verordnung zur Anwendung der IAS/IFRS, in: WPg 2003, S. 275-278 (Umsetzung der Mitgliedstaatenwahlrechte).

KIRSCH, HANS-JÜRGEN, Fair Value – quo vadis?, in: WPg 2009, S. 1 (Fair Value – quo vadis).

KIRSCH, HANNO, Die Unternehmensperspektive und die berichterstattende Einheit im Conceptual Framework, in: PiR 2008, S. 253-258 (Unternehmensperspektive und die berichterstattende Einheit).

KIRSCH, HANNO, Conceptual Framework für Phase A - Zielsetzung der Finanzberichterstattung und qualitative Anforderungen an die Rechnungslegung, in: DStZ 2011, S. 26-35 (Conceptual Framework für Phase A).

KIRSCH, HANS-JÜRGEN/EWELT-KNAUER, CORINNA, Abgrenzung des Vollkonsolidierungskreises nach IFRS 10 und IFRS 12. Update zu BB 2009, 1574ff., in: BB 2011, S. 1641-1645 (Abgrenzung des Vollkonsolidierungskreises).

KIRSCH, HANS-JÜRGEN/KOELEN, PETER, IFRS-Rechnungslegung und Unternehmensbewertung. Möglichkeiten und Grenzen für Ersteller und Analysten, in: IFRS-Management. Interessenschutz auf dem Prüfstand. Treffsichere Unternehmensbeurteilung. Konsequenzen für das Management, hrsg. v. Heyd, Reinhard/Keitz, Isabel von, München 2007, S. 279-301 (IFRS-Rechnungslegung und Unternehmensbewertung).

KIRSCH, HANS-JÜRGEN/KOELEN, PETER/TINZ, OLIVER, Die Berichterstattung der DAX-30-Unternehmen in Bezug auf die Neuregelung des impairment only approach des IASB (Teil 1), in: KoR 2008, S. 89-97 (DAX-30 und impairment only approach (Teil 1)).

KIRSCH, HANS-JÜRGEN/KOELEN, PETER/OLBRICH, ALEXANDER/DETTENRIEDER, DOMINIK, Die Bedeutung der Verlässlichkeit der Berichterstattung im Conceptual Framework des IASB und des FASB, in: WPg 2012, S. 762-771 (Bedeutung der Verlässlichkeit).

KIRSCH, HANS-JÜRGEN/SCHOO, LENA/KRAFT, ARIANE, Das Discussion Paper zum Conceptual Framework des IASB - Ein Überblick über Inhalte und Neuerungen, in: WPg 2014, S. 301-310 (Discussion Paper zum Conceptual Framework des IASB).

KLAR, MICHAEL/REINKE, RÜDIGER, Der Spartenkonzern - Abgrenzung des Konsolidierungskreises, in: WPg 1991, S. 693-699 (Spartenkonzern und Konsolidierungskreis).

KLEINMANNS, HERMANN, Die "offene Gesellschaft der IFRS-Interpreten". Über Akteure, Kompetenzen und Bindungswirkungen beim Fehlen ausdrücklich zutreffender IFRS, in: DB 2014, S. 1325-1333 (Offene Gesellschaft der IFRS-Interpreten).

KLEINMANNS, HERMANN, Spin-offs im IFRS-Konzernabschluss. Konzeptionelle Grundlagen und Herausforderungen für die Bilanzierungspraxis (Teil 2), in: WPg 2016, S. 328-331 (Spin-offs IFRS).

KLÖNNE, HENNER, Objektivierte Bewertung und Verteilung von Synergieeffekten bei gesellschaftsrechtlich bedingten Unternehmensbewertungen, Düsseldorf 2013 (Objektivierte Bewertung und Verteilung von Synergieeffekten).

KLOSE, NILS-CHRISTIAN, Kapitalkonsolidierungs- und Bewertungsmethoden in der Konzernrechnungslegung nach IFRS. Bestandsaufnahme und ökonomische Analyse mit Reformvorschlag anhand der Darstellung der Übergangskonsolidierung mit speziellem Fokus auf der Goodwill-Bilanzierung, Aachen 2014 (Kapitalkonsolidierungs- und Bewertungsmethoden).

KNOTT, HERMANN J., Gläubigerschutz bei horizontaler und vertikaler Konzernverschmelzung, in: DB 1996, S. 2423-2425 (Gläubigerschutz bei Konzernverschmelzung).

KNÜPPEL, MARK, Bilanzierung von Verschmelzungen nach Handelsrecht, Steuerrecht und IFRS. Gemeinsamkeiten, Unterschiede und Grenzen der Konvergenz, Berlin 2007 (Verschmelzungen nach Handelsrecht, Steuerrecht und IFRS).

KOELEN, PETER, Investitionstheoretische Bewertungskalküle in der IFRS-Rechnungslegung. Möglichkeiten und Grenzen einer unternehmenswertorientierten Berichterstattung, Lohmar 2009 (Bewertungskalküle in der IFRS-Rechnungslegung).

KÖHLING, KATHRIN, Barwertorientierte Fair Value-Ermittlung für Renditeimmobilien in der IFRS-Rechnungslegung. Empfehlungen zur Konkretisierung eines Bewertungskalküls, Lohmar 2011 (Fair Value-Ermittlung für Renditeimmobilien).

KOHLMANN, ULRIKE, Möglichkeiten und Grenzen der Aussagefähigkeit von Teilkonzernabschlüssen, München 1986 (Möglichkeiten und Grenzen von Teilkonzernabschlüssen).

KRAFT, ARIANE, Extractive Activities in der IFRS-Rechnungslegung. Die Bilanzierung investiver Aktivitäten des Upstream-Geschäfts rohstofffördernder Unternehmen, Lohmar 2016 (Extractive Activities).

KRAG, JOACHIM/MÜLLER, HERBERT, Zur Zweckmäßigkeit von Teilkonzernabschlüssen der 7. EG-Richtlinie für Minderheitsgesellschafter, in: BB 1985, S. 307-312 (Zur Zweckmäßigkeit von Teilkonzernabschlüssen).

KRAWITZ, NORBERT/LEUKEL, STEFAN, Die Abbildung von Unternehmensfusionen in der Rechnungslegung. Rechtliche Möglichkeiten und Analyse ausgewählter Fälle mit deutscher Beteiligung, in: KoR 2001, S. 91-106 (Unternehmensfusionen in der Rechnungslegung).

KREBS, HANS-JOACHIM, Zur Veräußerung von Anteilen an einer Kapitalgesellschaft nach der Spaltung. Eine kritische Betrachtung der Mißbrauchsvorschriften des § 15 Abs. 3 Sätze 2 - 4 UmwStG, in: BB 1994, S. 1817-1820 (Veräußerung nach Spaltung).

KRIMPMANN, ANDREAS, Konsolidierung nach IFRS/HGB. Vom Einzel- zum Konzernabschluss, Freiburg im Breisgau 2009 (Konsolidierung nach IFRS/HGB).

KRÖNERT, BJÖRN, Grundsätze informationsorientierter Rechnungslegung. Eine Untersuchung über die Erfüllung der Informationsfunktion von Jahresabschlüssen durch die US-GAAP, Sternenfels 2001 (Grundsätze informationsorientierter Rechnungslegung).

KUBIN, KONRAD W., Der Aktionär als Aktienkunde - Anmerkungen zum Shareholder Value, zur Wiedervereinigung der internen und externen Rechnungslegung und zur globalen Verbesserung der Berichterstattung, in: Rechnungswesen als Instrument für Führungsentscheidungen. Festschrift für Prof. Dr. Dr. h.c. Adolf G. Coenenberg zum 60. Geburtstag, hrsg. v. Möller, Hans Peter/Schmidt, Franz, Stuttgart 1998, S. 525-558 (Der Aktionär als Aktienkunde).

KUHLEWIND, ANDREAS-MARKUS, Purchase Price Allocation und Umstellung der Rechnungselgung nach IFRS und HGB, in: Unternehmenskauf nach IFRS und HGB. Purchase Price Allocation, Goodwill und Impairment-Test, hrsg. v. Ballwieser, Wolfgang/Beyer, Sven/Zelger, Hansjörg, 3. Aufl., Stuttgart 2014, S. 479-528 (Purchase Price Allocation).

KÜHN, SIGRID, Ausgestaltungsformen der Erwerbsmethode. Eine Analyse unter Berücksichtigung der Wahlrechte nach IFRS und der fair value-Bewertung, Frankfurt am Main 2004 (Ausgestaltungsformen der Erwerbsmethode).

KÜHNBERGER, MANFRED, Firmenwerte in der Bilanz, GuV und Kapitalflussrechnung nach HGB, IFRS und US-GAAP. Abbildung und Aussagekraft, in: DB 2005, S. 677-683 (Firmenwerte in der Bilanz).

KÜHNBERGER, MANFRED, Fair Value Accounting, Bilanzpolitik und die Qualität von IFRS-Abschlüssen. Ein Überblick über ausgewählte Aspekte der Fair Value-Bewertung, in: zfbf 2014, S. 428-450 (Fair Value Accounting, Bilanzpolitik und Qualität von Abschlüssen).

KUHNER, CHRISTOPH, Die Zielsetzungen von IFRS, US-GAAP und HGB und deren Konsequenzen für die Abbildung von Unternehmenskäufen, in: Unternehmenskauf nach IFRS und HGB. Purchase Price Allocation, Goodwill und Impairment-Test, hrsg. v. Ballwieser, Wolfgang/Beyer, Sven/Zelger, Hansjörg, 3. Aufl., Stuttgart 2014 (Abbildung von Unternehmenskäufen).

KUHNER, CHRISTOPH/MALTRY, HELMUT, Unternehmensbewertung, Berlin 2006 (Unternehmensbewertung).

KÜTING, KARLHEINZ, Zur Systematisierung von Konzernstrukturen, in: WiSt 1980, S. 6-10 (Systematisierung von Konzernstrukturen).

KÜTING, KARLHEINZ, Grundlagen der unternehmerischen Zusammenarbeit, in: DStR 1990, Beilage zu Heft 4, S. 1-20 (Unternehmerische Zusammenarbeit).

KÜTING, KARLHEINZ, Der Geschäfts- oder Firmenwert als Schlüsselgröße der Analyse von Bilanzen deutscher Konzerne. Eine empirische Analyse zur HGB-, IFRS- und US-GAAP-Bilanzierung, in: DB 2005, S. 2757-2765 (Geschäfts- oder Firmenwert als Schlüsselgröße).

KÜTING, KARLHEINZ, Der Geschäfts- oder Firmenwert als Schlüsselgröße der Analyse von Bilanzen deutscher Konzerne - eine empirische Analyse, in: Internationale Rechnungslegung: Standortbestimmung und Zukunftsperspektiven. Kapitalmarktorientierte Rechnungslegung und integrierte Unternehmenssteuerung, hrsg. v. Küting, Karlheinz/Pfitzer, Norbert/Weber, Claus-Peter, Stuttgart 2006, S. 160-182 (Geschäfts- oder Firmenwert bei der Analyse von Bilanzen).

KÜTING, KARLHEINZ, Der Geschäfts- oder Firmenwert in der deutschen Konsolidierungspraxis 2007. Ein Beitrag zur empirischen Rechnungslegungsforschung, in: DStR 2008, S. 1795-1802 (Geschäfts- oder Firmenwert in der Konsolidierungspraxis 2007).

KÜTING, KARLHEINZ, Der Geschäfts- oder Firmenwert in der deutschen Konsolidierungspraxis 2010 - Ein Beitrag zur empirischen Rechnungslegungsforschung, in: DStR 2011, S. 1676-1683 (Geschäfts- oder Firmenwert in der Konsolidierungspraxis 2010).

KÜTING, KARLHEINZ, Der Objektivierungsgrundsatz im HGB- und IFRS-System. Eine vergleichende Darstellung und Würdigung, in: DB 2011, S. 1404-1410 (Objektivierungsgrundsatz im HGB- und IFRS-System).

KÜTING, PETER, Konzerninterne Restrukturierungen: Exemplifiziert am sog. "Umhängen" einer Beteiligung im mehrstufigen Konzern. Eine Fallstudie zur Konsolidierungstechnik nach HGB und IFRS (Teil 1), in: KoR 2012, S. 205-214 (Restrukturierungen im mehrstufigen Konzern (Teil 1)).

KÜTING, PETER, Konzerninterne Umstrukturierungen. Beteiligungspolitische Grundlagen - Konsolidierungspraxis (HGB/IFRS) - Firmenwertbilanzierung, Stuttgart 2012 (Konzerninterne Umstrukturierungen).

KÜTING, PETER, Quo vadis? – Common Control vs. Separate Reporting Entity Approach: zum Teilkonzern-(miss-)verständnis nach IFRS, in: IRZ 2012, S. 151-156 (Teilkonzern-(miss-)verständnis nach IFRS).

KÜTING, PETER, Vom Mythos eines "Konzerns im Konzern". Reflexionen über Sinn und Zweck(e) einer teilkonsolidierten Berichterstattung, in: DB 2012, S. 1049-1056 (Mythos eines Konzerns im Konzern).

KÜTING, KARLHEINZ, Zur Komplexität der Rechnungslegung nach HGB und IFRS, in: DB 2012, S. 297-304 (Komplexität der Rechnungslegung).

KÜTING, KARLHEINZ/CASSEL, JOCHEN, Zur Hierarchie der Unternehmensbewertungsverfahren bei der Fair Value-Bewertung, in: KoR 2012, S. 322-328 (Hierarchie der Unternehmensbewertungsverfahren).

KÜTING, KARLHEINZ/CASSEL, JOCHEN, Anteilige Marktkapitalisierung = fair value? Zu kurz oder zu Ende gedacht?, in: DB 2013, S. 2633-2640 (Anteilige Marktkapitalisierung).

KÜTING, KARLHEINZ/DUSEMOND, MICHAEL/NARDMANN, BENITA, Ausgewählte Probleme der Kapitalkonsolidierung in Theorie und Praxis. Ergebnisse einer empirischen Erhebung des Instituts für Wirtschaftsprüfung an der Universität des Saarlandes, in: BB 1994, Beilage 8, S. 1-18 (Ausgewählte Probleme der Kapitalkonsolidierung).

KÜTING, KARLHEINZ/GATTUNG, ANDREAS, Nahe stehende Unternehmen und Personen nach IAS 24 (Teil 1), in: WPg 2005, S. 1061-1069 (Nahe stehende Unternehmen (Teil 1)).

KÜTING, KARLHEINZ/GATTUNG, ANDREAS/KEßLER, MARCO, Zweifelsfragen zur Konzernrechnungslegungspflicht in Deutschland (Teil I), in: DStR 2006, S. 529-532 (Konzernrechnungslegungspflicht (Teil I)).

KÜTING, KARLHEINZ/HARTH, HANS-JÖRG, Die Behandlung einer negativen Aufrechnungsdifferenz im Rahmen der Purchase-Methode nach ABP 16 und nach IAS 22. Vergleich und beispielhafte Darstellung, in: WPg 1999, S. 489-500 (Behandlung einer negativen Aufrechnungsdifferenz).

KÜTING, KARLHEINZ/HAYN, BENITA/HÜTTEN, CHRISTOPH, Die Abbildung konzerninterner Spaltungen im Einzel- und Konzernabschluß. Dargestellt am Beispiel der Ausgliederung, in: BB 1997, S. 565-574 (Die Abbildung konzerninterner Spaltungen).

KÜTING, KARLHEINZ/KAISER, THOMAS, Fair Value-Accounting. Zu komplex für den Kapitalmarkt?, in: Corporate Finance biz 2010, S. 375-386 (Fair Value Accounting und Kapitalmarkt).

KÜTING, KARLHEINZ/LAUER, PETER, Die Jahresabschlusszwecke nach HGB und IFRS - Polarität oder Konvergenz?, in: WPg 2002, S. 1985-1991 (Jahresabschlusszwecke nach HGB und IFRS).

KÜTING, KARLHEINZ/LAUER, PETER, Die Bedeutung des Anschaffungskostenprinzips und die Folgen seiner Durchbrechung. Eine vergleichende Würdigung des HGB und der IFRS, in: DB 2013, S. 1185-1191 (Anschaffungskostenprinzip nach HGB und IFRS).

KÜTING, KARLHEINZ/MOJADADR, MANA, Das neue Control-Konzept nach IFRS 10. IFRS 10 „Consolidated Financial Statements" stellt die Konzerne bereits jetzt vor enorme Herausforderungen, in: KoR 2011, S. 273-286 (Control-Konzept nach IFRS 10).

KÜTING, KARLHEINZ/REUTER, MICHAEL, Neubewertungsrücklagen als Konsequenz einer (erfolgsneutralen) Fair Value-Bewertung. Untersuchung dieser IFRS-spezifischen Eigenkapitalposten und ihrer fragwürdigen Bedeutung in der Bilanzierungspraxis, in: KoR 2009, S. 172-181 (Neubewertungsrücklagen bei der Fair Value-Bewertung).

KÜTING, KARLHEINZ/SEEL, CHRISTOPH, Die Berichterstattung über Beziehungen zu related parties. Angabepflichten und Berichtspraxis nach IAS 24, in: KoR 2008, S. 227-235 (Beziehungen zu related parties).

KÜTING, KARLHEINZ/SEEL, CHRISTOPH, Die gemeinschaftliche Beherrschung nach IFRS 11. Unterschiede und Gemeinsamkeiten zu IAS 31, in: KoR 2012, S. 452-460 (Gemeinschaftliche Beherrschung nach IFRS 11).

KÜTING, KARLHEINZ/SEEL, CHRISTOPH/STRAUß, MARC, Die Änderung der Beteiligungshöhe als konsolidierungstechnisches Problem. Zum Wirrwarr der Konsolidierungsbegriffe nach HGB und IFRS, in: IRZ 2011, S. 175-183 (Änderung der Beteiligungshöhe).

KÜTING, KARLHEINZ/WEBER, CLAUS-PETER, Der Konzernabschluss. Praxis der Konzernrechnungslegung nach HGB und IFRS, 13. Aufl., Stuttgart 2012 (Konzernabschluss).

KÜTING, KARLHEINZ/WEBER, CLAUS-PETER/WIRTH, JOHANNES, Die Goodwillbilanzierung im finalisierten Business Combinations Project Phase II. Erstkonsolidierung, Werthaltigkeitstest und Endkonsolidierung, in: KoR 2008, S. 139-152 (Goodwillbilanzierung).

KÜTING, KARLHEINZ/WIRTH, JOHANNES, Bilanzierung von Unternehmenszusammenschlüssen nach IFRS 3, in: KoR 2004, S. 167-177 (Unternehmenszusammenschlüsse nach IFRS 3).

KÜTING, KARLHEINZ/WIRTH, JOHANNES, Bilanzierung eines negativen Unterschiedsbetrags nach IFRS 3 und die Bedeutung der Erfassung von Eventualschulden in der Kaufpreisallokation, in: IRZ 2006, S. 143-151 (Bilanzierung eines negativen Unterschiedsbetrags).

KÜTING, KARLHEINZ/WIRTH, JOHANNES, Goodwillbilanzierung im neuen Near Final Draft zu Business Combinations Phase II. Implikationen des geplanten Wahlrechts bei der Goodwillbilanzierung, in: KoR 2007, S. 460-469 (Goodwillbilanzierung Near Final Draft).

KÜTING, KARLHEINZ/WIRTH, JOHANNES, Controlerlangung über Tochterunternehmen mittels sukzessiver Anteilserwerbe. Szenarien der Übergangskonsolidierung in der IFRS-Konzernrechnungslegung nach BC-II – Teil 1, in: KoR 2010, S. 362-371 (Sukzessiver Anteilserwerb).

KÜTING, KARLHEINZ/ZÜNDORF, HORST, Die konzerninterne Verschmelzung und ihre Abbildung im konsolidierten Abschluß, in: BB 1994, S. 1383-1390 (Konzerninterne Verschmelzungen im konsolidierten Abschluß).

KUTSCHKER, MICHAEL/SCHMID, STEFAN, Internationales Management, 7. Aufl., München 2011 (Internationales Management).

LANGECKER, ALEXANDER/MÜHLBERGER, MELANIE, Berichterstattung über immaterielle Vermögenswerte im Konzernabschluss. Vergleichende Gegenüberstellung von DRS 12, IAS 38 und IAS 38 rev., in: KoR 2003, S. 109-122 (Immaterielle Vermögenswerte im Konzernabschluss).

LARENZ, KARL, Methodenlehre der Rechtswissenschaft, 6. Aufl., Berlin 1991 (Methodenlehre der Rechtswissenschaft).

LARENZ, KARL/CANARIS, CLAUS-WILHELM, Methodenlehre der Rechtswissenschaft, 3. Aufl., Berlin 1995 (Methodenlehre der Rechtswissenschaft).

LEFFSON, ULRICH, Die Grundsätze ordnungsmäßiger Buchführung, 7. Aufl., Düsseldorf 1987 (Grundsätze ordnungsmäßiger Buchführung).

LEINEN, MARKUS, Die Kapitalkonsolidierung im mehrstufigen Konzern. Konzeptionelle Grundlagen und praxisnahe Konsolidierungsbeispiele, Berlin 2002 (Kapitalkonsolidierung im mehrstufigen Konzern).

LEITNER-HANETSEDER, SUSANNE/REBHAN, ELISABETH, Praxis der Goodwill-Bilanzierung der DAX-30-Unternehmen, in: IRZ 2012, S. 157-162 (Praxis der Goodwill-Bilanzierung der DAX-30-Unternehmen).

LIECK, HANS, Bilanzierung von Umwandlungen nach IFRS, Wiesbaden 2011 (Bilanzierung von Umwandlungen nach IFRS).

LINßEN, THOMAS, Die Bilanzierung einer Ausgliederung im Einzel- und Konzernabschluss, Düsseldorf 2002 (Bilanzierung einer Ausgliederung).

LINZBACH, MEIKE, Bilanzierung latenter Steuern bei Unternehmenszusammenschlüssen. Latente Steuern in der Erwerbsbilanzierung nach IFRS 3 und ED IAS 12, Wiesbaden 2009 (Latente Steuern bei Unternehmenszusammenschlüssen).

LÖCKE, JÜRGEN, Aktivierung konzernintern erworbener immaterieller Vermögensgegenstände des Anlagevermögens?, in: BB 1998, S. 415-419 (Konzernintern erworbene immaterielle Vermögensgegenstände).

LOPATTA, KERSTIN, Goodwillbilanzierung und Informationsvermittlung nach internationalen Rechnungslegungsstandards. Business Combinations (IFRS, US-GAAP), Kaufpreisallokation, Impairment Test, Konvergenzbestrebungen, Wiesbaden 2006 (Goodwillbilanzierung nach internationalen Rechnungslegungsstandards).

LOPATTA, KERSTIN/MÜßIG, ANKE, Die Bilanzierung von Business Combinations - Standardsetzung als politischer Prozess?, in: PiR 2007, S. 15-20 (Die Bilanzierung von Business Combinations).

LORSON, PETER/GATTUNG, ANDREAS, Die Forderung nach einer „faithful representation". Verhältnis zur Objektivität, Neutralität und Nachprüfbarkeit, in: KoR 2008, S. 556-565 (Faithful representation).

LÖW, EDGAR/ANTONAKOPOULOS, NADINE/WEILAND, THOMAS, SFAS 157 und das IASB Discussion Paper "Fair Value Measurements", in: WPg 2007, S. 730-740 (Fair Value Measurements).

LÜDENBACH, NORBERT, Erlangung von Kontrolle ohne Erwerb (weiterer) Anteile?, in: PiR 2008, S. 70-72 (Erlangung von Kontrolle ohne Erwerb (weiterer) Anteile).

LÜDENBACH, NORBERT/FREIBERG, JENS, Zweifelhafter Objektivierungsbeitrag des Fair Value Measurements-Projekts für die IFRS-Bilanz, in: KoR 2006, S. 437-445 (Zweifelhafter Objektivierungsbeitrag).

LÜDENBACH, NORBERT/FREIBERG, JENS, Verdeckte Einlagen im Einzelabschluss nach IFRS, in: BB 2007, S. 1545-1550 (Verdeckte Einlagen nach IFRS).

LÜDENBACH, NORBERT/VÖLKNER, BURKHARD, Abgrenzung des Kaufpreises von sonstigen Vergütungen bei der Erst- und Entkonsolidierung. Unternehmenskaufverträge als Mehrkomponentengeschäfte, in: BB 2006, S. 1435-1441 (Abgrenzung des Kaufpreises von sonstigen Vergütungen).

MA, RONALD/HOPKINS, ROGER, Goodwill - An Example of Puzzle-Solving in Accounting, in: Abacus 1988, S. 75-85 (Goodwill).

MAAS, ULRICH/SCHRUFF, WIENAND, Befreiende Konzernrechnungslegung von Mutterunternehmen mit Sitz außerhalb der EG, in: WPg 1991, S. 765-772 (Konzernrechnungslegung).

MACKENSTEDT, ANDREAS/FLADUNG, HANS-DIETER/HIMMEL, HOLGER, Ausgewählte Aspekte bei der Bestimmung beizulegender Zeitwerte nach IFRS 3. Anmerkungen zu IDW RS HFA 16, in: WPg 2006, S. 1037-1048 (Bestimmung beizulegender Zeitwerte nach IFRS 3).

MADL, ROLAND, Umwandlungssteuerrecht, 5. Aufl., Stuttgart 2012 (Umwandlungssteuerrecht).

MATSCHKE, MANFRED JÜRGEN/BRÖSEL, GERRIT, Unternehmensbewertung. Funktionen - Methoden - Grundsätze, 4. Aufl., Wiesbaden 2013 (Unternehmensbewertung).

MAYER-WEGELIN, EBERHARD, Impairmenttest nach IAS 36. Realität und Ermessensspielraum, in: BB, S. 94-96 (IAS 36 Realität und Ermessensspielraum).

MERKT, HANNO, Das IFRS Conceptual Framework aus regelungsmethodischer Sicht, in: zfbf 2014, S. 477-504 (Framework aus regelungsmethodischer Sicht).

MEYER, MARCO, Business Combinations auf dem Prüfstand. Ergebnisse und Folgen des Post-implementation Reviews zu IFRS 3, in: WPg 2016, S. 388-393 (Business Combinations auf dem Prüfstand).

MICHEL, CHRISTOPH/SCHIBLER, CHRISTIAN, Behandlung des Goodwill bei Reorganisationen, in: IRZ 2010, S. 393-396 (Behandlung des Goodwill bei Reorganisationen).

MOXTER, ADOLF, Fundamentalgrundsätze ordnungsmäßiger Rechenschaft, in: Bilanzfragen. Festschrift zum 65. Geburtstag von Prof. Dr. Ulrich Leffson, hrsg. v. Baetge, Jörg/Moxter, Adolf/Schneider, Dieter, Düsseldorf 1976, S. 87-100 (Fundamentalgrundsätze ordnungsmäßiger Rechenschaft).

MOXTER, ADOLF, Bilanzlehre, Wiesbaden 1974 (Bilanzlehre).

MOXTER, ADOLF, Die Geschäftswertbilanzierung in der Rechtsprechung des Bundesfinanzhofs und nach EG-Bilanzrecht, in: BB 1979, S. 741-747 (Die Geschäftswertbilanzierung in der Rechtsprechung).

MOXTER, ADOLF, Grundsätze ordnungsgemäßer Rechnungslegung, Düsseldorf 2003 (Grundsätze ordnungsgemäßer Rechnungslegung).

MOXTER, ADOLF, Bilanzrechtsprechung, 6. Aufl., Tübingen 2007 (Bilanzrechtsprechung).

MUFF, MARC, Kapitalkonsolidierung nach der Fresh-Start-Methode, Aachen 2002 (Kapitalkonsolidierung nach der Fresh-Start-Methode).

MUJKANOVIC, ROBIN, Die Zukunft der Kapitalkonsolidierung. Das Ende der Pooling-of-Interests Method?, in: WPg 1999, S. 533-540 (Zukunft der Kapitalkonsolidierung).

MUJKANOVIC, ROBIN, Die Vorschläge des Deutschen Standardisierungsrates zur Abbildung von Unternehmenserwerben im Konzernabschluss. Zwei Schritte vor, ein Schritt zurück?, in: WPg 2000, S. 637-647 (Abbildung von Unternehmenserwerben im Konzernabschluss).

MUJKANOVIC, ROBIN, Der Geschäftswert im Abschluß nach International Accounting Standards, in: ZfB 2001, S. 807-826 (Der Geschäftswert nach IFRS).

MÜLLER, EBERHARD, Konzernrechnungslegung deutscher Unternehmungen auf der Basis der 7. EG-Richtlinie, in: DBW 1977, S. 53-65 (Konzernrechnungslegung auf Basis der 7. EG-Richtlinie).

MÜLLER, STEFAN/REINKE, JENS, Folgebewertung und impairment-Test im Rahmen der Neubewertungsmethode, in: PiR 2010, S. 13-20 (Folgebewertung im Rahmen der Neubewertungsmethode).

NAUMANN, KLAUS-PETER, Anpassung des deutschen Bilanzrechts an die EU-Bilanzrichtlinie, in: WPg 2014, S. 1 (Anpassung des deutschen Bilanzrechts).

NERLICH, CHRISTOPH, Entwicklung einer Auslegungsmethodik für IFRS im EU-Kontext, Düsseldorf 2007 (Auslegungsmethodik für IFRS).

NIEHUS, RUDOLF J., Aufstellung von "befreienden" Konzernabschlüssen, in: WPg 1973, S. 32-41 (Befreiende Konzernabschlüsse).

NIEHUS, RUDOLF J., Die 7. EG-Richtlinie und die „Pooling-of-Interests"-Methode einer konsolidierten Rechnungslegung. Zugleich eine Besprechung von „Accounting for acquisitions and mergers", in: WPg 1983, S. 437-446 (7. EG-Richtlinie und Pooling-of-Interests Methode).

ODENTHAL, STEFAN, Management von Unternehmungsteilungen, Wiesbaden 1999 (Management von Unternehmungsteilungen).

OETTER, JOACHIM, Strukturveränderung im Konzern durch Spaltung. Eine Studie zur Spaltung der Hoechst AG, Frankfurt am Main 2003 (Strukturveränderung im Konzern).

OLBRICH, MICHAEL, Zur Bedeutung des Börsenkurses für die Bewertung von Unternehmungen und Unternehmungsanteilen, in: BFuP 2000, S. 454-466 (Bedeutung des Börsenkurses).

ONESTI, TIZIANO/ROMANO, MAURO/TALIENTIO, MARCO, Business Combinations under Common Control: Concerns, Criticisms and Strides. Dialogue with standard setters, in: Financial Reporting 2015, S. 107-126 (BCUCC Concerns, Criticisms and Strides).

ORDELHEIDE, DIETER, Kapitalkonsolidierung nach der Erwerbsmethode (Teil I), in: WPg 1984, S. 237-245 (Kapitalkonsolidierung nach der Erwerbsmethode).

ORDELHEIDE, DIETER, Der Konzern als Gegenstand betriebswirtschaftlicher Forschung, in: BFuP 1986, S. 293-312 (Konzern als Gegenstand betriebswirtschaftlicher Forschung).

OSER, PETER, Wider eine Pflicht zur Neubewertung bei Gründung einer neuen Konzernholding - Plädoyer für eine Umsetzung von Art. 25 der neuen EU-Bilanzrichtlinie, in: BB 2014, S. 1387-1390 (Gründung einer neuen Konzernholding).

OSER, PETER/MILANOVA, ELITSA, Aufstellungspflicht und Abgrenzung des Konsolidierungskreises - Rechtsvergleich zwischen HGB/DRS 19 und dem neuen IFRS 10, in: BB 2011, S. 2027-2032 (Aufstellungspflicht und Abgrenzung des Konsolidierungskreises).

OSSADNIK, WOLFGANG, Die "angemessene" Synergieverteilung bei der Verschmelzung, in: DB 1997, S. 885-887 (Synergieverteilung bei Verschmelzungen).

OVERSBERG, THOMAS, Übernahme der IFRS in Europa: Der Endorsement- Prozess - Status quo und Aussicht, in: DB 2007, S. 1597-1602 (Endorsement-Prozess).

PAN, X., The Choice of accounting method for business combinations under common control (in Chinese), in: Accounting Research 2002, S. 37-39 (Choice of accounting method).

PANZER, ALOIS, Die Bilanzierung von statusändernden Anteilsveräußerungen im IFRS-Konzernabschluss, Lohmar 2016 (Statusändernde Anteilsveräußerungen im IFRS-Konzernabschluss).

PAWELZIK, KAI UDO, Kombination von full goodwill und bargain purchase, in: PiR 2009, S. 277-279 (Full goodwill und bargain purchase).

PAWELZIK, KAI UDO, Die Bilanzierung von Interessenzusammenschlüssen im Konzernabschluss nach BilMoG und IFRS, in: DB 2010, S. 2569-2575 (Bilanzierung von Interessenzusammenschlüssen).

PAWELZIK, KAI UDO, Die Konsolidierung von Minderheiten nach IAS/IFRS der Phase II („business combinations"), in: WPg 2014, S. 677-694 (Konsolidierung von Minderheiten).

PELGER, CHRISTOPH, Entscheidungsnützlichkeit in neuem Gewand: Der Exposure Draft zur Phase A des Conceptual Framework-Projekts, in: KoR 2009, S. 156-163 (Entscheidungsnützlichkeit in neuem Gewand).

PELGER, CHRISTOPH, Rechnungslegungszweck und qualitative Anforderungen im Conceptual Framework for Financial Reporting (2010). Der erste Stein im neuen Fundament der internationalen Rechnungslegung, in: WPg 2011, S. 908-916 (Rechnungslegungszweck und qualitative Anforderungen).

PELLENS, BERNHARD, Der Informationswert von Konzernabschlüssen. Eine empirische Untersuchung deutscher Börsengesellschaften, Wiesbaden 1989 (Der Informationswert von Konzernabschlüssen).

PELLENS, BERNHARD, Rechnungslegungssysteme, in: Handwörterbuch der Betriebswirtschaft, hrsg. v. Köhler, Richard, 6. Aufl., Stuttgart 2007, Sp. 1544–1553 (Rechnungslegungssysteme).

PELLENS, BERNHARD/AMSHOFF, HOLGER/SELLHORN, THORSTEN, IFRS 3 (rev. 2008): Einheitstheorie in der M&A-Bilanzierung, in: BB 2008, S. 602-606 (Einheitstheorie in der M&A-Bilanzierung).

PELLENS, BERNHARD/BASCHE, KERSTIN/SELLHORN, THORSTEN, Full Goodwill Method. Renaissance der reinen Einheitstheorie in der Konzernrechnungslegung?, in: KoR 2003, S. 1-4 (Full Goodwill Method).

PELLENS, BERNHARD/FÜLBIER, ROLF UWE/GASSEN, JOACHIM/SELLHORN, THORSTEN, Internationale Rechnungslegung. IFRS 1 bis 13, IAS 1 bis 41, IFRIC-Interpretationen, Standardentwürfe: Mit Beispielen, Aufgaben und Fallstudien, 9. Aufl., Stuttgart 2014 (Internationale Rechnungslegung).

PELLENS, BERNHARD/SELLHORN, THORSTEN, Kapitalkonsolidierung nach der Fresh-Start-Methode, in: BB 1999, S. 2125-2132 (Kapitalkonsolidierung nach der Fresh-Start-Methode).

PELLENS, BERNHARD/SELLHORN, THORSTEN/AMSHOFF, HOLGER, Reform der Konzernbilanzierung - Neufassung von IFRS 3 "Business Combinations", in: DB 2005, S. 1749-1755 (Reform der Konzernbilanzierung).

PETERSEN, KARL/BANSBACH, FLORIAN/DORNBACH, EIKE, IFRS-Praxishandbuch. Ein Leitfaden für die Rechnungslegung mit Fallbeispielen, 11. Aufl., München 2016 (IFRS-Praxishandbuch).

PFAUTH, ANDREAS, Goodwillbilanzierung nach US-GAAP. Kapitalmarktreaktionen auf die Abschaffung der planmäßigen Abschreibung, Wiesbaden 2008 (Goodwillbilanzierung nach US-GAAP).

PFÖHLER, MARTIN/ERCHINGER, HOLGER/DOLECZIK, GÜNTER/KÜSTER, THOMAS/FELDMÜLLER, CHRISTIAN, Anwendungsfälle für kombinierte und Carve-out-Abschlüsse nach IFRS, in: WPg 2014, S. 475-483 (Anwendungsfälle für kombinierte und Carve-out-Abschlüsse nach IFRS).

PFÖHLER, MARTIN/ERCHINGER, HOLGER/DOLECZIK, GÜNTER/KÜSTER, THOMAS/SCHMITZ-RENNER, ULRIKE, Kombinierte und Carve-Out-Abschlüsse nach IFRS: Systematisierung und konzeptionelle Grundlagen, in: WPg 2015, S. 224-235 (Kombinierte und Carve-Out-Abschlüsse nach IFRS).

PICKER, RUTH/LEO, KEN J./LOFTUS, JANICE/WISE, VICTORIA/CLARK, KERRY/ALFREDSON, KEITH, Applying International Financial Reporting Standards, 3. Aufl. 2012 (Applying IFRS).

PIER, CHRISTOPH, Die Bilanzierung landwirtschaftlicher Vermögenswerte nach IAS 41 und des Regelungsänderungen "Agriculture: Bearer Plants", Lohmar 2015 (Bilanzierung landwirtschaftlicher Vermögenswerte nach IAS 41).

POTTGIESSER, GABY, Einflüsse internationaler Standards auf die handelsrechtliche Rechnungslegung und die steuerrechtliche Gewinnermittlung, Wiesbaden 2006 (Einflüsse internationaler Standards).

POTTGIEßER, GABY/VELTE, PATRICK/WEBER, STEFAN C., Ermessensspielräume im Rahmen des Impairment-Only-Approach. Eine kritische Analyse zur Folgebewertung des derivativen Geschäfts- oder Firmenwertes (Goodwill) nach IFRS 3 und IAS 36 (rev. 2004), in: DStR 2005, S. 1748-1752 (Ermessensspielräume des Impairment-Only-Approach).

PREIßLER, GERALD, Prinzipienbasierung der Rechnungslegung nach IAS, IFRS?, Frankfurt am Main 2005 (Prinzipienbasierte Rechnungslegung).

PwC (Hrsg.), In depth. A look at current financial reporting issues. Pushdown accountig now optional, verfügbar unter: https://www.pwc.com/us/en/cfodirect/assets/pdf/in-depth/us2014-08-pushdown-accounting-optional.pdf (Stand: 07.01.2016) (Pushdown accountig now optional).

PwC (Hrsg.), Mergers & acquisitions - a snapshot. Change the way you think about tomorrow's deals. Don't let push-down accounting push you around, verfügbar unter: http://www.pwc.com/us/en/cfodirect/assets/pdf/ma-snapshot-pushdown-accounting.pdf (Stand: 08.01.2016) (Don't let push-down accounting push you around).

PwC (Hrsg.), Business combinations and noncontrolling interests. Application of the U.S. GAAP and IFRS Standards, verfügbar unter: http://www.pwc.com/us/en/cfodirect/assets/pdf/accounting-guides/pwc-guide-business-combinations-noncontrolling-interests-global-second-edition.pdf (Stand: 05.07.2016) (Business combinations and NCI).

QIN, SIGANG, Bilanzierung des Excess nach IFRS 3, Düsseldorf 2005 (Bilanzierung des Excess nach IFRS 3).

RADEBAUGH, LEE H./GRAY, S. J./BLACK, ERVIN L., International accounting and multinational enterprises, 6. Aufl., Hoboken, New Jersey 2006 (International accounting).

RAMMERT, STEFAN, Pooling of Interests - die Entdeckung eines Auslaufmodells durch deutsche Konzerne? Interessenzusammenführungsmethode; Kapitalaufnahmeerleichterungsgesetz; Kapitalkonsolidierung; Unternehmensverbindungen; US-amerikanische Rechnungslegung, in: DBW 1999, S. 620-632 (Pooling of Interests).

RECHSTEINER, URS, Desinvestitionen zur Unternehmenswertsteigerung, Aachen 1995 (Desinvestitionen zur Unternehmenswertsteigerung).

REINHOLD, AGO/SCHMIDT, JÜRGEN, Angaben über Beziehungen zu nahestehenden Unternehmen und Personen, in: IRZ 2011, S. 111-113 (Beziehungen zu nahestehenden Unternehmen und Personen).

RICHTER, MICHAEL, Die Bewertung des Goodwill nach SFAS No. 141 und SFAS No. 142 2004 (Die Bewertung des Goodwill nach SFAS No. 141 und SFAS No. 142).

RICHTER, FRANK, Highest and best use-Annahme nach IFRS 13. Der Fall - Lösung, in: IRZ 2013, S. 88-90 (Highest and best use).

ROBBINS, BARRY, A Question of Basis. The proprietary and entity theories in action, in: Journal of Accountancy, S. 96-101 (Question of Basis).

ROGLER, SILVIA/SCHMIDT, MARCO/TETTENBORN, MARTIN, Ansatz immaterieller Vermögenswerte bei Unternehmenszusammenschlüssen. Diskussion bestehender Probleme anhand eines Fallbeispiels, in: KoR 2014, S. 577-585 (Ansatz immaterieller Vermögenswerte bei Unternehmenszusammenschlüssen).

ROOS, BENJAMIN, Rechnungslegung bei Strukturänderungen nach Handlungsrecht und IFRS, Aachen 2009 (Rechnungslegung bei Strukturänderungen).

ROß, NORBERT, BilRUG-RefE. Es gibt (immer noch) viel zu tun ..., in: BB 2014, S. I (BilRUG Referentenentwurf).

RUHNKE, KLAUS, Konzernbuchführung, Düsseldorf 1995 (Konzernbuchführung).

RUHNKE, KLAUS/NERLICH, CHRISTOPH, Behandlung von Regelungslücken innerhalb der IFRS, in: DB 2004, S. 389-395 (Behandlung von Regelungslücken).

RUHNKE, KLAUS/SIMONS, DIRK, Rechnungslegung nach IFRS und HGB. Lehrbuch zur Theorie und Praxis der Unternehmenspublizität mit Beispielen und Übungen, 3. Aufl., Stuttgart 2012 (Rechnungslegung nach IFRS und HGB).

RÜTHERS, BERND/BIRK, AXEL/FISCHER, CHRISTIAN, Rechtstheorie. Mit juristischer Methodenlehre, 8. Aufl., München 2015 (Rechtstheorie).

SAELZLE, RAINER/KRONNER, MARKUS, Die Informationsfunktion des Jahresabschlusses. Dargestellt am sog. "impairment-only-Ansatz", in: WPg-Sonderheft 2004, S. 154-165 (Die Informationsfunktion des Jahresabschlusses).

SAUTHOFF, JAN-PHILIPP, Der Firmenwert im Konzernabschluß. Probleme der Bilanzierung und Aussagefähigkeit, Wiesbaden 1996 (Probleme bei der Bilanzierung und Aussagefähigkeit des Firmenwertes).

SAUTHOFF, JAN-PHILIPP, Zum bilanziellen Charakter negativer Firmenwerte im Konzernabschluß, in: BB 1997, S. 619-623 (Charakter negativer Firmenwerte im Konzernabschluß).

SCHEFFLER, EBERHARD, Konzernmanagement. Betriebswirtschaftliche und rechtliche Grundlagen der Konzernführungspraxis, 2. Aufl., München 2005 (Konzernmanagement).

SCHEFFLER, WOLFRAM, Internationale betriebswirtschaftliche Steuerlehre, 3. Aufl., München 2011 (Internationale Steuerlehre).

SCHEREN, MICHAEL/SCHEREN, THOMAS, Der Geschäfts- oder Firmenwert nach IFRS - Plädoyer für eine typisierte planmäßige Abschreibung, in: WPg 2014, S. 86-93 (Plädoyer für eine typisierte planmäßige Abschreibung des Geschäfts- oder Firmenwertes).

SCHERRER, GERHARD, Konzernrechnungslegung nach HGB. Eine anwendungsorientierte Darstellung mait zahlreichen Beispielen, 3. Aufl., München 2012 (Konzernrechnungslegung nach neuem HGB).

SCHILDBACH, THOMAS, Überlegungen zu Grundlagen einer Konzernrechnungslegung (Teil II), in: WPg 1989, S. 199-209 (Grundlagen einer Konzernrechnungslegung).

SCHILDBACH, THOMAS, Fair Value - Wunsch und Wirklichkeit, in: Internationale Rechnungslegung: Standortbestimmung und Zukunftsperspektiven. Kapitalmarktorientierte Rechnungslegung und integrierte Unternehmenssteuerung, hrsg. v. Küting, Karlheinz/Pfitzer, Norbert/Weber, Claus-Peter, Stuttgart 2006, S. 7-32 (Fair Value).

SCHILDBACH, THOMAS, Der Konzernabschluß nach HGB, IAS und US-GAAP, 7. Aufl., München 2008 (Konzernabschluß nach HGB, IAS und US-GAAP).

SCHINDLER, JOACHIM, Kapitalkonsolidierung nach dem Bilanzrichtlinien-Gesetz, Frankfurt am Main 1986 (Kapitalkonsolidierung nach dem Bilanzrichtlinien Gesetz).

SCHMIDBAUER, RAINER, Die Bilanzierung von Unternehmenszusammenschlüssen nach IFRS 3, in: DStR 2005, S. 121-126 (Unternehmenszusammenschlüsse nach IFRS 3).

SCHMIDT, INGO M., Bilanzierung des Goodwills im internationalen Vergleich. Eine kritische Analyse, Wiesbaden 2002 (Goodwill im internationalen Vergleich).

SCHMIDT, INGO M., Ansätze für eine umfassende Rechnungslegung zur Zahlungsbemessung und Informationsvermittlung. Eine Analyse am Beispiel der Goodwill-Bilanzierung, Wiesbaden 2007 (Ansätze für eine umfassende Rechnungslegung).

SCHOLZ, GREGOR, Zur Aussagefähigkeit von Teilkonzernabschlüssen. Am Beispiel des deutschen Aktiengesetzes und der 7. EG-Richtlinie, Bern 1984 (Aussagefähigkeit von Teilkonzernabschlüssen).

SCHÖN, WOLFGANG, Kompetenzen der Gerichte zur Auslegung von IAS/IFRS, in: BB 2004, S. 763-768 (Kompetenzen der Gerichte zur Auslegung von IAS/IFRS).

SCHOO, LENA, Umsatzrealisierung nach IFRS. Entscheidungsnützlichkeit der Regelungen des Revenue-Recognition-Projektes versus der geltenden Regelungen, Lohmar 2013 (Umsatzrealisierung nach IFRS).

SCHRUFF, WIENAND, Einflüsse der 7. EG-Richtlinie auf die Aussagefähigkeit des Konzernabschlusses, Berlin 1984 (Aussagefähigkeit des Konzernabschlusses).

SCHRUFF, WIENAND, Die IFRS-Rechnungslegung im Spannungsfeld zwischen Cashflow-Prognose und Rechenschaft, in: WPg 2011, S. 855-860 (Spannungsfeld zwischen Cashflow-Prognose und Rechenschaft).

SCHWARZKOPF, ANN-SOPHIE, Anteile nicht beherrschender Gesellschafter: Bilanzierung nach betriebswirtschaftlichen Grundsätzen und Vorschriften der IFRS, Hamburg 2013 (Anteile nicht beherrschender Gesellschafter).

SCHWEDLER, KRISTINA, Business Combinations Phase II: Die neuen Vorschriften zur Bilanzierung von Unternehmenszusammenschlüssen. Darstellung und Würdigung (Teil 1), in: KoR 2008, S. 125-138 (Business Combinations Phase II).

SELLHORN, THORSTEN, Ansätze zur bilanziellen Behandlung des Goodwill im Rahmen einer kapitalmarktorientierten Rechnungslegung, in: DB 2000, S. 885-892 (Bilanzielle Behandlung des Goodwill).

SENGER, THOMAS/EWELT-KNAUER, CORINNA/HOEHNE, FELIX, Statuswahrende Aufstockung und Abstockung von Anteilen an Tochterunternehmen im HGB-Konzernabschluss, in: WPg 2012, S. 83-90 (Statuswahrende Aufstockung und Abstockung).

SIEGRIST, LOUIS/STUCKER, JÖRG, Die Bewertung von immateriellen Vermögenswerten in der Praxis. Ein Erfahrungsbericht, in: IRZ 2007, S. 243-249 (Bewertung von immateriellen Vermögenswerten).

SIMON, STEPHAN, Pooling und Verschmelzung. Harmonisierung der Rechnungslegung durch IAS 22 "Business Combinations", Bern 1997 (Pooling und Verschmelzung).

SMIGIC, MILOVAN, Business Combinations im Konzernabschluss. Ökonomische Analyse der Abhängigkeit von Erscheinungsformen von Unternehmenszusammenschlüssen und ihrer Abbildung im externen Rechnungswesen, Wiesbaden 2006 (Business Combinations im Konzernabschluss).

STEINBACH, ADALBERT, Grundsätze ordnungsmässiger Bilanzierung für die Konzernrechnungslegung, Köln 1976 (Grundsätze ordnungsmässiger Konzernbilanzierung).

STREIM, HANNES, Grundzüge der handels- und steuerrechtlichen Bilanzierung, Stuttgart 1988 (Grundzüge der Bilanzierung).

STREIM, HANNES/BIEKER, MARCUS/LEIPPE, BRITTA, Anmerkungen zur theoretischen Fundierung der Rechnungslegung nach Internationalen Accounting Standards, in: Wolfgang Stützel – Moderne Konzepte für Finanzmärkte, Beschäftigung und Wirtschaftsverfassung, hrsg. v. Schmidt, Hartmut/Ketzel, Eberhart/Prigge, Stefan, Tübingen 2001, S. 177-206 (Theoretische Fundierung der IAS).

STREIM, HANNES/BIEKER, MARCUS/ESSER, MAIK, Der schleichende Abschied von der Ausschüttungsbilanz - Grundsätzliche Überlegungen zum Inhalt einer Informationsbilanz, in: Steuern, Rechnungslegung und Kapitalmarkt. Festschrift für Franz W. Wagner zum 60. Geburtstag, hrsg. v. Dirrgl, Hans/Wellisch, Dietmar/Wenger, Ekkehard, Wiesbaden 2004, S. 229-244 (Informationsbilanz).

STREIM, HANNES/BIEKER, MARCUS/ESSER, MAIK, Fair Value Accounting in der IFRS-Rechnungslegung - eine Zweckmäßigkeitsanalyse, in: Kritisches zu Rechnungslegung und Unternehmensbesteuerung. Festschrift zur Vollendung des 65. Lebensjahres von Theodor Siegel, hrsg. v. Schneider, Dieter u. a., Berlin 2005, S. 87-109 (Fair Value Accounting).

STREIM, HANNES/BIEKER, MARCUS/HACKENBERGER, JENS/LENZ, THOMAS, Ökonomische Analyse der gegenwärtigen und geplanten Regelungen zur Goodwill-Bilanzierung nach IFRS, in: IRZ 2007, S. 17-27 (Ökonomische Analyse der Goodwill-Bilanzierung).

STRÖHER, THOMAS, Die Bilanzierung von Unternehmenszusammenschlüssen unter Common Control nach IFRS, Düsseldorf 2007 (Unternehmenszusammenschlüsse unter Common Control).

SUCKUT, STEFAN, Unternehmensbewertung für internationale Akquisitionen. Verfahren und Einsatz, Wiesbaden 1992 (Unternehmensbewertung für internationale Akquisitionen).

TEITLER-FEINBERG, EVELYN, Reporting Entity, in: IRZ 2011, S. 3-5 (Reporting Entity).

THEILE, CARSTEN, Buchrezension zu Konzerninterne Umstrukturierungen von Peter Küting, in: WPg 2012, S. V-VII (Konzerninterne Umstrukturierungen).

THEILE, CARSTEN/GOY, KARIN, Entwurf ED/2015/3: Conceptual Framework for Financial Reporting, in: BBK 2015, S. 617-622 (Entwurf ED/2015/3).

THEILE, CARSTEN/PAWELZIK, KAI UDO, Erfolgswirksamkeit des Anschaffungsvorgangs nach ED 3 beim Unternehmenserwerb im Konzern. Zur Bilanzierung eines excess (vormals negativer Goodwill), in: WPg 2003, S. 316-324 (Bilanzierung eines excess).

THEISEN, MANUEL RENE, Der Konzern. Betriebswirtschaftliche und rechtliche Grundlagen der Konzernunternehmung, 2. Aufl., Stuttgart 2000 (Der Konzern).

THUROW, CHRISTIAN, IFRS-Praxistraining: IAS 24 - Angaben über Beziehungen zu nahe stehenden Unternehmen und Personen, in: BC 2012, S. 492-496 (Angaben zu nahe stehenden Unternehmen und Personen).

TRÜTZSCHLER, KLAUS, Die Behandlung von Firmenwerten nach HGB und US-GAAP, in: Internationale Rechnungslegung. Festschrift für Professor Dr. Claus-Peter Weber zum 60. Geburtstag, hrsg. v. Küting, Karlheinz/Weber, Claus-Peter, Stuttgart 1999, S. 391-414 (Behandlung von Firmenwerten nach HGB und US-GAAP).

VATER, HENDRIK, M&A Accounting: Abschaffung des Pooling of Interests?, in: DB 2001, S. 1841-1848 (Abschaffung des Pooling of Interests).

VELTE, PATRICK, Intangible Assets und Goodwill im Spannungsfeld zwischen Entscheidungsrelevanz und Verlässlichkeit, Wiesbaden 2008 (Intangible Assets und Goodwill im Spannungsfeld).

VON WYSOCKY, KLAUS/WOHLGEMUTH, MICHAEL/BRÖSEL, GERRIT, Konzernrechnungslegung, 5. Aufl., Konstanz/München 2014 (Konzernrechnungslegung).

WAGENHOFER, ALFRED, Die Zukunft der internationalen Rechnungslegung. Perspektiven im geplanten neuen Rahmenkonzept des IASB, in: ST 2014, S. 539-550 (Zukunft der internationalen Rechnungslegung).

WAGENHOFER, ALFRED/EWERT, RALF, Externe Unternehmensrechnung, 3. Aufl., Berlin/Heidelberg 2015 (Externe Unternehmensrechnung).

WATRIN, CHRISTOPH/HOEHNE, FELIX, Endkonsolidierung von Tochterunternehmen nach IAS 27 (2008), in: WPg 2008, S. 695-704 (Endkonsolidierung von Tochterunternehmen).

WEBER, CLAUS-PETER, Der Teilkonzernabschluss nach HGB und IFRS, in: Berichterstattung für den Kapitalmarkt. Festschrift für Karlheinz Küting zum 65. Geburtstag, hrsg. v. Weber, Claus-Peter u. a., Stuttgart 2009, S. 345-367 (Teilkonzernabschluss nach HGB und IFRS).

WEBER, INGO, Special Purpose Acquisition Companies aus Sicht der Bilanzierung nach IFRS, in: IRZ 2010, S. 71-76 (Special Purpose Acquisition Companies).

WEDELL, HARALD, Die Wertschöpfung als Maßgröße für die Leistungskraft eines Unternehmens, in: DB 1976, S. 205-213 (Wertschöpfung als Maßgröße).

WIEDMANN, HARALD/ADERS, CHRISTIAN/WAGNER, MARC, Bewertung von Unternehmen und Unternehmensanteilen, in: Handbuch Finanzierung, hrsg. v. Breuer, Rolf-Ernst, 3. Aufl., Wiesbaden 2001, S. 707-743 (Bewertung von Unternehmensanteilen).

WIRTH, JOHANNES, Firmenwertbilanzierung nach IFRS. Unternehmenszusammenschlüsse, Werthaltigkeitstest, Endkonsolidierung, Stuttgart 2005 (Firmenwertbilanzierung nach IFRS).

WIRTH, JOHANNES/WEBER, CLAUS-PETER/DUSEMOND, MICHAEL/KÜTING, PETER, Praxis der handelsrechtlichen Kapitalkonsolidierung (Teil 2). E-DRS 30: ein wichtiger Schritt, aber nicht der erwartet große Wurf, in: DB 2015, S. 1113-1122 (Praxis der handelsrechtlichen Kapitalkonsolidierung).

WÖHE, GÜNTER, Zur Bilanzierung und Bewertung des Firmenwertes, in: StuW 1980, S. 89-108 (Bilanzierung und Bewertung des Firmenwertes).

WÖHE, GÜNTER/DÖRING, ULRICH, Einführung in die allgemeine Betriebswirtschaftslehre, 25. Aufl., München 2013 (Allgemeine Betriebswirtschaftslehre).

WÖHRMANN, ARNT, Intangible Impairment. Qualitativer Impairment-Test für immaterielle Vermögenswerte, Wiesbaden 2009 (Intangible Impairment).

WOJCIK, KARL-PHILIPP, Die internationalen Rechnungslegungsstandards IAS/IFRS als europäisches Recht, Berlin 2008 (IAS/IFRS als europäisches Recht).

WOLLMERT, PETER/ACHLEITNER, ANN-KRISTIN, Konzeptionelle Grundlagen der IAS-Rechnungslegung, in: WPg 1997, S. 209-222 (Grundlagen IAS-Rechnungslegung).

WOLLMERT, PETER/OSER, PETER, Sukzessive Unternehmenszusammenschlüsse und Auf- oder Abstockung einer Mehrheitsbeteiligung nach IFRS und HGB, in: PiR 2010, S. 348-354 (Sukzessive Unternehmenszusammenschlüsse).

WULF, INGE, Bilanzierung immaterieller Vermögenswerte nach IFRS. Finanz- und erfolgswirtschaftliche Auswirkungen von IAS 38 und IFRS 3 am Beispiel der DAX30-Unternehmen, in: IRZ 2009, S. 109-120 (Immaterielle Vermögenswerte nach IFRS).

WUNSCH, IRENE, Die Verschmelzung und Spaltung von Kapitalgesellschaften. Gesellschaftsrechtliche Gestaltungsmöglichkeiten – steuerliche Folgen – Besonderheiten für Konzerne, Berlin 2003 (Verschmelzung und Spaltung von Kapitalgesellschaften).

WURM, FELIX, Die Nutzung von Holdingkonstruktionen, in: Steuerorientierte Umstrukturierung von Unternehmen, hrsg. v. Herzig, Norbert, Stuttgart 1997, S. 71-111 (Nutzung von Holdingkonstruktionen).

WÜSTEMANN, JENS, Institutionenökonomik und internationale Rechnungslegungsordnungen, Tübingen 2002 (Internationale Rechnungslegungsordnungen).

ZELGER, HANSJÖRG, Purchase Price Allocation nach IFRS und HGB, in: Unternehmenskauf nach IFRS und HGB. Purchase Price Allocation, Goodwill und Impairment-Test, hrsg. v. Ballwieser, Wolfgang/Beyer, Sven/Zelger, Hansjörg, 3. Aufl., Stuttgart 2014, S. 139-186 (Purchase Price Allocation).

ZÜLCH, HENNING, Die Rechnungslegungsnormen des IASB. Hierarchie, Lücken und Inkonsistenzen, in: PiR 2005, S. 1-7 (Lücken und Inkonsistenzen).

ZÜLCH, HENNING, Der Badwill - Eine unterschätzte Größe in der deutschen Bilanzierungspraxis, in: KoR 2016, S. 313-314 (Badwill - Eine unterschätzte Größe in der deutschen Bilanzierungspraxis).

ZÜLCH, HENNING/NELLESSEN, THOMAS, Die Überarbeitung der Rahmenkonzepte von IASB und FASB: aktueller Stand des „Conceptual Framework-Project", in: PiR 2008, S. 270-273 (Überarbeitung der Rahmenkonzepte).

ZÜLCH, HENNING/POPP, MARCO, Angaben über Beziehungen zu nahe stehenden Unternehmen und Personen ab 2011, in: PiR 2011, S. 89-95 (Beziehungen zu nahe stehenden Unternehmen und Personen).

ZÜLCH, HENNING/POPP, MARCO, IFRS 10 – Consolidated Financial Statements. Ein erster Überblick über das neue Control-Konzept, in: DStR 2011, S. 1532 (Überblick über das neue Control-Konzept).

ZÜLCH, HENNING/POPP, MARCO, Reformation der IFRS-Konzernrechnungslegung (Teil II). Joint Arrangements nach IFRS 11, in: DK 2012, S. 328-337 (Reformation der IFRS-Konzernrechnungslegung (Teil II)).

ZÜLCH, HENNING/STORK, TOBIAS/DETZEN, DOMINIC, Plausibilisierungsmöglichkeiten einer Kaufpreisallokation nach IFRS 3. Theoretische Grundlagen und Fallbeispiel, in: BFuP 2015, S. 300-327 (Kaufpreisallokation nach IFRS 3).

ZÜLCH, HENNING/WÜNSCH, MARTIN, Aufgaben und Methoden der indikativen Kaufpreisallokation (Pre-Deal-Purchase Price Allocation) bei der Bilanzierung von Business Combinations nach IFRS 3, in: KoR 2008, S. 466-474 (Indikative Kaufpreisallokation).

ZWIRNER, CHRISTIAN, Kapitalmarktorientierung versus Börsennotierung, in: PiR 2010, S. 93-96 (Kapitalmarktorientierung versus Börsennotierung).

ZWIRNER, CHRISTIAN/BOECKER, CORINNA, Fair Value Measurement nach IFRS 13. Praxishinweise zur Anwendung dieses Bewertungsmaßstabs, in: IRZ 2014, S. 7-10 (Fair Value Measurement nach IFRS 13).

ZWIRNER, CHRISTIAN/FROSCHHAMMER, MATTHIAS, Zur Berücksichtigung von Zugangsgewinnen/-verlusten (day one gain or loss) bei Finanzinstrumente, in: IRZ 2013, S. 450-452 (Berücksichtigung von Zugangsgewinnen/-verlusten).

ZWIRNER, CHRISTIAN/KÜNKELE, KAI PETER, Full Goodwill nach IFRS 3. Ermittlung, Fortschreibung und Bilanzpolitik, in: IRZ 2010, S. 253-255 (Full Goodwill nach IFRS 3).

Verzeichnis der Geschäftsberichte

DAIMLER-BENZ AG (Hrsg.), Zusammenschluss Daimler-Benz/Chrysler. Bericht zu den Tagesordnungspunkten 1 und 2 der außerordentlichen Hauptversammlung der Daimler-Benz Aktiengesellschaft am 18. September 1998, Düsseldorf 1998 (Pro-Forma-Konzernbilanz DaimlerChrysler).

Gesetzesverzeichnis

Aktiengesetz (AktG) vom 06.09.1965, BGBl. I 1965, S. 1089-1184, zuletzt geändert durch Gesetz vom 10.05.2016, BGBl. I 2016, S. 1142.

Gesetz über die Rechnungslegung von bestimmten Unternehmen und Konzernen (Publizitätsgesetz – PublG) vom 15.08.1969, BGBl. I 1969 S. 1189-1199, zuletzt geändert durch Gesetz vom 24.05.2016, BGBl. I 2016, S. 1190.

Handelsgesetzbuch (HGB) vom 10.05.1897, RGBl. 1897, S. 219-436, zuletzt geändert durch Gesetz vom 30.06.2016, BGBl. I 2016, S. 1514.

Umwandlungsgesetz (UmwG) vom 28. 10.1994, BGBl. I 1994, S. 3210; zuletzt geändert durch Gesetz vom 24.04.2015, BGBl. I 2015, S. 642.

Verzeichnis der Materialien aus dem Gesetzgebungs- oder Standardsetzungsprozess

AASB (Hrsg.), Comment Letter. Discussion paper: Accounting for Business Combinations under Common Control, verfügbar unter: http://www.efrag.org/files/BCUCC/Comment_Letters/CL_3_-_AASB.pdf (Stand: 03.02.2016) (Comment Letter (DP/EFRAG)).

BDO (Hrsg.), Comment Letter. Discussion paper: Accounting for Business Combinations under Common Control, verfügbar unter: http://www.efrag.org/files/BCUCC/Comment_Letters/CL_15_-_BDO.pdf (Stand: 03.02.2016) (Comment Letter (DP/EFRAG)).

DRSC (Hrsg.), Business Combinations under Common Control. Projektbeschreibung, verfügbar unter: http://www.drsc.de/service/projects/details/index.php?ixprj_do=index&ixprj_lang=de&prj_sec=efrag&prj_id=1&filter_state=all&ixprj_do=details&prj_id=13 (Stand: 18.04.4) (EFRAG Diskussionspapier Projektbeschreibung).

DRSC (Hrsg.), Post-implementation Review - IFRS 3 Business Combinations. Comment Letter, verfügbar unter: http://www.ifrs.org/Current-Projects/IASB-Projects/PIR/PIR-IFRS-3/Request-for-Information-January-2014/Pages/Submissions.aspx (Stand: 14.04.2016) (Comment Letter (PIR IFRS 3)).

DRSC (Hrsg.), Deutscher Rechnungslegungs Standard Nr. 23. Kapitalkonsolidierung (Einbeziehung von Tochterunternehmen in den Konzernabschluss), Berlin 2015 ((zitiert: DRS 23)).

EFRAG (Hrsg.), Document for public consultation. Exposure Draft Conceptual Framework for Financial Reporting, verfügbar unter: http://www.efrag.org/Assets/Download?assetUrl=%2Fsites%2Fwebpublishing%2FProject%20Documents%2F344%2FEFRAG%20consultation%20document%20on%20IASB%20ED-2015-3.pdf (Stand: 06.09.2016) (Draft Comment Letter zum ED/2015/3).

EFRAG (Hrsg.), IFRS 3 Business combinations Post-implementation Review. Comment Letter, verfügbar unter: http://www.ifrs.org/Current-Projects/IASB-Projects/PIR/PIR-IFRS-3/Request-for-Information-January-2014/Pages/Submissions.aspx (Stand: 05.04.2016) (Comment Letter (PIR IFRS 3)).

EFRAG U. A. (Hrsg.), Accounting for Business Combinations under Common Control. Discussion Paper, verfügbar unter: http://www.efrag.org/Assets/Download?assetUrl=%2Fsites%2Fwebpublishing%2FSiteAssets%2FBCUCC_DP.pdf (Stand: 06.09.2016) (Business Combinations under Common Control).

EFRAG U. A. (Hrsg.), European Outreach on EFRAG proactive Discussion Paper on Business Combinations under Common Control. Summary of the Feedback Received, verfügbar unter: http://www.efrag.org/Assets/Download?assetUrl=%2Fsites%2Fwebpublishing%2FProject%20Documents%2F157%2FConsolidated_Feedback_statement_European_Outreach_BCUCC_2012.pdf (Stand: 06.09.2016) (Consolidated Feedback Statement European Outreach BCUCC).

EFRAG U. A. (Hrsg.), Feedback Report on the European Outreach Event on EFRAG proactive Discussion Papers. London, verfügbar unter: http://www.efrag.org/Assets/Download?assetUrl=%2Fsites%2Fwebpublishing%2FProject%20Documents%2F157%2FFeedback_statement_Outreach_event_London_16042012.pdf (Stand: 06.09.2016) (Feedback Statement Outreach Event London (2012)).

EFRAG U. A. (Hrsg.), Feedback Report on the European Outreach Event on EFRAG proactive Discussion Papers. Warsaw, verfügbar unter: http://www.efrag.org/Assets/Download?assetUrl=%2Fsites%2Fwebpublishing%2FProject%20Documents%2F157%2FFeedback_statement_Outreach_event_Warsaw_Final.pdf (Stand: 06.09.2016) (Feedback Statement Outreach Event Warsaw (2012)).

EFRAG U. A. (Hrsg.), Getting a Better Framework. Accountability and the Objective of Financial Reporting, verfügbar unter: http://www.efrag.org/Assets/Download?assetUrl=%2Fsites%2Fwebpublishing%2FProject%20Documents%2F295%2FBulletin%20Getting%20a%20Better%20Framework%20-%20Accountability%20and%20the%20Objective%20of%20Financial%20Reporting.pdf (Stand: 06.09.2016) (Getting a Better Framework: Accountability).

ESMA (Hrsg.), ESMA Report. Review on the application of accounting requirements for business combinations in IFRS financial statements, verfügbar unter: https://www.esma.europa.eu/sites/default/files/library/2015/11/2014-643_esma_report_on_the_ifrs_3.pdf (Stand: 05.04.2016) (ESMA/2014/643).

EUROPÄISCHE UNION (Hrsg.), EU-Bilanzrichtlinie. Richtlinie 2013/34/EU des Europäischen Parlaments und des Rates vom 26. Juni 2013 über den Jahresabschluss, den konsolidierten Abschluss und damit verbundene Berichte von Unternehmen bestimmter Rechtsformen und zur Änderung der Richtlinie 2006/43/EG des Europäischen Parlaments und des Rates und zur Aufhebung der Richtlinien 78/660/EWG und 83/349/EWG des Rates, verfügbar unter: http://eur-lex.europa.eu/LexUriServ/LexUriServ.do?uri=OJ:L:2013:182:0019:0076:DE:PDF (Stand: 01.08.2016) (EU-Bilanzrichtlinie).

EUROPÄISCHE UNION (Hrsg.), Verordnung (EG) Nr. 1606/2002 des Europäischen Parlaments und des Rates vom 19. Juli 2002 betreffend die Anwendung internationaler Rechnungslegungsstandards, verfügbar unter: http://eur-lex.europa.eu/LexUriServ/LexUriServ.do?uri=OJ:L:2002:243:0001:0004:de:PDF (Stand: 12.01.2016) (IAS Verordnung).

EY (Hrsg.), Comment Letter. Discussion paper: Accounting for Business Combinations under Common Control, verfügbar unter: http://www.efrag.org/files/BCUCC/Comment_Letters/CL_27_-_EY.pdf (Stand: 03.02.2016) (Comment Letter (DP/EFRAG)).

FASB (Hrsg.), Accounting Standard Update No. 2014-17. Business Combination (Topic 805). Pushdown Accounting, a consensus of the FASB Emerging Issues Task Force, verfügbar unter: http://www.fasb.org/resources/ccurl/345/908/ASU%202014-17.pdf (Stand: 07.01.2016) (Accounting Standard Update No. 2014-17).

FEE (Hrsg.), Combined and Carve-Out Financial Statements. Analysis of Common Practices, verfügbar unter: http://www.fee.be/images/publications/capital_markets/Combined_and_Carve_out_Financial_Statements_Analysis_of_Common_Practices_1302.pdf (Stand: 21.06.2016) (Combined and Carve-Out Financial Statements).

IASB (Hrsg.), Business Combinations under Common Control. Scope of the research project, verfügbar unter: http://www.ifrs.org/Meetings/MeetingDocs/IASB/2014/June/AP14-Business%20Combinations.pdf#page=9&zoom=auto,-140,553 (Stand: 03.01.2016) (Staff Paper BCUCC Agenda ref. 14 (June 2014)).

IASB (Hrsg.), Business Combinations under Common Control. Accounting for business combinations under common control, verfügbar unter: http://www.ifrs.org/Current-Projects/IASB-Projects/Business-Combinations/Documents/ASAF%201503%2008%20BCUCC%20Accounting.pdf (Stand: 03.12.2015) (Staff Paper BCUCC Agenda ref. 8 (March 2015)).

IASB (Hrsg.), Business Combinations under Common Control (BCUCC), verfügbar unter: http://www.ifrs.org/Current-Projects/IASB-Projects/Business-Combinations/Documents/ASAF%201503%2008a%20BCUCC%20Canadian%20experience.pdf (Stand: 18.06.2016) (Staff Paper BCUCC Agenda ref. 8A (March 2015)).

IASB (Hrsg.), Business Combinations under Common Control (BCUCC). Accounting Standards Advisory Forum, verfügbar unter: http://www.ifrs.org/Meetings/MeetingDocs/ASAF/2015/December/1512-ASAF-06-BCUCC.pdf (Stand: 03.01.2016) (ASAF BCUCC Agenda ref. 6 (December 2015)).

IASB (Hrsg.), Business Combinations under Common Control. Method(s) of accounting for BCUCC, verfügbar unter: http://www.ifrs.org/Meetings/MeetingDocs/ASAF/2016/April/1604-ASAF-05B-BCUCC-Board-paper.pdf (Stand: 18.04.2016) (Staff Paper BCUCC Agenda ref. 23A (April 2016)).

IASB (Hrsg.), Business Combinations under Common Control. Application of the predecessor method, verfügbar unter: http://www.ifrs.org/Meetings/MeetingDocs/IASB/2016/April/AP23B-Business-Combinations.pdf (Stand: 01.06.2016) (Staff Paper BCUCC Agenda ref. 23B (April 2016)).

IASB (Hrsg.), Business Combinations under Common Control. Information needs of investors for business combinations under common control, verfügbar unter: http://www.ifrs.org/Meetings/MeetingDocs/Other%20Meeting/2014/October/CMAC-AP-4-Business-Combinations-Under-Common-Control.pdf (Stand: 22.11.2015) (Staff Paper BCUCC Agenda ref. 4 (October 2014)).

IASB (Hrsg.), Business Combinations under Common Control, verfügbar unter: http://www.ifrs.org/Current-Projects/IASB-Projects/Business-Combinations/Pages/Business-Combinations-under-Common-Control.aspx (Stand: 10.06.2016) (Project Overview BCUCC).

IASB (Hrsg.), Conceptual Framework. Review of the existing Standards for potential inconsistencies with the Conceptual Framework Exposure Draft - Cover paper, verfügbar unter: http://www.ifrs.org/Meetings/MeetingDocs/IASB/2014/October/AP10C-Conceptual-Framework.pdf (Stand: 21.11.2015) (Staff Paper CF Agenda ref. 10C (October 2014)).

IASB (Hrsg.), Conceptual Framework. Proposed amendments - IAS 1 and IAS 8, verfügbar unter: http://www.ifrs.org/Meetings/MeetingDocs/IASB/2014/October/AP10G-Conceptual-Framework.pdf (Stand: 21.11.2015) (Staff Paper CF Agenda ref. 10G (October 2014)).

IASB (Hrsg.), Conceptual Framework, verfügbar unter: http://www.ifrs.org/Current-Projects/IASB-Projects/Conceptual-Framework/Pages/Conceptual-Framework-Summary.aspx (Stand: 12.06.2016) (Project Overview ED/2015/3).

IASB (Hrsg.), Conceptual Framework. Measurement uncertainty, verfügbar unter: http://www.ifrs.org/Meetings/MeetingDocs/IASB/2016/May/AP10E-Conceptual-Framework.pdf (Stand: 08.07.2016) (Staff Paper CF Agenda ref. 10E (May 2016)).

IASB (Hrsg.), Effect of Board redeliberations on the Exposure Draft Conceptual Framework for Financial Reporting. Staff papers related to tentative Board decisions presented in this document, verfügbar unter: http://www.ifrs.org/Current-Projects/IASB-Projects/Conceptual-Framework/Documents/Summary_of_tentative_decisions.pdf (Stand: 17.06.2016) (Summary of tentative decisions).

IASB (Hrsg.), International Accounting Standard 27. Consolidated and Separate Financial Statements, London 2003 (Stand: 2008) (zitiert: IAS 27 (rev. 2008)).

IASB (Hrsg.), International Financial Reporting Standard 3. Business Combinations, London 2004 (Stand 2004) (zitiert: IFRS 3 (2004)).

IASB (Hrsg.), International Financial Reporting Standards 2016 (Red Book). Official pronouncements issued at 13 January 2016, London 2016 (zitiert: IFRS/IAS).

IASB (Hrsg.), Post-implementation Review IFRS 3 Business Combinations. Summary of comments received, verfügbar unter: http://www.ifrs.org/Meetings/MeetingDocs/IASB/2014/September/AP12F-IFRS%20IC%20Issues-PIR%20IFRS%203.pdf (Stand: 05.04.2016) (Staff Paper PIR IFRS 3 Agenda ref. 12F (September 2014)).

IASB (Hrsg.), Post-implementation Review of IFRS 3 Business Combinations. Report and Feedback Statement, verfügbar unter: http://www.ifrs.org/Current-Projects/IASB-Projects/PIR/PIR-IFRS-3/Documents/PIR_IFRS%203-Business-Combinations_FBS_WEBSITE.pdf (Stand: 14.04.2016) (PIR IFRS 3 Summary of findings).

IASB (Hrsg.), Preface to International Financial Reporting Standards, London 2002 (Preface to IFRS).

IASB (Hrsg.), The Conceptual Framework for Financial Reporting (1989) (zitiert: CF (1989)).

IASB (Hrsg.), The Conceptual Framework for Financial Reporting, London 2010 (zitiert: CF (2010)).

IASC (Hrsg.), International Accounting Standard 22. Business Combinations, London 1983 (zitiert: IAS 22 (Stand 1999)).

IASC (Hrsg.), G4+1 Position Paper: Recommendations for Achieving Convergence on the Methods of Accounting for Business Combinations. A Discussion Paper issued for comment by the Staff of the International Accounting Standards Committee, London 1998 (G4+1 Position Paper).

IDW (Hrsg.), Request for Information - Post-implementation Review: IFRS 3 Business Combinations. Comment Letter, verfügbar unter: http://www.ifrs.org/Current-Projects/IASB-Projects/PIR/PIR-IFRS-3/Request-for-Information-January-2014/Pages/Submissions.aspx (Stand: 04.04.2016) (Comment Letter (PIR IFRS 3)).

IDW (Hrsg.), WP Handbuch 2014. Wirtschaftsprüfung, Rechnungslegung, Beratung, Band II, 14. Aufl., Düsseldorf 2014 (zitiert: BEARBEITER, in: WP-Handbuch 2014, Band II, 14. Aufl.).

IDW (Hrsg.), Grundsätze zur Durchführung von Unternehmensbewertungen (IDW S 1 i. d. F. 2008), in: IDW FN 2008, S. 271-292 (IDW S 1 i. d. F. 2008).

IDW (Hrsg.), IDW Stellungnahme zur Rechnungslegung: Auswirkungen einer Verschmelzung auf den handelsrechtlichen Jahresabschluss (IDW RS HFA 42), in: IDW FN 2012, S. 701-713 (IDW RS HFA 42).

IDW (Hrsg.), IDW Stellungnahme zur Rechnungslegung: Einzelfragen zur Anwendung von IFRS (IDW RS HFA 2), in: IDW FN 2012, S. 380-405 (IDW RS HFA 2).

IDW (Hrsg.), IDW Stellungnahme zur Rechnungslegung: Einzelfragen zur Ermittlung des Fair Value nach IFRS 13 (IDW RS HFA 47), in: IDW FN 2014, S. 84-100 (IDW RS HFA 47).

IFRIC (Hrsg.), IFRIC Update March 2006. 'Transitory' Common Control, verfügbar unter: http://www.ifrs.org/Updates/IFRIC-Updates/2006/Documents/mar06.pdf (Stand: 27.11.2015) (Transitory Common Control).

IFRS FOUNDATION (Hrsg.), IASB and IFRS Interprtations Committee Due Process Handbook. Approved by the Trustees January 2013, verfügbar unter: http://www.ifrs.org/DPOC/Documents/2013/Due_Process_Handbook_Resupply_28_Feb_2013_WEBSITE.pdf (Stand: 22.11.2015) (Due Process Handbook).

KASB (Hrsg.), IASB Emerging Economic Group 4th Meeting. Issue for Discussion: Transactions under Common Control, verfügbar unter: http://www.ifrs.org/Meetings/MeetingDocs/IASB/2012/December/EEG/AP1%20Transactions%20Under%20Common%20Control.pdf#page=23&zoom=auto,-140,508 (Stand: 04.01.2016) (IASB Emerging Economic Group 4th Meeting).

KASB (Hrsg.), Critical Perspectives in Accounting for Business Combinations under Common Control. Research Report No. 33, Seoul 2013 (Research Report in Accounting for BCUCC).

KPMG (Hrsg.), Comment Letter. Discussion paper: Accounting for Business Combinations under Common Control, verfügbar unter: http://www.efrag.org/files/BCUCC/Comment_Letters/CL_23_-_KPMG.pdf (Stand: 03.2.2016) (Comment Letter (DP/EFRAG)).

KPMG (Hrsg.), Request for Information - Post-implementation Review: IFRS 3 Business Combinations. Comment Letter, verfügbar unter: http://www.ifrs.org/Current-Projects/IASB-Projects/PIR/PIR-IFRS-3/Request-for-Information-January-2014/Pages/Submissions.aspx (Stand: 14.04.2016) (Comment Letter (PIR IFRS 3)).

MAZARS (Hrsg.), Comment Letter. Discussion paper: Accounting for Business Combinations under Common Control, verfügbar unter: http://www.efrag.org/files/BCUCC/Comment_Letters/CL_24_-_Mazars.pdf (Stand: 03.02.2016) (Comment Letter (DP/EFRAG)).

NESTLÉ (Hrsg.), Request for Information - Post-implementation Review: IFRS 3 Business Combinations. Comment Letter, verfügbar unter: http://www.ifrs.org/Current-Projects/IASB-Projects/PIR/PIR-IFRS-3/Request-for-Information-January-2014/Pages/Submissions.aspx (Stand: 02.05.2016) (Comment Letter (PIR IFRS 3)).

PWC (Hrsg.), Request for Information: IFRS 3 Business Combinations - Post-implementation review. Comment Letter, verfügbar unter: http://www.ifrs.org/Current-Projects/IASB-Projects/PIR/PIR-IFRS-3/Request-for-Information-January-2014/Pages/Submissions.aspx (Stand: 05.04.2016) (Comment Letter (PIR IFRS 3)).

Rechnungslegung und Wirtschaftsprüfung

Herausgegeben von Prof. (em.) Dr. Dr. h. c. Jörg Baetge, Münster, Prof. Dr. Hans-Jürgen Kirsch, Münster, und Prof. Dr. Stefan Thiele, Wuppertal

Band 57
David Sonius
Dynamik von Unternehmenskrisen – Eine empirische Untersuchung zur Reaktion von Kreditinstituten und Krisenunternehmen im Vorfeld des manifesten Krisenstadiums
Lohmar – Köln 2016 ◆ 328 S. ◆ € 68,- (D) ◆ ISBN 978-3-8441-0470-7

Band 58
Alois Panzer
Statusändernde Anteilsveräußerungen im IFRS-Konzernabschluss – Eine fallübergreifende Untersuchung der Regelungen zur Übergangskonsolidierung
Lohmar – Köln 2016 ◆ 308 S. ◆ € 66,- (D) ◆ ISBN 978-3-8441-0473-8

Band 59
Thorsten Ohliger
Berücksichtigung nichtlinearer Zusammenhänge bei der Insolvenzprognose – Eine empirische Untersuchung unter Verwendung Generalisierter Additiver Modelle
Lohmar – Köln 2016 ◆ 324 S. ◆ € 68,- (D) ◆ ISBN 978-3-8441-0474-5

Band 60
Ariane Kraft
Extractive Activities in der IFRS-Rechnungslegung – Die Bilanzierung investiver Aktivitäten des Upstream-Geschäfts rohstofffördernder Unternehmen
Lohmar – Köln 2016 ◆ 304 S. ◆ € 66,- (D) ◆ ISBN 978-3-8441-0486-8

Band 61
Michael Alkemeier
Konzerninterne Unternehmenszusammenschlüsse – Die Bilanzierung von Business Combinations under Common Control im IFRS-Teilkonzernabschluss
Lohmar – Köln 2017 ◆ 304 S. ◆ € 66,- (D) ◆ ISBN 978-3-8441-0512-4

JOSEF EUL VERLAG